可再生能源系列

地　热　能

（第二版）

［美］威廉·E. 格拉斯利（William E. Glassley）　著
王社教　闫家泓　李　峰　等译

石油工业出版社

内 容 提 要

本书是一本关于地热能的基础读物，介绍了地热能的相关基础知识，包括地热能的来源、地热系统基本特征、地热资源的勘探开发及利用技术，论述了影响地热能使用中存在的水管理、排放物管控等内容，并讨论了地热能利用的经济和社会问题，强调了对地热资源的有序利用。

本书可作为地热能专业本科生课程以及地热资源设计师、规划师、工程师和建筑师的参考书籍，以及为政策制定者、投资者和监管机构提供背景材料来源。

图书在版编目（CIP）数据

地热能：第二版 /（美）威廉·E. 格拉斯利（William E. Glassley）著；王社教等译. — 北京：石油工业出版社，2017. 8（2024. 8 重印）

书名原文：Geothermal Energy：Renewable Energy and the Environment（Second Edition）

ISBN 978-7-5183-1952-7

Ⅰ. ①地… Ⅱ. ①威… ②王… Ⅲ. ①地热能-基本知识 Ⅳ. ①TK52

中国版本图书馆 CIP 数据核字（2017）第 177988 号

Geothermal Energy：Renewable Energy and the Environment，Second Edition
by William E. Glassley
ISBN：978-1-4822-2174-9

北京市版权局著作权合同登记号：01-2016-0842

出版发行：石油工业出版社有限公司
（北京安定门外安华里 2 区 1 号　100011）
网　址：www. petropub. com
编辑部：（010）64523544
图书营销中心：（010）64523633
经　销：全国新华书店
印　刷：北京九州迅驰传媒文化有限公司

2017 年 8 月第 1 版　2024 年 8 月第 2 次印刷
787×1092 毫米　开本：1/16　印张：20. 5
字数：500 千字

定价：160. 00 元
（如出现印装质量问题，我社图书营销中心负责调换）

第二版前言

自本书第一版面世以来，世界和国际能源市场发生了重大变化。加上地热产业的技术成果丰硕，尤为重要的是新技术的出现，影响了勘探及其效率，增强型地热系统的快速扩张和成功，以及新的钻井技术改变了获取资源的能力。对经济学和资源评价方面理解的深入，尤其对生命周期（对能源投资回报方法的分析）的关注，对全面观察能源生产和使用有重要作用。因此，决定对该书进行再版。

第一版前言

人类活动对环境的影响力快速增长改变了人类看待世界的方式以及人类与世界的关系。直到20世纪中叶，人们认为世界在本质上是稳定不变的。无论是对全球影响较小的变化还是受时间尺度限制的变化，地质学家比普通工人、政治家或是学生更熟悉这种变化。然而，在过去的50年中，工业活动的累积效应，以及人口增长和经济发展以复杂方式变得更加明显。我们现在已经有能力监测地球环境的各个方面，并且开始意识到世界及其生物以响应人类活动的方式在演化。

在人类主宰之下，已经能够获取和利用看起来无限的良性的化石能源。实际上，在意识到那些化石能源是可耗尽的并且影响了全球水圈、生物圈和大气圈之后，已经开始寻找和开发对环境影响更小且可持续的能源，地热能就是这样一种资源。地热能是无处不在、取之不尽用之不竭的，它驱动了横跨地球的大陆运动，融化了火山喷发形成的岩石，为生活在海洋深处的生物提供能量。地热能已存在45亿年，在数亿年之后仍将存在。地热能在地球中不断的流动，一天24小时，一周7天，雨天或晴天，永生永世永不停息。它有可能为世界上每一个国家提供电力，仅在美国，可用于发电的地热能超过国家电力消耗总量的数倍。所有这些都说明地热能的开发利用是可能的，而且其对环境影响最小。

本书是一本关于地热能来自哪里，如何找到它，如何获得它，过去已经成功开发出的种种应用，以及在将来可以采取什么措施改善其使用的专著。本书还涉及影响地热能使用的限制——如何管理水、管控何种排放物以及何时是不正确的利用。最后，本书也讨论了经济和社会问题，强调明智和有序地发展这种耐用且丰富的资源。

本书适用于寻求深入了解地热能及其应用的读者，可作为本科生课程、设计师、规划师、工程师和建筑师的参考书籍，以及为政策制定者、投资者和监管机构提供背景材料。

明智地使用地热能有助于多方面解决全球面临的一项基本挑战——如何在确保健康、繁荣和社会安全的情况下获得能源。希望这本书将有助于实现这一目标。

致　　谢

作者感谢以下人员，他们为本书提供了丰富的资料：俄勒冈理工学院地热中心的 Tony Boyd、内华达州里诺市 SpecTIR 公司的 Mark Coolbaugh、加利福尼亚州圣迭戈市 Imageair 股份有限公司的 Mariana Eneva、内华达州里诺市内华达大学地热能源大盆地中心的 Christopher Kratt、加利福尼亚州坎比 I’SOT 的 Dale Merrick、加利福尼亚州门洛帕克市美国地质调查局的 Colin Williams。感谢 Bill Bourcier，Elise Brown，Carolyn Cantwell，Judy Fischette，Andrew Fowler，Karl Gawell，Samuel Hawkes，James McClain，Dale Merrick，Curt Robinson，Peter Schiffman，Charlene Wardlow，Jill Watz 和 Maya Wildgoose 参与讨论。感谢 Adam Asquith，Tucker Lance 和 Gabriel Perez 提供科研帮助；Trenton Cladohous，Yini Nordin 和 Susan Petty 使关于增强型地热系统应用的讨论得到了实质性改进；Carolyn Feakes，Marcus Fuchs，Abbas Ghassemi，Joe Iovenitti 和 Robert Zierneberg 审查了这份手稿，大大改进了内容和呈现方式，感谢他们的评论。很多图表的起草是由 Ingrid Dittmar 熟练完成的。

作 者 简 介

William E. Glassley 拥有超过 40 年的分析、建模和针对驱动地热系统及大陆演化地质过程的评估经验。获得了加利福尼亚大学圣迭戈分校文学学士学位和华盛顿大学理学硕士及博士学位。撰写和参与编写了超过 100 个学术和技术方面的相关报告和出版物。他是加利福尼亚大学戴维斯分校地球与行星科学系的高级研究员。

Glassley 博士也是加利福尼亚地热能源协会（加利福尼亚大学戴维斯分校能源系的一部分）的执行董事及丹麦奥胡斯大学的名誉研究员，并分别在华盛顿大学、米德尔伯里学院和劳伦斯利弗莫尔国家实验室拥有研究、教学和管理职务。他一直是美国国家科学基金会、欧盟委员会、国际原子能机构和一些国家的研究理事会中的科学评议小组成员之一。

Glassley 博士一直是国际科学期刊的审稿人，他的研究已经刊登在一些大众科学刊物上。他在奥斯陆大学的博士后研究被授予 G. Unger Vetlesen 基金会奖学金。

目　　录

第1章　概　　述

众所周知，地球的内部是非常热的，观测表明，随着距离地核越近，温度几乎以1℃/100ft的速率上升。假如在距地表12000ft深的地方（相应地，温度升高120℃）开凿竖井放置锅炉，困难并非不能克服，我们当然可以利用这种方式获取地球内部的热量。事实上，没有必要到这么深的地方从储存的地热中获取能量，地球浅层的温度已足够高到蒸发一些极不稳定的物质，我们可以借此代替锅炉中的水。

——Tesla（1900）

上述证明，利用地球内部热量造福世界的愿景并不新鲜。即使对外行人也是显而易见的，能量以热的形式存在于地表之下——火山口喷发出灼热的熔岩，温泉冒出热水——证明地球的内部是热的。但是多年来，热源仍然是一个谜。为什么火山不均匀地分布在陆地上，为什么温泉在一些地方很丰富而在另外一些地方根本不存在，这似乎很令人费解。但是，在过去的200年间，地球科学家的深入研究解释了巨大的地热资源的来源、分布和特征。

现在很好理解的是，热量不断地从地球表面辐射到空间。部分能量是已经被土壤和岩石吸收并再次辐射（例如红外线）的太阳能。但是，地球科学家利用各种测量技术，已经能够确定辐射到空间的所有能量的1%是来自地球内部的热量。虽然这1%的辐射热量似乎微不足道，只代表了地球内部所含热量的很微小的一部分，事实上，这部分以热的形式存在于地球表面几千英尺下的能量超过全球能源需求的许多倍。

该热能就是地热能。它是45亿年前地球形成时的余热，也是天然放射性同位素衰变产生的热。地热能足够驱动板块构造运动，大陆和洋底缓慢移动形成地壳和上地幔。地热能也为大陆板块和大洋板块碰撞发生的造山运动提供能量。地热能足以熔化岩石，产生火山喷发，加热水形成温泉，以及为建筑物的地下室保温。地热能是一种永久的、可再生的、取之不尽用之不竭的能源。

20世纪上半叶之前，地热能没有在与发电或其他应用有关的能源结构中发挥显著作用。之后，人们对能源生产和利用的环境、经济和社会问题越来越感兴趣，促进了对能减少依赖化石燃料的能源的勘探。本章将介绍这些变化的背景以及开发地热能的意义，本书其余部分将讨论详细的主题，总体而言，本书将为地热能的利用提供一个综合的知识架构。

1.1　全球能源概览

1.1.1　燃料的历史作用

人类的标志之一就是对能源创造性的利用。许多世纪以来，人类通过经验、洞察力和试验，发现火能够被控制并且用于我们的日常生活中；通过掌握这种能力和技能，人类的生活质量得到极大改善。

利用火来维持生活和工业依赖于燃料。人们普遍认为，以木材、草和动物的固体排泄物的形式存在的生物质能是人类最先系统利用的燃料。虽然这类燃料在地球的大多数地方很容易获取，但它们是相对低质的能源，即对于一定量燃料的燃烧，它们提供的能量很少。化石燃料（例如煤）的发现吸引了大家的注意力，因为单位质量的化石燃料提供的能量比大多数未经处理的生物质能多得多。此外，煤是块状的，易于运输，这使得大多数需要热量的地方选择使用这种燃料。后来发现的石油和天然气为高质能源的需求扩大了可选范围。特别是石油，因为其非常高的能量密度（单位质量燃料产生的能量）被广泛利用。图 1.1 展示了在美国这些燃料的使用随时间的变化。

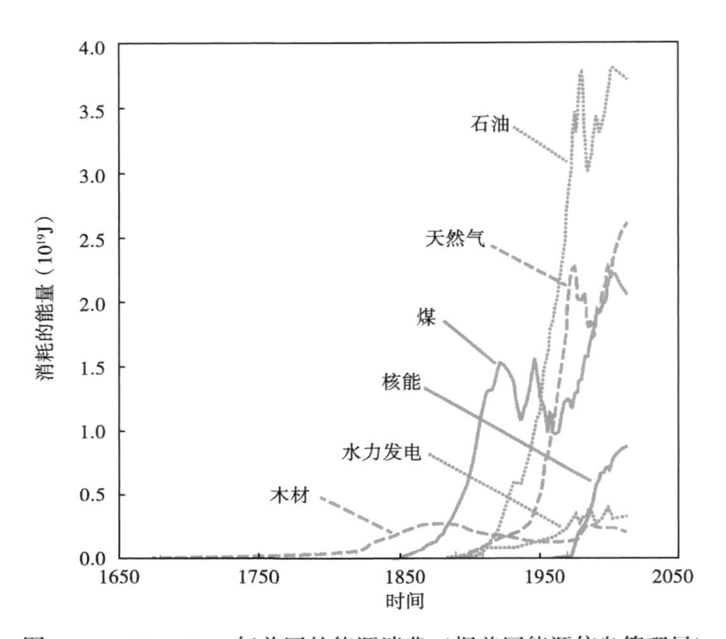

图 1.1　1650—2011 年美国的能源消费（据美国能源信息管理局）

获取、控制和保护燃料的能力已经成为支撑工业活动和经济增长的一个先决条件。因此，对能源的讨论已不可避免地与燃料的存在对能源生产的必要性联系在一起。当燃料是现成的，并且竞争燃料的人口数量相对较少时，增长和发展不受燃料来源的限制。但是，人口增长和科技的发展，已经改变了这种局面。

1.1.2　人口增长和人均能源使用的影响

图 1.2 所示的两个趋势展示了人口增长和能源需求带来的自然挑战。一个重要的事实是，地球上的人口一直呈指数增长。在 1850—2010 年间，人口从约 13 亿增加至 69 亿，同比增长超过 5 倍。目前的估计是，在 2000—2050 年间，人口将从约 61 亿增加至约 96 亿，在 50 年间增长 57%（联合国，2012）。尽管这一预测的增长速率比历史上的速率要慢，却能表明地球上人口的数量将继续快速增长。

图 1.2（b）展示了地球上每年人均能源使用的平均值。在 1850—2010 年间，每年人均能源消费的平均值从约 4.85×10^9J 增加至超过 77.3×10^9J，同比增长超过 15 倍。换句话说，不仅世界人口快速增长，每年人均能源使用也比以往更多。

在这种情况下，燃料的获取成为影响经济、政治和工业的重要因素。如果扰乱燃料的自

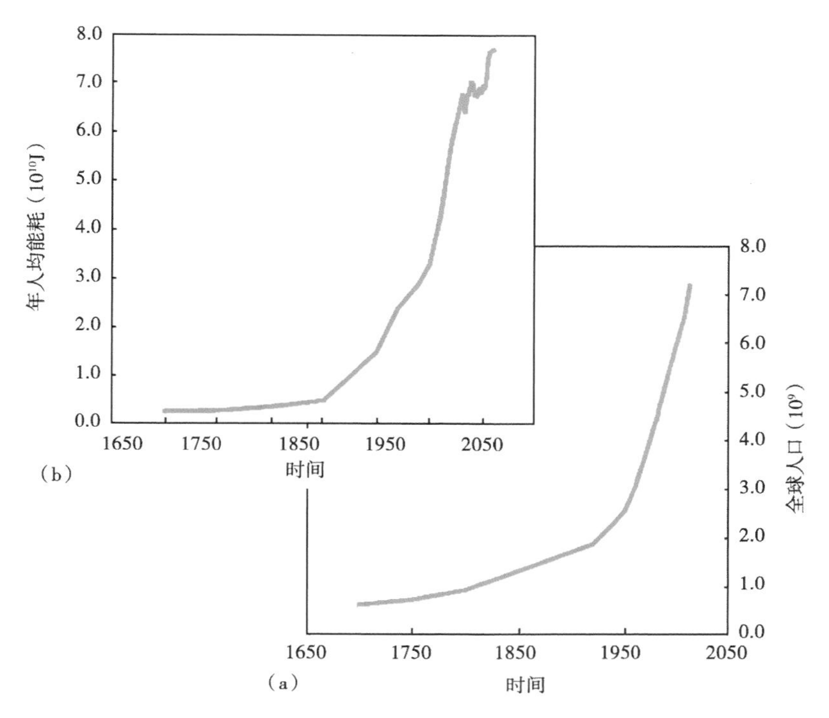

图 1.2　世界人口增长和人均能源消费趋势

（a）自 1700 年以来世界人口的增长，1950—2006 年间的人口预测来自美国人口普查局的网站，2010 年的人口预测来自联合国（2012），早期的人口预测来自 Grübler（1998）的数据；（b）自 1700 年以来的人均能源消费，1700—1979 年间的能源消费是基于 Hafele 和 Sassin（1977）的数据，1980—2006 年间的数据来自美国能源情报署和国际能源 2006 年年报，2010 年的数据来自国际能源机构（2012）

由流通，会对全球产生重要影响。石油供应的动荡以及由此造成的石油市场的混乱，正如 20 世纪 70 年代初和 2007 年所发生的，强调了这一点。因此，用可持续且安全的方式寻找可靠的、价格合理的、能满足社会需求的能源非常重要。

1.1.3　燃料排放和环境问题

另外一个重要问题是关于燃料开采和能源使用对环境的影响。目前已有科学的证据说明使用碳基燃料发电已经影响到大气层和全球气候（Solomon 等，2007；Rohde 等，2013）。碳基燃料的燃烧和人类活动产生的气体（例如二氧化碳、氮氧化物和甲烷等），所有这些都会影响大气吸收或传播辐射的能力。随着这些温室气体的丰度在大气中增加（图 1.3），大气对热能的透射率降低。大气成分的变化造成大气吸收热能的比例增加，其余的热能被辐射回太空中，导致地球平均地表温度的增加（图 1.4）。正是这一过程使得金星的地表温度保持在基本恒定的 462°C 左右（大约 736K 或 864°F）。温室气体的缺失也是火星的温度从来没有超过 0°C 的原因。

图 1.5 展示了自 1750 年以来历年全球二氧化碳的排放总量。1850—2011 年，人类燃烧化石燃料造成的大气中二氧化碳的年排放量从 1.98×10^{11} kg 增长到 32.6×10^{12} kg。这一变化表示增长幅度超过 163 倍。图中还显示出每年人均二氧化碳排放量的变化。同一时间段内，人均排放量增长了将近 30 倍。这清楚地表明，地球上人均每年排放到大气中的二氧化碳量

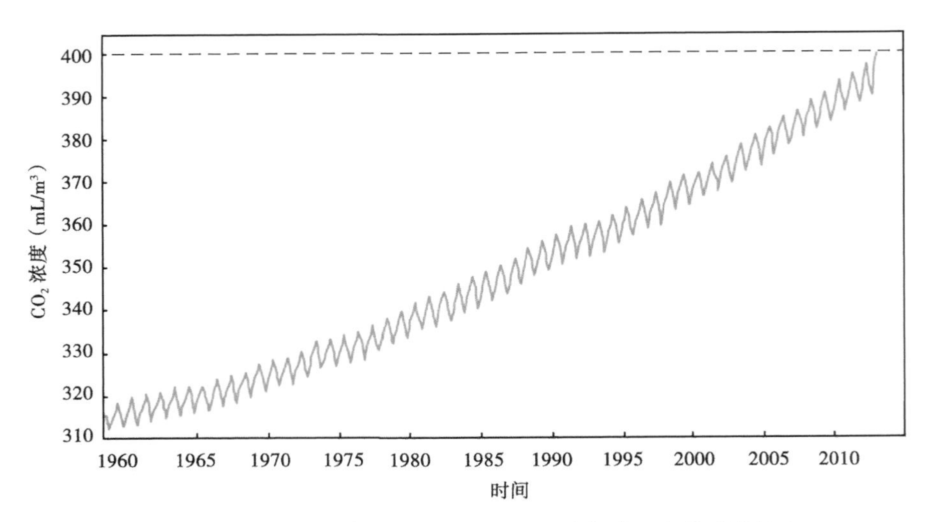

图 1.3　1958—2013 年 7 月 Mauna Loa 山大气中二氧化碳的浓度
（据美国海洋和大气管理局网站）
锯齿状曲线显示了二氧化碳浓度的季节性变化

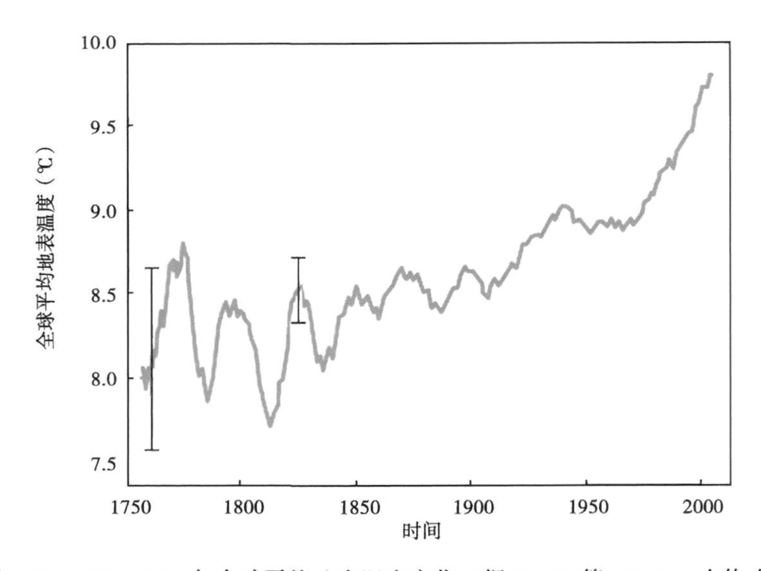

图 1.4　1753—2011 年全球平均地表温度变化（据 Rohde 等，2013，有修改）

呈现越来越多的趋势。

无论是从经济、环境管理、社会稳定或是从国家利益的角度来看，能源消费和温室气体排放的模式已经受到全球的关注。正是因为这些原因，联合国环境计划署（UNEP）和世界气象组织（WMO）成立了政府间气候变化专门委员会（IPCC）。正如 IPCC 网站上所说，该机构“向世界提供关于气候变化的当前状态和潜在环境与社会—经济后果的科学观点”。正是在这一背景下，可再生能源（例如地热能）具有重要意义。

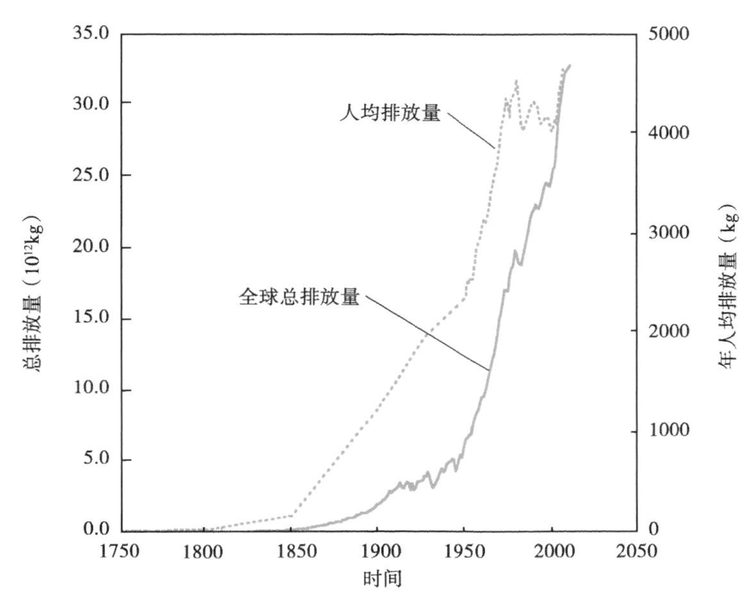

图 1.5　1750—2011 年全球每年二氧化碳总排放量和人均排放量（据 Boden，T. A. 等，二氧化碳信息分析中心，2010；美国能源信息署，2013）

1.2　可再生能源——地热能

1.2.1　无燃料、无排放和低挥发性

如“燃料的历史作用”部分中指出，历史上能源的使用一直是依靠燃料产生热量。传统上燃料来源于木材、煤、石油和天然气。在美国，这些燃料的使用和水力发电与核能发电的贡献一样随着时间发生变化（图 1.1）。煤、天然气和石油占美国能源使用的 85%以上。虽然这些燃料加起来可以提供几十年至几百年的供给，但是温室气体的排放和基于石油的燃料的竞争（隐含在图 1.2 中）使之形成对能源有问题的依赖。此外，这些燃料来源于一个无法一直补充的资源库；相反，这些资源从需要数百万年才能形成的地质衍生物质中被提取出来。作为一种商品，这些化石燃料是不可再生的，并会变得越来越困难，因此提取成本也越来越高。

不可再生资源的一个特点是面临资源枯竭，然而，如何判断枯竭有不少争论。这个问题将在第 8 章进行详细讨论，但与这个问题相关的几个方面将在下文进行讨论。这个问题的其中一方面涉及化石燃料能源的可获取性，比如石油、天然气和煤的获取。石油出现在地下储层中，一些储层为地表数百米之下多孔的岩石，石油可以相对容易地在其中流动。另外一些石油储存在更深处（地表之下数千米），岩石中孔隙之间几乎不连通，石油很难在其中流动。通过标准钻井技术可以很容易钻达浅部储层，石油可以轻易抽取出来，开采这类石油的成本相对较低。反过来，对于深部储层，钻井成本较高，产量较低。因此，如果客户只愿意为每桶油支付较低的价格，那么浅部储层会被开采，并被视为石油储备；而深部储层可能会被视为一种资源但不太可能被开采或视为石油储备，因为这么做的成本远高于潜在客户愿意为其支付的费用。

然而，一旦浅部储层被耗尽（它所含的石油数量有限），如果面临石油短缺，并且客户愿意为其支付的价格足够高，那么更深的储层也会变得经济可采。那时，可以开发新的石油储备，可获取的石油量也会增加。如果深部储层体积大于浅部储层，即使原先的储层已经完全枯竭，总的可获取的石油库存仍将增加，客户仍然愿意为燃料支付更高的价格。换句话说，资源的多少部分取决于经济利益。通常，随着市场提高商品的价值（因为商品越来越难获取），商品的价格也会增加。

最近，开采能源过程中需要多少能源量也成为重要的考虑因素（Murphy 和 Hall，2010）。这被称为能源投资回报率（EROEI 或 EROI），是指开采、生产、处理一种能源（例如石油）所需的能源量，与使用这种燃料所获得的能源量之间的比值。能源投资回报很难建立在绝对意义上，因为其取决于分析中选择哪些因素。比如，在石油开采中，能源投资包括钻井、将油抽出地面、将石油运输至炼油厂以及炼油厂处理石油等过程消耗的能源量。其他可能包括交付产品时消耗的能源量，一旦停止生产时维护环境和清洁方面消耗的能源量，营销过程和资源初始勘探过程中消耗的能源量等。明显地，每一次分析会提供不同的结果，这取决于分析是如何完成的。例如最近完成的一个分析（图 1.6），展示了一些化石燃料的能源投资回报是如何显著降低的，因为容易获取的化石燃料资源枯竭，更具挑战性的资源在经济方面更具吸引力。这些结果表明，随着时间的推移，可从提取出的资源获得的净能源越来越少，因为我们需要花费更多能源获取它。这种能源提取和使用的经济学分析方法将在第 14 章进行详细讨论。

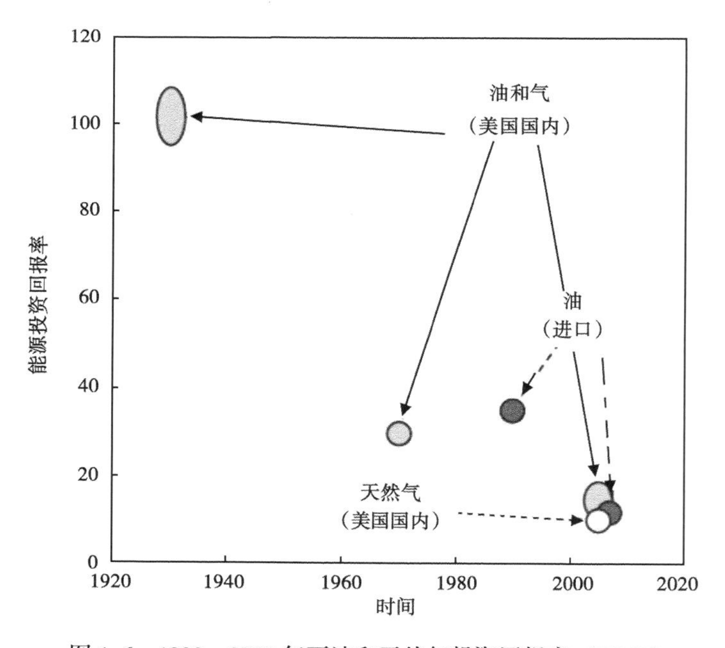

图 1.6　1930—2008 年石油和天然气投资回报率（EROI）

由于这些原因，人们越来越热衷于寻找新的能源，以此来减少对化石燃料（用来产生热量做功）的依赖，从而减少或消除温室气体的产生。此外，人们越来越关注对热能创新性的直接利用，在应用过程中，不需要通过燃料燃烧来获取热量。例如，水果的烘干可以通过发电或燃烧燃料来加热烘箱完成，也可以通过利用从天然温泉中直接获取的热水来加热烘箱完成。

通常，确定一种能源能否取代化石燃料的可行性的标准如下：

（1）它足够丰富，能满足市场需求的很大一部分。

（2）它的获取成本与现有能源相比具有竞争力。

（3）它的使用将减少或消除温室气体排放。

（4）它能自我补充（可再生）。

在了解这些化石燃料能源是如何使用以及是怎样导致温室气体排放的前提下，这些标准可以很好地用来选择替代能源。

图 1.7 展示了美国经济的能源消耗行业以及 2012 年它们各自的温室气体排放量。目前，交通运输行业的温室气体排放量最大。在大多数情况下，交通运输依赖于液体燃料，这被认为是这一行业在能源来源方面的重要限制。其余三个行业的温室气体排放量占总排放量的 2/3，重要的是，其中超过一半来自于用以支撑这些行业的电力生产。电力生产单独这一项的温室气体排放量就占了将近一半，该现状反映出发电主要是通过燃烧煤、天然气和石油获得的这一事实。

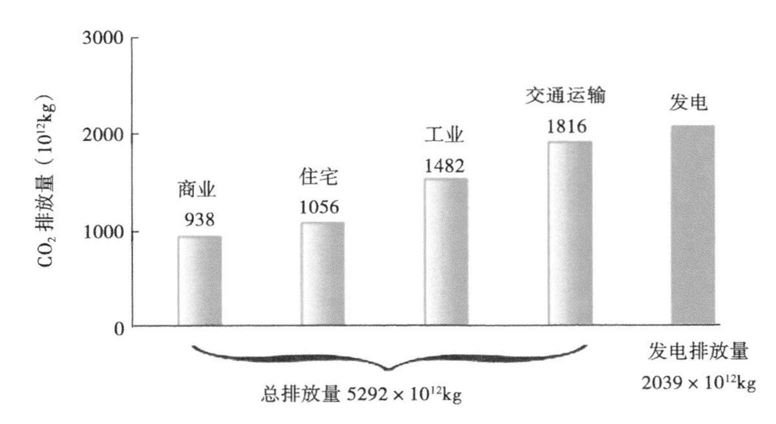

图 1.7　2012 年美国经济在商业、住宅、工业和交通运输行业中的 CO_2 排放量

2012 年四个行业共产生 5292×10^{12} kg CO_2，该图还展示了发电所产生的 CO_2 总排放量（数据来自于美国能源信息署 2012 年的初步数据，http：//www. eia. gov/tools/faqs/faq. cfm？ id = 75&t = 11）

结合这些事实和观察结果，表明最大限度减少化石燃料的使用可以通过如下方式实现：

（1）减少电力需求。

（2）用可再生能源代替化石燃料发电。

（3）用其他形式的便携能源代替基于化石燃料的液态燃料。

明显地，地热能可以满足所有这些要求，例如，地热可以直接或间接地用于加热和冷却建筑物（详见第 11 章和第 12 章），从而减少采暖、通风、空调和冷却（HVAC）对于电力的需求。地热也可以用于发电，详见第 10 章。地热能还可以为处理生物燃料提供所需的热量，见第 12 章和第 16 章。事实上，当地热与其他可再生能源联合使用并用于环境保护时，地热资源与风能、太阳能、生物质能和水动力资源可以满足世界上大部分能源需求。

地热能具有几个属性使其能够满足上述标准。一个属性是地热能不需要燃料。因为它依赖于地球内部热量的持续流动，所以不需要依赖于燃料供应基础设施就可以开发。使用地热能代替每千瓦的电能，可以减少至少 90%由化石燃料发电产生的温室气体排放量，在很多情况下甚至可以完全消除温室气体排放。

1.2.2 地热能是一种灵活的能源

地热另一种重要的属性是其利用方式的多样性，使之可以用于不同目的。正如上文所述，其中一个应用就是用来加热和冷却建筑物。每一寸土地表面都有热流流过。尽管浅层的土壤和岩石的温度受当地天气和太阳辐射的影响而波动，但由于地球内部热量的流动，3~10m 深处的温度通常是恒定的。在使用地源热泵（GHP，第 11 章）的建筑物中，地热可以作为能源用于采暖、通风、空调和冷却（HVAC）。由于其效率高，地源热泵的使用减少了电力需求。当地热能的这些应用与提高建筑物效率的项目结合时，可以代替相当一部分发电和天然气使用，来满足 HAVC 的负荷。

在许多地区，适度的热流可以使地热能应用于目前依赖化石燃料的工业。这些直接应用包括食品加工、物料干燥、农业活动和温室、养殖业以及造纸。虽然这些应用已经开发出来并且成功应用于世界各地，但其仍然相对陌生，而且未被充分利用。第 12 章讨论了许多这样的应用。

在地热能高密度出现的区域，如在第 2 章和第 10 章所讨论的区域，温度高到足以发电。图 1.8 比较了化石燃料发电和地热发电产生的二氧化碳排放量。在适当的环境下，地热发电可以大大减少温室气体的排放量。正如第 2 章所述，目前地热发电技术已经应用于特定的地质环境中，但还不能应用到所有环境的发电中。出于这个原因，地热发电在美国被限制应用在大约 30%的地理区域中。然而，正如第 13 章所述，新技术的开发使得更深的井得以钻进和使用，地热储层的发电能力将会扩张到每一个大陆上的大部分区域。目前预计，到 2050 年这项新技术可以为美国提供绝大部分电力需求（Tester 等，2006）。

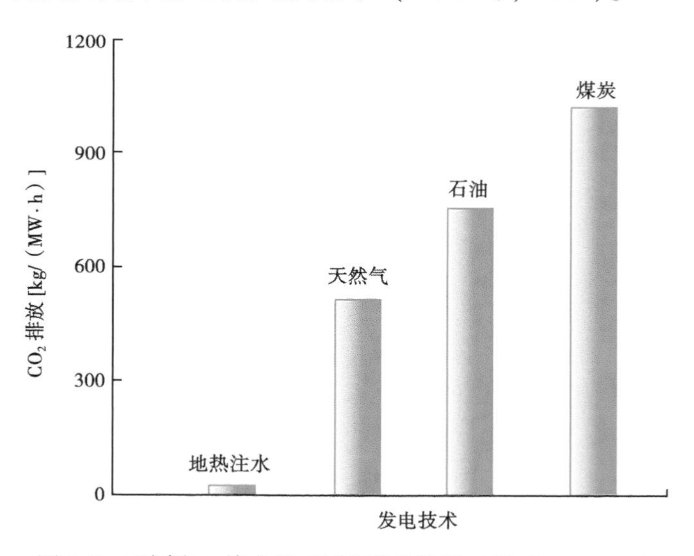

图 1.8 不同发电技术的二氧化碳排放量（据 Slack，2009）

使用化石燃料的发电系统的数据来自美国环境保护署 eGrid 2000 数据库；地热循环发电不会产生二氧化碳排放量

当技术与能源领域（用以服务）的特征和需求相匹配时，地热技术的使用是最高效的。下文将讨论地热能在发电领域的使用，来说明资源属性和行业需求是如何匹配以实现效率最大化的。

1.3 电力需求和地热能的特征

1.3.1 为电网发电

对于日益复杂的市场，现代电网经过 20 世纪的发展已经进化为一个可靠的供电网络。电网通过输配电线路系统将发电机和用户连接在一起。原则上，一个复杂的电网能够让一个国家的用户从另一个国家的电网上购买电力，并且得到可靠的电力供给。但是由于历史和经济的原因，电网通常被分割成区域供电，由运营商和监管机构管理，以减少传输过程中的电力损耗，并且提供一项安全措施以防电网故障。如果电网不分区，可能会造成灾难性的传输故障。

这样的系统有几个重要的特征和限制。一个特征是对电网的需求和负荷在一天之中是变化的。在特定的区域，电力需求在清晨最低，并且在白天的某些时刻或傍晚最高。季节变化也会影响负荷时机，不寻常的天气可能导致在非传统高峰时段用电需求激增。由于这种变化性，基本负荷、尖峰负荷以及负荷跟踪的概念已经演变并且在设计电网组成部分的过程中起到重要作用。

基本负荷是供应商必须提供给用户的最小电量。基本负荷的电量可能时刻变化，这取决于该区域的电力需求。通常一个设备管理员或是电力管理员会有一个历史记录和合同义务来确定基本负荷。

尖峰负荷是加载在电网上，超过基本负荷的即时负荷。尖峰负荷可能逐日逐月地变化，其受极端天气和当地紧急情况的强烈影响。能够满足超过基本负荷的临时负荷增加的能力称为峰值输出功率。供电方利用历史记录来估算可能的峰值需求，它是根据一个地区所需的最大发电量来确定的。通常，供应商设计的当地或区域系统的负荷能力会超过所估计的最大可能尖峰负荷的百分之几。

负荷跟踪是对电力需求变化做出反应的能力。负荷跟踪需要具备在几至十几分钟内增加电力输出的能力，这可以通过两种方式完成，一是发电厂能够相对快速地改变电力输出；二是订立合同协议，以便临时从那些能够快速响应电力需求变化的供应商处购买电力。

需求是如何在 24 小时的周期内随地点、季节和当地特殊的天气条件变化的。目前，除了局部地区，可再生能源不能够满足美国所有地方的全部需求。尽管如此，可再生能源目前能够在许多区域对电力需求做出显著贡献。图 1.9 展示了加利福尼亚州在特定的 24 小时内通过可再生能源产生的电量。该图表示了当前可再生能源的特征属性，例如太阳能和风能在一天中的变化，地热能的基本负荷性质，以及生物燃料的中间特征（即近基底负荷）。

历史上，电网输配电的管理一直通过中央设备人工完成，可根据需要在本地或远程调用或减少发电量。但是，最近的技术发展使电网通过电子监控和管理成为可能，可以利用复杂的计算机系统计算需求、负荷变化，以及风能和太阳能由于当地气候条件变化导致的发电量变化。由此产生了智能电网的概念，即自我管理。尽管需要几年才能全面实施，落实这种能力的构思和框架正在世界各地逐步推进。这种能力可以减少输电损耗，更有效地管理发电设备，并且允许最经济有效的发电方法具备调度能力，在某种程度上，这样做考虑了地方和区域需求。

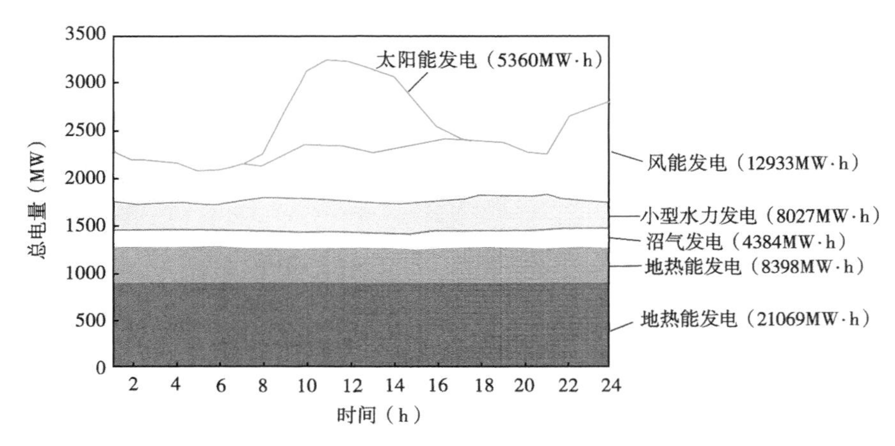

图 1.9　加利福尼亚州 2012 年 12 月 21 日可再生能源发电变化

图中绘制了每一种可再生能源在 12 月 21 日 24 小时内产生的电量，括号内表示每种可再生能源产生的总电量

地热发电厂历来被视为基本负荷发电厂来运营，从这个意义上讲，它们不同于太阳能和风能的间歇性发电。虽然所有这些设施都有一个优点，即不需要燃料供给基础设施来提供能量，太阳能和风能发电是间断的（即间歇性的），随日夜或（和）季节周期性变化，因此无法具备提供基本负荷的能力。然而，地热能从未停止从地球内部的供应，因此能够成为基本负荷供电系统的一部分。但是，没有理论根据说明地热储层无法以允许其负荷跟踪的方式进行管理的原因，也就是说，无法调度。研究正在努力开发管理地热发电设施的手段，以允许负荷跟踪和调峰，正如第 10 章和第 16 章所述。

1.3.2　发电供当地使用

正如上文所述，可再生能源的主要用途是发电，住宅、商业和工业由此获取电力。但是，可再生能源容易陷入这样的境地，即需要合适的发电机来发电，但这种发电机只能在限定区域提供给有限的客户电力。这样的分布式发电设备的数量正在增加。例如，新一代二元地热发电机的紧密性有可能使单井产生几百到几十万千瓦的电量。这样的设备可以将电力提供给一个工业现场、一个小型社区或是任何其他需要电力的运营类型，在这种规模下不需要通过电网来获取电力。这些设备需要的最少的运行监督并且成本效益好。这些将在第 10 章详细讨论。

1.4　小结

人口和能源使用的增加，以及由此产生的环境影响，使人们对寻找可再生且能减少温室气体排放的新能源产生了兴趣。地热能是一种能用于许多情况下且满足这些条件的通用资源，它不需要燃料供给和相关基础设施，可以运用在不同环境中。地热能可以用于为 HVAC 提供热量或是其他目的，也可以用于发电。它可能在化石燃料向产生更小环境影响的能源过渡的过程中起到重要作用，但是，可再生能源的成功运用需要将资源与正在开发的应用精心匹配。

问　　题

（1）什么是基本负荷能源？

（2）利用图 1.2 中的数据，绘制人均用电量在 25 年的时间间隔的倍增时间。倍增时间是值增加一倍的时间。讨论该绘图的影响。

（3）从环保的角度来看，地热能的使用与化石燃料系统有何不同？有什么好处？有什么缺点？

（4）如果想要同时利用地热能、太阳能、风能和生物质能技术，需要考虑解决哪些问题来满足日常负荷和季节性负荷？

（5）假设要将全球二氧化碳排放量减少到 1980 年的水平的协议落实到位，利用图 1.5、图 1.7 和图 1.8 中的数据，定量建议如何实现该协议？需要做哪些假设来进行计算？

（6）利用图 1.4 和图 1.5 中的数据，绘制全球排放量和全球温度之间的相关性。该图表示什么含义？

参 考 文 献

Boden, T. A., Marland, G., and Andres, R. J., 2010. Global, regional, and national fossil-fuel CO_2 emissions. Carbon Dioxide Information Analysis Center, Oak Ridge National Laboratory, US Department of Energy, Oak Ridge, TN. doi: 10.3334/CDIAC/00001_V2010.

Cleveland, C. J., 2005. Net energy from the extraction of oil and gas in the United States. *Energy*, 30, 769-782.

Grübler, A., 1998. *Technology and Global Change*. Cambridge: Cambridge University Press. 464 pp.

Hafele, W. and Sassin, W., 1977. The global energy system. *Annual Review of Energy*, 2, 1-30.

Hall, C. A. S., 2008. Provisional results from EROI assessments. *The Oil Drum*. April 8. http://theoildrum.com/node/3810.

International Energy Agency, 2012. *Key World Energy Statistics*. Organisation for Economic Co-operation and Development. 80 pp.

http://www.iea.org/publications/freepublications/publication/kwes.pdf.

Murphy, D. J. and Hall, C. A. S., 2010. Year in review-EROI or energy return on (energy) invested. *Annals of the New York Academy of Sciences*, 1185, 102-118.

Rohde, R., Muller, R. A., Jacobsen, R., Muller, E., Perlmutter, S., Rosenfeld, A., Wurtele, J., Groom, D., and Wickham, C., 2013. A new estimate of the average earth surface land temperature spanning 1753 to 2011. *Geoinformatics & Geostatistics: An Overview*, 1 (1), 1-7.

Slack, K., 2009. Geothermal resources and climate emissions. Draft Report for Public Review. Geothermal Energy Association, Washington, DC, 39 pp.

Solomon, S., Qin, D., Manning, M., Chen, Z., Marquis, M., Averyt, K. B., Tignor, M., and Miller, H. L. (eds.), 2007. *Climate Change 2007: The Physical Science Basis*. Contribution of Working Group I to the Fourth Assessment Report of the Intergovernmental Panel on Climate Change. Cambridge University Press, Cambridge; New York, NY, 996 pp.

Tesla, N., 1900. The problem of increasing human energy: With special references to the harnessing of the sun's energy. *Century Illustrated Magazine*, June.

Tester, J. W., Anderson, B. J., Batchelor, A. S., Blackwell, D. D., DiPippio, R., Drake, E. M., Garnish, J. et al., 2006. *The Future of Geothermal Energy. Cambridge*, MA: MIT Press. 372 pp.

United Nations, 2012. World population prospects: The 2012 revision. United Nations Department of Economic and Social Affairs, Population Division. http://esa.un.org/wpp/.

US Energy Information Agency, 2013 Washington, DC. http://www.eia.gov/cfapps/ipdbproject/iedindex3.cfm?tid=90&pid=44&aid=8&cid=ww,&syid=2007&eyid=2011&unit=MMTCD.

第2章　地热来源

在人们的印象中，地球是恒定不变的。在一个人一生的时间尺度上，地球似乎没有改变，就像 John Burroughs（1876），描述爱尔兰山时所说的“纹丝不动、固定不变”，但现实与经验完全相反。自45亿年前地球形成开始，它的每立方厘米都在运动。事实上，地球是一个动态实体。在几秒钟的时间尺度内，地震使地球震动；在几年的时间跨度内，火山出现并且发展；经过几千年，地貌慢慢演变；经过数百万年，大陆在地表重新排列。

驱动上述过程的能源是热能。尽管火山熔岩的喷发可能是热能存在于地球内部最显著的证据，事实上，每一寸地球表面都有热能不断流动。地球的平均热通量为 $87mW/m^2$（Stein，1995）。对于地球 $5.11\times10^8km^2$ 的总表面积，热通量相当于超过 $4.4\times10^{13}W$ 的总热量输出。为了便于比较，2006年人类活动消耗的总功率大约为 $1.57\times10^{13}W$（US Energy Information Agency,2008）。显然，地球中的热能有可能显著有助于满足人类的能源需求。这种热能是地热能的来源。本章将讨论热能的来源、分布和性质。

2.1　地球热能的来源

为了明智地利用地球中可用的热能，了解热能的来源非常重要。地热能可以给房屋、温室大棚供暖，烘干香料和蔬菜，以及发电。这些应用可以在地球各个地方实施，其他应用需要特殊环境。地热能在某种程度上听起来既经济又环保，但是利用这种资源需要了解其特性。本章介绍地热的来源、确定地热在地球表面的分布的过程以及决定地热强度的因素。

2.1.1　来自地核的热能

关于陨石和天文活动过程的模型假定，地球形成于45.6亿年前（Göpel 等，1994；Allégre 等，1995），通过来自早期太阳星云的物质堆积而成。灰尘、砂粒大小的颗粒以及其他物质相互碰撞并且聚集，在几千万年的时间范围内形成类地行星（Wetherill，1990；Canup 和 Agnor，2001；Chambers，2001；Kortenkamp 等，2001；Kleine 等，2002；Yin 等，2002）。聚集的物质由多种矿物质组成，主要是那些类似于地球岩石组分的硅酸盐，以及自然金属（主要是铁）和冰冻挥发物（比如水和简单的碳氢化合物）。

随着地球不断吸收物质并堆满地球的表面，其动能部分会转化成热能。该过程导致地球温度不断升高。此外，随着地球不断变大，其内部的压力增加，压缩硅酸盐矿物和其他物质，最终促进了地球内部温度的升高。

早期的太阳星云也有大量较短半衰期放射性元素（例如 ^{26}Al，$t_{1/2}=0.74Ma$；^{182}Hf，$t_{1/2}=9Ma$；^{53}Mn，$t_{1/2}=3.7Ma$，其中 $t_{1/2}$ 是半衰期，这是放射性元素有半数发生衰变所需的时间）。放射性衰变通过若干机制中的一种发生：α 衰变，是一个氦原子核的放射；β 衰变，是一个中子转化为一个质子，放射出一个反中微子和一个电子的过程；β′ 衰变，是一个质子转化为一个中子，放射出一个中微子和一个正电子的过程；γ 衰变，发生于伽马射线放射时；电子捕获，发生于内层电子被原子核捕获时。虽然中微子不会明显与物质发生相互作用，但是当粒子与周围衰变同位素的原子发生碰撞时，放射性衰变的其他产物和衰变原子核的反冲会立即加热周围的环境。粒子的动能转化为热能，这导致了局部温度的升高。表 2.1 概括了目前向地球提供热能的主要放射性元素的热能生产。虽然^{26}Al 不再存在于地球上，但在地球形成早期很丰富，大大有助于提高其内部温度。

表 2.1　主要产热元素产生的热量

元素	K	U	Th
产生的热量（W/kg）	3.5×10^{-9}	96.7×10^{-6}	26.3×10^{-6}

资料来源：Beardsmore，G. R. and Cull，J. P.，Crustal Heat Flow：A Guide to Measurement and Modeling，Cambridge University Press，Cambridge，2001.

上述过程导致地球内部的温度超过了铁的熔点。因为铁的密度比与之接触的硅酸盐高，并且铁在液体状态具有流动性，液态铁流动到地球中心，形成一个液核。上述流动过程也有助于加热地球，因为铁移动到更低重力势的位置导致重力势能的释放。

上述过程导致在不到 30Ma 的时间内，形成了一个分化的具有热的、液态金属核的地球（Kleine 等，2002；Yin 等，2002）。自那时起，地核慢慢冷却，形成一个固体内核，液态外核缩小。今天，固体内核有大约 1221km 的半径（图 2.1）。液态外核从地球的中心延伸至约 3480km 处，大约厚 2200km。虽然难以确定，并且存在相当大的争议，内核和外核边界的温度可能在 5400~5700K 之间。液态外核的外缘温度大约是 4000K（Alfé 等，2007）。

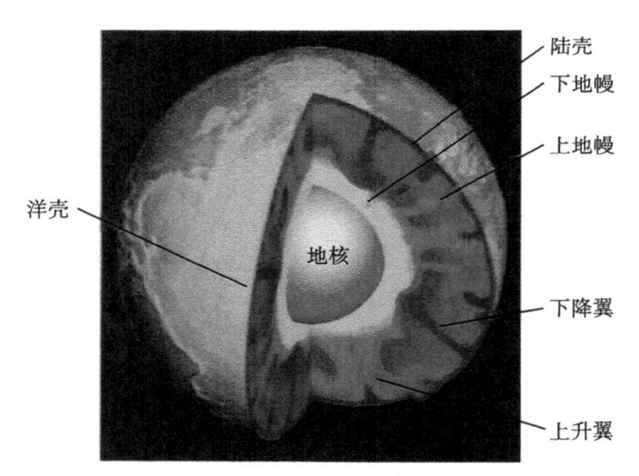

图 2.1　地球内部（据美国地质调查局）

地幔柱从以下地幔穿过上地幔延伸至地壳底部表示对流单元的上升翼；

从地壳底部延伸进地幔表示对流单元的下降翼

用于地热应用的一些热量（大约 40%；Stein，1995）最终来源于地核早期形成时的余热。剩余 60%的热量来源于长寿命放射性同位素。

2.1.2　来自长寿命同位素放射性衰变的热能

地核的形成是地球历史上的一个基本事件。金属的再分配伴随着剩余行星体的密度分层。虽然该过程的细节和时间在科学界仍然具有很大的不确定性以及趣味性，但最终的结果是地球分成具有不同化学组成的层（图 2.1）。

包围地核的地幔，其厚度约为2890km，由二氧化硅含量相对较低和密度相对较高的矿物组成。矿物的密度能够反映在地球内部高压环境下单位矿物（如每摩尔）结构所占据的体积。这种结构不容易容纳大的原子，比如钾（K）、铷（Rb）、钍（Th）、铀（U）以及许多其他元素。其结果是，地幔趋于由硅酸盐矿物、氧化物和其他高密度矿物组成，高密度矿物含有大量半径相对较小的原子，例如镁（Mg）、钛（Ti）、钙（Ca）和一些铝（Al），以及少量大原子。半径相对较大的原子之间的相互排斥减少了地幔中比例较高的放射性同位素，例如K、Rb、Th和U。

地壳漂浮在地幔之上，具有两种类型。洋壳位于大洋之下，厚度在6~10km之间；陆壳组成了地球上所有主要的陆地，厚度在30~60km之间。洋壳形成于地幔中对流单元的上涌部分到达地表的区域（见“板块构造和地热资源的分布”部分）。在上涌过程中形成的岩浆在洋脊中喷出，然后凝固形成洋壳。因为这种地壳直接由放射性元素含量低的地幔形成，因此洋壳的放射性元素含量也较低。

陆壳由大量与地幔中高密度矿物不同的物质组成（图2.2）。这样一来，陆壳富含由较大原子组成的低密度矿物，包括那些可以很容易地容纳K、Rb、Th和U的矿物。因此，陆壳是全球放射性元素最大的储层（表2.2）。存在于大陆上的约60%的热量来自于上述四种元素的放射性衰变。

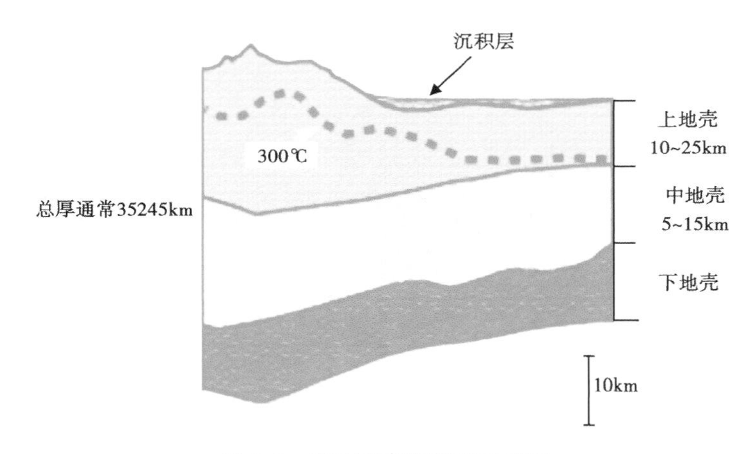

图2.2 穿过陆壳的截面示意图

展示了上、中、下地壳的已知厚度范围，以及一条假想的300℃等温线；
注意等温线可能在山脉降低，而不是图中显示的升高，这取决于山脉类型与其地质历史

表2.2 放射性元素产生的热量［J/(kg·s)］

物质	K	U	Th	总量
上陆壳	9.29×10^{-11}	2.45×10^{-10}	2.77×10^{-10}	6.16×10^{-10}
陆壳均值	4.38×10^{-11}	9.82×10^{-11}	6.63×10^{-11}	2.07×10^{-10}
洋壳	1.46×10^{-11}	4.91×10^{-11}	2.39×10^{-11}	8.76×10^{-11}
地幔	3.98×10^{-14}	4.91×10^{-13}	2.65×10^{-13}	7.96×10^{-13}
地球总量	6.90×10^{-13}	1.96×10^{-12}	1.95×10^{-12}	4.60×10^{-12}

资料来源：Van Schmus, W. R. Natural radioactivity of the crust and mantle. In Global Earth Physics, ed. T. J. Ahrens, American Geophysical Union, Washington, DC, 1995。

大陆的结构从表面上看，如果只考虑密度结构非常简单。地震观测形成了这样的概念，陆壳有三个基本的部分——下地壳、中地壳、上地壳（图 2.2）。这三个部分每个地方的厚度都在变化，如图中所示，并且有时候很难区分。下地壳由含有低丰度放射性元素的火成岩和变质岩组成。中地壳和上地壳相对富含放射性元素。这一因素再加上由于构造运动形成的造山带和沉积盆地造成的厚度的显著变化，导致从非均匀分布的放射性元素中释放出的热量变化巨大。这种变化的结果是浅部地壳的热量分布非常不均匀，正如图中画出的 300℃ 等温线所示。

这些元素的放射性衰变对热流的贡献由下列关系式表示：

$$q = q_0 + D \cdot A \tag{2.1}$$

式中 q——地表的热流，mW/m^2；

q_0——当前与具体放射性元素衰变无关的热流初始值，mW/m^2；

D——地壳厚度，m，地壳上的放射性元素分布或多或少与此相关（对于一般的地壳模型，该值通常取 10~20km，大概与上地壳对应）；

A——单位体积岩石产生的热量，mW/m^3。

变量 A 可以表示为：

$$A = h_0 e^{-\lambda t} \tag{2.2}$$

式中 h_0——原始热量，W/m^3；

λ——同位素衰变常数，等于 $0.693/t_{1/2}$；

t——时间，s。

表 2.2 总结了地壳和地幔不同部分产生的热量。利用上地壳的值，假设背景热流值约为 $40mW/m^2$（基于冷却地核中的热量），陆壳地表的平均热流值约为：

$$q = 0.04W/m^2 + 10000m \times 1.35E^{-6} W/m^3 = 53.5mW/m^2$$

假设岩石的平均密度为 $2200kg/m^3$，背景热通量为 40 mW/m^2，如果地球的平均热流为 $87mW/m^2$，为什么结果如此之低？答案就在于热量是如何在地球中传递的。

2.2 地球中热量的传递

众所周知，热量不会一直留在它产生的地方——很明显，它总是从一个温暖的地方转移到较冷的地方。这种简单的观测产生了科学上最基础的突破之一，即热力学原理，将在第 3 章中定量讨论。在本章，我们将讨论热传递发生的主要机制（辐射、传导和对流），以及这些机制如何影响地热能的有效性。热传递机制将在第 12 章再次被提及，详细讨论了它对地热应用的直接作用。

2.2.1 辐射

热量可以通过热光子的发射和吸收辐射传递。热光子类似于可见光子（波长 380~750nm），在电磁波谱上落在波长较长（约 700nm 至超过 15000nm）的红外线部分。大多数地球物质对于红外辐射来说是不传热的，所以辐射在热传递过程中的主要作用是通过红外发射在地表传递热量。正是出于这个原因，辐射对于地球内部热能传递或质量传递的贡献很少。但是对于那些重要的感知或测量地球表面热流动的实例来说，不是这种情况。遥感技术依靠热辐射来表征地表性能。

在过去的十年中，红外传感飞机和卫星作为一种识别热异常的手段，已被用来绘制地表热强度或红外发射强度图。虽然这很复杂，并且仍然处于常规部署的成型阶段，但是上述努力有可能显著影响地热资源的勘探和评估。我们将在第 7 章详细讨论热辐射，其中对地热资源的勘探进行了详细论述。

2.2.2 传导

一块岩石单元，例如厨房的花岗岩台面，如果静置数小时，将会达到一个恒温。显然，当其处于恒温的状态时，也处于热平衡状态。如果将一壶开水放置在台面上，热平衡状态将会被打乱。仔细观察和测量将会记录下接触开水壶的花岗岩会迅速升温，并达到一个最高温，该温度稍低于开水的温度。随着时间的推移，花岗岩台面的温度从开水壶位置处逐渐向更远的地方增加，但同时，开水壶和最开始与之接触的花岗岩的温度会下降。最后，在理想的情况下，花岗岩和开水壶会达到一个热平衡状态，温度稍高于开水壶放置于花岗岩台面之前的温度。这种温度渐进式变化大部分是由于热传导，这是直接通过物理接触的热传递。这是一个扩散过程，不涉及质量传递。

通过物质中原子（和电子）之间的能量传递发生传导。这个过程常常概念化为正在受热扰动的物质中原子的振动频率的变化。在花岗岩台面和开水壶的例子中，当与开水壶快速振动的原子接触时，组成花岗岩台面的矿物中的原子振动频率也会增加。因为花岗岩台面矿物中的原子彼此之间是物理接触，增加的振动频率会传播至整个花岗岩台面，最终达到一个各处温度相同的状态。

达到热平衡的速率主要取决于物质的热导率和扩散率。热导率是表征物质导热能力的参数。热导率（k_{th}）的单位是 W/(m·K)，每种物质的热导率都不相同，因为它取决于物质的微观特性（例如原子结构、键强度和化学组成）和宏观特性（例如孔隙度和相态）。由于物质的微观特性和宏观特性随着温度变化，k_{th}也将是温度的函数，因此，它必须在不同温度条件下测量。表 2.3 提供了一些常见物质的热导率。

表 2.3　一些常见物质的热导率　　单位：W/(m·K)

物质	25℃	100℃	150℃	200℃
石英[①]	6.5	5.01	4.38	4.01
碱性长石[②]	2.34	—	—	—
干砂[①]	1.4	—	—	—
石灰岩[①]	2.99	2.51	2.28	2.08
玄武岩[①]	2.44	2.23	2.13	2.04
花岗岩[①]	2.79	2.43	2.25	2.11
水[③]	0.61	0.68	0.68	0.66

资料来源：① Clauser, C. and Huenges, E., Thermal conductivity of rocks and minerals. In *Rock Physics and Phase Relations*, ed. T. J. Ahrens, American Geophysical Union, Washington, DC, 1995.

② Sass, J. H., *Journal of Geophysical Research*, 70, 4064-4065, 1965.

③ Weast, R. C., *CRC Handbook of Chemistry and Physics*, CRC Press, Boca Raton, FL, 1985.

通过某一物体的热流（q_{th}）取决于 k_{th}，以及通过某一距离（x）的地温梯度（∇T）：

$$q_{th} = k_{th} \times \frac{\nabla T}{x} \tag{2.3}$$

热流等于：

$$\frac{\mathrm{d}q_{th}}{\mathrm{d}t} = k_{th} \times A \times \left(\frac{d\nabla T}{\mathrm{d}x}\right) \tag{2.4}$$

式中，热流的单位为 $\mathrm{J/(m^2 \cdot s)}$，即 $\mathrm{W/m^2}$。

公式（2.4）表示的关系可以直接应用于实例，其中温度测量是在一口井或钻孔中进行，将潜在地热资源的温度在深度上进行投影。实际上，表征该问题的几何图形由一块存在温差的材料单元构成。通过测量地质材料的热容和井中两个不同深度的温差，有可能推断出流过某一区域的热量（J/s）（即 W），并因此将温度投影到深度上。比如，假设在一个位于玄武岩中的潜在地热部位，一口勘探井钻至 2000m，在井的底部测得的温度是 200℃。如果我们将玄武岩的热导率在 25℃（地表的温度）~200℃（表 2.3）之间进行平均分配，考虑到热导率和温度在该温度区间内近乎线性的变化，并假设测量值代表现场的每平方米表面积，该处的热流为：

$$2.2\mathrm{W/(m \cdot K)} \times 1\mathrm{m^2} \times \left(\frac{473-298\mathrm{K}}{2000\mathrm{m}}\right) = 0.193\mathrm{W} \tag{2.4}$$

鉴于全球平均热流为 $87\mathrm{mW/m^2}$，该值表示这一深度有显著的地热源，需要进一步调查。但是，这种方法不适合计算一个地质体有多少热量，例如，一个岩浆房会随着时间将热量传递到其周围，因为岩浆系统的几何形状不是平面的。如果假设热源可以概念化为一个圆柱体，则方程可变为：

$$\left(\frac{\mathrm{d}q_{th}}{\mathrm{d}t}\right) = k_{th} \times 2\pi r \times l \times \left(\frac{\mathrm{d}T}{\mathrm{d}r}\right) \tag{2.5}$$

式中 r——圆柱体的半径；

l——长度。

对该方程积分，热传导作为径向距离的函数可以写为：

$$\frac{\mathrm{d}q_{th}}{\mathrm{d}t} = k_{th} \times 2\pi l \times \left(\frac{T_1 - T_2}{\ln(r_2/r_2)}\right) \tag{2.6}$$

式中，下标 1 和 2 分别为相对于热源中心的内部位置和外部位置。

仔细检查表 2.3，发现了几个与热导率有重要相关性的量级，所有这些都对地热能系统有影响。图 2.3 展示了石英（一种岩石、砂或土壤中常见的矿物）和几种岩石（石灰岩、玄武岩和花岗岩）的热导率与温度的相关性。图 2.3 还展示了水的热导率与温度的关系。注意，温度的影响对每种物质是不同的，并且不是线性关系。从室温到 200℃（473K），石英的热导率变化了 61%，而玄武岩的热导率变化了约 70%。在相同的温度区间内，水的热导率轻微增加然后减小。

长石（例如碱性长石）和石英是最丰富的矿物，占组成陆壳岩石的大部分。在图 2.3 中，这两种矿物之间的热导率有接近三倍的差异。显然，在任何特定岩样中，岩石的热导率

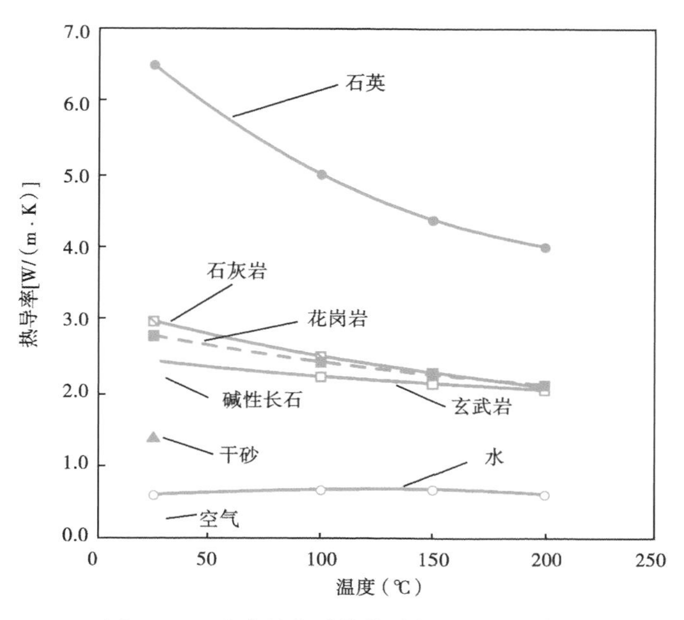

图 2.3　一些常见物质的热导率与温度的关系

会强烈地受到这两种矿物相对比例的影响。

热扩散率（κ）是表征热传递发生的速率的参数。热扩散率的单位是 m^2/s，为一种物质热导率 k_{th}［$W/(m\cdot K)$］与热容 C_v［$J/(m^3\cdot K)$］的比值。

$$\kappa = \frac{k_{th}}{C_v} \tag{2.7}$$

热容是单位体积物质温度升高 1K 所需的热量。注意，在恒压下的热容（C_p，会在第 3 章和第 11 章中讨论）与在定容下的热容（C_v）的关系。

$$C_p = C_v + \alpha^2\left(\frac{VT}{\beta}\right) \tag{2.8}$$

式中　α——热膨胀系数；

β——压缩系数；

V——摩尔体积；

T——绝对温度，K。

与体积热容相比，热扩散率提供了一种定量测量方法，用于评估某种物质温度变化的速率。具有高热扩散率的物质能够迅速改变温度。石英、碱性长石及大多数其他矿物和岩石的热扩散率范围在 $1\times10^{-6}\sim10\times10^{-6}m^2/s$ 之间。作为对比，许多常见金属的热扩散率范围在 $1\times10^{-4}\sim5\times10^{-4}m^2/s$ 之间。因此，金属的升温或降温速率是矿物的 10～100 倍。这也表明，岩浆体的围岩表现为绝缘介质，以相对较慢的速率将热量从慢慢冷却的熔岩传递出去。

使上述关系复杂化的原因是岩石和土壤是多孔介质。孔隙度及其属性可以显著变化。在一般情况下，孔隙度越大，热导率越小。热导率和热扩散率随孔隙度减少的程度取决于孔隙空间填充的物质。水和空气是最常见的孔隙填充物质，它们各自的热导率（图 2.3）显著不同。因此，对于两块岩样或土壤样品，孔隙空间填充水（饱和）的样品热导率比孔隙空间填充空气的样品高（两块样品其他条件一样）。

在图 2.4 中，石英砂的饱和程度对热导率的影响非常显著。对于地热，在图 2.4 中有几点因素与之有关。第一，饱和度与 k_{th} 之间的关系不是线性的。这是由于水的表面张力使其主要沿砂粒的接触点分布，而不是均匀地分布在孔隙空间，而空气是均匀地分布在孔隙空间。因此，热能在颗粒接触点的传递能力随着少量水的加入迅速提高。当含水 10%~20% 时，热传递速率随热导率的迅速升高而降低。

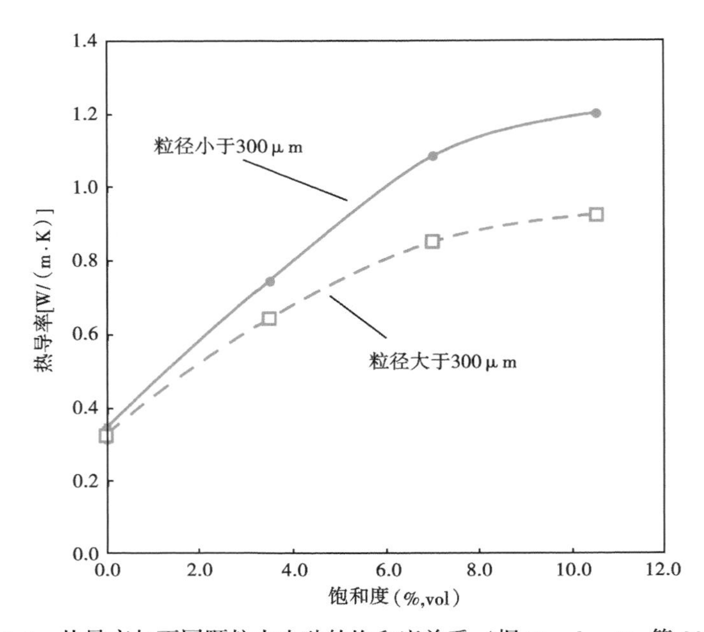

图 2.4　热导率与不同颗粒大小砂的饱和度关系（据 Manohar K. 等 2005）

第二，从图 2.4 中可以看出，孔隙大小也会影响饱和度对热导率的作用。这种影响导致单位体积颗粒之间的接触点数量直接取决于颗粒大小。因为对于单位体积粒径越小的颗粒，接触点越多，随着饱和度的增加，细砂比粗砂的热导率增加得快。

上述两点清晰地说明，要有效地利用地热能必须建立在对开发现场地下岩石的属性有全面了解的基础上。应当掌握物质的热导率在实验室中的测量，并尽可能地不破坏其自然状态。这适用于那些依赖近地表物质热力性质的应用，例如地源热泵装置（见第 11 章），以及利用来自于深部基岩的地热能发电的应用。

虽然矿物的热导率微不足道，与金属相比，矿物属于热的不良导体。例如，铝在室温下热导率约为 210W/(m·K)，铁的热导率约为 73 W/(m·K)。一般情况下，矿物传递热的速率比那些常见金属（表 2.3）少 1~2 个数量级。虽然热导率对一个地热点的局部热力性质有很强的影响，但是从一个地热点获取的热量是对地球中另一个热传递过程的反映，该过程源自矿物相对低的热导率。此热传递过程称为对流，是地球中热传递的主要模式。

2.2.3　对流

热传导的发生不伴随质量运动。但是，任何物质的温热体流入一个较冷的区域就是一种热传递方式。如果出于某种物理原因，热物质流入较冷区域不伴随任何热传导，该过程称为平流。但是，在地球中的大多数情况下，质量运动的同时，热传导也同时发生。这种由质量运动和热传导组合成的热传递过程称为对流。

在重力作用下，密度较小的物质将位于密度较大的物质之上。在由具不同密度的物质随机分布组成的行星体中，当所有的物质顺序排列时，具最高密度的物质在行星体中心，具最低密度的物质在行星体最外缘，该行星体最终达到平衡状态。这种密度排列称为密度分层。假如一些或所有物质能够流动，密度分层会随时间自然发生。这种情况发生的速率取决于所涉及物质的黏度和密度差。早期的地球在几十万年内达到这种密度分层状态，正如前文“热量来自地核的形成”部分所述。但是，这种情况并不会形成一个静态的行星，因为这不是一个稳定的结构。

黏度是加压时，物质流动的阻力。具有高黏度的物质是那些由于分子结构不同而具有高摩擦的物质。流体相对于水和空气具有高黏度，例如冷蜂蜜或蜂糖。阻止流动的阻力以帕斯卡·秒（Pa·s）为单位。1Pa·s等于1m·kg·s^3/m^2，这是所施加的应力的量度和由此产生的变形（或应变）。表2.4为物质的黏度范围。注意，许多物质在室温条件下无法流动（例如地球的固体地幔的某些部分），事实上，在高温高压下它们的黏度足以使其在地质时间尺度内流动。

表2.4 地质和常见物质的动态黏度

物质	温度（℃）	黏度（Pa·s）
水	20	0.001
蜂蜜	20	10.0
焦油	20	30000
熔化的流纹岩①	约1400	约3.55×10^{11}
上地幔②	约1000	约1×10^{19}
下地幔③	约3500	约$1\times10^{21}\sim3\times10^{22}$

资料来源：① Webb, S. L. andDingwell, D. B., *Journalof Geophysical Research*, 95, 15695 - 15701, 1990.

② Hirth, G. and Kohlstedt, D., *Geophysical Monograph*, 138, 83-105, 200.

③ Yamazaki, D. and Karato, S.-I., *American Mineralogist*, 86, 385-391, 2001.

在缺乏能量源的时候，对于组成地球的物质的分布来说，密度分层的地球是一个稳定的结构。但是，热的、熔化的外核是一个非常大的能量源，可以源源不断地加热地幔的基部。如前所述，组成地球的矿物是不良热导体。因此，地幔基本上是一个围绕地核的热绝缘体。随着地幔基部的加热，紧邻地核的矿物膨胀，从而密度减小。此外，它们也变得不那么黏稠。随着上述情况的发生，部分热扰动的下地幔开始经历重力不稳定性，因为与上覆较冷且密度更大的地幔相比，它们变得相对活跃。最终，密度和黏度减小带来的综合效应克服流动的阻力，加热的下地幔开始浮升到地表。这时对流开始发生。

定性地，有利于对流发生的物理条件是低黏度、显著热膨胀、存在重力（对于浮力效应是必要的）和低的热导率（或者热源与散热点之间距离大），此外，热源和散热点之间的温度上升必须比简单地由于压力随深度增加导致的温度上升更大。

有利于对流流动的条件可定量表示为：

$$Ra=\frac{g\times\alpha\times\nabla T\times d^3}{\nu\times\kappa} \tag{2.9}$$

上式计算了浮力和黏度的相对大小。在式（2.9）中，g 为重力加速度（m/s^2）；∇T 为垂直地温梯度（K）；α 为热膨胀系数（1/K）；d 为深度间隔（m），在此间隔内温差发生；ν 为运动黏度（m^2/s）；κ 为热扩散率（m^2/s）；Ra 是无量纲数。这可以通过带入方程每个参数的单位并解出这些单位合适的解得到证明。Ra 称为瑞利数，它指示了热传递中传导和对流的相对贡献。当 Ra 大于 1000 时，对流是主要的热传递机制，而较低的 Ra 值指示传导是主要的热传递机制。

对于地幔，Ra 的估计值在 105～107 之间，这取决于地幔的矿物学模型、温度随深度的分布和可能的对流翻转规模（Anderson，1989）。显然，从下地幔到地球表面的热传递过程是对流过程占主导地位。正是地球的这种基本属性驱动板块构造运动，这也解释了地热资源在全球范围内分布的原因。

2.3 板块构造与地热资源的分布

在 1912 年，Alfred Wegener 发表了他的里程碑式的后来被称为大陆漂移的文章（Wegener，1912）。在发表该文章之后于 1915 年出版了他的书《Die Entstehung der Kontinente und Ozeane》（大陆和海洋的起源）。在接下来的 14 年里，该书经过了三次修订，最后形成 1929 年的第四版，该版本提供了他关于大陆运动最完整的论述（Wegener，1929）。这个假设被证明是非常有争议的。直到 20 世纪 60 年代，地质界的绝大多数人才接受这个观点，即大陆和海洋盆地事实上是运动的。

阻碍大家接受“地壳是运动的”这一观点的其中一个主要因素是缺乏一个令人信服的驱动这场运动的机制。这个问题最终在第二次世界大战过后得到了解决，在战争期间，海洋调查船装备了磁力仪，该磁力仪最初打算用来探测潜水艇。从海洋调查中获得的证据记录了后来被称为洋中脊系统的环球性山脉的存在。由于装备了磁力仪的船只巡航了世界大洋，他们发现了意想不到的磁异常模式，与洋中脊系统平行，在其两侧延伸数百英里。

人们很快认识到，在洋中脊一侧的磁异常模式是洋中脊另一侧的磁异常模式的精确镜像。对于这种对称性的唯一解释是，洋壳必须形成于洋脊，并从中延伸开来。对于这一的事实，有人推测，地幔必须在洋中脊系统中上涌。这个上涌的过程将热的深部地幔岩石带到地表，导致热岩熔化，随着岩石上升到地球浅层，压力降低。热地幔上涌的过程是对流的一个典型例子。上涌对流单元在地球表面相交的地方被称为扩张中心，因为其限定了地壳形成和移动到洋中脊系统另一侧的范围。

为了平衡向上流动的热的对流地幔，同样需要一个向下的流动。否则，地球会膨胀，而质量守恒定律说明，这种情况不存在。人们很快意识到，地球上大部分火山与深海海沟和深源地震带有关，这可能是对流地幔系统沉降流部分的可能位置（图 2.5）。这些位置被称为俯冲带。

扩张中心—俯冲带一起限定了地球主要构造板块的边界。每个板块表现为地壳的刚性单元，在下伏地幔的对流单元以及由相邻板块的相互作用产生的应力作用下移动。图 2.6 展示了对板块边界和板块运动的认识。

热量和质量的对流传递一起解释了为什么以公式（2.4）计算热流得到的是一个低值，对于陆壳，除了直接来自放射性衰变的热量，其余热量正在通过对流过程从地球深部积极地被传递。

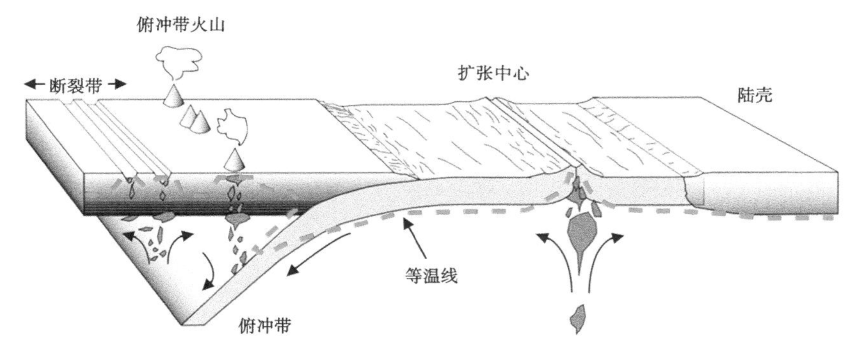

图 2.5　组成板块构造主要元素的结构示意图

箭头指示对流地幔物质的局部运动。灰色不规则物质代表岩浆体，从地幔上升到地壳中。注意，出现在地球中的大多数岩浆在扩张中心、俯冲带火山或断裂带中被发现

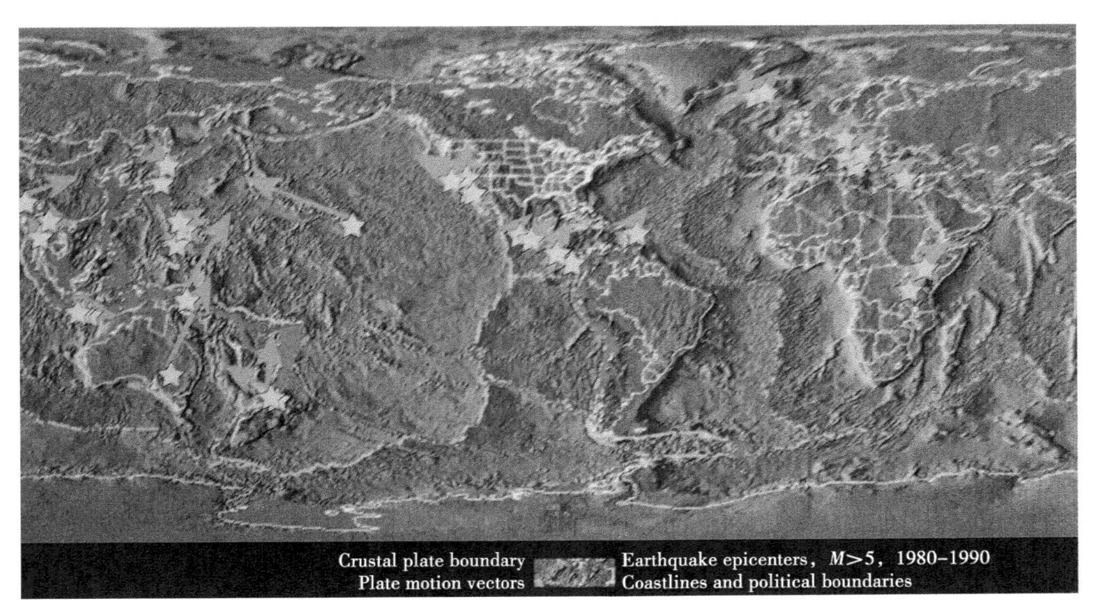

图 2.6　全球性地图

地震位置（红点）指示板块边界（黄线）、政治边界（白线）和世界上地热发电站的位置（星号）。一些板块运动的方向用绿色箭头表示，箭头长度与板块运动的相对速度一致。注意，发电站位置与板块边界之间的强相关性。全球性地图、地震数据和边界来自美国国家海洋和大气管理局板块和地形光盘，发电站位置来自国际地热协会网站（http：//iga. igg. cnr. it/geo/geoenergy. php）

如前所述，全球平均热流为 87mW/m^2，但是，对流是通过传导和质量运动进行的热传递，扩张中心必须是非常高热流值的位点。事实上，扩张中心热流的计算机模型表明，热流值可能高达 1000mW/m^2（Stein 和 Stein，1994）。在扩张中心测得的热流值一般比计算机模型预测的低（约 300 mW/m^2；图 2.7），反映了地壳中扩张发生的地方水循环的影响，因而大量的热量通过平流和对流传递进海水中。

通过类比对流单元的经典模型，也可以假设一个先验，即俯冲带必须是热流非常低的区域，这标志着对流单元回到地幔较冷的沉降部分。然而，俯冲带以全球最集中的火山为特点，由此将大量熔岩（和热量）带到地表。

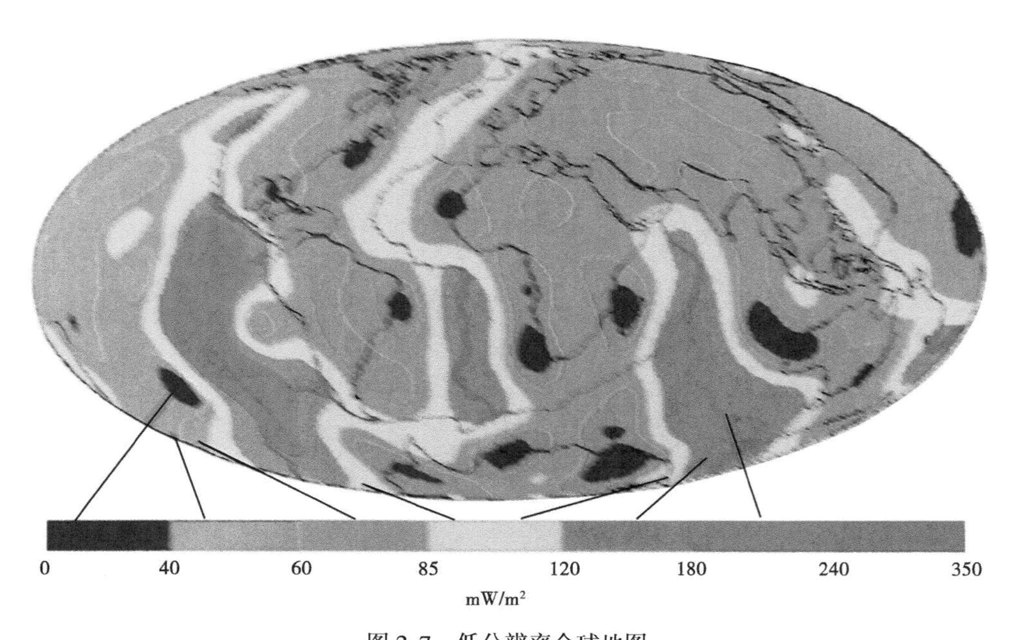

图 2.7　低分辨率全球地图

展示了地表热流的分布；比较该图与图 2.6 的板块边界关系、地热发电厂和热流（来自国际热流委员会，http：//www.geophysik.rwth-aachen.de/ IHFC/heatflow.html.）

这种明显存在矛盾的原因是，俯冲带将水运回地幔。水主要赋存在某些含水矿物中，这些矿物形成于洋壳远离扩张中心时的蚀变和变质作用过程中。这些含水矿物在相对低的温度下很稳定，但是在高温下，它们会重结晶形成新的、含水少的矿物。洋壳下倾进入俯冲带地幔中时升温，最终达到含水矿物重结晶形成新的矿物相但又不包含结构水时的温度。最后，释放出的水分子形成单独的流体相。原始矿物相脱水形成无水矿物相和共存水相的过程可以通过蛇纹石和水镁石（洋壳中常见的含水矿物）的脱水反应示意性地表示：

$$\underset{\text{蛇纹石}}{Mg_3Si_2O_5(OH)_4} + \underset{\text{水镁石}}{Mg(OH)_2} \Leftrightarrow \underset{\text{橄榄石}}{2Mg_2SiO_4} + \underset{\text{水}}{3H_2O}$$

当干燥岩石充分加热时，会开始熔化。当湿的岩石充分加热时也会熔化，但比干燥岩石熔化的温度低得多。在俯冲过程中释放的水分子立即引起热地幔中下降洋壳之上的岩石发生熔化。产生的熔化物比形成它的固体岩石和向上迁移的岩石密度小。在本质上，这个过程是一个次级对流系统将熔岩和热量带到邻近俯冲带表面的过程（图 2.5 至图 2.8）。

热量也会被带到地表火山前沿之后的区域，火山前沿形成于俯冲带。有人认为，俯冲过程在下降板块之上产生了小规模的对流单元（图 2.8；Hart 等，1972）。这些对流单元的上涌部分常常引起上覆地壳的分裂，可以在浅层岩浆房发育的地方形成裂谷区和裂谷盆地。新西兰 North 岛的北部就是这样一个地方，也恰好是第一次大规模开发地热能的地方。美国西部的盆岭区（至少部分）也可能反映类似的过程，但其地壳分裂的程度非常小。

通常地热特征明显的另一个构造背景是被称为热点的位置。热点是那些岩浆以几乎连续的方式从地幔深部上升到地表持续数千万年的地方。热点形成的地质原因和维持其持续喷发的原因是一个相当有争议的问题。无论是什么样的原因，都是热量的巨大来源。夏威夷和冰

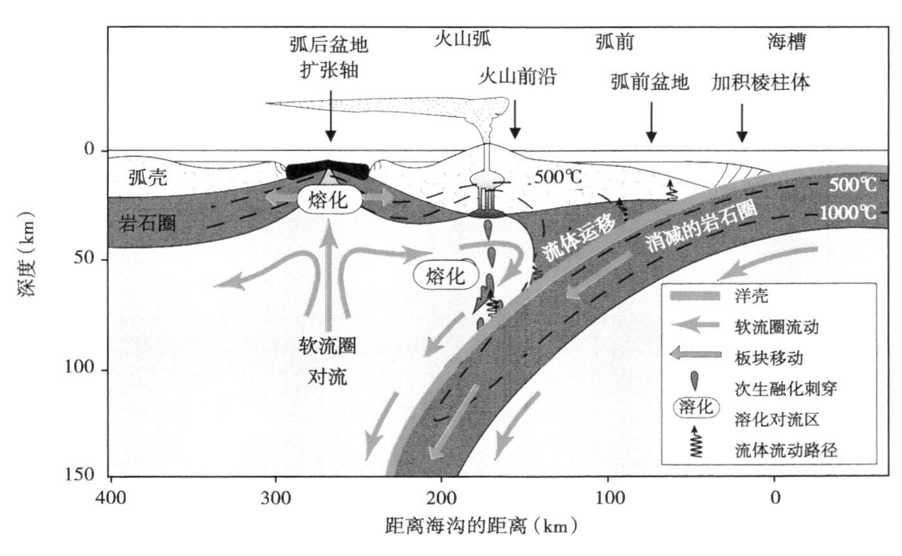

图 2.8　俯冲带截面示意图

修改自 DuHamel，J.，2009. Wry heat—Arizona history Chapter 5：Jurassic time.
http：//tucsoncitizen. com/wryheat/ tag/subduction/

岛是热点的两个典型实例，也是著名的地热能产地。

图 2.6 显示了世界各地地热发电厂的位置。它们与扩张中心、热点和俯冲带的对应关系是显而易见的。图 2.7 是地球的高热流区域，其与重点板块构造因素的关系是明确的。这种对应关系一直影响着对适合发电的地热资源的勘探指导，并且这种影响越来越重要。

2.4　地热系统的地质背景分类

板块构造与地表热量之间的关系是至关重要的。如上所述，从板块构造背景考虑，地热系统的位置与特定的地质背景有关。板块构造的主要构造元素包括扩张中心、俯冲带或会聚区以及转换断层。每一个构造元素以及它们之间的相互作用构建了一个具有特定地质表现的环境类型。这些地质表现主要是地壳对压力（引起板块构造的底层驱动力）的响应。在随后的段落中，会详细介绍这些背景的地质特征并提供相关的地热实例。通过对拥有地热资源的这些主要构造和地质特征进行分类，为更详细的分类方案（有利于勘探）建立基础，将在第 6 章进行概述。多年来，针对地热系统的分类方案已经提出无数种。下面的讨论与构造背景有关的地热系统的关键元素，综合了 White（1973），DiPippo（2008），Moeck（2014）以及许多其他文献的观点。

2.4.1　伸展环境

有三种不同类型的伸展环境，每一种类型都与板块构造过程有关。

扩张中心是上述伸展系统中的一种。如图 2.5 所示，它们位于上涌地幔对流系统流向相反方向的发散端并驱动地壳侧向运移的位置。上涌的地幔携带其熔化物（扩张中心喷出）形成热的、年轻的、新的地壳。全球绝大多数扩张中心位于海洋之下（图 2.6）。海洋研究船对这些系统的广泛调查已经证明，这些位置普遍存在热液/地热系统。最新的估计是这些

系统的热流在 $2\times10^{12}\sim4\times10^{12}$W 之间，总的热流约为 9×10^{12}W（Elderfield 和 Schultz，1996）。因此，海洋的扩张中心是一个巨大的、目前尚未开发的地热能潜在来源。但是，这些系统并不仅仅限定在海洋盆地，它们也延伸到了非洲（东非大裂谷）和加利福尼亚 Imperial 河谷的陆地上，这两个区域有丰富的地热资源。前者才刚刚开始被勘探和开发，而后者已装机的地热发电能力约为 1000MW。

地热系统中的另一个伸展环境可能出现在弧后盆地（图 2.6 和图 2.8）。这些区域形成于大洋环境中的岛弧后面。控制这些特征发展的下伏驱动力仍然不清，可能与地幔流有关，地幔流是对俯冲地壳的响应。随着这些盆地的形成，地壳扩张发生，多以类似于海洋扩张中心扩张的方式进行，同时伴随形成熔化物和新的、热的年轻地壳。与扩张中心一样，大多数弧后盆地局限于海洋环境中，并且被深深地淹没在水下。但是，在一些地方，这些系统会伸展到主要的大陆之上。新西兰 North 岛的北部位于弧后扩张延伸到大陆上的地方。世界上最发达的地热系统之一就建在这一区域。

地热系统中第三个扩张构造的实例出现在陆内断裂带。地壳的伸展由部分地壳变薄分裂的地质过程造成。这种变薄减少了下伏地幔上的压力，使其上升。这种减压也会使熔化物的形成发生在通过浮力效应上升的地幔中。这些熔化物侵入地壳中，提供大量热源给浅到深层。与弧后盆地一样，引起这些系统形成的全球动力学机制并不清楚。美国西部的 Great 盆地就是这样一个系统的实例。在这片区域，大量的地热开发正在进行，其中大部分集中在爱达荷州和内华达州。

2.4.2 挤压环境

这种环境位于因板块会聚导致一个板块俯冲到另一个板块之下的区域。随着俯冲板块下降的深度超过 100km，一系列的过程会导致熔化物的形成。产生于这种环境的熔化物上升穿过地幔，最终像火山一样喷发到仰冲板块之上。因为俯冲通常持续数千万年，这些非常热的火山系统长期活动，提供了一个持续的热源，驱动着大量的地热系统。这种主导地热系统的挤压环境实例有新西兰、菲律宾、日本、阿留申群岛、美国太平洋西北地区、中美洲和南美洲的火山带（环太平洋火山带）。

2.4.3 平移环境

定义第三类板块构造边界的一个重要构造元素为转换断层。这种环境位于构造板块相对水平移动的地方。最有名的平移环境是加利福尼亚的 San Andreas 断层。其他实例还有土耳其北部的 Anatolian 断层、新西兰的 Alpine 断裂带以及贯穿以色列、黎巴嫩、巴勒斯坦和叙利亚的 Dead Sea 断层。这些区域是主要的地壳破裂处，使得流体循环到很深的地方，常常使得温泉环绕。此外，有证据表明，这种系统还使得地幔流体溢出（Kennedy 等，1997）。

除了上述三种基本的板块构造环境有地热资源以外，其他环境也可以存在地热系统。事实上，其中的一些还是很大的地热资源。

2.4.4 热点

地球上最庞大的局部热源是热点。它们位于岩浆持续喷发的地区。这些区域性火山源的成因引起了激烈的争论，事实上，原因可能是多种多样的。无论其根本原因是什么，它们都是地热资源的重要宿主。冰岛和夏威夷是热点的两个典型实例。这两个地方的地热资源已经被用于发电。其他热点包括Canary群岛、Cape Verde群岛、Galapagos群岛、Cook群岛和蒙大拿州的Yellowstone。

2.4.5 过渡环境

板块边界往往是地壳和地幔之间相互作用复杂的地区。这一点尤其适用于从一种边界类型演化成另一种边界类型的地区或是两种环境之间的交界处。其中过渡环境的实例是加利福尼亚州的间歇喷泉附近，随着板块边界的演化所发生的事。间歇喷泉是加利福尼亚州最重要的地热资源之一，这也会在第10章进行讨论。间歇喷泉位于San Andreas转换断层、Humboldt断裂带（另一个转换断层）和俯冲的Gorda板块（较大的太平洋板块系统的一部分）之间的三岔交会区。该区的板块运动及其和下伏地幔的相互作用非常复杂且不断变化。它们导致了一个“窗口”的形成，“窗口”使得热地幔与上覆地壳相互作用，造成岩浆的产生并上升到相对浅的地方。其结果是形成一个能够产生非常热的干蒸汽的混合系统。正是这种干蒸汽资源为这片区域的发电提供了能源。

加利福尼亚州东部的Long山谷火山口和东北部的Surprise山谷也是过渡环境的实例。该地区位于Sierra和Cascade火山系统（形成于太平洋板块过去和近来的俯冲以及Great盆地的伸展环境）挤压环境之间的过渡边界。Long山谷火山口是一个相对较新的垮塌的火山，但是Surprise山谷存在近期火山活动，和一系列断层一样，使得水循环到更深处。上述两种环境已被证明有地热前景，建在Long山谷火山口的Casa Diablo发电站已经提供了近50MW的功率。

最后一类与板块构造背景缺少直接联系的系统是，富含放射性元素的岩石出现孤立在该地质环境中并保持了很长一段时间。其中的一个实例是目前正在开发的澳大利亚东南部的增强型地热系统（EGS）。这个特殊的地方有一个巨大的岩体，富含钾和其他放射性元素。其悠久的埋藏期和伴生的放射性热生产使其成为EGS的良好目标。

2.5 地热能的可用性和开发利用

对近地表（意味着地表距离地热资源不到3km）可用地热能的地质控制导致其在特定区域聚集。从图2.6可以看出，地热能发电一直在火山活动存在的区域，其结果电力生产被限制在25个国家，拥有超过11000MW的装机容量。然而，全球的资源量远远超过该值。国际能源机构（IEA，2005）预计，全球容量超过150EJ/a，相当于超过4.5×10^6MW。预计全球所有来源的发电量为14.7×10^6MW。鉴于此，地热发电为世界上所有发电量贡献了超过四分之一。

图2.9和图2.10分别展示了美国大陆和欧洲大陆热流和发电之间的关系。美国大陆的西半部是一个富含潜在地热资源的区域，局部热流值超过150mW/m^2，这反映了裂谷构造出现在这片区域。然而，同样明显的是，这片区域热流值的变化也很大。美国大陆东半部的热流值较低（反映其地质不活跃性），通常在25~60mW/m^{2}之间，有的区域热流值超过70mW/m^2。其中有些地方，特别是在墨西哥湾沿岸有油气生产的地方，正在考虑使用二元发电技术来发电，该技术可以开发中等温度的资源。同样，依赖于深钻和油藏工程的新技术统称为EGS，其有可能获取位于6~10km深度的重要地热资源，甚至是稳定大陆地区的低热流或中等热流地热资源。

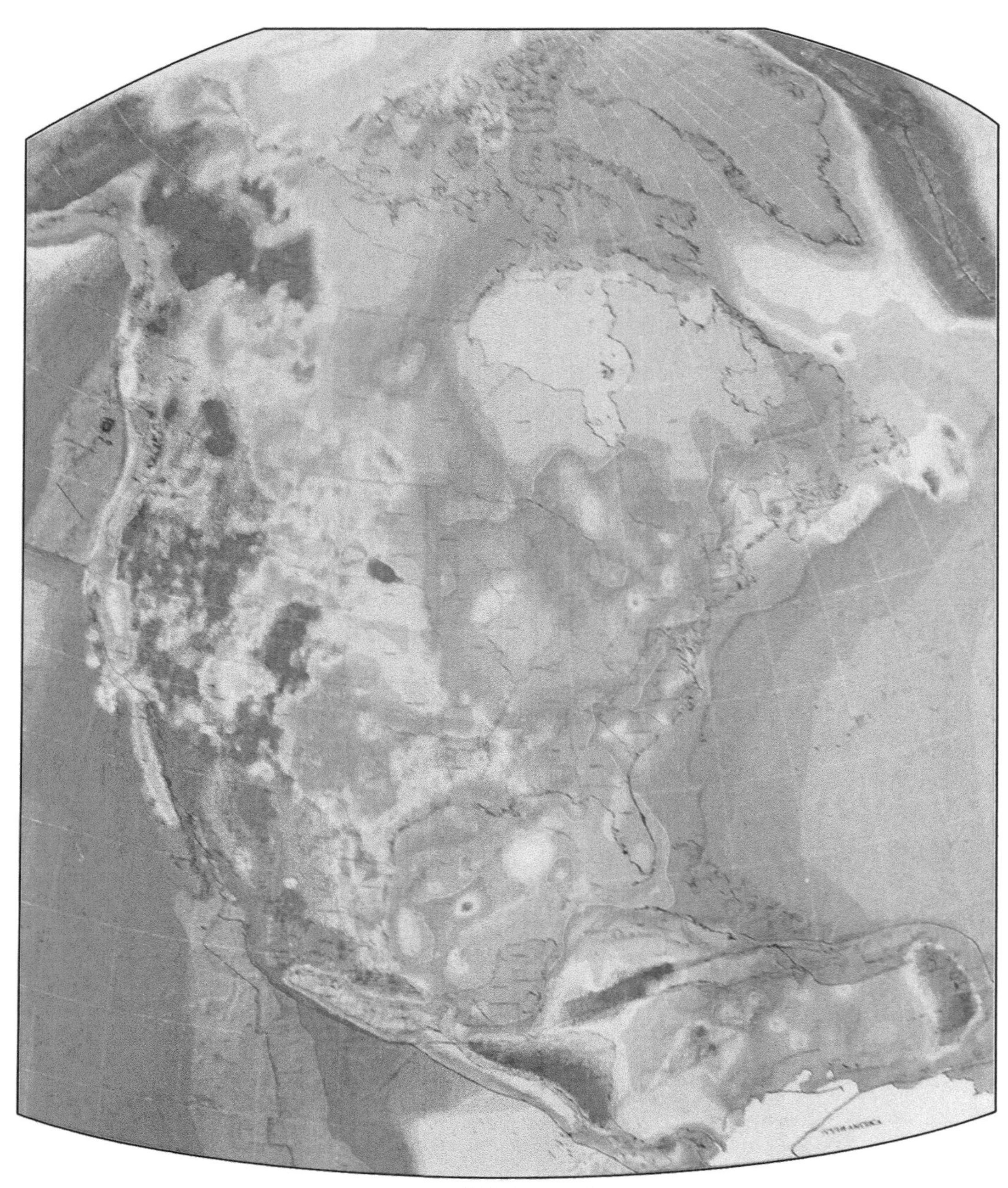

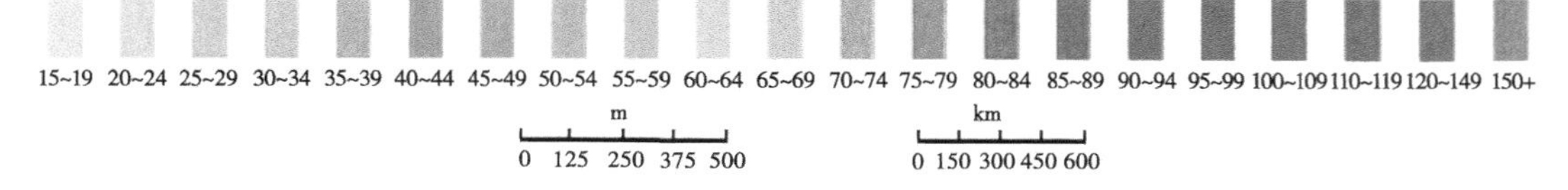

图 2.9　2004 年北美热流图

据地热实验室，南卫理公会大学．http：//smu.edu/geothermal/2004NAMap/Geothermal_MapNA_7x10in.gif

欧洲的热流图（图2.10）表现了与美国同样的热流值范围。但是，欧洲在过去50Ma的地质历史比较复杂，因此很难用板块构造理论解释热流。当然，最典型的例外是冰岛，其是直接位于大西洋中部扩张系统之上的热点。注意图中那些目前正在进行地热发电或是积极开展地热发电的地方，它们出现的地方接近高地表热流的区域。

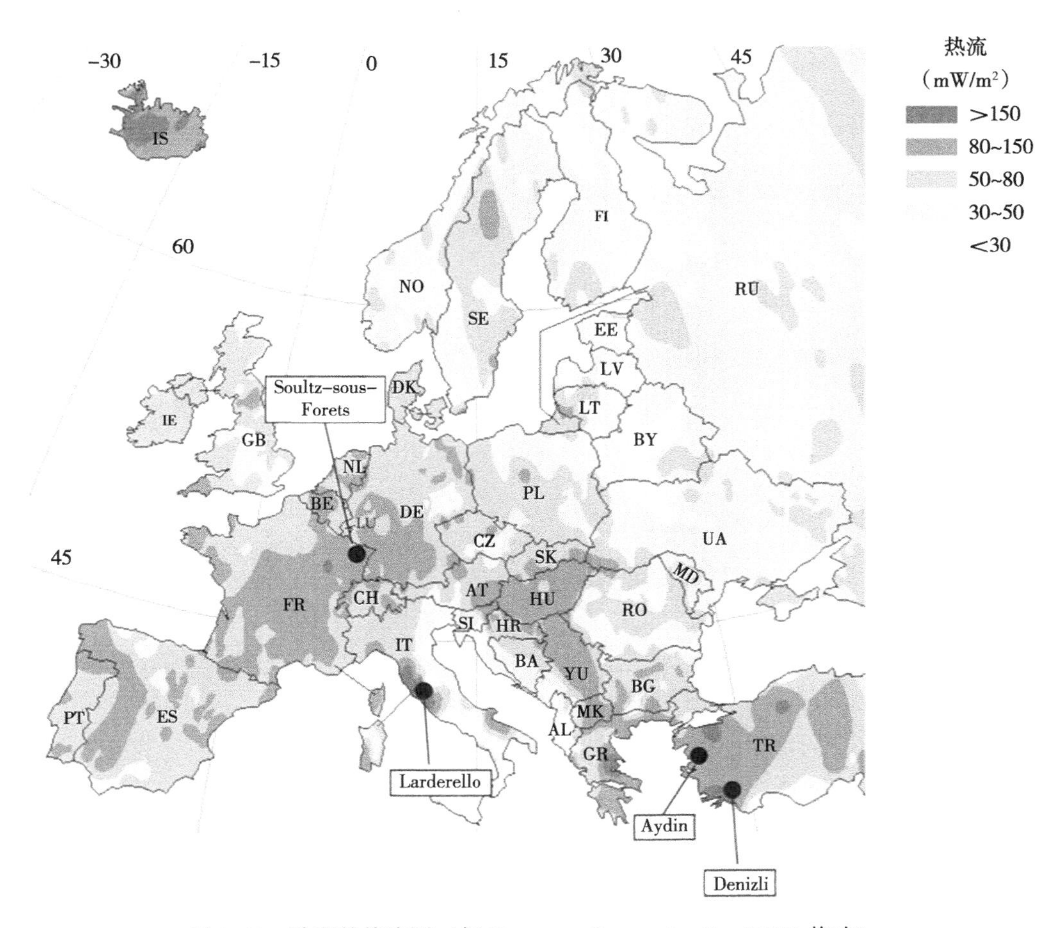

图2.10　欧洲的热流图（据 European Community Nr. 17811 修改）

RU—俄罗斯；FI—芬兰；SE—瑞典；NO—挪威；EE—爱沙尼亚；LV—拉脱维亚；LT—立陶宛；BY—白俄罗斯；UA—乌克兰；MD—摩尔多瓦；RO—罗马尼亚；BG—保加利亚；TR—土耳其；GR—希腊；AL—阿尔巴尼亚；MK—马其顿；YU—塞尔维亚和黑山；BA—波斯尼亚；HR—克罗地亚；HU—匈牙利；SI—斯洛文尼亚；AT—奥地利；CZ—捷克；SK—斯洛伐克；PL—波兰；DE—德国；DK—丹麦；NL—荷兰；BE—比利时；LU—卢森堡；CH—瑞士；IT—意大利；FR—法国；IS—冰岛；GB—英国；IE—爱尔兰；ES—西班牙；PT—葡萄牙

必须指出很重要的一点，即地热资源远不止用于发电。正如第11章和第12章所述的直接应用，其中，温暖的地热水被用于加热和一系列其他用途，地热热泵的部署也是利用地热能的重要方式。IEA（2005）进行了同样的分析，根据预计，超过78个国家应用了地热能。所利用的地热能超过50580 MWt（Lund等，2010）。将地热能用于上述应用取代电力需求并提高能源效率。上述应用尽管不总是包含在地热能的讨论中，但是对全球能源利用和用于能源生产有重要影响。

2.6 小结

地球是一个由热量驱动的运动的行星。这种热量可用于发电和其他用途，有多种来源。地球的形成涉及一系列复杂事件，包括早期太阳星云中物质的影响、短寿命同位素的放射性衰变和地球合成熔合。然后发生密度分层和重力势能的释放，随着铁水在地球内部沉淀，形成地核。增加的热量是由长寿命同位素，特别是陆壳中的铀、钍和钾衰变而来。来自早期熔化和地球缓慢冷却的余热与放射性元素释放的热量一起导致热平衡，提供了一个平均地表热逸出速率，约为 87mW/m^2。地球中的热传递局部范围以传导为主，但全球范围以对流为主。尤其是对流过程决定了近地表热源的分布，该过程表现为板块构造运动。最大的热源在扩展中心以及与俯冲带火山群有关的区域。这些不同的过程导致热量的不均匀分布，大陆的热流值范围从小于 30mW/m^2 到远远超过 150mW/m^2。虽然电力生产倾向于在热流值大于 80mW/m^2 的地方，但是几乎在任何地方，无论热流大小，都支持利用地源热泵来加热或冷却建筑物。此外，所谓的直接应用（其中温水用于水产养殖、农业和其他用途）可以在任何临近温泉和温暖地下水（可以在很宽范围的环境中找到）的地方进行开发。

2.7 实例分析

来自几个关键板块构造背景的发电实例在本节进行了更详细的讨论，其中很多地方也将在第 10 章和第 13 章进行更详细讨论。一个重要的因素是板块边界常常是开发地热发电站的主要地方。但是，新进展和技术能力使得在远离板块边界的地方开发地热能成为可能。这种新方法反映了两个重要的进展：一是利用比之前温度更低的资源发电的能力，如第 10 章所描述的利用有机朗肯循环技术；二是一种关于地热发电的新概念，称为 EGS。EGS 方法论将在第 13 章进行详细讨论。在不做功环境下的地热应用将在第 11 章和第 12 章进行讨论。

2.7.1 伸展环境——扩张中心

加利福尼亚湾位于加利福尼亚半岛与墨西哥大陆交界的北部终端。从该处向北延伸是一个大的、以断层为界的山谷，该山谷穿过墨西哥进入加利福尼亚州南部。墨西哥湾是一个新的洋盆，形成于太平洋主扩张中心的伸展运动，即东太平洋洋隆。沿伸展运动的扩张造成墨西哥分裂，裂片远离大陆（如加利福尼亚半岛），这开始于 20Ma 前。裂块主要沿圣安德列斯断层向西北方向滑动。在加利福尼亚州南部和墨西哥北部，这种扩张导致地壳中形成一个大的凹陷，即索尔顿海沟。圣安德烈斯断层是该动力系统中的一部分。

地壳的分裂和海沟的形成导致伸展环境的发育，能够容纳与伸展系统有关的热岩浆的侵入。岩浆上升到索尔顿海沟的浅层，导致伸展型地热储层的形成。在墨西哥北部的 Cerro Prieto 有一座重要的地热发电站，该发电站具有 720 MW 装机容量。这个地热发电站约占墨西哥地热发电总装机容量（953 MW）的 75%。

在加利福尼亚州的南部，位于 Salton 海沟的地热发电站装机容量超过 530 MW。尽管该区域的地热发电潜力存在相当大的争议，但即使最小的装机容量预计也达到 2530 MW。该区域为加利福尼亚州总的地热发电量贡献了约三分之一，被认为世界上最大的地热发电生产者。

另一个伸展型地热复合体的实例是东非大裂谷。这是世界上最大的扩张中心与大陆架的复合体。裂谷的主分支沿 Afar 区域延伸，穿过埃塞俄比亚、肯尼亚、坦桑尼亚、马拉维、莫桑比克、乌干达、吉布提、厄立特里亚、卢旺达、赞比亚和博茨瓦纳。尽管只在少数地区实施了详细的资源评估，但还是开发了数百兆瓦的发电项目。有一点共识是该区域的发电潜力接近 10000 MW 甚至更多（Gizaw ，2008；Omenda ，2008）。

2.7.2 挤压环境——俯冲带

菲律宾群岛是一个拥有超过 500 座火山的复合体，形成于向西俯冲的太平洋板块之上。在这 500 座火山之中，大约 130 座是活火山。自 1977 年开始，地热发电在 Leyte 岛上兴起。截至 2008 年 6 月，已经发展到拥有超过 1900 MW 的发电量，分布在 Luzon，Negros，Mindanao 和 Leyte 岛上。目前地热发电占菲律宾电力需求的 18%。该国的目标是到 2013 年，达到 3131MW 的地热发电量。世界范围内，菲律宾在地热能生产中排名第二，在美国之后。

2.7.3 热点

2.7.3.1 夏威夷

夏威夷岛链记录了太平洋板块在一个地幔热点之上的运动，该运动持续了 80Ma。夏威夷岛是岛链中的活火山。在火山的东侧是东裂谷带，沿该区域熔岩多次喷发。在 20 世纪 60 年代，这片区域开始进行地热勘探，最终在 1981 年建成了一个小的（3MW）发电站。电力生产一直持续到 1989 年，该发电站关闭。1993 年建立了一个更新的发电站，可以连续生产 25~30MW 的基本荷载电力。该地区的地热资源可以在连续提供大约 200MW 的电力。

2.7.3.2 冰岛

冰岛是世界上最大的岛屿之一。它直接坐落在大西洋中脊，被解释为热点在扩张中心之上的叠加。在大西洋中脊处，扩张速率约为 2cm/a。冰岛拥有世界上最高的人均开发的地热能。在 2006 年，其 26%的电量（322MW）由地热发电站产生。此外，来自发电站的热水和直接来自地热资源的热水占该国热水使用量的 87%。这些热水用于集中供热采暖、融雪和生活热水。

问　　题

（1）全球地表平均热流是什么？其范围是多少？

（2）计算热流需要什么数据？什么物理过程会影响热流？

（3）假设在干砂中钻一口井，钻至 2800m 以深，测定井底的温度为 200℃。再假设干砂的热导率在 10~250℃之间是一个常数。在这片区域是否有可能存在地热资源？

（4）对于瑞利数为 10 的物质，哪种热传递是主要方式？那么对于瑞利数为 100 的物质呢？对于瑞利数为 10000 的物质呢？这种反应是否会对地表的热流测量产生影响？如果会，是什么影响？

（5）什么样的地质区域最可能有高热流值？

（6）什么样的地质灾害会影响地热资源的开发？从形成地热储层的地质环境的角度讨论这个问题。

（7）地球上最高的热流在哪？为什么它不太可能在不久的将来被用于发电？

（8）作为地热资源，哪个更好——干砂或饱含砂？

（9）美国哪个地区最适合地热发电？为什么？哪个地区最不适合地热发电？

（10）如图 2.9 所示，什么地质环境使得加勒比海的 Lesser Antilles 岛和尼加拉瓜成为地热能开发的潜力区？

参考文献

Alfé, D., Gillian, M. J., and Price, G. D., 2007. Temperature and composition of the Earth's core. *Contemporary Physics*, 48, 63-80.

Allégre, C. J., Manhés, G., and Göpel, C., 1995. The age of the Earth. *Geochimica et Cosmochimica Acta*, 59, 1445-1456.

Anderson, D. L., 1989. *Theory of the Earth.* Boston, MA: Blackwell Scientific Publishing. p. 255.

Beardsmore, G. R. and Cull, J. P., 2001. *Crustal Heat Flow: A Guide to Measurement and Modeling.* Cambridge: Cambridge University Press. p. 324.

Burroughs, J., 1876. *Winter Sunshine.* New York: Hurd & Houghton. p. 221.

Canup, R. M. and Agnor, C., 2001. Accretion of the terrestrial planets and the Earth-Moon system. In *Origin of Earth and Moon*, eds. R. M. Canup and K. Righter. Cambridge: Cambridge University Press.

Chambers, J. E., 2001. Making more terrestrial planets. *Icarus*, 152, 205-224.

Clauser, C. and Huenges, E., 1995. Thermal conductivity of rocks and minerals. In *Rock Physics and Phase Relations*, ed. T. J. Ahrens. Washington, DC: American Geophysical Union, pp. 105-126.

DiPippo, R., 2008. *Geothermal Power Plants*, 2nd edn. Elsevier, Oxford, 493 pp.

DuHamel, J., 2009. Wry heat—Arizona history Chapter 5: Jurassic time. http://tucsoncitizen.com/wryheat/tag/subduction/.

Elderfield, H. and Schultz, A., 1996. Mid-ocean ridge hydrothermal fluxes and the chemical composition of the ocean. *Annual Review of Earth and Planetary Sciences*, 24, 191-224.

Gizaw, B., 2008. Geothermal exploration and development in Ethiopia. United Nations University, Geothermal Training Programme, Reykjavík, Iceland, 12 pp.

Göpel, C., Manhés, G., and Allégre, C. J., 1994. U-Pb systematics of phosphates from equilibrated ordinary chondrites. *Earth and Planetary Science Letters*, 121, 153-171.

Hart, S. R., Glassley, W. E., and Karig, D. E., 1972. Basalts and sea-floor spreading behind the Mariana island arc. *Earth and Planetary Science Letters*, 15, 12-18.

Hirth, G. and Kohlstedt, D., 2003. Rheology of the upper mantle and the mantle wedge: A view from the experi-mentalists. *Geophysical Monograph*, 138, 83-105.

International Energy Agency, 2005. IEA Geothermal Energy Annual Report 2005. p. 169. http://iea-gia.org/wp-content/uploads/2012/08/GIA-2005-Annual-Report-Draft-Wairakei-4Dec2006-Gina-5Dec06.pdf.

Kennedy, B. M., Kharaka, Y. K., Evans, W. C., Ellwood, A., DePaolo, D. J., Thordsen, J., Ambats, G., and Mariner, R. H., 1997. Mantle fluids in the San Andreas fault system, California. Science, 278: 1278-1281.

Kleine, T., Münker, C., Mezger, K., and Palme, H., 2002. Rapid accretion and early core for-

mation on asteroids and the terrestrial planets from Hf-W chronometry. *Nature*, 418, 952-955.
Kortenkamp, S. J., Wetherill, G. W., and Inaba, S., 2001. Runaway growth of planetary embryos facilitated by massive bodies in a protoplanetary disk. *Science*, 293, 1127-1129.
Lund, J. W., Freeston, D. H., and Boyd, T. L., 2010. Direct utilization of geothermal energy: 2010 worldwide review. *Proceedings of the World Geothermal Congress*, Bali, Indonesia, pp. 1-23.
Manohar, K., Ramroop, K., and Kochhar, G. S., 2005. Thermal Conductivity of Trinidad "Guanapo Sharp Sand." *West Indian Journal of Engineering*, 27, 18-26.
Moeck, I., 2014. Catalogue of geothermal play types based on geologic controls. *Renewable and Sustainable Energy Reviews*, 37, 867-882.
Omenda, P. A., 2008. The geothermal activity of the East African rift. United Nations University, Geothermal Training Programme, Reykjavík, Iceland, 12 pp.
Sass, J. H., 1965. The thermal conductivity of fifteen feldspar specimens. *Journal of Geophysical Research*, 70, 4064-4065.
Stein, C. A., 1995. Heat flow in the Earth. In *Global Earth Physics*, ed. T. J. Ahrens. Washington, DC: American Geophysical Union, pp. 144-158.
Stein, C. A. and Stein, S., 1994. Constraints on hydrothermal heat flux through the oceanic lithosphere from global heat flow. *Journal of Geophysical Research*, 99, 3081-3095.
Thompson, A. and Taylor, B. N., 2008. *Guide for the Use of the International System of Units (SI)*. Washington, DC: National Institute of Standards and Technology (NIST) Special Publication, 78 pp.
US Energy Information Agency, 2008. International Energy Annual, 2006. Table E1 World Primary Energy Consumption, http://www.eia.gov/totalenergy/data/annual/archive/038406.pdf.
Van Schmus, W. R., 1995. Natural radioactivity of the crust and mantle. In *Global Earth Physics*, ed. T. J. Ahrens. Washington, DC: American Geophysical Union, pp. 283-291.
Weast, R. C., 1985. *CRC Handbook of Chemistry and Physics*. Boca Raton, FL: CRC Press, p. E-10.
Webb, S. L. and Dingwell, D. B., 1990. Non-Newtonian rheology of igneous melts at high stresses and strain-rates: experimental results for rhyolite, andesite, basalt, and nephelinite. *Journal of Geophysical Research*, 95, 15695-15701.
Wegener, A., 1912. Die Entstehung der Kontinente. *Geologische Rundschau*, 3, 276-292.
Wegener, A., 1929. *Die Entstehung der Kontinente und Ozeane*. 4th Auflage, Vieweg & Sohn Akt.-Ges., Braunschweig, Germany, 1-231.
Wetherill, G. W., 1990. Formation of the Earth. *Annual Review of Earth and Planetary Sciences*, 18, 205-256.
White, D. E., 1973. Characteristics of geothermal resources. In *Geothermal Energy: Resources, Production Stimulation*, eds. P. Kruger and C. Otte. Chapter 4. Stanford University Press, Stanford, CA.
Yamazaki, D. and Karato, S.-I., 2001. Some mineral physics constraints on the rheology and geothermal structure of Earth's lower mantle. American Mineralogist, 86, 385-391.

Yin, Q., Jacobsen, S. B., Yamashita, K., Blichert-Toft, J., Te' louk, P., and Albarede, F., 2002. A short timescale for terrestrial planet formation from Hf-W chronometry of meteorites. *Nature*, 418, 949-952.

附录　单位换算

国际单位制基于 7 个相互独立的基本单位，并从中衍生出所有其他的单位。基本单位和与之相关的物理量如下：

（1）米（m）——长度；

（2）千克（kg）——质量；

（3）秒（s）——时间；

（4）安培（A）——电流；

（5）开尔文（K）——温度；

（6）摩尔（mol）——物质的量；

（7）坎德拉（cd）——发光强度。

对于地热能，必须使用与热能、电力和功有关的一些关键衍生单位。在这些单位中，焦耳是至关重要的，它是能量和功的单位。1J 的定义为 1N 力被施加到一个物体上，并使其位移 1m 所做的功（或消耗的能量）。牛顿也是一个衍生单位，定义为 1kg 质量的物质获得 $1m/s^2$ 重力加速度所需要的力。因此，焦耳的定义可以表示为

$$J \equiv N\times m = (m\times kg/s^2)\times m = m^2\times kg/s^2$$

功率是能量用于做功的速率。在国际单位制中，能量用于做功的速率利用瓦特（W）作为测量单位，其定义为

$$W \equiv J/s$$

在本书中，发电量和耗电量被描述成一定时间内在额定速率下使用的能量。例如，如果一个便携式电脑消耗了 50J/s，并且使用了 1h，耗电量为 50W · h。同样，一个地热发电站在 24h 内产生 5MJ/s 的功率，发电量为 120 MW · h。当讨论能量和电量是也常常使用其他单位。一些有用的等式如下：

1J = 0.2388cal = 0.0009478Btu

$1kW\cdot h = 3.6\times10^6 J = 8.6\times10^5 cal = 3412Btu$

下表提供了本书中使用的一系列单位的等价：

国际单位	其他单位
1J	1Nm
	0.2388cal
	0.0009478Btu
1m	3.281ft
$1m^3$	$35.714ft^3$

续表

国际单位	其他单位
1MPa	9. 869atm
	10bar
	145. 04lb/in^2
1kg	2. 205lb
	9. 8066N
1K	−272. 15℃

在本书中，考虑了不同能源之间的能量换算。了解上述换算公式可以定量比较给定来源能量的强度，下表提供了一些能量换算公式。注意，这些值是平均值，因为每种能源质量不同。

能量来源	能源量
1bbl 原油（0. 159m^3 或 42gal）	5. 8×10^6 Btu
	6. 1178 × 10^9 J
	1. 7 MW · h
	164. 24m^3 天然气
	5800ft^3 天然气
1m^3 天然气	37. 7×10^6 J
	35714 Btu
	10. 8kW · h
1kg 煤	24×10^6 J
	22. 75×10^3 Btu
	6. 7kW · h

第 3 章　热力学与地热系统

有效地利用地热能需要高效输送和转换热量的能力。在一些情况下，热量被用来做功，例如用来发电。在其他情况下，热量被集中起来或是消散掉。在不考虑应用的情况下，了解流体和物质在加热或冷却时的行为及其对能量守恒的影响，对于任何地热应用来说是获取经济效益的基础。本章介绍了对于上述讨论有重要意义的热力学元素。

3.1　热力学第一定律：热和功的等价性及能量转换

3.1.1　能量守恒

在 18 世纪下半叶，一个屡次被观察到的现象引起了工程界的兴趣，即对一些物质做功会产生热量。这一现象由 Benjamin Thompson（本杰明·汤普森）在 1798 年指出，在制造大炮的过程中，钻穿金属时会使金属非常烫。他做了一系列实验［随后不久，Humphrey Davy（汉费莱·戴维）在 1799 年做实验］证明，机械功和热有直接关系。他们和其他人最终证实，机械做一定量的功会产生一定量的热。

但是，直到 1842 年，Julius Mayer（尤利乌斯迈耶）才发表了一篇开创性的论文，阐述了能量守恒的概念，具体体现在热能和机械功的等价性上。虽然 Mayer 的论文第一次直接提出能量守恒的概念，但是该论文缺乏充分的实验基础和数学严谨性，无法充分论证功和热的等价性。1847 年，Hermann von Helmholtz（赫尔曼·冯·亥姆霍兹）为能量守恒概念开发了一个数学基础。然后，在 1849 年，James Prescott Joule（詹姆斯·普雷斯科特·焦耳）周密的实验和观察工作被写入一篇名为《关于热功当量》的论文提交给英国皇家学会。这些成就建立了机械功和热是等价的这一概念，也就是能量总是守恒的，这一原理称为热力学第一定律。

关于热力学第一定律的简单论述有很多，其中两个如下：

（1）能量既不能被创造也不能被毁灭；

（2）所有形式的能量都是等价的。

3.1.2　内能

系统中对于能量最严格的描述建立在内能（E）的概念上。内能 E 是对一个特别定义的系统的表征。系统可以是一个气缸、一瓶水、一条钢材、一块岩石——任何可以用状态参数（例如温度 T、压力 p、体积 V）进行物理描述的东西。如果一个系统完全独立于周围的环境（例如，一个封闭的系统，意味着没有物质可以进出），那么在一组任意给定的条件下（T，p），所定义的系统的内能（E）是固定的，并且只取决于组成该系统的物质的性质。内能（E）只会随状态参数 T 和 p 的变化而变化。如果系统中的条件改变，通过将热量（q）输送到系统中或是对系统做功（w），内能（E）一定会改变。这个过程的数学表达为

$$\Delta E = E_f - E_i$$

式中，内能的变化（ΔE）等于系统中最终内能（E_f）减去初始内能（E_i）。

这一简单的公式极其重要。它确立了了解一个影响系统的过程终点处的内能的意义。正是这些终点处内能的差别决定了加热一个空间、发电或是冷却一个房间需要多少能量。它还强调，从初始状态到最终状态，经历怎样的过程对于内能的改变没有任何意义。例如，假设一个气缸中含有一体积的气体，并且气缸是一个完美的绝缘体，也就是说，它不会让热量从气缸包含的气体中增加或是减少。再假设气缸的一端是活动的（图 3.1），有无数种方式从某些指定初始状态（图 3.1 左边的气缸）到达最终状态（图 3.1 右边的气缸），图 3.1 描绘了其中两种方式。从 A1 → A2，气体只经过一步简单的压缩。在这种情况下，气体初始压力（p_i）和温度（T_i）分别增加到 p_f 和 T_f，内能的变化（ΔE）等于 $E_f - E_i$。从 B1→ B2→ B3→ B4→B5，气体在达到和 A2 一样的 p_i 和 T_i 之前，经历了一系列压力和温度的变化，每一步都导致内能发生了变化：

$$\Delta E = E_{B2} + E_{B3} + E_{B4} + E_{B5} - E_{B1}$$

如果我们测量 B 序列中每一步结束时的内能，会发现：

$$E_{B2} + E_{B3} + E_{B4} + E_{B5} = E_f$$

最终

$$\Delta E = E_2 + E_3 + E_4 + E_5 - E_1 = E_f - E_i$$

因此，从一组条件到另一组条件，无论过程多么复杂或是方式不同，从一种状态到另一种状态，无论对系统做了多少功，内能始终是初始状态和最终状态之间的差异。

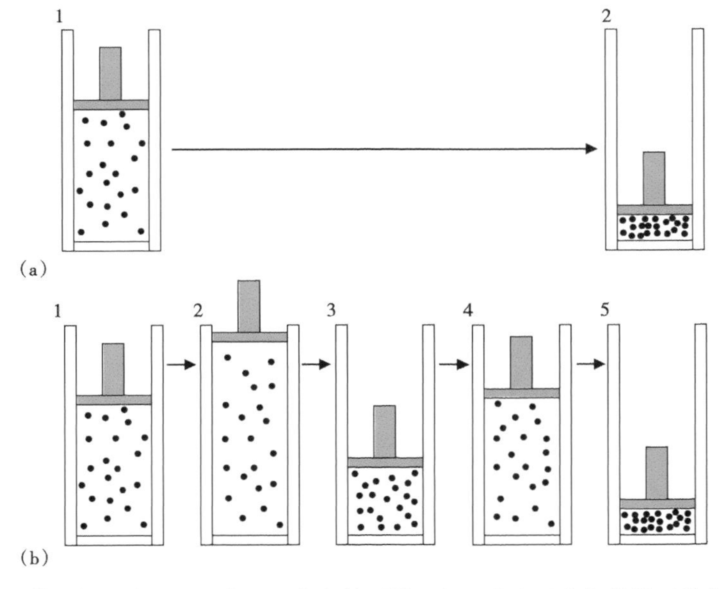

图 3.1 含有气体的气缸从一组压力和温度条件到另一组压力和温度条件的两种变化路径示意图

(a) 表示一步压缩；(b) 包括两次膨胀和两次压缩；对于这条路径，内能的变化相同；

气缸中的黑点示意性地表示气体分子；在现实中，可以有无数条路径获得相同的结果

3.1.3 体积功

一个不可避免的结论是，一个系统内能的任何改变仅是功（w）对系统作用的结果或是系统做功，热量（q）从系统中加入或移除：

$$\Delta E=q+w \tag{3.1}$$

当压力施加到点、面或体上时，会产生机械功，导致点、面或体的位移。例如图 3.1 气缸中的变化，随着活塞从 B1 移到 B2，如果有外力施加到活塞上，当气体体积增加推动活塞移动时，会产生机械功。因此，机械功被定义为

$$\mathrm{d}w=-p\times\mathrm{d}V \tag{3.2}$$

按照惯例，对系统所做的机械功是正值，而系统所做的功为负值。因此，做的功等于两个状态之间体积的差：

$$w=-p\times(V_2-V_2)=-p\times\Delta V \tag{3.3}$$

3.1.4 焓

在一个过程中无体积变化、无机械功产生，任何内能的变化只与系统中热量的增加或减少有关：

$$\Delta E=q_{\mathrm{v}} \tag{3.4}$$

式中，下标 v 用来表示恒定体积下的热量；类似地，下标 p 指恒压下的热量。但是，如果在恒压下体积发生变化，并且系统中的热量增加或减少，内能的变化为

$$\Delta E=q_{\mathrm{p}}-p\times\Delta V \tag{3.5}$$

在恒压系统中增加或减少的热量叫作焓（H），当从一个状态变化到另一个状态时，焓的变化量（ΔH）被定义为

$$\Delta H=H_2-H_1=(E_2+p\times V_2)-(E_1+p\times V_1)=q_{\mathrm{p}} \tag{3.6}$$

焓是地热发电应用中一个重要的系统属性，因为它为地下系统性质的确定提供了一种方式，并且允许评估可以从工作流体中提取有用的能量。焓的单位为 J/kg。我们将在第 10 章详细讨论这个话题。

3.2 热力学第二定律：熵增加的必然性

3.2.1 效率

在用公式表示能量守恒这一概念的同时，蒸汽机技术的进步一片繁荣。到 1769 年，James Watt（詹姆斯·瓦特）在 Thomas Savery（托马斯·萨弗里），Thomas Newcomen（托马斯·纽科门）及其他人的早期工作基础之上，发明了蒸汽机，开始成为工业革命的主要驱动力。随着蒸汽机被采用和改进，蒸汽机的效率决定了工厂利润的提高。

其核心问题是，对于一定的热量，可以做多少功。当然，理想的情况是给定热量中包含

的所有能量都被转换成100%效率的功。在数学上，任意情形下涉及热量和功的效率可以表示为

$$e=-w/q$$

式中 w——输出的功（按照惯例，将系统所做的功分为正功和负功）；

q——输入的热量；

e——效率。

在理想情况下，e=1.0 且 $q=-w$。

3.2.2 卡诺循环

1824年，一个年轻的法国工程师 Nicolas Léonard Sadi Carnot（尼古拉·莱昂纳尔·萨迪·卡诺）提出了一个明确的概念，使得效率被严格确定。Carnot 关于效率的概念被 Èmile Clapeyron 和 Rudolf Clausius 进一步发展，到19世纪50年代，成为我们现在使用的形式。

为了理解卡诺循环的基本原理，必须了解平衡的概念。从热力学角度看，如果一个系统在它所处的状态中不自发改变，就会达到平衡状态。关于平衡状态的一个例子是，一个球放置在一个小山坡的凹陷处，只要没有东西扰动它，就不会自发地从凹陷处滚下来，因此它处于平衡状态。相反，如果将球放置在斜坡上坡远离凹陷处，并将其释放，球会自发滚下山坡，不会处于平衡状态，直到它停下来。

卡诺发动机是一个假想的发动机，通过四个步骤循环。在第四步最后，发动机回到其初始状态。每一步都必须可逆地进行，这意味着在整个过程中每个步骤连续达到平衡。在现实中，进行一系列完全可逆（即平衡）的步骤是不可能的，因为实现完全平衡需要发动机在没有压力和温度变化的条件下工作。由此，可以达到这种状态的唯一途径是，每个步骤的进行都无限慢。因此，卡诺发动机是无法实现的理想状态。但是对于理解热量、功和效率之间关系，这是一种不可或缺的方式，以供参考。

其最简单的形式是，假设发动机由一个填充气体的气缸和一个摩擦活塞构成。根据理想气体定律：

$$p\times V=n\times R\times T \tag{3.7}$$

式中 p——气体压力；

V——气体体积；

n——气体的摩尔数；

T——温度，K，其是热力学温度，其中绝对零度等于 - 273°C；

R——通用气体常数，8.314J/(mol·K)。

在第一个步骤中（图3.2），系统放置在与大型地热储层接触的地方，储层为气体增加热量，如同对气体做功。此步骤是在气体温度不改变的这样一种形式下进行。根据公式(3.7)，这要求系统体积增加并且压力下降。因为这是在保持温度不变的方式下进行的，所以这一步是一个等温过程。对于第二步，通过增加体积并且不增加或减少热量的方式做功，这也要求系统中的压力降低。此外，因为不允许热量移入或移出气缸，根据公式（3.7），就必须降低温度。这是一个绝热的步骤，这意味着状态参数（p 和 T）的变化以及内能(ΔE)的变化只是一个系统做功的函数。第三步是一个等温压缩过程，通过一个散热器完成，在压缩过程中可能产生的任何热量会立即被散热器吸收。最后一步是一个绝热压缩过

程，使气体回到原始的压力、温度和体积状态。图 3.3 生动地总结了气体的压力—体积路径。

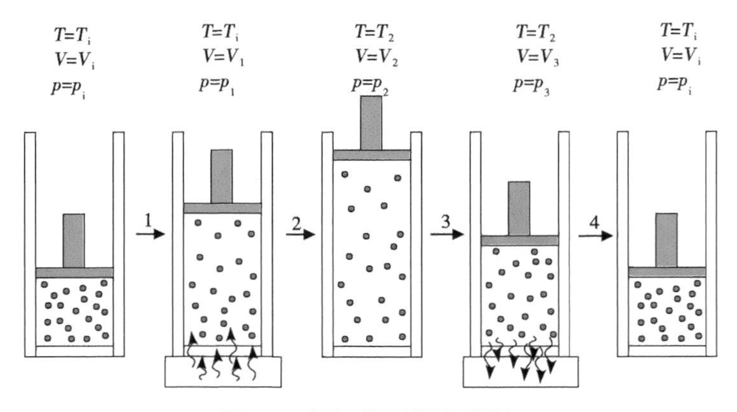

图 3.2　气缸的卡诺循环图解

下标 i 和 f 分别表示初始和最终条件；在第一步和第三步中，气缸底部的箭头指示热流相对于地热储层的方向，地热储层由气缸底部的箱子表示

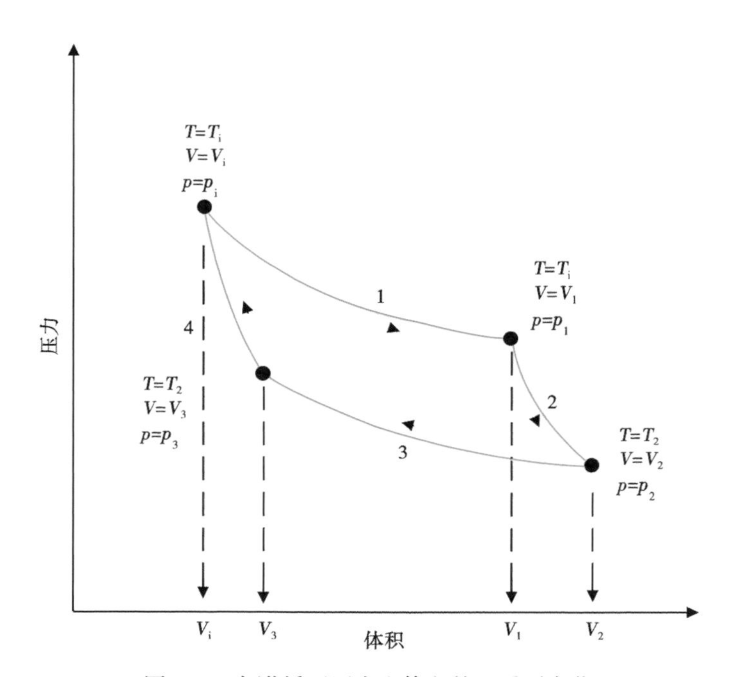

图 3.3　卡诺循环压力和体积的一系列变化

循环中发动机所做的净功一定等于第一步中给气体输入的热量与第三步中输出的热量（更少）的差值。如果没有做净功，系统将沿第一步的等温曲线摆动，在第三步输出的热量等于第一步输入的热量。那么发动机的效率与转换成功的热量有关，可以写成：

$$e=-w/q=\Delta q/q_{in} \tag{3.8}$$

式（3.8）表明，1.0 的效率只能在第三步没有热量返回到冷的储层中时得到（即所有的热量都被转换成功），并且系统回到初始状态。

3.2.3 热容

这种孤立、可逆系统的行为提出了一个关于材料性质的问题。早在18世纪中晚期，人们就注意到不同的材料需要不同的热量来达到特定温度的变化，比如从50℃变到60℃。人们也注意到，如果对两种不同的材料增加相同的热量，不同材料会达到不同的温度。如果这两种材料放置在一起，温度高的材料会通过将热量传递给温度低的材料而降温，并且温度低的材料会通过吸收温度高的材料的焓（普遍观察到热量总是自发地从温度高的材料流向温度低的材料）而升温。两种材料最终的温度会一样，但是它们在这个过程中最开始各自的焓一定不同。这些观察一起得出了一个重要的结论，即不同的材料只在它们温度相同时达到平衡状态（即在它们之间没有热流时的状态）。然而，每种材料包含的热量不会是相同的。

上述结论导出了一个概念，即不同的材料一定有某些特殊且唯一的内部因素，决定了要使其改变一定量的温度必须给材料增加（或减少）一定的热量。用来表征这一现象的物理量称为热容（C），由改变1g材料1℃温度所需要的热量［J/(g·K)］表示。最终，人们认识到，体积和压力的改变会影响热容，所以它成为一个标准来详细说明在恒压条件下的热容（C_p）或定容条件下的热容（C_v）。热容和热量的一般关系数学表达式为

$$C=\frac{dq}{dT} \tag{3.9}$$

式中，dq 和 dT——分别表示热量和温度的不同变化。

重新整理方程（3.9），可以看到从系统中带走的热量做的功等于温度变化乘以热容：

$$C\times dT=dq \tag{3.10}$$

正如“焓”一节中提到的，对于一般情况，内能的改变用公式（3.5）计算。从公式（3.5）、公式（3.6）和公式（3.10）可以看出，在恒压条件下：

$$dH=C_p\times dT \tag{3.11}$$

在定容条件下：

$$dE=C_v\times dT \tag{3.12}$$

上式要求

$$dw=C_V\times dT \tag{3.13}$$

3.2.4 熵

如果考虑卡诺循环，将面对这样一个事实，即在没有任何历史的初始条件下进行。将卡诺循环置于开始时的压力、体积和温度条件下的过程既不是指定的，对于综合评价热量和功如何彼此相关也不重要。当我们将循环从开始移至结束，增加或减少热量并且系统做功或对系统做功。最终，气体的焓不断变化。所有这些温度的变化是气缸中气体热容的函数，但是在循环开始时的焓从未做功。此外，由于卡诺循环是一种理想的、可逆的系统，该系统在现实生活中无法实现，在现实生活中，有一定量的热量我们不能简单获取，即不可避免地通过摩擦和传导损失一些热量，这些热量永远不能用于做有用的功。这种存在于系统初始状态的不能获取的热量和循环过程中损失的热量一样，叫作熵。

关于熵的定义为

$$dS \equiv dq/T \tag{3.14}$$

上式指出，在给定的温度条件下，一个系统包含的热量中，任何微分变元都会导致系统熵的变化。概念化这种关系的一种方式是考虑卡诺循环遵循的温度—熵变化路径（图3.4）。在循环的初始点，温度和熵是固定的（压力和体积也是固定的）。当热量可逆地添加到系统中，同时在恒温条件下（dq/T）做功，熵增加。在步骤2中，随着气体在绝热条件下膨胀，温度下降。由于焓没有变化，dq 等于0，因此熵没有变化。步骤3和步骤4分别与步骤1和步骤2完全相反，系统恢复到最初的熵和温度条件下。在此可逆过程中，系统准备再次继续该循环。在这个实例中，孤立的卡诺发动机没有经历明显变化。

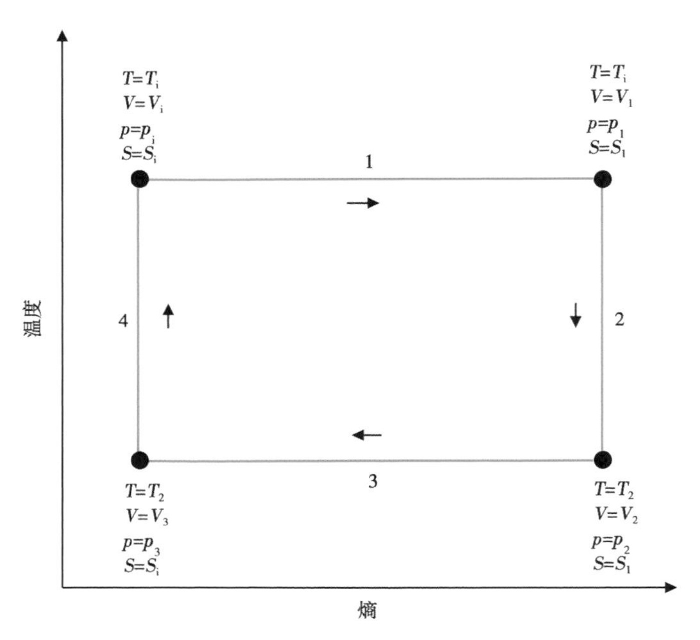

图3.4　温度—熵变化曲线

路径和图3.3的压力—体积变化曲线相同

但是在现实中，宇宙中（包括发动机）的熵增加了。这是明显的，如果人们考虑这样的事实，即利用地热储层进行热量的增加或移除。高温储层在循环中损失热量（即使感觉不到），低温储层获得热量。如果这个过程进行了很多次，那么这两个热储层会达到相同的温度。一旦这种情况发生，就不会再做功，因为 $\Delta q/q_{in}$ 接近于0，这相当于效率接近于0。一旦这两个热储层达到相同的温度，无论这种情况是如何发生的，它们对于做功不再有用，系统的熵也已达到其最大状态。

该现象的一个重要启示是，一个系统的熵可以被人为控制，如图3.4所示，但需以增加周围环境全部的熵为代价。这些变化发生的规模可能很大。例如，如果考虑在一个实验室工作台上进行卡诺循环实验，循环的各个阶段大概可以使用在一个遥远的发电站燃烧化石燃料产生的电力进行。尽管在循环发动机的第一步熵保持不变，进行这一步需要的电力来自急剧增加燃料的熵，燃料燃烧产生电能。正是出于这个原因，当考虑整体的能源预算时，必须考虑能量产生和环境消耗。

3.3 吉布斯方程和吉布斯能

正如“卡诺循环”一节所述，当定义卡诺循环的初始状态时，没有必要说明初始状态如何达到。事实上，不可能单独确定系统如何达到当前的初始状态，因为这个物理系统不包含任何纪录系统历史的信息。最终，不可能确定一种物质或一个系统实际的、绝对的内能，当系统从目前的初始状态演变到其他状态时，最多能确定内能如何变化。我们也能确定两个系统（无论是矿物、岩石、液体、气体还是任何其他材料或物质）是否处于平衡状态，以及各自焓的绝对差。两个具有相同温度的系统，如果处于热力学平衡中，不能在没有外部作用的条件下做功。但是，如果它们不是处于相同温度下，它们可以作为一种有用的能量来源。为了确定可以提取出来做有用功的可用能量的量，必须评估系统的焓的差。

为了便于说明，必须采用一种方法来比较一种物质或一个系统包含的能量与另一种物质或另一个系统包含的能量。再次考虑卡诺循环和内能如何变化。很明显有三种基本属性对系统中沿卡诺循环任一点的能量有贡献——存在于系统中的在循环开始之前的初始条件下的能量，系统沿等温路径获取或损失的能量，以及系统沿绝热路径获取或损失的能量。1876 年，J. Willard Gibbs（丁·威拉德·吉布斯）定义了一个函数，该函数用数学表示为在这样一个系统中包含的能量以及该能量如何被变化的温度和压力所影响。吉布斯方程由关于热力学第一定律和热力学第二定律的讨论产生。吉布斯方程表明，在特定的压力（p）和温度（T）条件下一种物质的内能完全可以通过以下关系式描述：

$$\Delta G_{p,\ T} = \Delta H_{p_1,\ T_1} - T \times \Delta S_{p_1,\ T_1} + \int_{T_1}^{T} \Delta C_p \mathrm{d}T - T \times \int_{T_1}^{T} (\Delta C_p / T)\,\mathrm{d}T + \int_{p_1}^{T} \Delta V \mathrm{d}p \qquad (3.15)$$

式中 $\Delta G_{p,T}$——在 p 和 T 条件下的吉布斯能；

$\Delta H_{p_1,T_1}$——在某个标准状态下的焓，通常选择 1bar（0.1MPa）的压力和 25℃（298K）；

$\Delta S_{p_1,T_1}$——标准状态下的熵；

ΔC_{p}——恒压下的热容；

ΔV——体积的变化。

物质的吉布斯能根据一些参考组分和参考化合物定义，这些参考组分和参考化合物在某个标准条件下给出确切值，并且其他所有都从数据中导出。参考物质可以是纯金属、纯元素、一些指定的氧化物或化合物，标准条件可以是指定的室温（例如 298K）和室压（例如 0.1MPa），在指定标准条件下一种物质内能的多少在便利的基础之上（例如在指定标准条件下内能为 0.0J）确定，并且通常根据需要考虑的系统的特征决定。对于许多地质应用，标准条件取为 298K（25℃），0.1MPa（1bar），也就是所谓的室温和室压。虽然标准条件和初始内能值的选择将决定物质内能值的计算，但是关键是要认识到，无论使用哪个参照系，从一组条件到另一组条件内能的差完全一样。

Gibbs 在可逆过程的基础上发展了其概念。因此，我们所说的吉布斯函数表示一个系统拥有的最大的、能用来做有用功的能量。

3.3.1 标准状态

注意公式（3.15）中用 Δ 表示的热力学性质，其反映了一个事实，只能在已经定义并且刻意遵守的一些参考系的基础上比较状态和属性。例如，通常假设形成一种元素的吉布斯能在 0.1 MPa 和 298 K 条件为 0。利用上述参考物质作为原始物质的任何测量将会产生表征更复杂的化合物的数据（例如反应热）。比如：

$$H_2+\frac{1}{2}O_2 \Leftrightarrow H_2O$$

反应式中 H_2 是纯气体，O_2 是纯气体，H_2O 是液体或气体。

如果化学反应在一个热量计（测量反应中释放或吸收的热量的一种仪器）的标准状态下发生，按照定义，形成水分子所释放出的热量将等于在标准温度和压力条件下（STP，也称为标准状态）形成水的能量。原则上，对所有感兴趣的简单氧化物或化合物都可以做类似的测量，利用公式（3.15）和所得的数据，刻意推导所有矿物和流体的热力学性质。

在没有定义的状态下进行类似的实验进一步发展了状态方程，其定义了一种物质的内能如何随压力和温度变化。状态方程可以有多种形式，并且根据物质需要的不同精确度发展。与 STP 一样，可以利用这些关系来确定任何一组感兴趣的系统中的内能。这种内能的重要性可以通过水的内能作为压力和温度的函数来理解。从公式（3.15）中可以清楚地看到，如果一种物质（比如水）在恒压下加热，那么吉布斯能的变化相当于加热过程中贡献的焓减去温度乘以熵的变化：

$$G_{p,T}-G_{STP}=(H_{p,T}-H_{STP})-T\times(S_{p,T}-S_{STP}) \tag{3.16}$$

图 3.5 表示水的液相和气相分别在 0.1 MPa 和 1.0 MPa 条件下的关系。图中提出了一些关于材料特性的重要见解，这是根据讨论中的物质的热力学性质得到的。一个明显的事实是，在恒压条件下，温度的变化对气相的影响比对液相的影响严重。这一观察反映了一个事实，即液相中的分子由于局部分子力作用比气相分子结合更紧密。其结果是，需要更多的热能来影响液体材料中的热力学性质。这一点对于固相同样适用。

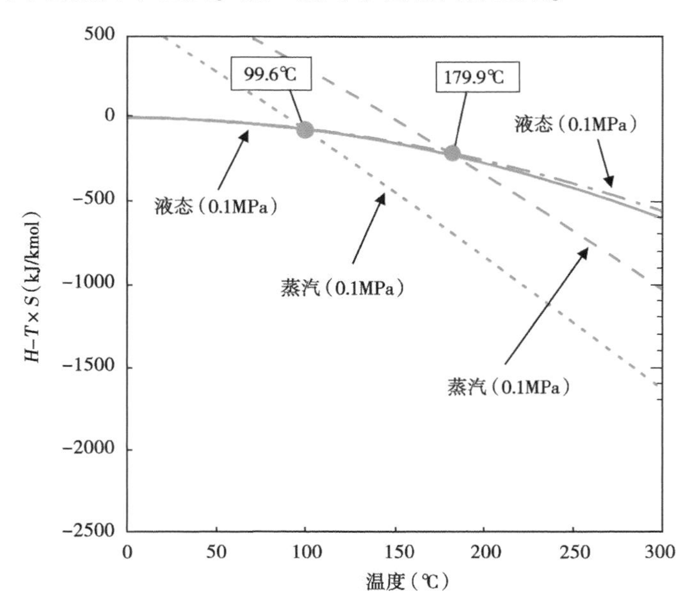

图 3.5　在 0.1 MPa 和 1.0 MPa 下，液态水和气态水的吉布斯能作为温度函数的等压变化

温度在等压曲线的交叉点表示出

图 3.5 中明显表示出的另一点是，在较小的压力条件下，压力对液体（或固体）热力学性质的变化影响较小，但是可以极大地改变气体的热力学性质。这一点也反映了分子间的相互作用，当压力和温度变化时，物质中就会发生分子间的相互作用。液态水在近地表条件下几乎不可压缩，但是气态水是高度可压缩的。这两种效应意味着，气体的内能对于它们所经历的物理条件非常敏感，当我们讨论地热资源以及如何利用地热资源时，这是不可忽视的一点。

图 3.5 展示的第三个关键方面，是简单解释了水从液态变到气态的原因。回顾一个事实，在 0.1 MPa 下，液态水比 99.6°C 以下的所有温度下的气态水具有更低的吉布斯能变化。这意味着，在上述温度下，液态水比气态水更稳定。当温度高于 99.6°C 时，情况逆转，气态水的热力学性质使其成为更稳定的相态。在更高的压力下（例如 1.0 MPa），这点同样有效，但是相态的转变发生在更高的温度下。

3.4 热力学效率

重要的是，公式（3.8）只是温度的函数。由于卡诺发动机中的步骤 2 和步骤 4 是绝热进行的，在这两步中没有热量加入和逸出系统，因此，循环中的公式（3.8）可以写成

$$e = \Delta q / q_{in} = (T_i - T_2) / T_i \tag{3.17}$$

式中 T_i——气体的初始温度；

T_2——气体冷却后的温度。

上式表示发动机的热力学效率（所有的温度都用开尔文温度）。该式对于任何地热应用都有深远影响。

公式（3.17）表示，在任何循环过程中，在工作流体和其冷却状态之间尽可能获得大的温度差的重要性。例如，假设有几个用于发电的地热源，它们各自的冷却系统如图 3.6 所示。对于该图描绘的工作流体温度，每升高 50℃ 工作流体温度，效率增加 5%～10%（绝对值）。这些都是显著的差异，并且是为地热项目仔细选址和场地分析的重要参数。不同操作条件下地热发电效率的差异如表 3.1 所示。

在现实生活中，所达到的实际热力学效率会被其他因素影响。其中一个因素是工作流体驻留的深度和由此产生的压力变化，当将工作流体带到地表并用于发电时，会经历压力变化（将在第 9 章详细讨论）。要理解这个过程对地热系统的影响，必须考虑水的热力学性质。

表 3.1　一些假设的地热储层系统温度和效率之间的关系

储层	储层温度（℃）	冷却温度（℃）	效率 e
低温资源	100	25	0.20
中温资源（冬季）	200	10	0.40
中温资源（夏季）	200	35	0.33
高温资源	300	25	0.48
高温资源	450	25	0.59

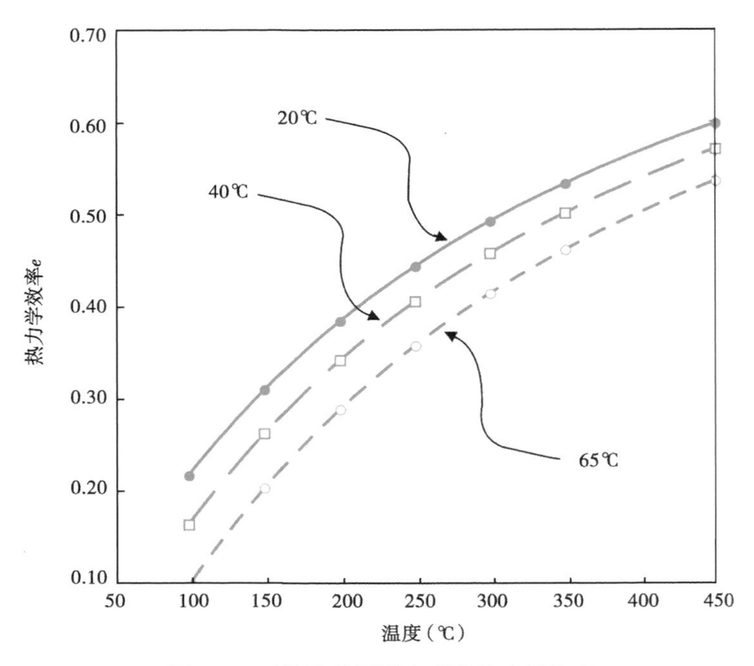

图 3.6　工作流体可以实现的热力学效率

横轴指示开始时的温度，带有箭头的线指示出口温度；例如，一种流体开始具有 200℃，出口温度为 65℃可以实现 0.29 的效率，但是如果出口温度为 20℃时，同样的流体会实现 0.39 的效率

3.5　小结

热力学原理早已确定热量和功是简单的函数关系。这些函数关系表明，所有的物质都有一定的热量；可用于做功的热量取决于物质和周围环境的温度差异；可转换成功的最大热量不受路径的支配；决定做功量的唯一热力学因素是系统最初和最终状态的温度差。温度差还决定了提取热量用于做功过程中的热力学效率。吉布斯函数通过考虑系统的属性和状态定义了可用的热量。决定吉布斯能的参数是焓、熵、热容以及系统的温度和压力。从这些参数，并通过了解系统的初始和最终压力和温度状态，能够完全表征材料的热力学性质。因为所有的系统只在处于最低能态的时候是稳定的，所以吉布斯函数通过比较一个化学系统各种可能组合的吉布斯能来确定系统的稳定配置。例如水，可以以固态、液态或气态的形式存在，用吉布斯函数计算任意压力和温度条件下每一种可能的相态的吉布斯能，从而确定任意压力和温度组合条件下可能的最低吉布斯能。

3.6　实例分析：水的热力学性质和岩—水相互作用

图 3.7 展示了水的标准相图。液态水、气态水和固态水（冰）的压力—温度条件由它们各自的相边界分离。图中的灰色阴影区域为通常在地球上遇到的条件的范围。大气压等于 0.1MPa（1bar），并且由细的水平线指示。

通过水的相图可以洞察其中用于开发地热项目的物理基础的应用广度。注意在大多数条件下，在地表或地下深部发现的液态水或是气态水都是水的稳定相态。每种相态都有其特有

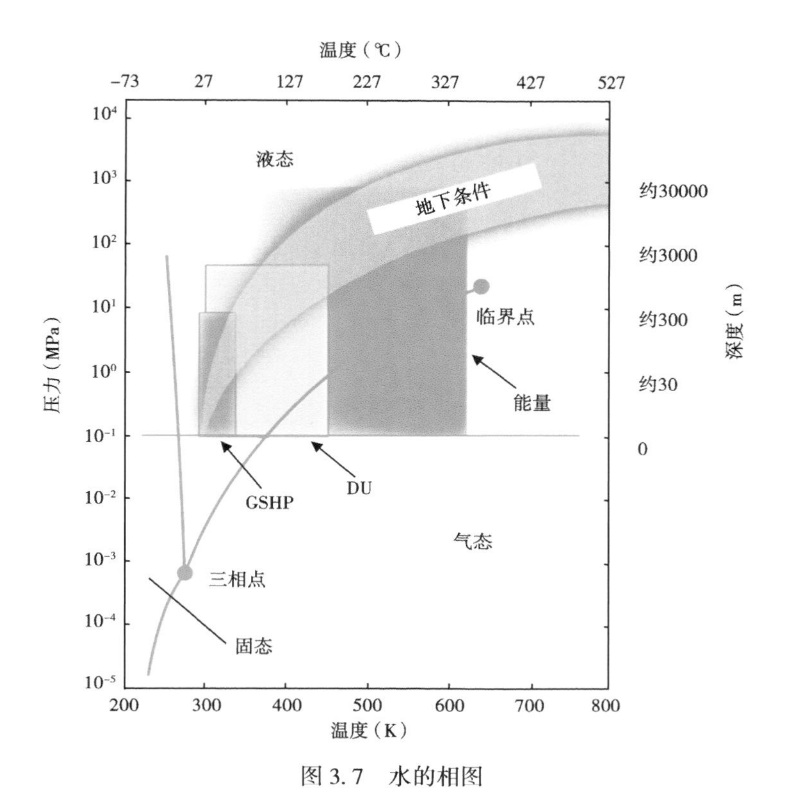

图 3.7　水的相图

图的右侧用米表示地下相应压力的近似深度；灰色区域表示在地下相应深度遇到的压力—温度条件范围；阴影区内包含的条件组适合地表热泵应用（中绿色）、直接应用（浅绿色）和发电设施（绿色渐变）

的摩尔焓、体积、热容及熵值范围。已经很好地建立了水的这些关系，并制成表，并且可以在很多文献中找到（例如，Bowers，1995）。有几个重要的方面，例如这些参数如何随温度和压力的变化影响地热能的利用。

例如考虑水的热容，在表 3.2 中，1kg 水在常压下的热容（C_p）等于空气和钾长石（岩石和土壤中一种常见矿物）的热容。表 3.2 中的值指示必须加多少热量到 1kg 的材料中以使其温度升高 1℃（K 或是 C）。注意每一种材料的 C_p 随温度的变化，以及其随不同的量的变化。例如，在 25~300℃之间，液态水的热容降低约 50%，空气的热容增加几个百分点，而钾长石的热容几乎翻倍。这种行为的反差是每种材料原子结构的反映。

表 3.2　一些对于地热应用有重要作用的常见材料在大气压（1bar）、25℃（273K）和 300℃（573K）下的恒压热容　　单位：kJ/(kg·K)

材料	25℃，1bar	300℃，1bar
水[a]	4.18	2.01
空气[b]	1.00	1.04
钾长石[c]	0.66	1.05

资料来源：[a]Bowers，T. S.，*Rock Physics and Phase Relations*，ed. T. J. Ahrens，American Geophysical Union，Washington，DC，45-72，1995.

[b]Rabehl，R. J.，Parameter Estimation and the Use of Catalog Data with TRNSYS. M. S. Thesis，Mechanical Engineering Department，University of Wisconsin-Madison，Madison，WI，1997.

[c]Helgeson，H. C. et al.，*American Journal of Science*，278-A，229，1978.

对于只利用液态水的地热应用，例如地源热泵（图3.7左侧区域），近地表条件下（压力小于100bar，温度小于90℃），液态水的焓约为200kJ（图3.8）。焓值规定水中包含内能参数。每千克水的热能也适用于约1L体积的水。假设常压下水的热容在这些条件下（表3.2）约为4.18kJ/(kg·K)，地源热泵从1L水中移除1000J的热能需要焓改变0.5%，并且其温度改变

$$\frac{1.0\text{kJ/kg}}{4.18\text{kJ/(kg}\cdot\text{K)}}=0.24\text{K}$$

因此，无论水是从300m的地下泵送至地表并且穿过热泵还是热泵安装在300m的地下，获得的结果是一样的。

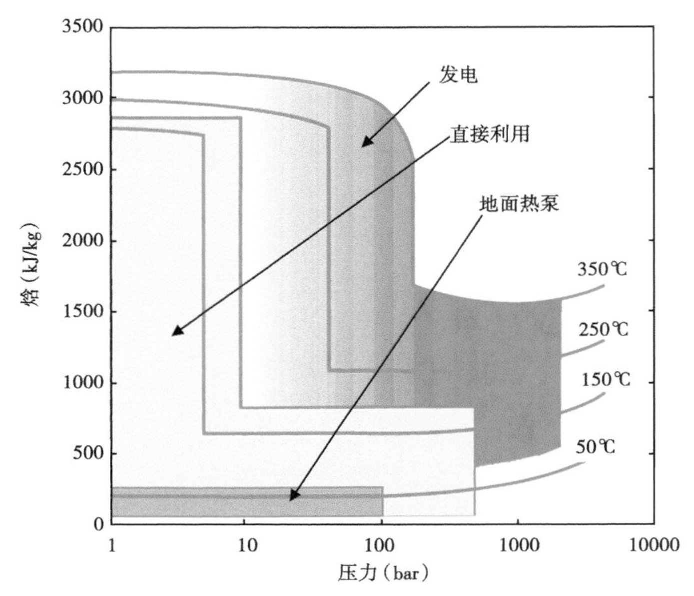

图3.8　水的焓与压力关系图

对于不同的地热应用，有相应的区域，色标如图3.7所示

当系统中的水从一组物理条件换到另一组物理条件，系统的行为具有鲜明的对比，并且在该过程中穿越了气态和液态的相边界。例如考虑一个饱含水的地热储层，其位于1500m深的地下，温度为250℃。如果一口生产井以较高的速率采水，当流体在井中上升时，流体会失去一些微不足道的热量到周围的环境中，这个假设是合理的。因为只有当上升过程是绝热的时候，不会有热量输入或输出到流体中。因为该过程是不可逆的（正如我们前面所提到的，在自然界中，当快速变化在地热条件下发生时，不会发生可逆的过程），其发生在恒定焓（即等焓）而不是恒定熵（即等熵）条件下。在上升过程中，压力不断下降。在液态和气态边界对应的压力点上，对于250℃下的液体，压力约为40bar（图3.7），蒸汽开始从液体中分离出来，形成小的气泡。蒸汽形成以及从液态水中分离出来的过程称作闪蒸。

当遇到相边界时，流体温度将沿着由相边界限定的条件随流体上升而迁移。此过程的发生是因为从液相变到气相需要能量，即汽化热。最终，流体（液体和蒸汽）的温度会随流体上升而下降，并且蒸汽继续从液体中分离出来。虽然这个过程发生得很快，但它不是瞬时的。最后，排出井口的流体会是热的液态水和蒸汽的混合物。在本节中，我们假设排出温度

为 100℃。

因为既没有热量也没有质量从我们的理想化系统中输入或输出，混合流体（液体+蒸汽）的焓是恒定的，质量（液体+蒸汽）也是不变的。这一事实形成了重要的热量—质量平衡概念，在评估一个地热系统时，这是至关重要的。因为该过程被认为是等焓的，可以写出如下方程式，描述系统中排出和分离过程的初始点和结束点相组分的焓：

$$H_{l,250℃}=x\times H_{l,100℃}+(1-x)\times H_{v,100℃}$$

式中，下标 l 和 v 分别代表液体和蒸汽，x 为系统中液体的质量分数。因为总的质量分数必须等于 1.0，根据定义，蒸汽的质量分数必须等于 $1-x$。

上述简单的关系式对于理解地热系统的特征是很有用的。例如，如果我们已经落实一口井深度达到 3km，井底压力为 1000bar，并且排出井口的流体温度为 100℃，压力为 1bar，流体中液体占 70%，蒸汽占 30%，那么可以很容易地确定储层中的焓为

$$(0.7\times 419\text{J/gm})_{l}+(0.3\times 2676\text{J/gm})_{v}=1096\text{J/gm}$$

这表明储层中的工作流体温度约为 252℃（对于液体和蒸汽共同存在的焓值如表 3.3 所示）。

表 3.3 共存蒸汽和液体沿气液饱和线的温度、压力和焓

温度（℃）	压力（bar）	蒸汽的焓（J/gm）	液体的焓（J/gm）
20	0.02	2538	83.96
25	0.03	2547	104.9
30	0.04	2556	125.8
35	0.06	2565	146.7
40	0.07	2574	167.6
45	0.10	2583	188.4
50	0.12	2592	209.3
55	0.16	2601	230.2
60	0.20	2610	251.1
65	0.25	2618	272.0
70	0.31	2627	293.0
75	0.39	2635	313.9
80	0.47	2644	334.9
85	0.58	2652	355.9
90	0.70	2660	376.9
95	0.85	2668	398.0
100	1.01	2676	419.0
110	1.43	2691	461.3
120	1.99	2706	503.7
130	2.70	2720	546.3
140	3.61	2734	589.1

续表

温度（℃）	压力（bar）	蒸汽的焓（J/gm）	液体的焓（J/gm）
150	4.76	2746	632.2
160	6.18	2758	675.5
170	7.92	2769	719.2
180	10.02	2778	763.2
190	12.54	2786	807.6
200	15.54	2793	852.4
210	19.06	2798	897.8
220	23.18	2802	943.6
230	27.95	2804	990.1
240	33.44	2804	1037.00
250	39.73	2802	1085.00
260	46.89	2797	1134.00
270	54.99	2790	1185.00
280	64.12	2780	1236.00
290	74.36	2766	1289.00
300	85.81	2749	1344.00
310	98.56	2727	1401.00
320	112.70	2700	1461.00
330	128.40	2666	1525.00
340	145.80	2622	1594.00
350	165.10	2564	1671.00

资料来源：Keenan, J. H. et al., *Steam Tables: Thermodynamic Properties of Water Including Vapor, Liquid and Solid Phases* (*International Edition - Metric Units*). John Wiley & Sons Inc., New York, 1969.

热量—质量平衡方程可以推广用来解释系统中的任意组分，表示系统中质量或能量的含量：

$$C_{储层}=x \cdot C_1+(1-x) \cdot C_v$$

理想情况下，该关系式可以利用在井口做的化学分析和能量测量来确定储层的特征。换句话说，只要系统中的一种组分或元素可以证明是守恒的，像这样的平衡关系式可以用于确定储层的特征。但是在现实中，一些问题需要考虑周到，以合理运用该关系式，因为流体从储层上升到井口时，流体相中会发生一系列变化。第5章和第6章将详细讨论造成这种变化的具体特征，包括流体化学成分中非理想特性以及如何最好地解释这些特性。

如图3.9所示，系统的行为可以用压力—焓关系图进行描绘，等值线为温度。在250℃和1000bar处的箭头代表流体的初始条件（$H_1=1113$J/gm）。随着流体沿井筒上升，在40bar时遇到气液相界限，蒸汽开始从液相（A点）分离出来。随着流体继续上升，压力下降，蒸汽的量增加，液体的量减少。液体和蒸汽的焓沿两相区域的分支到达B点，即流体排出井口的地方。通过热量—质量平衡关系式，上升路径上每一个点的蒸汽和液体的量可以直接计算出来。例如，当流体在100℃排出井口时，各自的焓如下：

$$H_{1,100℃}=419\text{J/gm}$$

$$H_{v,100℃}=2676\text{J/gm}$$

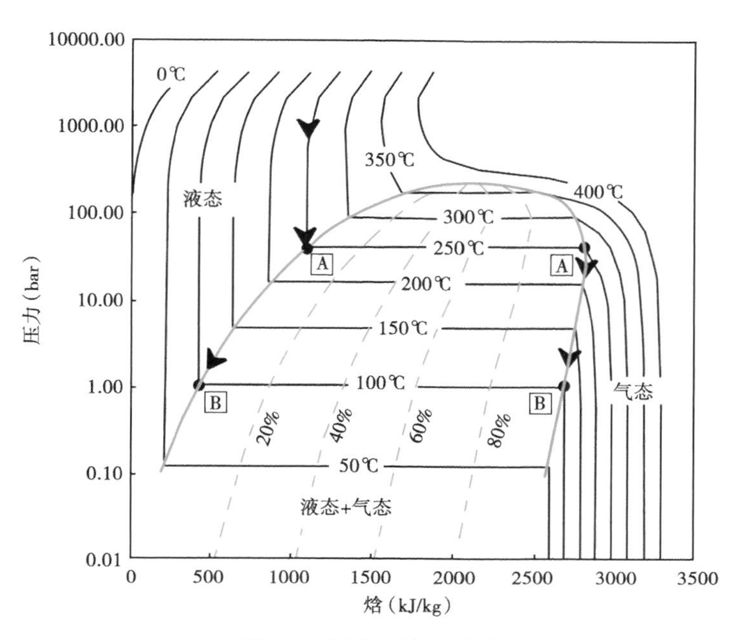

图 3.9 压力—焓关系图

等值线为温度；粗黑线包围的区域为气液两相区；虚线为与液态水共存的蒸汽质量分数；带箭头的路径指示液体在 250℃、1000bar 下上升，在 100℃、1bar 排出的压力—焓路径

因此：

$$1113\text{J/g}_{1.250℃}=x\cdot 419\text{J/g}_{1,100℃}+(1-x)\cdot 2676\text{J/g}_{v,100℃}$$

重新整理并求解 x：

$$(1113\text{J/g}-2676\text{J/g})=x\cdot(419\text{J/g}-2676\text{J/g})$$

$$x=0.69$$

因此，排出井口的是混合物，即 69%的液体和 31%的蒸汽。

关于水及其热力学性质的这些因素对于从井口获得的地热流体中收集储层信息很重要。在考虑更详细的储层评价（第 8 章）和地热发电（第 10 章）时，我们将讨论它们的利用以及必须认识的局限性。

问　　题

（1）在一个包含理想气体的卡诺循环中，摩尔体积为 $40000\text{cm}^3/\text{mol}$，假设气相的初始压力为 1bar，体积为 1m^3。卡诺循环的初始温度是多少？

（2）在问题 1 中，为了实现从初始条件到 0.25bar、3m^3 的等温膨胀，需要假设多少热量［假设 $C_p=1.02\text{kJ/(kg}\cdot\text{K)}$，气体的密度一直等于 1.2kg/m^3］？

（3）如果水的温度只增加 1℃（假设水的热容和钾长石的热容分别在 25℃和 300℃时的值），需要多少体积的水使 1m^3 含有 100%钾长石的岩石从 300℃冷却至 295℃？钾长石的摩尔质量为 278.337g/mol，水的摩尔质量为 18.0g/mol。钾长石的摩尔体积为 108.87cm^3/mol，水的摩尔体积为 18.0cm^3/mol。

（4）一口井钻进地热储层，且深度 3000m 处的水的温度为 300℃。当流体上升至地表，如果一直保持静岩压力梯度（见附录），在多深的时候会出现闪蒸？如果井中存在静水压力梯度，在多深的时候会出现闪蒸？

（5）如果理想气体在 1MPa 压力下从 1m^3 等温膨胀至 2m^3，需要做多少功，且效率是多少？

（6）如果 10kg 的液态水在 10bar 的压力下完全闪蒸，蒸汽做功可以得到多少焓？

（7）在问题 6 中，如果循环的终点是 50℃，需要多少焓用于做功？

（8）利用表 3.3 中的数据，作一幅温度—焓关系图，等值线为压力常数，与图 3.9 的压力—焓关系图类似。讨论当一个值比另一个值有用时，什么时候考虑焓的收获。

参考文献

Bowers, T. S., 1995. Pressure-volume-temperature properties of H_2O-CO_2 fluids. In *Rock Physics and Phase Relations*, ed. T. J. Ahrens. Washington, DC: American Geophysical Union, pp. 45-72.

Helgeson, H. C., Delany, J. M., Nesbitt, H. W., and Bird, D. K., 1978. Summary and critique of the thermody- namic properties of rock-forming minerals. *American Journal of Science*, 278-A, 229.

Keenan, J. H., Keyes, F. G., Hill, P. G., and Moore, J. G., 1969. *Steam Tables: Thermodynamic Properties of Water Including Vapor, Liquid and Solid Phases (International Edition-Metric Units)*. New York: John Wiley & Sons Inc.

Rabehl, R. J., 1997. Parameter Estimation and the Use of Catalog Data with TRNSYS. M. S. Thesis, Mechanical Engineering Department, University of Wisconsin - Madison, Madison, WI, Chapter 6.

附录　静岩压力与静水压力

压力在地热系统中是一个关键变量，对系统的表现和行为有深远影响。但是，地热系统的压力特征反映了静岩和静水效应之间复杂的相互作用。了解它们之间的关系及其相互之间的影响对于分析地热系统非常重要。

静水柱施加的压力称为静水压力（p_H）。1m^2 截面积、1m 长的静水柱将会对柱底施加 1000kg（水的密度是 1kg/L）的力。这相当于 1000kg/10000cm^2 或 0.1kg/cm^2，也就是 0.1bar 或 10^4。如果相同的柱是 3000m 长，柱底的压力将是 300kg/cm^2，或者 300bar 或 3×10^7Pa。在这种情况下，静水压力（p_H）等于 30MPa。

岩石柱施加的压力称为静岩压力（p_L）。岩石柱的密度约为 2.7g/cm^3，相当于 2700kg/m^3。这相当于 2700kg/10000cm^2 或 0.27kg/cm^2，也就是 0.27bar（27000Pa）。一个 3km 长、横截面积为 1m^2 的岩石柱会对基底施加 810bar（8.1×10^7Pa）的压力。在这种情况下，静岩压力等于 81MPa。图 3S-1 比较了 p_H 和 p_L 如何随深度变化。

在地壳浅层（<1000m），孔隙空间的流体主要承受静水压力，因此，流体压力（p_F）

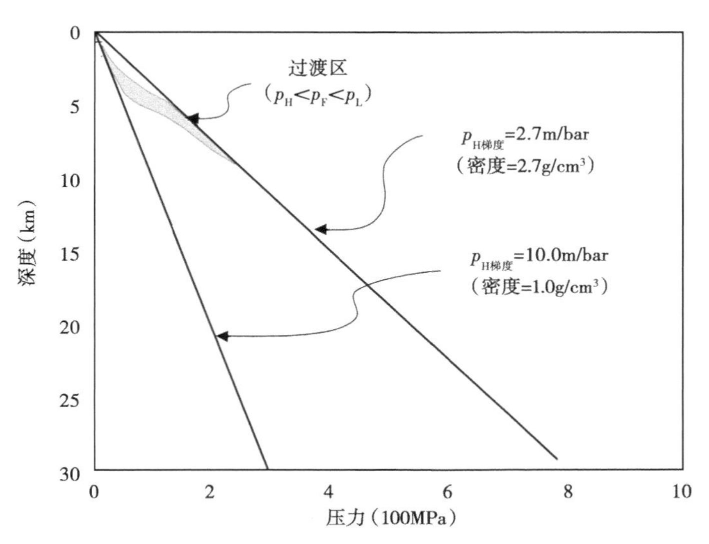

图 3S-1 静水压力（p_H）、静岩压力（p_L）与深度的关系

灰色阴影区域描绘了静水压力向静岩压力过渡的间隔

等于 p_H。这一事实是由于岩石支撑了一个开放的网络孔隙空间而没有受到上覆岩石重力的压缩。岩石表现得像一个储存流体的容器，并且流体承受的压力主要是上覆水的质量函数。但是，随着深度的增加，上覆岩石的质量开始足够对岩石施加一个垂直压应力。该应力导致支撑性的地质材料变形，从而导致孔隙空间随深度增加逐渐减少。

孔隙空间体积的减少对孔隙空间中的流体施加一个日益显著的应力。最终，施加到孔隙中的水的压力逐渐增加超过 p_H，直到等于静岩压力。这种转变出现的深度间隔取决于地壳中的局部地质和应力状态。但是，一般来说，当达到 10km 的深度时，p_F 等于 p_L。

认识到 p_F 是一种作用在围岩骨架上的力非常重要，和岩石作用在其上的力一样。其结果是，它必须被视为岩石系统结构的一部分。如果流体从该处移除并且不再补充（p_F），那么有助于支撑上覆岩石的力将减少。当这种情况发生时，岩石将按比例压缩到 p_F 降低的程度。这种效应的体现是地面沉降的发生。地面沉降可发生在液体大量从深处抽走且不能充分补充的区域。这种效应将在第 10 章进行详细讨论。

第4章　地下流体流动：地热系统的水文特征

无论以何种方式（发电、加热建筑物或是干燥水果）利用地热都需要采取一些措施，将热量从地下输送到需要的地方。在温泉存在的地方，有天然的导管将水从地热储层采到地表。如果温泉水的温度不成问题，那么唯一一个需要考虑的因素是温泉的流速是否满足预期。如果温泉水不在地表流动，或是需要更高的温度，并且确信地下深处存在一个更高温度的热源，那么获取和利用该资源就需要了解流体如何在地下运动，以及什么物理属性决定地下是否有一个有用的地热资源。本章分析了决定流体在地下流动的基本原理以及限制水流动的自然约束条件，另外介绍了如何提高水供应的基本方法。

4.1　地下流体流动的一般模式

在地球上选取任何一个地方钻一口井都会钻遇水。钻井的深度和钻遇的水量会有很大不同，从几乎没有水到从井口自喷。如果井需要泵吸，在某些情况下，水会很快枯竭，而在另外的情况下，水量似乎是无限的。事实上，有一种现象很常见，即距离只有几百米的井表现出完全不同的行为——要么在显著不同的深度获得水，要么是一口井依靠抽水迅速枯竭，而另一口井似乎提供无限的水。并且，当抽水时，枯竭的井常常在抽水停止一段时间过后又充满。是什么控制了这种不同的行为呢？

对于流体流动行为的基本决定因素是流体穿过岩石的构造特征。有三种主要的岩石类型——火成岩、沉积岩和变质岩。火成岩是那些曾经熔融的但目前已经冷却到熔点以下的岩石。这些岩石往往是块状的，但是也常常被裂缝粗筛。沉积岩是那些由水环境（例如海洋、湖泊和河流）、沿陡峭悬崖或其他有显著地形地貌的地方侵蚀的物质沉积而成的岩石。沉积岩一般成层状，并且具有与泥质、砂质和颗粒有关的特性（例如颗粒结构、横向连续性和厘米尺度上的非均质性）。石灰岩也是沉积岩，他们是块状的，并且是均质的。变质岩是上述岩石由于埋藏在地下经过高温高压下的重结晶转化而成的岩石。变质岩有一系列结构，从火成岩中见到的结构到接近石灰岩的结构。图4.1提供了四个上述岩石的实例。这些实例代表了地热开发中常常遇到的岩石类型。

控制地下水运动的基本因素是岩石中可用于储存水的空隙及空隙的物理特征。图4.1的实例强调，流动路径的主要区别在岩体中流动（基质流动）和可能存在的裂缝中流动（裂缝流动）之间。沉积岩一般有少量裂缝，流动主要由基质中的孔隙空间控制。火成岩和变质岩几乎没有孔隙空间，但是通常有裂缝，因此，在这些岩石类型中，流体流动主要是通过裂缝。这些流动环境的属性将在“基质孔隙度和渗透率”和“裂缝孔隙度和渗透率”两节中详细讨论。

图 4.1 地热系统常见岩石类型

(a) 块状、裂缝性花岗岩 (火成岩), 注意裂缝的不规则样式和不同的走向 (图片的宽度为 4m, 新墨西哥州 Sangre de Cristo 山); (b) 胶结程度不同的孔隙性砂岩, 注意不同的粒径 (细粒砂岩到粗砾岩) (图片宽度为 1.5m, 新墨西哥州 Rio Grande 裂谷盆地); (c) 具有平行平面裂缝的变质片麻岩 (图片宽度为 2.5m, 新墨西哥州 Sangre de Cristo 山); (d) 花岗岩中的断裂带, 括号中复杂的、平行的、大规模的裂缝是断裂带 (图片宽度为 7m, 新墨西哥州 Sangre de Cristo 山)

4.2 基质孔隙度和渗透率

如果沿着沙滩仔细观察, 当波浪拍打着海岸时, 会发生什么? 人们会注意到, 波浪前进后开始回落, 回流的某些部分会渗入沙子。通常这个过程伴随着气泡从下往上升。气泡是渗透水挤压出的地下砂粒孔隙空间的空气。可以看出这种挤压作用的程度取决于砂粒的粗糙度。很粗的沙滩几乎没有任何表面回流, 因为前进的水冲刷了海滩将会立即消失在沙滩中。但是很细的沙滩往往有很强的回流, 很少有波浪冲刷渗进地下沙子中。这种现象表征了孔隙度和渗透率之间的相互作用, 以及它们是如何被孔隙特征影响的。

孔隙是砾石、砂、土壤和岩石间的开放空间。在粗的砾石和砂子中, 孔隙空间可以很大 (比如 1cm), 并且占岩石总体积的 40%, 但是在细的砂、泥质和岩石中, 孔径非常小 (从 1mm 到 1μm 甚至更小), 并且总孔隙体积只有岩石总体积的百分之几或更小。

在给定岩石或沉积物样品中, 给定尺寸范围的样品孔隙度差别很大。天然材料的可变性使得孔径分布的数学表征仅仅是一个近似。然而, 通常假设孔径分布近似服从对数正态分布。图 4.2 为三个不同岩样的对数正态概率密度函数 (PDF), 平均孔径分别为 4.5×10^{-5} cm, 5.9×10^{-3}cm 和 1.0×10^{-2}cm。PDF 简单描述了找到一个特定参数值的概率, 其中总的概率为 1.0, 并且分布服从某个确定的数学函数 (在这种情况下为对数正态形式; Kosugi 和 Hopmans , 1998)。图中还展示了占总孔径分布 50%的平均值和平均值周围区域。

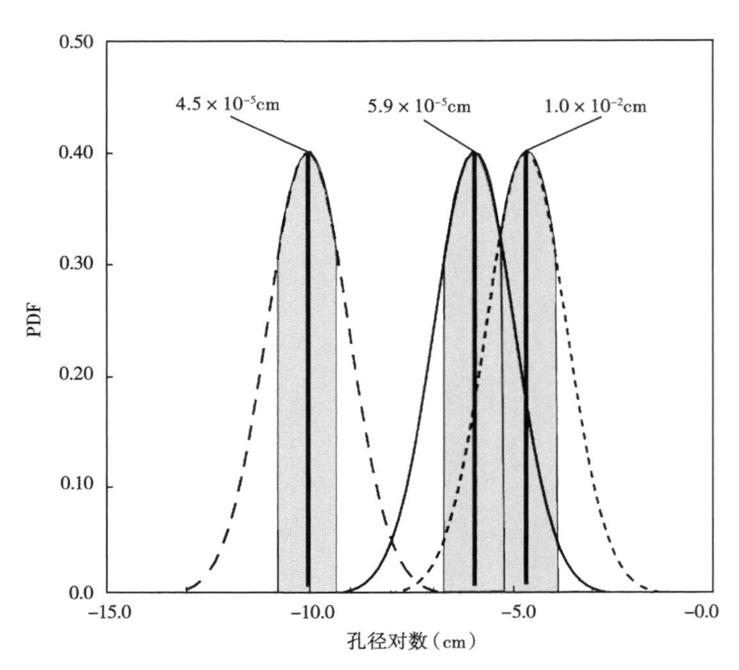

图 4.2　材料孔径分布的对数正态概率密度函数实例

平均孔隙直径分别为 4.5×10^{-5}cm，5.9×10^{-3}cm 和 1.0×10^{-2}cm；假设孔径分布服从对数正态形式；关于均值（实垂直线）的阴影区域为总分布的 50%

自然条件下不会完全服从任何孔径分布的数学表达式，因为很少有真正均质的地质条件能够适应上述规律。尽管如此，数学表达式也很有用，因为它提供了一个定量的近似，以对自然条件下表现出的现象进行数学建模。上述模型可以计算流速，从而可以评价岩石材料是否适合开发地热应用。

实际填充水的孔隙空间变化会很大，主要取决于气候、海拔和土壤或岩石排出水的能力。孔隙充填的程度称为饱和度。在高降雨量和低海拔地区，完全饱和的情形（饱和度等于 100%）通常在地下几米到几十米之下。静态潜水面是该面以下岩石完全饱和。

在潜水面和地表之间的土壤和岩石称为不饱和带或渗流带。在不饱和带内，即使一块来自不饱和带的岩样可能表现为完全干燥，意味着水完全脱出孔隙中，岩石也不会是干燥的，由于水的表面张力，水会保留在颗粒接触点之间，以及小孔隙中。液体表面张力与孔隙的几何形态之间关系影响岩石保存水的能力，叫作毛细管力。岩石在地下完全不含液态水的唯一条件是环境温度显著升高到水的沸点以上。

水通过岩石孔隙的能力取决于一系列因素。显然，任何存在于岩石中的孔隙必须相互连通到一定程度才能允许流体通过。图 4.3 展示了两个实例，其中孔隙空间的体积是相同的（图中为 40%）。在图 4.3a 中，没有流体通过岩样是可能的，因为没有相互连通的孔隙，而在图 4.3b 中，流体可以经相互连通的孔隙空间自由通过岩石。影响流体运动的其他因素包括路径的复杂或曲折程度、相互连通的孔隙间的喉道大小，以及流体的黏度。在图 4.3b 中，沿流动路径到出口 A，孔隙间的喉道大小始终比沿流动路径到出口 B 的大得多，导致在垂直方向上形成一个优先流体流动路径。正是这种孔隙特征的类型导致可观察到完整岩石（例如无裂缝）中流动的各向异性。作为这种各向异性的结果，对于任意给定的时间段，从 A

口排出的总液量比从 B 口排出的大得多。给定时间段内流经给定截面积的体积叫作通量，单位为 $m^3/(m^2 \cdot s)$ 或 m/s。

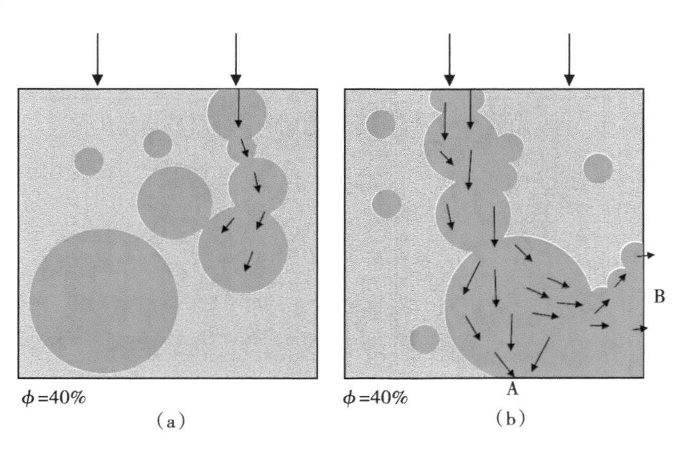

图 4.3　孔隙（绿色区域）和流量（小箭头指示）之间的关系示意图

图 a 和图 b 有相同的孔隙度（40%）；在图 a 中，流体不可能流动，因为岩样中没有相互连通的孔隙供流体流动（由岩样顶部的粗箭头表示）；在图 b 中，通过相互连通的孔隙发生流体流动；注意，有一个优先流动（通过出口 A 的通量比通过出口 B 的通量小），这是由于 A 方向孔隙的横截面积相对于 B 方向的横截面积大

4.2.1　基质渗透率的定义

多孔介质中流体流动的定量描述最早是由 Henry Darcy（亨利·达西）在 19 世纪中叶正式提出的，他定量描述了给定截面积 A（m^2）的体积流量 Q（m^3/s），就是今天的达西定律：

$$q = \frac{Q}{A} = -\left(\frac{K}{\mu}\right) \times \left(\Delta \frac{p - \rho g z}{L}\right) \tag{4.1}$$

式中　q——通量，m^3/m^2s；

K——渗透率（面积单位 m^2）；

L——流体在压力梯度上的长度；

Δ——流体密度，kg/m^3；

g——重力加速度；

z——系统的垂直距离；

μ——动态黏度，kg/（m·s）。

$\Delta(p-\rho gz)$ 是压力梯度，包含这一项是由于重力，即水的比重。严格来讲，此法只适用于单一均质相流速很慢的情况（例如紊流）。它经常被用作更复杂条件下的近似，但是仍然需要了解其限制条件。非达西流是在流速很高的条件下实现的，常常在对地热井抽水的情况下遇到。在自然条件下地下流动通常很慢，因此达西流可以被认为是流动状态的合理近似。

渗透率是一个基本概念，对地下流体的流动很重要。再考虑图 4.3 中的各种流动路径。在图 4.3a 中，尽管样品有很高的孔隙度，流体也不能穿过样品。因此所得到的通量［公式（4.1）中的 q］为 0，这也要求渗透率［公式（4.1）中的 K］为 0。在图 4.3b 中，流动可以从样品的两个位置出去，从路径 A 出去或者从路径 B 出去。路径 A 提供了最直接的路径和最宽的孔喉，即使路径 B 在出口 B 有两条可用的路径，路径 A 的通量也比路径 B 的通量大。因此，路径 A 必须有一个比路径 B 更大的渗透率（K）。

图 4.3b 中沿不同路径渗透率之间的差异表明与渗透率相关的一个重要方面。首先，渗透率常常与尺度相关。假设岩石中的孔隙常常是亚毫米级的，图 4.3 清楚地描绘了一块非常小的岩石。如果描绘的样品是从一块更大的岩石中获得的，其中的孔隙特征随机分布，那么有可能这块更大的样品测量的渗透率为不同路径影响的平均值，例如 A 和 B，所得到的渗透率值将不同于分别从各路径中得到的渗透率值。第二，图 4.3b 表明，渗透率可以是各向异性的。例如，其中最大程度从井中获得流体量很重要，为了保证钻孔钻至最有利的渗流场，了解当地的渗透率非均质性就会很重要。在图 4.3b 的实例中，假设在钻孔尺度的流场是相同的，在水平井眼中的流体通量比在垂直井眼中的大。

渗透率（K）的单位反映了实验室测量其值的方式。渗透率最常用的单位是达西（D）。1D 定义为，在 1atm/cm 的压力梯度下，黏度为 1mPa·s 的流体以 $1cm^3/s$ 的体积流速通过 $1cm^2$ 的截面积。如表 4.1 所示，不同地质体的渗透率范围非常大，跨越多个数量级。

表 4.1　一些有代表性的地质体的渗透率

渗透率	严重破裂的岩石	分选好的砂岩、砾岩	很细的砂岩	新鲜的花岗岩
K（cm^2）	$10^{-6}\sim10^{-3}$	$10^{-7}\sim10^{-5}$	$10^{-11}\sim10^{-8}$	$10^{-15}\sim10^{-14}$
K（mD）	$10^5\sim10^8$	$10^4\sim10^6$	$1\sim10^3$	$10^{-4}\sim10^{-3}$

4.2.2　Kozeny—Carman 方程

决定渗透率的因素由 Kozeny（1927）正式量化，后来由 Carman（1937，1956）修改，方程的最终形式为

$$K=\frac{n^3/(1-\phi)^2}{(5\times S_A)^2} \tag{4.2a}$$

式中　ϕ——孔隙度，小数；

S_A——单位体积固体孔隙空间的比表面积，cm^2/cm^3。

方程（4.2a）被称为 Kozeny—Carman 方程。该方程表明渗透率的多孔岩样的孔隙度相关。关系式中隐含上述讨论中有关多孔岩石流动的所有因素。对于渗透率尤其重要的是流动路径的曲折度——流体必须流过的孔隙网络越曲折，渗透率越小。重写公式（4.2a）可以将曲折度考虑在内：

$$K=c_0\times T\times\frac{\phi^3/(1-\phi)^2}{S_A^2} \tag{4.2b}$$

式中　T——曲折度，等于连接两点的直线路径的长 L 与沿管状路线流动的实际路径的长 L_t 的比，即 L/L_t；

c_0——系统特征常数。一般情况下，$c_0\times T=0.2$，因此将公式（4.2a）简化为公式（4.2b）。

4.2.3　渗透系数

度量岩石允许流体流动的能力的一个有用参数是渗透系数（K）。渗透系数是达西定律的比例常数，等于（K/μ）×比重，单位为 m/s。它被定义为在单位液压梯度影响下，流过

单位截面积的流体体积。表 4.2 给出了不同类型岩石的渗透系数。

渗透系数和渗透率一样，可以随方向、岩石大小、岩石类型变化。由于这些原因，实验室测量得到的渗透系数用于野外时可能是有问题的。当使用这些测量值时需要注意，如果对一个区域的地热应用特别感兴趣，那么对一个潜在地下储层中的一套样品做多次测量是很常见的。

表 4.2 不同岩石的渗透系数范围

材料	渗透系数（低值）（m/s）	渗透系数（高值）（m/s）
黏土	1.2×10^{-13}	1.2×10^{-7}
细砂	7.0×10^{-7}	3.0×10^{-6}
粗砂	5.8×10^{-6}	2.3×10^{-5}
砾石	2.3×10^{-5}	7.4×10^{-4}
花岗岩	3.5×10^{-9}	3.5×10^{-7}
板岩	1.2×10^{-13}	1.2×10^{-10}

4.3 裂缝孔隙度和渗透率

如图 4.1 所示，许多地质材料都具有很多裂纹或裂缝。形成裂缝的机械过程有很多——与沿断层运动有关的构造作用，岩石翘曲的缓慢隆起、埋藏，以及冷却、加热等（见附录图 4S.1 中关于应力和裂缝性质之间关系的讨论）。形成裂缝的性质反映了岩石的机械性能与构造体制（其中发生断裂）之间的关系。表 4.3 给出了一种尝试量化岩石裂缝空间的结果。但是这样的分析需要重视与裂缝形成有关的复杂性。例如，岩石被不同组裂缝切割是很常见的，每一组裂缝都有其特定的形成时间、方向、间距和性质。每一组裂缝都反映了局部应力场如何随时间改变。此外，在特定条件下经常可以观察到一些岩石发育共轭裂缝。共轭裂缝是在相同时间发育的裂缝具有两个或多个不同方向，它们之间有系统的角度关系。这种共轭裂缝组通常与局部应力场方向有特定关系，可以用于应力场成图。这些将在附录图 4S-1 中更充分地讨论。

表 4.3 不同岩石类型中天然裂缝的间距

材料	最小间距（m）	最大间距（m）
花岗岩	1.2	33.5
砂岩、页岩	1.8	6.1
片麻岩	1.5	13.7
板岩	1.2	7.6
片岩	3.7	15.2

资料来源：Snow D. T., Journal of the Soil Mechanics and Foundations Division, Proceedings of American Society of Civil Engineers, 94, 73-91, 1968.

4.3.1 裂缝渗透率

用预测有关流动特征的方式表征裂缝已被证明是很困难的。这种困难源自一个事实，即裂缝的详细描述必须考虑到裂缝（也称作开度）中任意开放空间的维度、裂缝方向、复杂裂缝的连通程度、每组裂缝的长度和表面粗糙度、每组裂缝的平面性，以及不同组裂缝交叉点的属性。此外，给定裂缝组的每一种性质的可变性也很大。图4.4描绘的是裂缝组的一些变化方式。

图4.4　不同岩石类型中的裂缝样式

(a) 两条平行的平面裂缝（箭头所示）切割花岗岩。注意与岩石相比，沿裂缝颜色和结构的变化，以及裂缝有一定开放空间。这种变化表明沿裂缝发生了流体运动和化学变化（硬币为比例尺，新墨西哥州 Sangre de Cristo 山）。(b) 大理石中平面的平行裂缝（箭头所示）。注意一些裂缝切穿了所有不同的地层，而一些裂缝两个地层的边界（镜头盖为比例尺，西格陵兰岛 West Nordre Strømfjord）。(c) 热液蚀变浊积岩中不规则的、分叉的且交叉切割的填充裂缝。浊积岩是一种沉积岩，但是在该图中，循环流动的热流体使其轻微变质。在太平洋东北部大洋钻探项目一个钻孔中获得（照片由 Robert Zierenberg 提供，太平洋东北部 Middle 谷）。(d) 枕状玄武岩中的放射状充填裂缝（照片由 Robert Zierenberg 提供，加利福尼亚州 Clear 湖）。(e) 带蚀变晕的裂缝，发掘自冰岛 Geitafell 的5~6Ma 的地热系统中。箭头指示平面线性裂缝的位置。注意裂缝周围延伸超过1m 的绿色蚀变晕（照片由 Peter Schiffman 提供）。(f) 含断层泥的小断裂带（箭头所示）（照片宽5m，新墨西哥州 Sangre de Cristo 山）

人们提出了一系列方法来处理这些复杂的关系，但是每一种方法都有其局限性。但是在一般情况下，岩石中对流体流过任意给定裂缝组的量影响最大的似乎是裂缝开度和裂缝间距。

裂缝中的渗透系数被定义为（Bear，1993）

$$\kappa_{fr} = \left(\frac{\rho \times g}{\mu}\right) \times \left(\frac{a^2}{12}\right) \tag{4.3}$$

式中 κ_{fr}——裂缝渗透系数，m/s；

ρ——流体密度，kg/m^3；

g——重力加速度，m/s^2；

μ——动态黏度，m/s^2；

a——开度，m。

由于渗透系数和渗透率的关系为

$$\kappa = -\left(\frac{\rho \times g}{\mu}\right) \times K \tag{4.4}$$

然后裂缝渗透率被定义为

$$K_{fr} = \frac{a^2}{12} \tag{4.5}$$

4.3.2 裂缝导水系数

裂缝的导水系数为以一定速度穿过给定单位开度的排出量，可以定义为

$$T_{fr} = \left(\frac{\rho \times g}{\mu}\right) \times \left(\frac{a^2}{12}\right) \times a = \frac{\rho \times g \times a^3}{12 \times \mu} \tag{4.6}$$

上式被称为立方定律，因为导水系数取决于开度的立方。因此，流体通过岩石中的裂缝组的整体运动主要由裂缝开度和流体性质表征。

然而，如图4.4所示的裂缝，裂缝壁之间的距离可以是高度可变的，无论是在单条裂缝还是在给定裂缝组中的裂缝。其结果是，开度的定义成为关键。此外，裂缝表面的粗糙度与裂缝开度的可变性结合时，常常导致优先流动路径的发展。因此，裂缝中开放空间的总体积不一定代表所有时间在裂缝中流动的流体的体积。这就促使有效开度概念的形成，其中，穿过裂缝组的流动是沿流动路径穿过裂缝的大多数综合作用的函数，每一段长度 l 都有共同的开度（Wilson 和 Whiterspoon，1974）。鉴于裂缝系统在三维空间中的特征不同，预测系统的有效开度往往是不可能的，但在系统中测量通量可以计算出有效开度。

具裂缝地质体的渗透率测量值清楚地表明了，了解裂缝性质对任何地热应用的重要性，其中必须获得有效的流体流速。在图4.5中，流体通量表示为渗透率和压力梯度的函数，表4.1中的渗透率范围也展示在图中作为参考。图中清晰地表明，在给定压力梯度下，可以从严重破裂的岩石中获得的通量至少比从细粒砂岩的基质流动中获得的通量大2~5个数量级。这种差异对于很多地热应用有深刻重要性，其中流速以及在给定速度下可以用于做功的热量决定了一项应用的经济性或效率。对于流速的要求将在第10章至第12章的具体应用中详细讨论。

在图4.6中，对裂缝开度和裂缝间距对渗透率的影响进行建模。注意，对于给定的裂缝

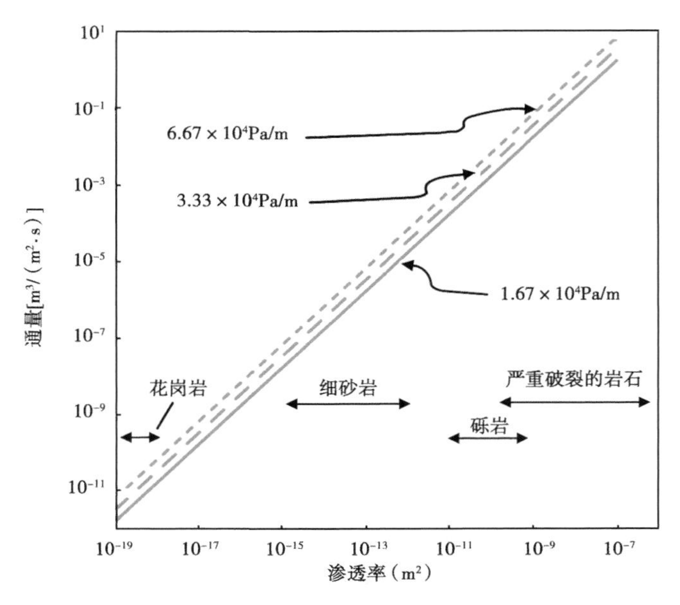

图 4.5 通量与渗透率关系曲线

在 1.67×10⁴ Pa/m，3.33×10⁴ Pa/m 和 6.67×10⁴ Pa/m 的压力梯度下利用达西定律［公式（4.1）］计算；图中也展示了表 4.1 中在地热系统中遇到的不同类型地质体的渗透率范围

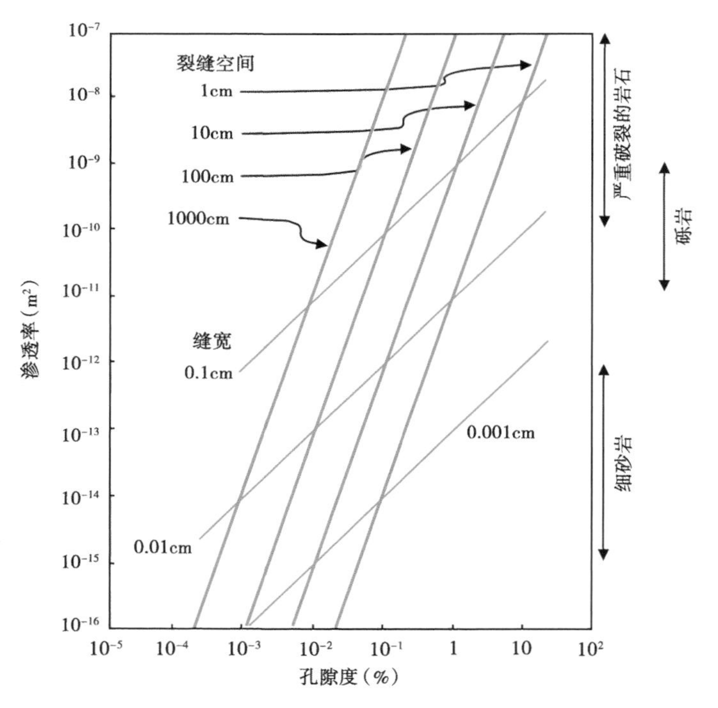

图 4.6 裂缝（空气）渗透率和孔隙度之间的理论关系

对于给定裂缝宽度（或开度）和裂缝间距，可以通过定位那些裂缝的宽度和间距的交叉点找到裂缝的总孔隙度和渗透率；显然，渗透率是裂缝宽度和间距的函数，两者都会影响总孔隙度（修改自 Reservoir Characterization Research Lab，University of Texas，Austin，TX，available at http：//www.beg.utexas.edu/indassoc/rcrl/rckfabpublic/petrovugperm.htm；Lucia，F.J.，American Association of Petroleum Geologists，79，1275-1300，1995）

间距，增加 1 个数量级的裂缝宽度会导致渗透率增加 2 个数量级。但是，对于给定的裂缝宽度，减少一个数量级的裂缝间距只会导致渗透率减少一个数量级。裂缝性质对流动性质的影响表现出重要的一点，即渗透率对于有效开度非常敏感。因为这个原因，并且正如以后将在“利用地热系统发电”一节中所强调的，深入理解和分析地热现场的裂缝特征对于获得并维持充分的流速至关重要。

4.4 深度对孔隙度和渗透率的影响

尽管从一个地方到另一个地方，岩石类型存在相当大的可变性，但不管是何种类型岩石，通常可以发现孔隙度随深度的增加而减小。这种情况发生的程度取决于当地地质条件和深度。这种普遍行为是压实和重结晶作用的结果。岩石或沉积物埋藏越深，上覆岩石的静岩压力越大。最终，岩石被压实。这种影响的大小取决于岩石强度。对于均质结晶岩，如花岗岩及相关的岩石，由于压实作用造成的孔隙度和渗透率的减少相对于未固结的沉积物，需要更大的压力。压实作用对于未固结砂岩的影响可以从图 4.7 中看出，图中为北海砂岩孔隙度随深度增加而减小的函数。

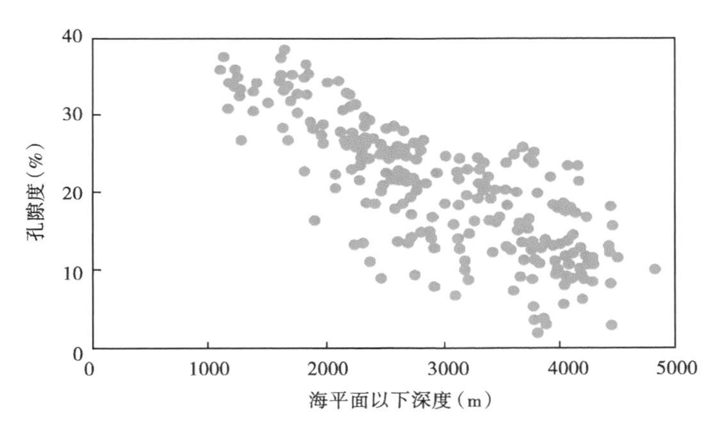

图 4.7 挪威大陆架砂岩孔隙度与深度函数关系（据 Ramm M 和 Bjørlykke K，1994，有修改）

0 处的深度为海平面，所有的深度表示距平均海平面的距离；图中绘出了孔隙度测量值代表 75%的值

估算渗透率随深度的变化主要依靠由经验公式建立的模型。对于小于 1km 的深度，根据裂缝开度的变化，利用被称为导流开度（a_c）的概念而不是“真实”开度对渗透率进行近似估算（Lee 和 Farmer，1990）。这些模型基于大量的测量值，提供了一种预测流动性质的方式。一般地，流体通量随导流开度（Conducting Aperture）的立方变化，如公式（4.6）所示，可以被改写为

$$q = C \times a_c^3 \times \nabla P \tag{4.7}$$

其中，C 为所考虑地质体的经验常数。a_c 的值强烈取决于主要裂缝组的粗糙度、曲折度以及其他性质，并且这些性质必须进行估计。

对于深度超过 1km 的地热资源，更难估计渗透率。各种研究使用经验数据和模型结果，大大提高了对渗透率随深度变化的了解。在图 4.8 中，这些结果呈现在 35km 的深度（修改自 Manning 和 Ingebritsen，1999）。当深度小于 5km 时，有效渗透率可以达到 6 个数量级的

变化，对现场采样点没有可靠的数据组时，其几乎不可能开发出预测模型，能精确估计某个地区渗透率随深度的变化，当深度更深时，不确定的范围减少，主要是因为升高的温度和压力足以克服岩石固有流变性质的非均质分布的影响，最终决定了岩石被压实的程度。当压力升高时，由于压实，弱裂缝闭合，孔隙空间减少，导致渗透率值的范围更小。

图 4.8 中还是展示了已钻井达到的最大深度。该井钻于 2012 年 Sakhalin 岛近海地带，超过 12376m 深。最深的陆上钻孔钻于 2008 年卡塔尔，钻深达到 12289m。地热井一般深度小于 5km，未来增强型地热系统的开发可能会达到更大的深度。显然，在不远的将来，地热应用将需要现场试验和测量，而不是先验估计，以确定在所有可能的地区获取的实际渗透率。

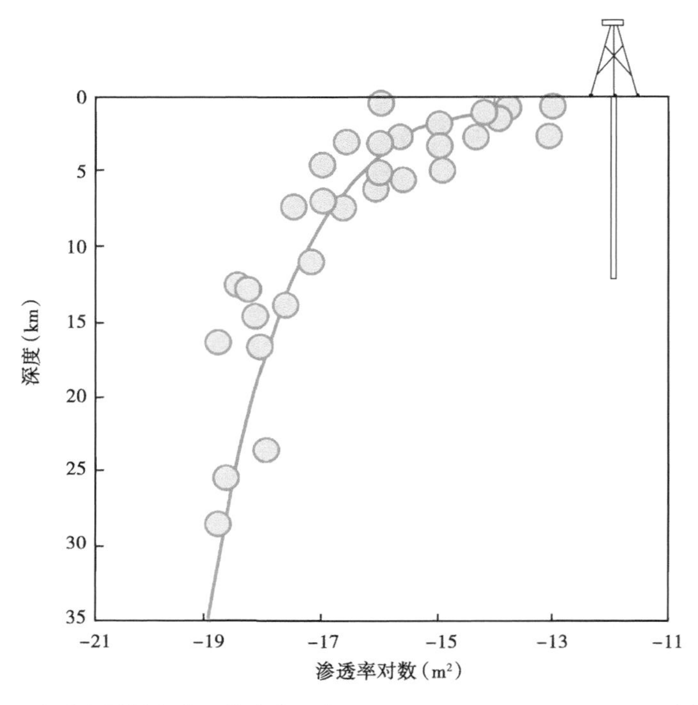

图 4.8　渗透率随深度的函数变化（据 Manning 和 Ingebritsen，1999，有修改）
图中绘制了世界上最深的油井深度作为参考

4.5　真实地热系统的水文特征

Björnsson 和 Bodvarsson（1990）总结了真实地热系统的流体流动性质，他们调查了地热发电厂公布的数据。其研究结果（图 4.9）强调了几点发电行业相关经验的关键点。最明显的是，主要由基质孔隙度控制的流体流动的系统总是比由裂缝控制的系统需要更高的孔隙度，以获得给定的渗透率。出于这样的原因，勘探沉积盆地的地热资源得益于以前的地质研究，其中已确定地下单元的水文性质。了解哪些地质单元有高的基质孔隙度以及获取这些地质单元地下分布信息可以大大节约资源，降低风险。

Björnsson 和 Bodvarsson（1990）调查的第二个关键点是，低裂缝孔隙度不一定是发电的限制因素。裂缝孔隙度低至 0.2%仍可能适用于发电，只要能获得足够的流体流动速度。这

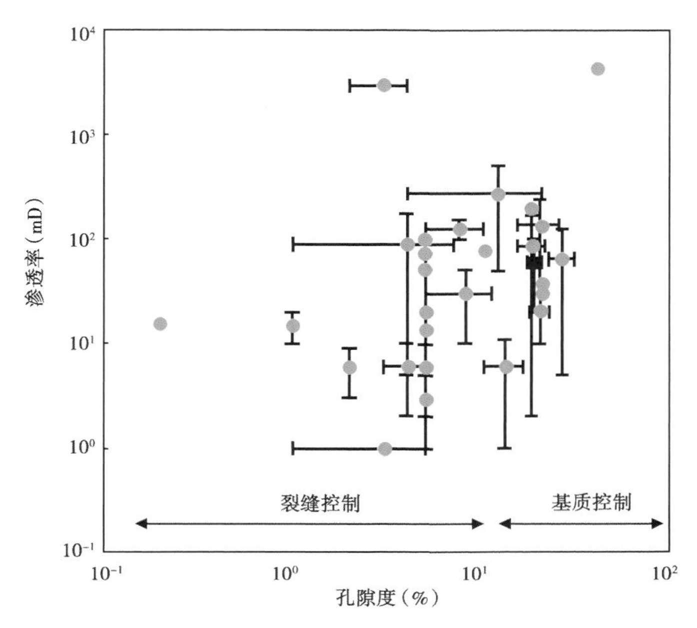

图 4.9 一组地热系统孔隙度和渗透率关系变化(据 Björnsson 和 Bodvarsson，1990)
图中为对数尺度，指示了孔隙度的主要来源(裂缝 vs 基质)

表明，在一块有裂缝的岩石中，具有合适裂缝间距的单个裂缝组可能获得足够的地下热量的传递速度。在这样的情况下，主要的钻探目标将是具有高流速的离散裂缝，这可能难以定位。这是为什么有关裂缝性质的高品质、高精度地下数据对于以裂缝为主的系统必不可少的一个重要原因。

最后，自然系统中孔隙度和渗透率的可变性相当大，在给定位置可以跨越几个数量级。出于这个原因，实施大规模的勘探项目对于确定孔隙度—渗透率各向异性很重要。这样的项目也必须确定地下各性质的非均质分布程度。

因为应力场通常随深度改变方向，在一个区域观察到的裂缝方向可能与另一个区域或不同深度的裂缝方向不一致。这种可变性强调了获取高品质地下信息的重要性。这将在第 10 章和第 13 章进行详细讨论。

4.6 小结

地下水的流动取决于岩石的孔隙特征(如多孔介质)和裂缝性质(如裂缝介质)。在上述两种可能的流动路径中，渗透率控制了岩石可以容纳的流体流动的体积流速。这反过来直接控制了地热应用中能量转移到地表的速度。控制多孔介质中流动的变量是各孔隙相互连通的程度、影响流动的弯曲度和表面积。对于裂缝，主要的变量是单位岩石体积的裂缝开度和数量。在这两种情况下，压力梯度是一个额外的影响，它会影响流速。孔隙度和渗透率都会被岩石静载荷影响，因此也是深度的函数。水文建模工作的精细程度在过去的 20 年中有很大的提高，使得利用定量分析进行预测成为可能。但是，建模结果的准确程度直接取决于现场岩石性质高品质分析数据的有效性。

4.7 案例分析：Long Valley 火山口

自 1985 年以来，Long Valley 火山口就成为地热发电的站点。目前，一个 40MW 的电厂（Casa Diablo）从一个相对较浅的地热储层发电，该储层有约 170℃ 的工作流体温度。水在裂缝性多孔火山岩中的流速约为 900kg/s。为了评估近地表岩浆体的存在，可通过钻井项目获取地下地质背景和信息，并提供一个极好预测地下流态的复杂性的实例。一系列论文发表在《Volcanology and Geothermal Research》的期刊上（2003），总结了有关地热系统目前研究状况。

Long Valley 火山口是一个位于 Sierra Nevada 山系和盆岭交界的火山地貌（Bailey，1989）。它是火山系统的一部分，在 3.5Ma 前在 Sierra Nevada 山脉的东部边缘沿南北向开始喷发。

在 2.5Ma 间，火山系统涌出各种熔岩和其他的火山岩，同时熔岩在深部聚集。在 76 万年前，发生了灾难性的火山喷发，喷出了超过 600km^3 的岩石到大气中，火山灰和其他火山岩屑向东蔓延至堪萨斯州和内布拉斯加州，西至太平洋。部分喷发使下伏岩浆房清空，导致上覆火山杂岩垮塌。垮塌过程形成了 Long Valley 火山口，一个 17km × 32km 东西向的凹陷（图 4.10）。在喷发期间，大量喷发的火山灰回落到火山口，形成的厚层岩石称为 Bishop 凝

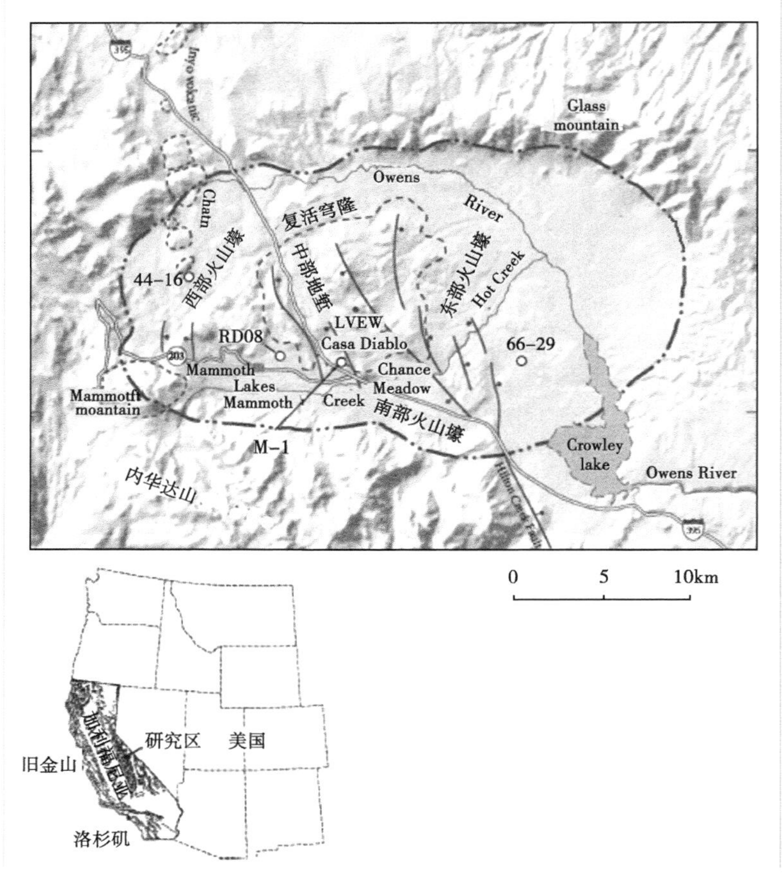

图 4.10 Long Valley 火山口的地形和位置图（据 Farrar C D. et al.，2003）

粗的点画线表示火山口边界的地形；细的虚线圈出了火山口后的火山中心和复活穹隆；黑实线表示断层；断层下降盘用点连接断层表示；Casa Diablo 电厂也标记在图中

灰岩，部分充填在这个巨大的凹陷中。

“复活”的穹隆显然是对来自几千米深的上升岩浆压力的响应。因此，火山口呈现出一个具有中央高地的大的凹陷形式。围绕复活穹隆的深部圆环开始缓慢积聚后来小的火山事件喷发的产物。这种火山壕（Moat）内的火山活动一直持续到现今，最近一次地下岩浆活动发生在1989—1990年，其导致了巨大的地震活动，并且释放了可杀死数千棵树的二氧化碳（Farrar 等，1995）。

在复活穹隆中的热动态以及火山壕一直是近来研究的主题。在图4.11中，展示了几个钻孔的温度曲线（Farrar 等，2003）。所有选定的钻孔都来自火山壕，其和地热发电站所处的地方或靠近发电站的地方一样，是地质复杂体。图4.11还展示了20℃/km，30℃/km和40℃/km地温梯度下根据纯粹热传导预测的温度曲线，假设地面温度为10℃。

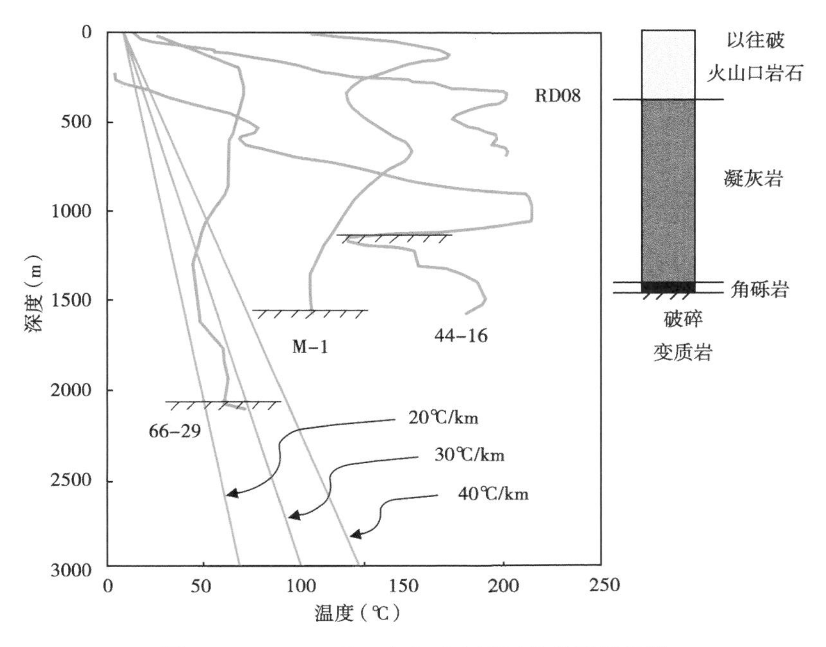

图4.11　Long Valley 火山口中四口井的温度曲线

晕渲线指示三口井中钻遇的基岩深度；右侧是区域地质的近似深度和厚度；作为参考，如果只通过均匀介质中的传导进行热传递，预期的地温梯度也展示在图中，地温梯度分别为20℃/km，30℃/km和40℃/km

这些温度曲线中最引人瞩目的方面是为系统预测的线性渐变的强偏差，该系统完全由热传导控制。浅层高温（深度 <1km，温度>50℃）、大的温度反转（>10℃）以及大的深度区间（>100m）（超过其范围温度保持不变）表示其中的热传递由一个复杂的流体流动模式控制。在这种情况下，用地质解释热剖面也很复杂。

在火山壕中，钻遇的第一个几百米的岩石是复杂的火山熔岩流和其他喷发岩的间互层，其中一些岩石可能有相当高的渗透率和低的热导率［$k_{th}=0.8\sim1.2$W/（m·K）；Pribnowa 等，2003］。在这些岩石之下是 Bishop 凝灰岩。凝灰岩是一种火山岩，形成于喷发后大气中的火山灰颗粒沉淀。它的颗粒组成主要有非常细的粉尘至粗的砂粒，但也可以含有和卵石一样大的岩屑。当其沉淀时，如果非常热，它就会胶结在一起形成一块粘结的脆性岩石。如果沉淀时是冷的，它就会具有未固结灰尘和砂的性质。Bishop 凝灰岩下部未胶结且相对疏松的，中部致密胶结。最近的断裂造成垂直高渗透裂缝带的发育。这导致形成一个有利于垂直裂缝流动的各向异性渗透率分布（Evans 和 Bradbury，2004）。Bishop 凝灰岩沉积在一系列过度结晶的早期角砾岩和其他火山岩、具有非常低的孔隙度的结晶变质基岩之上。后者具有相对高的热导率［$k_{th}=3.0\sim3.8$W/（m·K）；Pribnowa 等，2003］。

Farrar 等（2003）解释了浅层温度峰值是大气水沿水力梯度向下流的结果，水力梯度由西边内华达山脉的地下水补给维持。钻孔西边向东流动的地下水遇到近期的热侵入，加热了地下水，形成一个东向的热柱，如图 4.12a 所示。浅层高温地下水系被保留在以往破火山口岩石中。因为这种岩石非常不均一，根据岩石类型、孔隙度和渗透率，可能有多个优先流动路径，从而导致在一些钻孔温度曲线中见到多个温度峰值。

浅层流动区域与更深的热动态一定是液压分离的，可能是由于相对非渗透性的岩石构成了 Bishop 凝灰岩的大部分。在没有裂缝渗透率的地方，Bishop 凝灰岩中的热传递主要通过传导，并且部分近似平行于图 4.11 的传导等温线的热剖面很可能是低流体流动区域。然而，

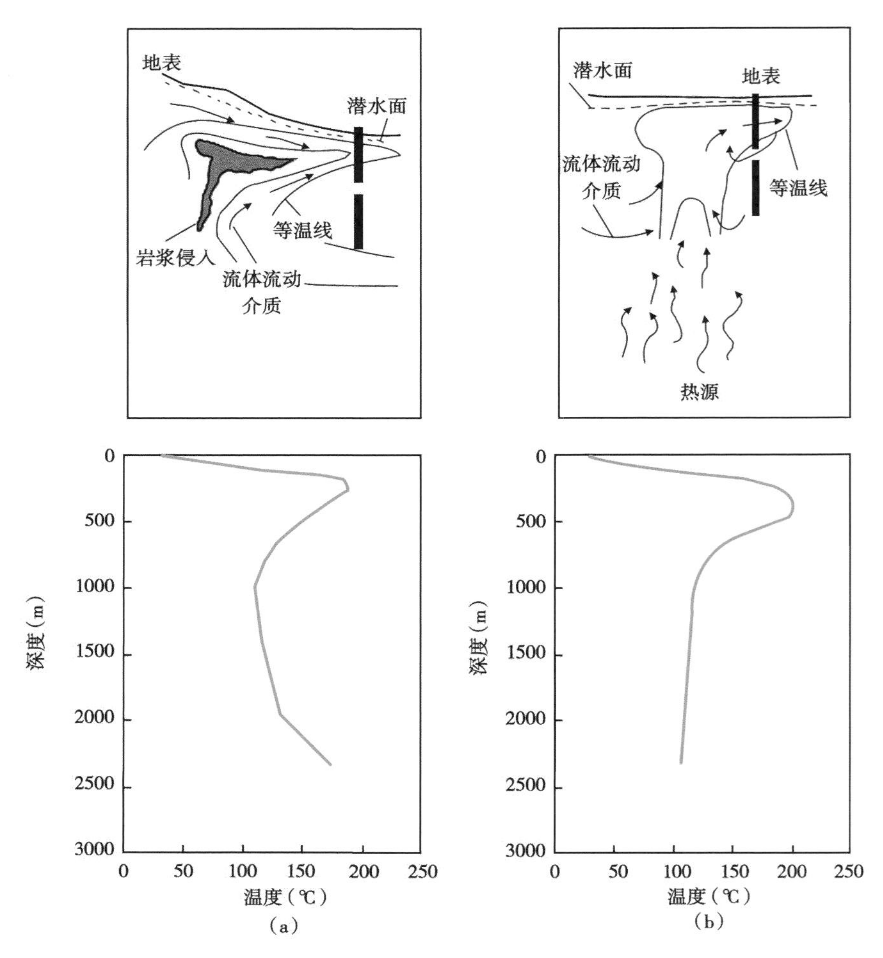

图 4.12 两个解释的地质剖面（顶部）以及各自的温度曲线

如果井在粗的垂直虚线处穿过地质剖面，就会遇到图中的温度曲线；在 a 图中，在深度约为 200m 处的热扰动是由来自地下岩浆侵入的热量引起的；在 b 图中，在 300~500m 处的热扰动是由深度超过 2500m 的深部热源加热过的水的对流造成的；这两种地质情景引起性质相似的温度曲线

大量深度区间（出现在钻孔 66-29 以及 M-1 的下部）的实际等温剖面必须由以裂缝为主的系统中的垂直流体流动维持，其中对流流体由该深度的热源驱动，如图 4. 12b 所示。这些剖面的温度反转可能是与渗透大气水的相互作用的结果。

问　题

（1）$1m^3$ 岩石被开度为 10μm、总的裂缝孔隙度为 10%的平面裂缝分割的裸露表面积是多少？

（2）该岩石的裂缝渗透率是多少？

（3）该岩石的裂缝导水系数是多少？

（4）如果开度为 1cm，压力梯度为 1kPa/m，那么在 1 小时内通过一条连通裂缝的水的总体积是多少？

（5）如果在 1MPa/m 的压力梯度下，动态黏度为 0. 001Pa · s 的流体以 $0.001m^3/s$ 的速度穿过砂岩 $0.1m^2$ 的横截面面积，那么渗透率是多少？

（6）在图 4. 9 中，孔隙度为 30%时，最大和最小裂缝渗透率之间相差超过三个数量级。利用图 4. 6，在上述条件下确定各自裂缝开度和间距的范围。

（7）图 4. 11 中 M-1 井有两种假设的温度分布，哪一种最有可能？

参考文献

Bailey, R. A. , 1989. Geologic map of Long Valley Caldera, Mono Inyo volcanic chain and vicinity, Eastern California. US Geological Survey Miscellaneous Investigations Series Map I-1933.

Bear, J. , 1993. Modeling flow and contaminant transport in fractured rocks. In *Flow and Contaminant Transport in Fractured Rock*, eds. J. Bear, C. -F. Tsang, and G. de Marsily. New York: Academic Press.

Björnsson, G. and Bodvarsson, G. , 1990. A survey of geothermal reservoir properties. *Geothermics*, 19, 17-27.

Carman, P. C. , 1937. Fluid flow through a granular bed. *Transactions of the Institute of Chemical Engineering London*, 15, 150-156.

Carman, P. C. , 1956. *Flow of Gases through Porous Media*. London: Butterworths.

Evans, J. P. and Bradbury, K. K. , 2004. Faulting and fracturing of non-welded Bishop Tuff, Eastern California. *Vadose Zone Journal*, 3, 602-623.

Farrar, C. D. , Sorey, M. L. , Evans, W. C. , Howle, J. F. , Kerr, B. D. , Kennedy, B. M. , King, C. -Y. , and Southon, J. R. , 1995. Forest-killing diffuse CO_2 emission at Mammoth Mountain as a sign of magmatic unrest. *Nature*, 376, 675-678.

Farrar, C. D. , Sorey, M. L. , Roeloffs, E. , Galloway, D. L. , Howle, J. F. , and Jacobson, R. , 2003. Inferences on the hydrothermal system beneath the resurgent dome in Long Valley Caldera, east-central California, USA, from recent pumping tests and geochemical sampling. *Journal of Volcanology and Geothermal Research*, 127, 305-328.

Kosugi, K. and Hopmans, J. W. , 1998. Scaling water retention curves for soils with lognormal pore-size distribution. *Soil Science Society of America Journal*, 62, 1496-1505.

Kozeny, J. , 1927. Über kapillare Leitung des Wassers im Boden. Sitzungsber. *Akademiie Wissen-*

schaft Wien, 136, 271–306.

Lee, C. H. and Farmer, I. W., 1990. A simple method of estimating rock mass porosity and permeability. *International Journal of Mining and Geological Engineering*, 8, 57–65.

Lucia, F. J., 1995. Rock–fabric/petrophysical classification of carbonate pore space for reservoir characterization. *American Association of Petroleum Geologists*, 79, 1275–1300.

Manning, C. E. and Ingebritsen, S. E., 1999. Permeability of the continental crust: Implications of geothermal data and metamorphic systems. *Reviews of Geophysics*, 37, 127–150.

Pribnowa, D. F. C., Schutze, C., Hurter, S. J., Flechsig, C., and Sass, J. H., 2003. Fluid flow in the resurgent dome of Long Valley Caldera: Implications from thermal data and deep electrical sounding. *Journal of Volcanology and Geothermal Research*, 127, 329–345.

Ramm, M. and Bjørlykke, K., 1994. Porosity/depth trends in reservoir sandstones: Assessing the quantitative effects of varying pore–pressure, temperature history and mineralogy Norwegian Shelf data. *Clay Minerals*, 29, 475–490.

Snow, D. T., 1968. Rock fracture spacings, openings, and porosities. *Journal of the Soil Mechanics and Foundations Division, Proceedings of American Society of Civil Engineers*, 94, 73–91.

Wilson, C. R. and Witherspoon, P. A., 1974. Steady state flow in rigid networks of fractures. *Water Resources Research*, 10, 328–335.

附录　压力和岩石裂缝

当力被施加到材料上，材料会发生变形。但是，变形的程度和性质具有材料特异性——将手指压在汽车挡泥板上，几乎看不到任何迹象、表明挡泥板微弱变形，但是当施加同样的压力到一块湿的黏土上时，变形显而易见，并且是永久的。这个经验是，所有的材料或多或少都会抵抗变形，但是如果一个力被施加到表面，会发生可测量的变形（即使是微弱变形）。

牛顿力学的其中一个基本方程定义了力作为加速度作用在物质上：

$$F = ma$$

式中　F——压力；

　　m——质量；

　　a——加速度。

力的单位是牛顿（N）（国际单位制），很明显，单位（kg×m）/s^2 是质量（kg）与加速度（m/s^2）的乘积。

如果将力（F）施加到一个物体上，物体会受力。当 1N 的力施加到物体特定面积上，例如 1m^2，结果是

$$1N/m^2 = 1\ (kg \times m)/s^2/m^2 = 1kg/\ (m \times s^2)\ = \text{帕斯卡}\ (Pa)$$

Pa 是应力的国际单位。

应力可以是正应力或剪切应力。当应力垂直施加到表面时，为正应力；当应力平行施加到表面时，为剪切应力。无论应力是如何施加到主体上的，始终可以分解为三个相互垂直的应力分量（图 4S.1）。图中大箭头表示假设的施加到物体浅灰色面的应力。应力方向以任意

角度倾斜于物体表面。图中 x，y，z 轴是任意一组相互垂直的轴，以使施加的应力被分解为 σ_x，σ_y 和 σ_z，σ_x 为最大应力，σ_z 为最小应力，σ_y 为中间大小的应力。可以证明，这些坐标轴有一个特殊的方向，使得最大和最小应力分量平行于三个轴中的两个。第三个轴限定了中间应力分方向。这些应力方向定义为 $\sigma_1=\sigma_x$，$\sigma_2=\sigma_y$ 和 $\sigma_3=\sigma_z$，限定了岩石承受的最大、中间和最小主应力的方向。可以在该三维参考系中绘出所有方向的可能的应力值，这样的图称为应力椭球。沿椭球的两个轴绘出的二维剖面为应力椭圆，由各自轴的主应力 σ_x，σ_y 和 σ_z 定义。

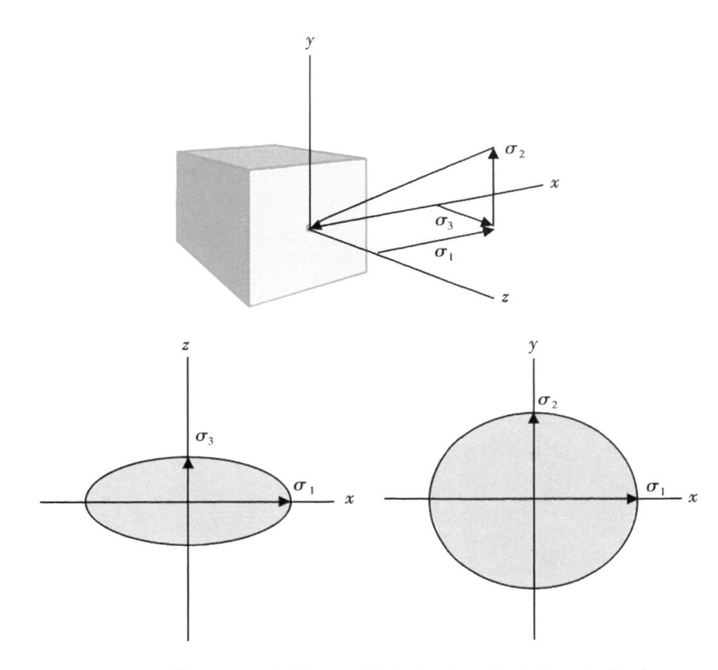

图 4S.1　作用于立方体一面的方向随机的应力（粗箭头）

应力可以分解为三组正交分量，一组垂直作用于立方体的面（（σ_x），两组平行作用于立方体的面（σ_y 和 σ_z）；这些分量的方向可以与最大和最小应力的方向平行，从而将作用在立方体面上的应力定义成应力椭圆；注意应力椭圆是在不同尺度下绘制的，如果比例相同，σ_x（$=\sigma_1$）在两个椭圆上的长度相同

对于地壳中的真实岩石，应力状态是一个有许多变量的复杂函数。在最简单的情况下，岩石经受的唯一应力是重力。在这种情况下，岩石经受的应力只取决于它的埋深，并且应力源自上覆岩石的质量。在这种情况下，垂直应力是最大主应力，也被叫作岩石静压力。一个近似的经验法则是地壳中的静岩压力以每千米深度约 3.33×10^7Pa 或 33.3MPa 的速度增加。

对于一块具有足够内部强度来防止塑性流动的均质岩石，静岩压力也等于岩石经受的各个方向的围岩压力。其结果是，应力椭球是一个球体，σ_x，σ_y 和 σ_z 是相等的。在这种情况下，岩石中没有裂缝，唯一可以容纳流体流动的空间是岩石的基质孔隙。

当最大主应力和最小主应力之间的差（也称作应力差，通常以 MPa 表示）超过该岩石的一些特征值时，岩石发生破裂。为了使岩石发生破裂，必须额外施加一些除重力以外的应力。许多地质过程能够施加这些应力，例如隆起、沉降、块体下坡运动、板块差异运动、岩浆侵入等。由于这些条件随地质时间改变，对于一块给定的岩石，其所经受的应力方向和大小具有漫长的变化历史，这是很常见的。因此，在其历史的某个时刻，岩石很可能会经历这样的情况，即特征强度小于应力差时发生破裂。对于某些岩石，这种情况可能在其历史中多次发生，也可能会发育多组裂缝组。

最终形成的裂缝会有特定的方向，并且可大致预测其方向，与主应力的方向有关。在这种事件下形成的裂缝称作裂缝组。裂缝的特征，例如它们在各个方向上的长度、平面性以及裂缝之间的间距，取决于岩石的特征、破裂时的压力和温度、应力的大小，以及应力施加时的速率。经历多个破裂事件的岩石有可能有多个裂缝组，每一组都有其特征和方向。

第 5 章　地热流体化学特征

地热水体中存在着广泛的化学成分（表 5.1 和表 5.2），其浓度从极其稀释（按重量计算，是总溶解成分的万分之几）到极其浓缩（按重量计算，溶液中包含了百分之几十的溶解成分）。这些化学成分的溶解量可以提供关于地热水体特征的重要信息，包括其温度、矿物学特征及其发展形成史。然而，在地热发电厂中，该溶解量也会影响用于加热、冷却及发电的机械装置的性能。本章主要探讨影响地热流体的化学特性的基本化学过程，以及如何使用化学分析来获取地热资源的相关信息。之后，在第 6 章和第 7 章中，我们将应用这些原理来评估地热资源的具体方面。在第 15 章中，将讨论影响地热流体的组成成分的环境因素，以及如何减轻这些化学成分的环境后果。

表 5.1　一些常见类型的水的特性（据 Whittaker 和 Muntus，1970）

类型	原子/分子重量（g/mole）	离子半径（10^{-10}m）
H^+	1.008	0.25
Li^+	6.941	0.1
Na^+	23	1.1
K^+	39.1	1.5
Mg^{2+}	24.31	0.7
Ca^{2+}	40.08	1.2
Fe^{2+}	55.85	0.7
B^{3+}	10.81	0.1
SiO_2	60.09	—
H_2S	34.082	—
F^-	19	1.2
Cl^-	35.45	1.6
Br^-	79.9	1.8
HS^-	33.074	—
HCO_3^-	61.017	—
O^-	16	1.2
S^-	32.06	1.7
SO_4^-	96.064	—

表 5.2 不同地热系统中水的化学成分（据 Henley R. W.，1995）

地区	pH^2	Na	K	Ca	Mg	Cl	B	SO_4	HCO_3	SiO_2
Wairakei，新西兰	8.3	1250	210	12	0.04	2210	28.8	28	23	670
Tauhara，新西兰	8.0	1275	223	14	—	2222	38	30	19	726
Broadlands，新西兰	8.4	1035	224	1.43	0.1	1705	51	2	233	848
Ngawha，新西兰	7.6	1025	90	2.9	0.11	1475	1080	27	298	464
Cerro Prieto，墨西哥	7.27	7370	1660	438	0/35	13800	14.4	18	52	808
Mahia-Tongonan，菲律宾	6.97	7155	2184	255	0.41	13550	260	32	24	1010
Reykjanes，冰岛	6.4	11150	1720	1705	1.44	22835	8.8	28	87	631
Salton，加利福尼亚	5.2	62000	21600	35500	1690	191000	481.2	6	220	1150
Paraso，所罗门群岛	2.9	136	27	51	11.1	295	5	300	—	81
Paraso，所罗门群岛	2.8	9	3	17	10	2	2	415	—	97

注：所有物质浓度的单位均为 mg/kg。这种表式方法是威尔斯的标志，是他分析得出的。这里的 pH 值是在实验室内测量的 20℃时的 pH 值，而不是储层中流体的 pH 值。

5.1 地热流体的地球化学问题

正如我们之前在第 4 章中提到的，水在地下几乎无处不在。对于地热应用，比如热能的直接使用或者用于采暖、通风和空调（HVAC）等目的，需要几十摄氏度或以下的温度，通常存在于浅层地下水系统中的大气水便足以提供所需的能量。在这样的系统中，热泵可以有效地转移热量，详见第 11 章。由于这样的系统使得流体温度的下降幅度相对较小，并且流体的化学性质对这些应用几乎没有直接后果，因此没有必要对这样的应用中流体化学的详细知识追根究底。这并不是需要较高温度的流体的情况。

用于地热发电的高温流体往往与岩浆体有关，或是存在于最近发生过岩浆活动的地区。若最近发生的岩浆活动不是地质历史的一部分，在这种情况下，断层和压裂促进形成了深层流体循环，使得水能够到达特定的深度，在这个深度热量可以使流体温度升高至足以用来发电的程度（通常高于 120℃），由此便可形成高温地热流体。当水的温度上升到这样的程度，就会与周围的岩石相互反应，呈现出受当地地质特征影响的化学特性。这些相互反应赋予水鲜明的化学特性。如果需要破译这种特性对资源的质量和潜在的经济和环境影响的意义，这取决于人们对水地球化学的详细了解（Brook 等，1979）。

作为地热能源考虑的关键问题是资源勘探，但天然水地球化学研究也很重要，在许多情况下，高温资源存在的深度可能不易确定，从而使得这类资源难以找到。这些“隐藏”的资源通常可以通过地表水的化学特征而检测出来。这些特征可能是特定的化学成分，它们可以表明热异常存在的深度；也有可能是某些元素、同位素或化合物的分布模式的变化，或者是元素比值的变化。了解控制这些地球化学特征变化的过程，给我们提供了评估资源的价值和质量的能力。

5.2 化学试剂——水

与其他化合物一样，水会同与它相接触的物质产生反应。例如，直接放在一起的相互接触的两个固体，会在他们的接触界面通过扩散过程进行原子交换。然而，这些相互作用的程度有限，并且是缓慢发生的。液体内，其组成分子是高度移动的，因而它会比较快地同与之接触的任何化合物相互作用。这种相互作用的程度是由流体的分子特性所决定的。就拿水来说，其反应情况是显著的。这就体现了水分子是极性的这个事实，由于一个水分子的定义是该水分子中的氢原子共价结合到其中心氧原子上，这便意味着其拥有电流极性（图5.1）。化合物，例如总是将原子和与之相关的电荷暴露在其表面的矿物，会由于其电极化性质与水产生反应。因此，水是一种优良的溶剂，它能够溶解各种成分（溶质），并作为这些溶解成分（溶质）的载体。

这种电荷极性所导致的另一个后果是，水分子会连接在一起形成一种弱聚合物结构。水分子倾向于这样定位自己，一个水分子中具有净正电荷的一面将会接近邻近水分子中具有净负电荷的部分，如图5.1所示。随着水分子非常迅速地与不同的邻近水分子结合，这种结构上的连接是短暂的。这种属性对于水的内能随温度而变化的方式具有很强的影响力。在低温下，振动速率相对较低，聚合链的长度和寿命是相对较长的。随着温度升高，振动速率增大，聚合链的长度和寿命减少。这些作用直接影响了溶解度。

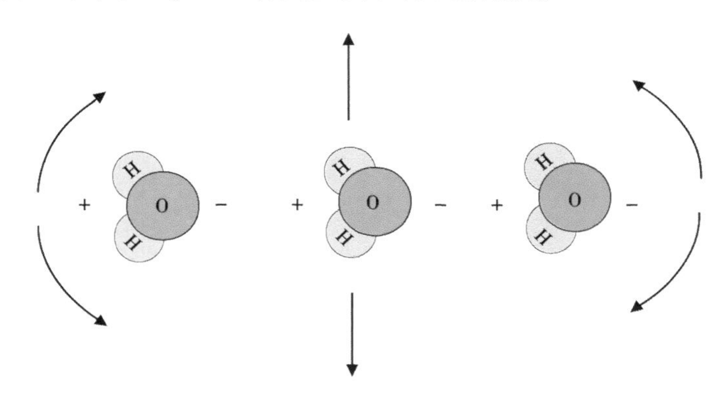

图5.1　水分子的电荷分布

正负电荷符号表明水分子中的电荷浓度分布。这三个分子被他们的电荷微弱地约束着，形成了短暂的聚合物链，这种情况被称为三聚体。箭头方向表示三聚体中分子的振动方向

许多溶质本身是带电的（表5.1），在这种情况下，它们被称为离子。带正电荷的离子称为阳离子，带负电荷的离子称为阴离子。众所周知，水是不带电的，所以明显地，溶解液是完全电平衡的。换句话说，溶液中阳离子的总溶解量中的正电荷完全中和了溶解的阴离子的总量中的负电荷。这种电荷平衡要求，以及在“化学组分和化学系统”部分中讨论的各种其他化学约束，决定了水与岩石相互作用的结果。这些结果记录在世界各地发现的地热水的不同成分中（表5.1和5.2）。在本章其余部分，我们将调查的概念饱和度、反应速率、平衡和其他决定水溶液中含有什么成分的过程的概念，以及这些物质浓度如何既反映地热资源的特征又受到地热资源的开发利用的影响。但是首先，我们必须发掘出定义和描述化学系统的方法。

5.3　化学组分和化学系统

所有化合物的集合，无论是金属、单体元素、混合气体、混合液体、凝聚固体或是这些物质的任何组合，都是由化学组分组成。在一个系统中，用来充分描述物质集合的这些化学

组分的最小单元被定义为系统的组成部分。如何确定这些组分取决于该系统被定义的方式以及它是如何被分析的。构成系统的实体，可以是固体、气体或者液体。

用石英、鳞石英和玉髓等矿物作为例子，这些矿物的化学式都是 SiO_2。这三个物质相是我们所考虑的系统。它们之间的区别是矿物结构中的原子是如何排列的。可以写出三个化学反应，来完整描述这些矿物之间可能发生的相互反应：

石英⇔磷石英

磷石英⇔玉髓

石英⇔玉髓

有两种方法可以确定该系统的组分。一种方法是，要注意硅元素和氧元素组成了这个系统中所有的矿物，因此它们可以完全描述这些矿物的化学性质。在这种情况下，该系统将被视为一个双组分系统。然而，使用二氧化硅作为一种化学组分也是可能的，因为它也提供了该系统的完整描述。如果我们对了解系统中矿物的行为（而不是系统中的元素或同位素）感兴趣，利用二氧化硅作为化学成分来描述这个系统是最好的和必要的方式，因为该方式允许最小数量的组分被用于定义系统。然而，如果我们感兴趣的是这些矿物分解成其各自的原子成分或者想了解其同位素，那么就必须使用硅元素和氧元素作为组分，而不是二氧化硅。

5.3.1 化学势和吉布斯能

一旦某些成分被确定为一个系统的组分，可以解释的是，在一组给定的压力和温度条件下，矿物或矿物的集合在该系统中将是稳定相。矿物中的每一种成分都有一个化学势（μ），它的单位为 J/mol。化学势类似于引力势或电势。它们是对某种化学成分从一种能量状态（对于某种矿物而言，这种状态对应于矿物结构中原子排列的特定方式）转变到另一种能量状态的变化趋势的衡量。因此，在我们的例子中，考虑的是 SiO_2 成分存在于石英、方石英或玉髓结构中的趋势。正如第 3 章所提到的，一个系统的稳定构型是那种能提供最低能量状态的构型。因此，判定稳定相的依据是确定二氧化硅的化学势在哪种矿物相中是最低的。当然，这将取决于系统所承受的压力和温度条件。

石英⇔磷石英

这样一种相到另一种相的转变，比如石英和磷石英的相互转变，是一种化学反应，它将在一系列物理（即压力和温度）条件下发生。如果考虑了反应发生时所有的压力和温度条件，压力—温度空间的界限将被界定。一方面，反应物石英是稳定的，而另一面，产物鳞石英也是稳定的（按照惯例，反应物出现在书面反应的左侧，产物出现在书面反应的右侧）。在该界限上，两种相中的二氧化硅的化学势是平等的。

$$\mu_{石英}=\mu_{磷石英}$$

示例系统中可能出现的各种反应很容易被表示为成分之间的表达式，因为系统中只有一种成分，并且它是唯一处于我们所考虑的相的成分。然而，在更复杂的系统中，比如在地热系统中经常遇到的，要追踪所有成分随着物理条件的发展各自是如何变化的，这太麻烦了。相反，下面的关系式是用来说明这些变化的：

$$\Delta G_j = \sum \mu_j^i \tag{5.1}$$

式中　ΔG_j——相 j 的吉布斯能量函数；

μ_j^i——成分 i 在相 j 中的化学势。

在总和中，按惯例，产物的能量视为正，反应物的能量视为负。

回顾第 3 章中的吉布斯函数的定义，明显地，一种相的各组分化学势的总和体现了焓和熵的变化，以及当一种相受到不断变化的物理条件的影响时而产生的压力—体积（pV）活动的变化。

方程（5.1）是所有相的一个重要的通式。它表明，组成一个物理系统的所有相通过对相的组成成分化学势的影响将对环境变化做出响应。这些变化将以各种方式体现，这将在本章和第 6 章中更详细地讨论。但最戏剧化的变化隐含在我们所讨论的化学反应之中。组成相的成分的化学势的充分变化，将使相变得不稳定，最终将发生反应而形成相的新组合。这意味着，方程（5.1）可以概括地表示一系列的相的行为：

$$\Delta G_{rx} = \sum \Delta G_j \tag{5.2}$$

式中，ΔG_{rx}是指在某些特定的压力和温度下发生反应的吉布斯能量函数。

同样地，与方程（5.1）中一样的关于反应物和产物的符号的惯例也被用于该求和式中。

5.3.2　活性

与压力、温度或其他状态变化所对应的化学组分的化学势的变化方式以活性（a）为代表。活性是相的物质组分的化学势从一组条件变化到另一组条件所产生差异的一种热力学度量。这种化学势的变化遵循以下形式：

$$\mu_i^{T,p,x} = \mu_i^0 + R \cdot T \cdot \ln a_i \tag{5.3}$$

式中　$\mu_i^{T,p,x}$——在一定压力、温度和相的组成成分（x）条件下的组分（i）的化学势；

μ_i^0——标准状态下组分（i）的化学势，包括参考成分。

然后，根据方程式（5.1）和（5.2）类推：

$$\Delta G_j = \sum \mu_j^{iT,p,x} = \sum (\mu_j^{i0} + R \cdot T \cdot \ln a_j^i) \tag{5.4}$$

$$\Delta G_{rx} = \sum \Delta G_j \tag{5.5}$$

这些关系式提供了通过系统中相的化学成分来确定一个系统的化学状态的方式。它们还提供了一种方法，来预测一个系统的行为是否受到与决定其当前属性的条件所不同的条件的影响。重要的是，关于地热系统的考虑，一个系统中相的化学成分包含了该系统所经历过的所有温度和压力信息。当我们在第 6 章中探讨地热系统开发时，我们将利用这一事实。

5.4　饱和度和质量作用定律

让我们回到第 2 章所讨论的那壶沸水。假设，一旦锅煮沸，立即将它从炉子上取出，并将它放在一个完全绝缘的容器中。就在我们关闭容器把锅与世界的隔离开来之前，倒入各 10g 的食盐（石盐 NaCl）和石英砂（SiO_2），这两者均被磨成颗粒，其中每个颗粒的直径都是 10μm。如果在十分钟之后打开这个容器，会发现什么？一小时之后呢？一天之后呢？如果在一年之后打开它，它会有什么不同吗？

5.4.1 平衡常数

经验之谈，盐会相对较快地溶解，最终完全消失。但是10分钟之后它会消失吗？而且，如果我们不断添加每份10g的盐，100℃的水最多可以溶解多少盐？石英最终也会完全溶解吗？在同样的时间里，它会有这样的结果吗？

这些问题的答案是由所谓的质量作用定律和反应速率定律所决定的。质量作用定律涉及已达到平衡的化学反应。举个例子，盐溶解可以写成一个化学反应，其中盐是反应物且溶液中的离子是产物：

$$NaCl \Leftrightarrow Na^+ + Cl^-$$

注意，盐溶解时溶液完全保持电中性，所有完整的反应必须符合这一规律。由于盐溶于水，整体反应从左向右进行。如果能在原子尺度上观察单个的盐晶体，我们会看到，晶体表面的原子从晶体结构中脱离并进入溶液成为离子（即发生溶解），也会看到溶液中的一些离子再次附着于晶体表面上（即沉淀）。净效应是指原子脱离晶体并进入水中成为离子的速率比它们重新附着于晶体表面的速率快得多，从而导致溶解。在平衡点，该反应在两个方向上以完全相同的速率进行，因此，锅中的固体盐量或溶液中的离子量没有净变化。在这种状态下，这种溶液将“盐饱和”。质量作用定律表明，在任何给定的条件下，以下公式将成立：

$$\frac{a_{Na^+} \times a_{Cl^-}}{a_{NaCl}} = K$$

式中　a——活性；

　　K——平衡常数，它是温度、压力和溶液组分的函数。

图5.2中，盐溶解反应和石英溶解反应平衡常数对数的变化表现为与高达300℃的温度的函数。

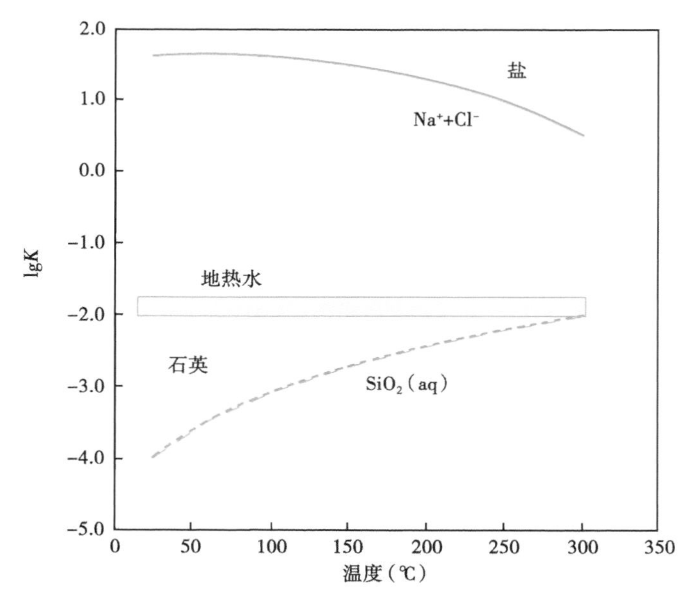

图5.2　作为温度的函数，盐和石英溶解时的平衡常数变化

灰色方框包围的范围指代表5.1中所列出的地热水中的水性二氧化硅成分

按惯例，纯的固体矿物的活性等于1。对于已溶解的种类而言，活性就等于溶液中这些种类的摩尔浓度，因此，平衡常数随温度的变化而呈线性变化。然而，定义图5.2中的食盐lg$k$的测量值的曲线的曲率表明，一个更为复杂的过程正影响着溶液中离子的行为。这种非理想行为是由于溶液中的带电离子相互之间以及与极性水分子之间的相互作用。因为钠离子和氯离子拥有不同的离子半径（表5.1），它们也会有不同的电荷密度、在溶液中不同的振动频率以及通过电荷相互作用松散地绑定在它们上面的不同数量和不同排列方向的水分子。此外，添加离子到水中改变了水的聚合物结构，这反过来又影响了溶液的内能。

5.4.2 活性系数

上述影响因素结合起来以非线性的方式影响着水溶液中溶质的溶解浓度变化对溶液的内能的影响。正是这种行为被认为是不理想的，从而引出了活性系数（γ）的概念。活性系数可以被定义为一个因子，当它乘以一种物质的摩尔浓度时，就可以校正溶液中测定的该物质的浓度，以便这个给定反应的质量作用定律能被满足。对于盐的反应而言，这意味着其质量作用可以下列形式表达：

$$(\gamma_{Na^+} \times m_{Na^+}) \times (\gamma_{Cl^-} \times m_{Cl^-}) = K$$

式中　γ_i——物质i的活性系数。

对于稀释的溶液，γ_i 接近于1，而且在大多数情况下，测得的摩尔浓度可用于计算。稀释溶液是指那些溶质的总溶解量等于或小于海水中约35‰的溶解量的溶液。对于更加浓缩的溶液而言，不理想的影响因素是很重要的，需要纳入考虑范围。实验确定的活性系数的有效数据是相对有限的，特别是对于高度浓缩的溶液而言更是如此。活性系数的编辑已经被Harvey、Prausnitz（1989）等以及Palmer（2004）的论文所讨论。

5.4.3 亲和力

要确定一个化学反应，比如盐溶解反应，能否实际发生是通过比较溶液组成和平衡常数的值来完成的，利用下面的表达式的：

$$A = R \cdot T \cdot \ln\left(\frac{Q}{K}\right) \tag{5.6}$$

式中　A——亲和力，J/mol；

R——通用气体常数，8.314 J/(mol·k)；

T——温度，K；

Q——反应中相关物质的活度熵；

K——相同反应的平衡常数。

如果所测量的溶液组分的活度积等于K，亲和力将为0，这表明该溶液与所述固体平衡，并且不会发生净溶解或沉淀。如果该亲和力大于0，溶质的浓度超过了平衡值，该溶液将开始沉淀。在这种情况下，溶液中参与反应的固体是过饱和的。当亲和力小于0时，反应物（固相盐）会继续溶解，直至它完全溶解或该溶质的活度积等于K，平衡将可以实现。

关于亲和力的这种情况表明，在数学上，A必须等于一个反应的吉布斯能量函数，如方程（3.16）中所示（下面列出）：

$$A = G_{产物} - G_{反应物} = (H_{产物} - H_{反应物}) - T \times (S_{产物} - S_{反应物})$$

这种关系引出了以下基本表达式：

$$\Delta G = -R \cdot T \cdot \ln K \tag{5.7}$$

这是参与反应的物质之间的活性关系的一个表现，也是其共存于热力学平衡条件的表示。

在100℃时，盐溶解反应中 $\lg k$ 的值约为1.6（图5.2）。在摩尔基础上，假设溶液中的离子处于理想状态，这意味着，钠离子和氯离子各自必须有超过6mol的量溶解在溶液中以达到饱和。鉴于钠的分子质量约为22.99g/mol，并且氯的分子质量约为35.39 g/mol，在饱和溶液中钠和氯各自的质量将超过145g和220g。显然，最初加入锅中的10g盐将会完全溶解，溶液将保持高度不饱和状态，由此产生的亲和力和吉布斯能将远小于零。

对于锅里的石英，情况就不同了。在100℃时 k 的值大约为0.001（图5.2），在它平衡转化为二氧化硅（水溶液）时其总浓度约为0.06 g，或约0.06‰。显然，在这种情况下，我们已经加入了远比能够溶解的石英多得多的量到这壶水中。事实上，只有很少的石英会溶解，除非在实验前后仔细地给它称重，它的溶解是不明显的。换句话说，在该条件下，石英的溶解度非常低。

5.4.4 溶解度

溶解度是结合了所有到目前为止在本章中所讨论过程的物理表现。溶解度是指在给定的温度和压力下，在溶剂中可以保持稳定的溶质的最大浓度。它是以单位体积的质量或单位质量的质量来衡量的。常见的单位为按重量计算的百万分之几（ppm）和每千克溶剂中溶解的溶质的摩尔数（摩尔浓度，M）。

随着温度的升高，溶解矿物的两个例子，岩盐和石英，它们的溶解度都发生了变化，但变化的方式是不同的。岩盐溶解度会不断增大，直到温度达到约65℃，超过该点至300℃范围内溶解度开始略微减小。然而，石英的溶解度在该范围内不断增大，其溶解度超过约350℃之后急剧下降。这些现象反映了发生在溶剂中的溶质组分和水分子之间的相互反应，并且表明，即使在简单的化学系统中，溶解和沉淀的过程并不是简单的原子规模上相互作用的结果。

这种现象部分，反映了这些反应的性质。岩盐和石英的反应是发生在地热系统中的溶解和沉淀反应的代表。石英溶解反应体现了一个过程，在该过程中一个中性分子从矿物结构中脱离并进入溶液成为一种中性水溶液，在这种情况下便生成 SiO_2 溶液。在这种电中性成分与极性水分子的相互反应中，水溶液被一个协调结构中的水分子所包围，在这种协调结构中 SiO_2 溶液周围的水分子的数目主要是一个温度的函数。

就岩盐来说，发生溶解时，晶体表面的单个离子破坏将它们束缚在结构中的离子键，进入溶液成为带电的阴离子和阳离子。相比中性 SiO_2 溶液，由于它们的电荷，会更加强烈地与水分子相互反应。这会导致溶液中发生更复杂的反应，因为任何其他带电的溶质成分也将与水分子相互反应。其结果是，岩盐的水溶性可能受到其他溶质成分的强烈影响。

第三种类型的溶解行为可以通过考虑方解石矿物的溶解和沉淀来证明。方解石成分是碳酸钙（$CaCO_3$）。其溶解反应可以写成：

$$CaCO_3\ (s) \longrightarrow Ca^{2+} + CO_3^{2-}$$

该反应被耦合到碳酸根离子的水解中以通过反应形成碳酸氢盐：

$$CO_3^{2-}+H_2O \longrightarrow HCO_3^-+H^+$$

此碳酸盐—碳酸氢盐的平衡很明显受到溶液中氢离子活性的影响，这也是该溶液中酸度的决定性因素。正是通过这种机制，pH 值成为碳酸盐溶解和沉淀反应的一个重要控制因素。

方解石溶解反应呈现出一个重要特征，某些盐在它们溶解时会表现出所谓的逆溶解度，它被定义为随温度的升高而逐渐降低的溶解度。图 5.3 将石英和方解石的溶解度作为温度的函数进行了比较，对于方解石的情况，也可作为溶液中的其他溶质的浓度的函数。方解石的逆溶解度是显而易见的。但是，方解石的溶解度对溶液中的其他组分也很敏感。例如，在 150℃时，方解石的溶解度可以相差 300%以上，这取决于溶液的组成。

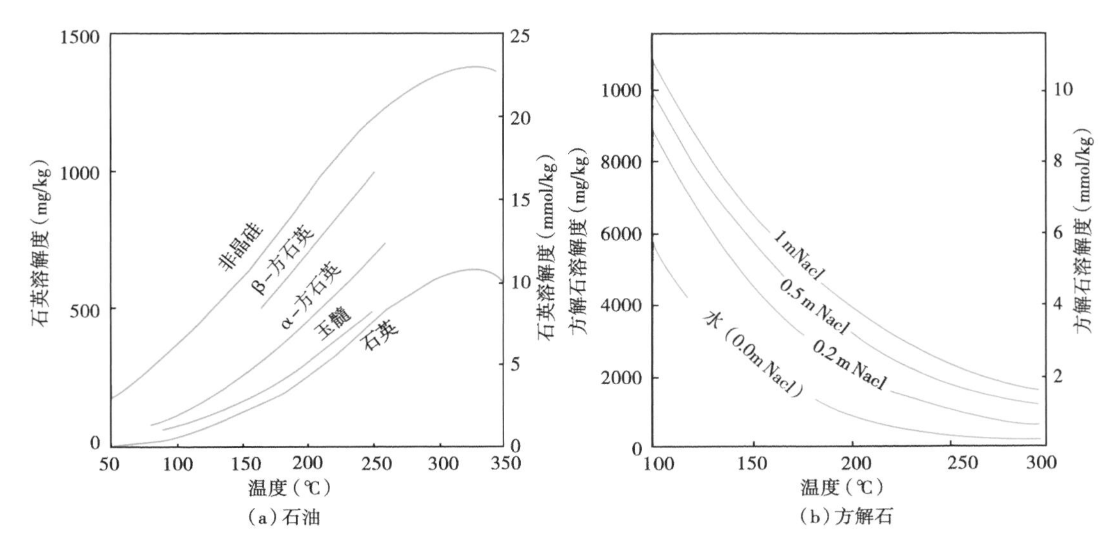

图 5.3　石英和方解石溶解度的比较

这些例子说明了流体化学如何沿着流动路径发展的一个重要的方面。例如，假设一种地热流体处于 250℃的温度，并迁移到一个温度为 100℃的较冷地区。另外，假设该流体是方解石和石英饱和的水。这意味着该溶解反应将以约 6.6mmol 的二氧化硅溶解度和不足 0.5mmol 的方解石溶解度开始。随着流体运移并冷却，石英必然会沉淀，因为它的溶解度会降低，但如果方解石存在于水运移通过的岩石中，该溶液中的方解石组分会变得越来越高，因为随着温度降低方解石的溶解度会增加。当溶液在 100℃的温度环境下达到平衡时，石英的溶解度将下降至约 1mmol，而方解石的溶解度将接近 6mmol。

岩盐、石英和方解石的溶解和沉淀反应表明了影响迁移通过多孔或裂隙介质的流体将如何与岩石骨架反应的机制。如果对于岩石中的矿物质流体是处于欠饱和状态的，它便会溶解这些矿物质，从而增加沿其流动路径的岩石孔隙度和渗透率。如果对于一种或多种矿物该流体碰巧成为过饱和的状态，那么它会使这些矿物沉淀并降低岩石孔隙度和渗透率。因为大多数岩石是由一系列矿物组成的，大范围的反应是可能发生的，从而导致该溶液对于某些矿物可能成为欠饱和状态而对于另一些矿物是处于过饱和状态，结果沉淀和溶解就可以同时发生。支撑这种结果的是这个通常被实现的可能性，即该溶液对于岩石中不存在的矿物相也可以变成过饱和状态。在这种情况下，沿着水流路径可能生成一种新的矿物相。如果溶液组分随着时间演变，一系列不同的矿物质可能在断裂面或孔隙空间中生长，从而导致矿物分带。鉴于地热系统可以持续几百万年，我们今天看到的矿物学特征可能完全不同于当地热系统首次形成时的矿物学特征，这是有可能的。因此，地热流体可以是孔隙空间变化的最关键因素。这些变化可能是地热资源属性的重要指标，从而使得它们在探索地热储层时是有帮助的，我们将在第 6 章中讨论。

5.4.5 离子交换

另一个重要的反应过程，对孔隙度和渗透率的演化只有最小的影响，但是对于评估地热系统具有重要意义，它就是离子交换。尽管一些矿物，譬如石英，具有固定的化学组成（即二氧化硅），而其他矿物则可以容纳其结构中的各种离子。其中一个例子是碱性长石，这是地壳中最常见的矿物之一。$KAlSi_3O_8$ 和 $NaAlSi_3O_8$ 是碱性长石的两个主要的化学式。这两种单一组分在自然界中偶有发现，但更常见的是这两种组分的混合物，用化学式表示为 $Na_xK_1-xAlSi_3O_8$，其中 x 小于或等于 1。

各组分之间的关系可以写成如下交换反应：

$$NaAlSi_3O_8+K^+ \Leftrightarrow KAlSi_3O_8+Na$$

其中钠离子和钾离子在水溶液中与长石共存。

图 5.4 中，该交换反应中平衡常数的对数被绘制为温度的函数。

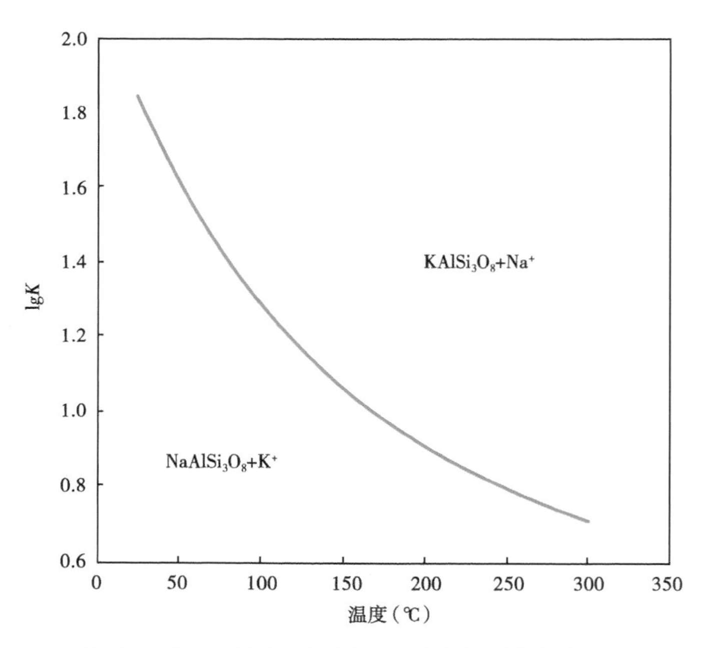

图 5.4 钠长石与钾长石交换反应间的平衡常数变化

在一个相对较小的温度区间平衡常数对数的大的变化，引出了一个重要的点，即在给定温度下，与碱长石接触并达到平衡的水溶液应具有一个特定的钠离子和钾离子的比例。换句话说，溶液中的钠离子对钾离子的比率是对温度敏感的，并且有可能成为一个地质温度计（见 Giggenbach，1988，1992；Fournier，1992）。

虽然我们一直在讨论的化学过程提供了一种手段，用于评估一组给定的条件下矿物的溶解和沉淀控制，以及这些反应过程将如何影响流体和矿物组分，但是它们并没有告诉我们任何有关这些过程将继续进行的速度的信息。要评估达到平衡有多快，甚至能否达到平衡，以及溶解或沉淀发生的有多快，必须考虑反应动力学。

5.5 地热反应动力学

物质溶解于溶液或者从溶液中析出的速率以及溶液达到平衡速率，都取决于温度、压力、物质暴露于溶液的有效表面积、溶液的化学成分以及矿物成分是否易于与流体接触（对于反应动力学的详细讨论见 Laidler，1987）。表征该过程反应速率被称为反应的动力学。

多年来的实验研究已经表明，矿物溶解可以通过考虑到上述变量的方程来描述。许多版本的反应速率定律已经被提出。其中很多定律很好地应用于那些由其派生的特定类型的矿物，但是往往不能适用于其他类型的与相关矿产体系有着强烈不同的结构或化学组成的矿物。因此，当我们试图理解自然地质系统随时间演化的规律时，必须小心地应用速率定律。考虑到这一点需要注意，我们将讨论广义反应速率定律，他们经常被应用于地质系统。

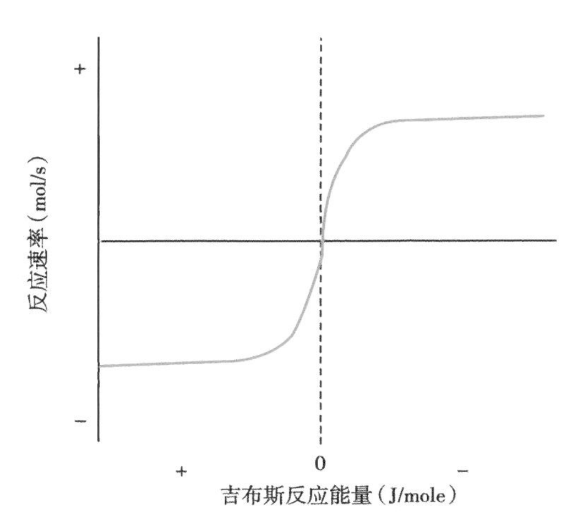

图 5.5　作为吉布斯反应能量函数的反应速率的变化

为了定量地捕捉反应系统的整体状态，函数关系就必须考虑到反应动力学是如何被上面列举的各种参数所影响的。通过指出每个变量所能影响的一个反应的吉布斯能量函数，这是可以实现的。根据定义，在平衡状态下，吉布斯函数的值是 0。然而，远离平衡状态时，反应速率是一个大的正数或负数。这种关系如图 5.5 所示。因此，任何描述这种状态的方程必须能够既考虑到远离平衡的状态又考虑到接近平衡的状态。

一个这样的反应速率方程，以测定的溶解速率作为基准的形式，可以写成：

$$R = S_{\mathrm{A}} \times k \times T_{\mathrm{fac}} \times \alpha \times \varphi \times \Pi a_i \times \left(\frac{1-Q}{K}\right)^{\omega} \tag{5.8}$$

式中 R——速率，mol/s；

S_{A}——接触流体的有效表面积，cm^2；

k——远离平衡速率常数，mol/(cm^2 · s)；

T_{fac}——速率常数 k 的温度校正因子，通常是阿伦尼乌斯函数；

α——幂函数，该函数可以描述接近平衡条件下的速率变化；

φ——校正相对于溶解率的析出率的函数；

a_i——速率对溶液中特定组分的活动的依赖性（通常这主要是氢离子的活性的反映）；

Q——反应中相关物质的活度熵；

K——相同反应的平衡常数；

ω——对特定溶解或沉淀机制的功率依赖（Lasaga 等，1994；Glassley 等，2003）。

给出现存的摩尔数，就可以通过方程（5.8）计算出溶解某种物质所需的时间或者析出给定数量的物质所需的时间。

然而，在自然系统中，很少有足够的数据能够严格地适用于方程式（5.8）。例如，目前已知只有几十种矿物质的速率常数精确度较高，并且这些物质可以通过不同数量级而容易区分（Wood 和 Walther，1983）。除此之外，α，φ，Π 与 ω 之间的相互关系也鲜为人知。目前的结果是，对有限范围内的矿产—流体条件，各种简化的速率定律已经被提出，用以解释特定的矿物或者一套矿物的行为（Aagaard 和 Helgeson，1977；Lasaga，1981，1986；Wood 和 Walther，1983；Velbel，1989；Chen 和 Brantley，1997），或者提出简化的假设条件来计算反应进展程度的近似值。

即使在地质系统中反应动力学的这些不同的处理方法仍然是近似的，通过考虑反应速率如何影响自然系统中可以观察到的物质，仍然可以获得实质性的观察。作为观察力实例，观察结果可以通过评估反应进展而获得，要考虑的问题是反应时间是如何受到粒度和温度的影响的。假设我们正在讨论一个系统，该系统中某种矿物具有已知的溶解速率常数，该常数是在一组给定的条件下由实验测量得出。同时假设，知道随着温度上升至超出 $Q/K=1$ 的条件下该速率常数如何变化。

图 5.6 所示为完成这样一个反应所需的时间，作为暴露表面积和系统温度超出反应平衡

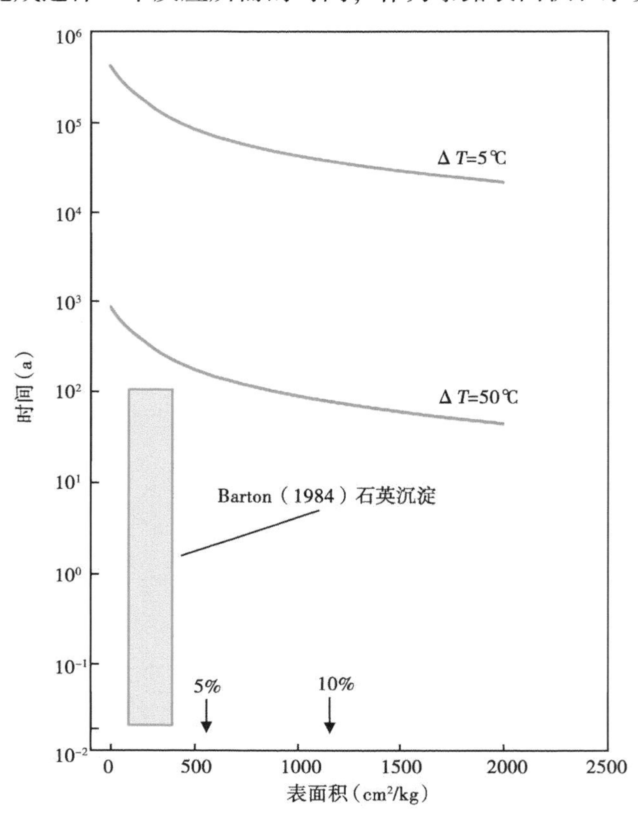

图 5.6　作为暴露表面积的函数，反应完成所需的时间（采用 Lasaga（1986）的方法）

ΔT 的值指示温度超过反应平衡温度的部分，在这种情况下称为白云母脱水反应。图中也显示了由 Barton（1984）提出的在约 100~300℃ 的温度范围内石英从热液流体中析出所需的时间。箭头指示的是当矿物组成了岩石 5%和 10%的体积时，每千克岩石中一个半径为 0.1cm 的球形矿物的总表面积

温度的程度的函数。所采用的方法是 Lasaga（1986）提到的，并且具体到特定的反应和反应速率。

图 5.6 说明了了解地热系统的地球化学的几个关键点。最重要的是，任何特定地热系统的地球化学不可能是一个平衡状态的反映。任何特定反应达到平衡所需的时间，可以从几秒到几百万年不等，这取决于反应发生的具体条件。由于粒度、孔隙体积、渗透率、暴露表面积和流体组成等矿物学特性在米级尺度上的极不均匀性，许多相互竞争的反应将同时发生，它们各自以不同的速度接近平衡条件。这对于分布在岩石中的个别矿物将是真实的，因为这将是涉及多个矿物相的大量的反应。因此，当考虑特定的地热位置的平衡条件时，明智的做法是，将这些条件看作是沿着大量的共存演化途径的简单条件。

图 5.6 还说明了反应进程对于沿流动路径上的温度扰动和表面积变化的相对灵敏度。要注意的是，相对于反应的平衡温度，实际温度下几十度的差别，就可以改变实现完全反应所需的时间，甚至长达几千年之久。在暴露表面区域的变化也会影响实现完全反应所需的时间，但其效果没有温度的影响那么明显，这反映出，反应规模与表面积大致呈现出线性关系，但是与温度呈现指数关系，在方程式（5.8）中这是显而易见的。

虽然图 5.6 中的结果具体到 Lasaga（1986）所概述的一套方法，但是其他的方法和其他的反应也会给出类似的定性结果，在这个意义上，较大的表面积和更高的温度（相对平衡温度）导致较短的反应时间。然而，反应时间的绝对变化将取决于所存在的矿物的数量、矿物的表面积以及在系统温度上参与反应的矿物组合的反应速率。显然，要准确理解在特定地热系统中采样的流体化学特性，需要获取地热流体所通过的整个流动路径中的矿物学特征的资料。

5.6　地热流体中的气体

地热流体总是含有溶解气体组分，该溶解气体组分在建立流体的化学特性上可以发挥重要作用，此外，它还可以帮助了解地热储层的性质。该组分的来源和影响都是多方面的。

正如第 2 章中所指出的，地热系统的热源往往是一个扰动了当地地质的底层岩浆系统。当岩浆产生，通常在几千米的地下，其包含了熔化的岩石的成分。因为熔化过程涉及大量不同的矿物，所以所产生的熔体是包含了元素周期表中几乎所有元素的复杂的化学体系。随着熔体迁移到地壳的浅层，经过冷却、结晶、分馏，该过程中一些元素被优先纳入到新形成的矿物中，其他元素则被排除在外，因为它们不适合新矿物的晶体结构。许多被排除的元素和化合物倾向于形成挥发性化合物，包括 H_2O、CO_2、H_2S、O_2、CH_4 和 Cl_2。随着岩浆结晶，包含这些化合物作为溶解载荷的熔融物质体积减小，最终达到饱和，并且开始逸出，作为气体和液体从结晶岩浆向围岩迁移。由于这些挥发性物质向上迁移，它们与地热流体和地下水相互作用。因此，地热流体可以包含高浓度的这些成分。

热的地热流体迁移通过的寄主岩石，也可以促进溶解气体成分。例如，如果岩石中含有方解石（$CaCO_3$），该矿物的溶解将增加碳酸盐（CO_3^{2-}）和碳酸氢盐（HCO_3^-）的含量，最终将通过以下列出的反应增加溶解的 CO_2 含量。

这些成分的影响表示在溶液中发生的水化学反应上。这些化合物所参与的一些反应，以及在 25℃时它们各自的平衡常数的对数值，如下所示：

H_2S (aq)	$\Leftrightarrow H^+ + HS^-$	$\lg K = -6.9877$
H_2SO_4	$\Leftrightarrow H^+ + HSO_4^-$	$\lg K = -1.9791$
HSO_4^-	$\Leftrightarrow H^+ + SO_4^{2-}$	$\lg K = 1.0209$
HCl (aq)	$\Leftrightarrow H^+ + Cl$	$\lg K = 0.67$
CO_2 (aq) $+ H_2O^{\dagger}$	$\Leftrightarrow H^+ + HCO_3^-$	$\lg K = -6.3447$
HCO_3^-	$\Leftrightarrow H^+ + CO_3^{2-}$	$\lg K = -10.3288$

注意，所有这些反应均涉及 H^+，它强烈影响溶液的酸度。

在图 5.7 中绘制了表 5.3 中所列举的溶液的 pH 值，作为氯化物含量的函数。酸度和氯离子浓度之间极强的相关性，反映了一个事实，即溶液中氯化物的增加将生成盐酸（HCl），并且盐酸强有力地促成了溶液中氢离子的高活性，正如上面所示的平衡常数的对数的正值所示。

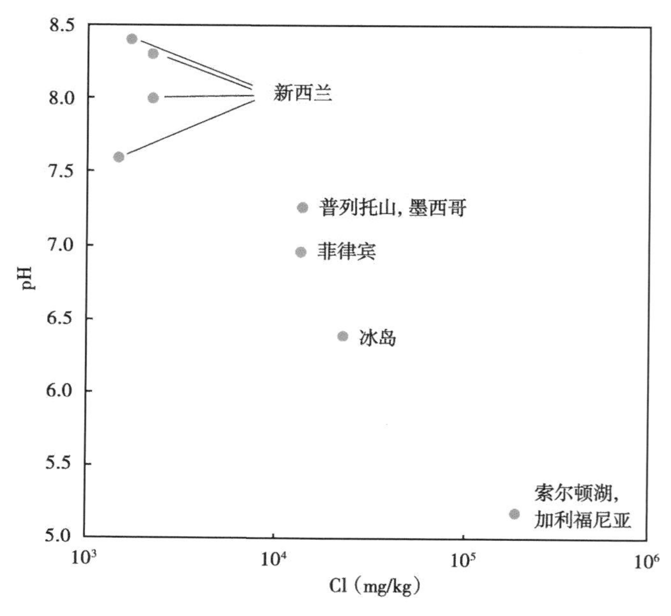

图 5.7　地热流体中的氯化物含量与表 5.1 中地热水域溶液 pH 值之间的关系

在地热发电系统中，溶解气体可以对发电系统的工程和管理产生重要影响。除非压力降低，溶解气体会留在溶液中，而这正是随着地热流体被带到地表所发生的，并且被用于转动涡轮机。再次考虑我们先前在第 3 章中讨论的压力—焓图（图 3.9）。然而，在这种情况下，假设该溶液是表 5.3 中列出的流体之一，其中含有溶解气体。当流体达到 A 点时，蒸汽开始分离。由于溶解气体拥有不同的热力学性质（由以上不同的平衡常数的对数值所记录），在该点之前一些溶解气体会开始从溶液中溶出，而其他溶解气体仍然会在溶液中。无论如何，一旦蒸汽形成，一个新的过程开始影响溶解气体的行为，即划分液体和气体（蒸汽）之间每种溶解种类的总质量的必要性。热力学上，此划分过程反映了所有物质达到热力学平衡条件的驱动力，它可以表示为（以 H_2S 作为一个例子类型）：

$$\mu H_2S\ (aq) \Leftrightarrow \mu H_2S\ (g)$$

其中，μH_2S（aq）和 μH_2S（g）分别代表溶于水溶液和溶于气相的硫化氢的化学势。

表 5.3　不同地热系统中气体的化学成分

地　　区	焓（J/g）	CO_2（mmol/mol）	H_2S（mmol/mol）	CH_4（mmol/mol）	H_2（mmol/mol）	NH_3（mmol/mol）
Wairakei，新西兰（W24）	1135	917	44	9	8	6
Tauhara，新西兰（TH1）	1120	936	64	—	—	—
Broadlands，新西兰（BR22）	1169	956	18.4	11.8	1.01	4.85
Ngawha，新西兰（N4）	968	945	11.7	28.1	3.0	10.2
Cerrv Prieto，墨西哥（CPM19A）	1182	822	79.1	39.8	28.6	23.1
Mahia Tongonan，菲律宾（103）	1615	932	55	4.1	3.6	4.3
雷克雅未克，冰岛（8）	1154	962	29	1	2	—
Saltor Sen，加利福尼亚（IID1）	1279	957	43.9	—	—	—
Paraso，所罗门群岛（A3）	—	966	19.8	2.8	2.5	0.02
Paraso，所罗门群岛（B4）	—	968	20.4	4.7	3.0	<0.01

资料来源：Henley，R. W. et al.，Fluid-Mineral Equilibria in Hydrothermal Systems，vol. 1. Reviews in Economic Geology. Chelsea，MI：Society of Economic Geologists，1984；Solomon Islands from Giggenbach，W. F.，Proceedings of the World Geothermal Congress，Florence，Italy，995-1000，1995.

化学势是决定物质的热力学能量的所有系统属性的总和，例如焓、熵和体积功，并且是任何化学反应的最终驱动力。按照定义，在平衡状态下，各个相中所有参与物质的化学势必须是平等的。所有化合物都必须遵循这一原则。我们必须解决的问题是确定有多少化合物必须进入气相以实现平衡。

目前，必须依赖于实验数据来建立所有物种的划分关系，因为理论上的量子力学的计算是相当艰巨的。这里所使用的方法是 Alvarez（1994）等的方法，他开发了下列函数来描述划分行为：

$$\ln K_D = -0.023767 \times F + \frac{E}{T} \times \left(\frac{\rho_1}{\rho_{cp}} - 1\right) + \left\{F + G \times \left[1 - \left(\frac{T}{T_{cp}}\right)^{2/3}\right] + H \times \left(1 - \frac{T}{T_{cp}}\right) \exp\frac{273.15 - T}{100}\right\} \tag{5.9}$$

式中　K_D——选定的物种的气相和液相之间的质量比；

T——温度，K；

T_{cp}——水的临界温度，647.096 K；

ρ_1——在选定的温度下的水的密度；

ρ_{cp}——水在临界点的密度。

E，F，G 和 H 是来自拟合实验数据的相关参数（表 5.4）。

表 5.4 据方程（5.9）计算分布系数的相关参数

溶质	*E*	*F*	*G*	*H*
H_2	2286.4159	11.3397	-70.7279	63.0631
O_2	2305.0674	-11.3240	25.3224	-15.6449
CO_2	1672.9376	28.1751	-112.4619	85.3807
H_2S	1319.1205	14.1571	-46.8361	33.2266
CH_4	2215.6977	-0.1089	-6.6240	4.6789

数据来源：Fernandez-Prini, R. et al., Aqueous solubility of volatile non-electrolytes. In Aqueous Systems at Elevated Temperatures and Pressures: Physical Chemistry in Water, Steam and Hydrothermal Solutions, eds. D. A. Palmer, R. Fernandez-Prini, and A. H. Harvey, Elsevier, Boston, MA, 73-98, 2004.

图 5.8 显示了对于 H_2、O_2、CO_2 和 H_2S 而言，蒸气—液相分布系数的对数值随温度的变化。该图展示了这些物相类型中气相的强烈分区现象以及这种分区现象对温度的强烈依赖性。注意，在高温下，这些气体的分区性是在它们彼此的一个数量级范围内。随着气体冷却，热力学性质的差异导致了不同的分区行为，比如，在 100℃时，分区的差异超过了 2.5 个数量级。在其他的事情中，如果要实现地热含水层中水的构成的重建，这意味着，在低温下进行的气体分析必须被纠正，由于分区行为中的这种差异。气体成分的变化对发电设备的影响将在第 10 章中详细讨论。

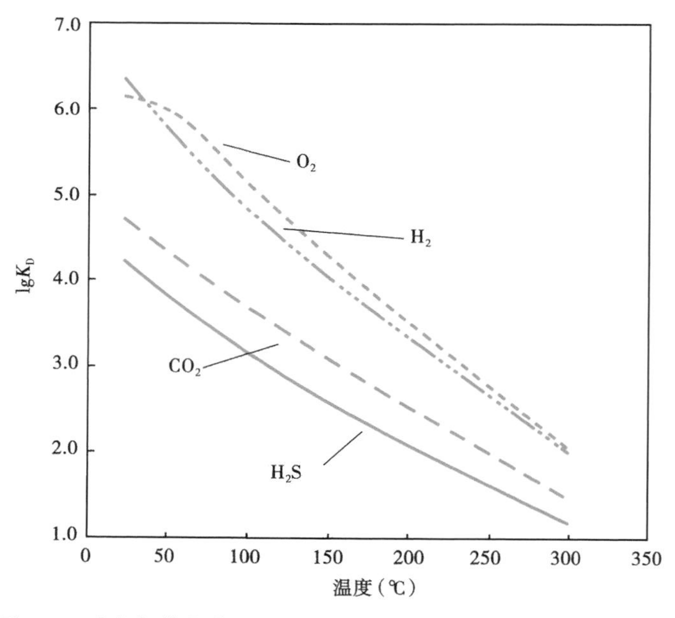

图 5.8 选定气体的蒸汽—液相分布系数 K_D 对数值随温度的变化

5.7 自然体系中流体流动与混合

到目前为止认识储层和地热系统的地球化学特征的方法的主要局限性来源于这样的事实：没有定量地考虑过流动水对不断变化的地球化学系统的复杂影响。在天然的地热系统中，流体发生流动。这种流动由引力效应和热效应所带动。不同的地热系统与一个给定的地热系统之间的流动速率可以相差许多个数量级，从每年几毫米到每年几千米。在一个流体被抽取和回注的工程系统中，流体被抽取和注入的地方，流量可以达到每小时数百立方米，但是在离井一定距离之外流量可能远远低于该流量。如果流体流动通过一种多孔或裂隙介质，在足以实现化学平衡的一段时间内，流体是否将与特定矿物保持联系，这是个大问题。由于从几米到几千米距离的规模上，岩石系统的矿物学特征和渗透率可以是高度变化的，流体沿其流动路径运移所经历的环境不可能是恒定的或者统一的。因此，流体将不断发展来应对沿流动路径发生的变化的化学反应。因此，如果流经地热系统的流体是沿流动路径的不同位置所采样和分析的，它们将很有可能具有不同的检测成分。

从概念上讲，设想含水流体迁移通过一套统一序列的岩石时发生的化学反应记录了其演化历史，这是相对简单明了的。地热系统的水文条件受到当地大气降水系统的强烈影响。如果地下含水层发生补给，以响应附近的高地地区的降水，所产生的液压头驱使流体流动。如果地热系统位于一个盆地内，流入盆地的流体与深部的局部热源所产生的热体制发生相互作用，进而流体被加热，其结果将是反应动力学的增加。该反应动力学将导致迁移流体更积极地与周围的以及它所包裹的矿物相互反应。在一般情况下，溶解成分的浓度会沿着流动路径增加。如果沿着流动路径的矿物是已知的，流体运动的速度是已知的，并且可以估算矿物的暴露表面积，对于流体的组成以及矿物沿着流动路径如何发展，就可以建立一个相当接近的预测模型。能有效用于描述这样一个简单的系统的数学方程已经开发出来，并且比较容易应用（例如，Steefel 和 Lasaga，1994；Steefel 和 Yabusaki，1996；Johnson 等，1998）。

然而，要让模型更真实，概念模型必须允许来自各种来源的流体相混合，以及当混合溶液与地质结构相互反应溶解了岩石中的原始矿物并沉淀出新的矿物时，地质结构的孔隙度和渗透率发生变化。流体混合反映的情况是，供应地热能源的热体制增加了深部流体的温度，从而使它们变得更加有浮力。其结果是，它们从深部地层上升，并且在较浅的地层与大气流体相互作用，形成一个复杂的混合体制，同时改变了系统的化学特性和流动途径。

流体混合表现在地热流体的能量含量（焓）上的结果，可以利用我们之前在第 3 章中讨论过的能量和质量平衡方程来计算。例如，设想一种温度为 15℃ 的大气流体与一种从温度为 250℃ 的深度上升上来的地热流体相混合，假设大气水具有 70J/g 的热量且该地热流体具有 1085J/g 的热量，如果流体混合比例为 9∶1（大气水比地热流体），该混合液将拥有的热焓会是（M 表示大气水，G 表示地热水）：

$$(0.9\times70\text{J/g})_{m}+(0.1\times1.85\text{J/g})_{g}=171.5\text{J/g}$$

这样的流体将会有大约 25℃ 的温度。因此，虽然不能用于发电，这样的热扰动可以很容易地区别于 15℃ 的地下水温度，从而表明热异常或深部热源的存在。对于无动力的应用，这样的温度可能是相当合适的。

在第 6 章和第 13 章中，将描述这样的模拟系统可以怎样用于检测和表征地热系统的流动和混合，以及这样的能力如何使地热储藏得到更好的管理。在“反应运移系统模拟”部分，对最先进的反应运移模拟系统进行了一个非常简要的概述。

5.8 活性运移模拟

对于复杂地质系统的时变演化的描述，需要能够说明在地质框架中产生的变化，以及在温度和压力变化的流动系统中的化学过程。在过去的15年里，已经能够进行这种建模工作。目前存在的一些计算机代码对于模拟耦合的水文、地球化学和物理过程是有用的（据Reed，1997，1998；Glassley等，2003，2001；徐等，2004；Steefel等，2005；KüHN和Gessner，2006）。这些“反应运移”模拟系统，在不同程度上，严格的表现了在三维上具有不同的水文和矿物学特性的复杂热力系统中流动系统的复杂化学作用以及水文特征。

利用计算机代码开展地热系统模拟演化是令人畏惧的。定义模型的初始条件的基本输入内容如下：

（1）岩石单元的数量及其三维空间分布；

（2）岩石单元的矿物学及各矿物的初始反应的表面区域；

（3）各岩石单元的裂缝、基质孔隙度和渗透率；

（4）温度分布；

（5）压力分布；

（6）原始流体的初始组成，包括多个液相和气相。

此外，一个包含可能的矿物的数据库，可以随着时间的推移，随着系统的发展而形成，并且这些矿物各自的热力学和动力学特性也必须提供，以模拟反应系统。

这些初始限制条件，以及充足的热力学和动力学数据库，对于进行任何模拟的准确性具有非常大的影响。任何初始条件下的错误将通过模拟传播，导致模型和现实世界中所发生的实际情况不匹配。正是由于这个原因，要尽可能完整的描述正在模拟的真实世界的系统，这是非常重要的。同样，至关重要的是，大量的测试运行旨在进行大型复杂的模拟之前，通过将初步结果同简单且容易理解的系统进行比较，来评估模型中的不足和不准确之处。

图5.9展示了反应运移模拟系统应用的一个实例。在这个实例中，没有考虑流体的流动。相反，主要的变量是水对岩石的相对比例。这个变量的物理意义，可以视为类似于岩石中的裂隙，流体通过裂缝发生流动。在裂缝的边缘，裂隙水对岩石的比例非常高。但随着到断裂边缘的距离增加，即随着它从断裂的边缘向岩石的内部移动，存在的裂隙水的含量将减少。因此，水与岩石的比值高代表一个开放性断层的内部，在这里几乎只有流体存在，而水与岩石的比值低代表岩石内部的区域，在这里只有少许的裂隙水渗透进来。这一变化的实例如图4.4e所示，其中裂缝或岩脉周围的变化是裂隙流体与裂缝周围的岩石相互作用的结果。

从这个模拟过程中可以得到大量的细节，能够推广到许多地热系统，主要有以下几点：

（1）流体对岩石的比率是理解水化学的一个关键参数。与一个给定质量的岩体发生相互作用的水的体积越小，岩石化学在水化学中的印记就越强。相反，与岩石相互作用的水的体积越大，水通过岩石而进行的化学转换就越小。换句话说，由此产生的水的化学反应将是以岩石为主（水与岩石的比率比）或者以水为主（水与岩石的比率大）。

（2）新的或次生矿物的围岩蚀变程度受到与岩石相互作用的水的含量的强烈影响。水与岩石的比率小会导致较小程度的围岩蚀变，而水与岩石的比率大将导致广泛的围岩蚀变。

（3）物理变量的增量变化可能会导致矿物学和流体化学的突变。当水与岩石的比值约为0.55时，可以看到这种情况。这种变化反映了矿物的吉布斯能量函数对物理参数的差异

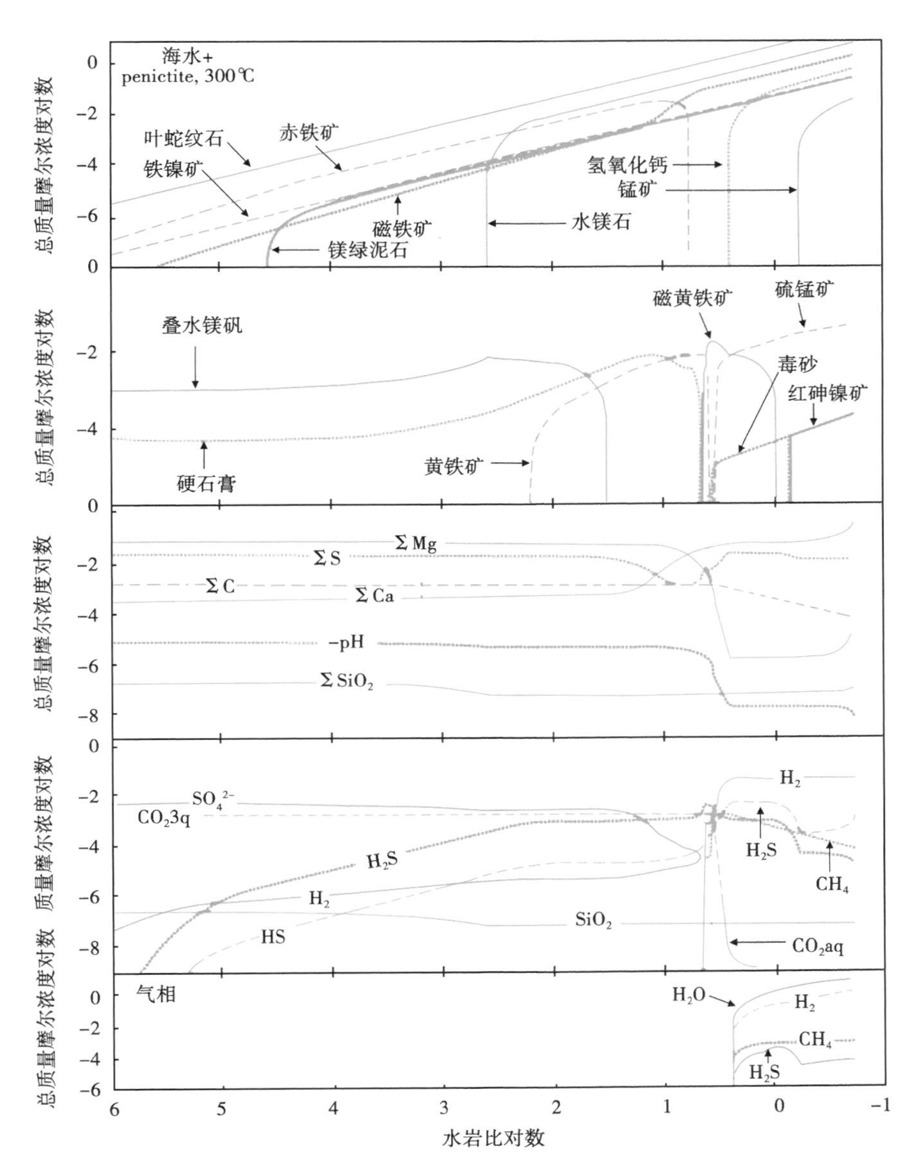

图 5.9　海水（300℃）与超基性岩反应运移模拟（据 Palandri J. L. 和 Reed M. H.，2004，有修改）

水平轴是水对岩石的质量比。上面两个图显示了矿物的丰度变化（表示每千克溶液中固体的摩尔量的对数）。第三、第四图显示的是水溶性物质的质量摩尔浓度，最底部的图显示的是气相物质的丰度（表示为每千克液体中这些物质的对数摩尔量）

性依赖的后果：对于一系列变量中的一组值，一套特殊的矿物（矿物组合）将拥有最低的吉布斯能量，而这些变量值的一个小转变将导致另一组矿物组合具有较低的吉布斯能量。正是这种现象导致我们经常观察到断层的内部和周围矿产区的出现（例如，图 4.4e 中白色断层周围的绿色区域）。

类似的工具允许对迁移流体通过多孔岩石介质和（或）裂隙岩石介质进行模拟，模拟结果包括岩石内部分布的变化、矿物溶解和析出的渗透率演化，以及跟踪上述模拟变化的能力。

5.9 小结

当水与岩石系统相互作用时，它是作为一种溶剂。因此，它包含了反应过程的化学特征、条件以及能反映其在地下运移历史的化学成分。这一点对评价地热储层的性质和条件是非常有用的。能确定一种溶液所包含的化学反应过程，在分析数据时是必须考虑的。该过程包含了所存在化学相体系成分的化学势以及这些组分和化学相的活性和吉布斯能。它们的活性系数及其对平衡常数的影响，以及由此产生的亲和性与离子交换过程，也都同样重要。一个系统的基本化学属性的集合共同建立了溶液的化学特征，并且能够从中得到像储层温度、矿物学、气体成分及反应路径这些信息。

5.10 案例分析：二氧化硅体系

石英矿物在地质系统中是无处不在的。该系统的性质决定了一系列问题，以及它们的复杂性，在研究构成地热网络的地质系统时，这是必须牢记的。

二氧化硅体系的主要化学成分是 SiO_2。然而，SiO_2 是以几种不同的形式或多晶矿物的方式存在，例如α-方石英、β-方石英、α-石英、β-石英和鳞石英等，这些矿物是可以存在于地热系统的一些形态。它们之间的区别在于构成每种矿物的晶格的原子排列不同。蛋白石是一种含有显微孔隙水的α-方石英，也是比较常见的；非晶硅是一种在微米或更大尺度上没有晶体结构的玻璃状的二氧化硅，也可以存在于能发生快速沉淀的各种环境中。

每种多晶型物都有特定的条件，在这种条件下它是稳定的。在干燥条件下，从地表环境到573℃之间，α-石英是稳定的，在573℃的温度下它转变为β-石英。在867℃以上，鳞石英是二氧化硅的稳定多晶型矿物。在水或水蒸气存在的条件下，温度高达220℃时 SiO_2 可以形成α-方石英，超过此温度就会生成β-方石英。在水蒸气存在的条件下，这种转变是可逆的（据 Meike 和 Glassley，1990）。

不同的 p—T 区域反映了不同晶型矿物的热力学性质，表明每种晶型矿物必然有自己的溶解、沉淀速率常数，以及其作为温度的函数时其自身的饱和值。图 5.10 表明，作为温度的函数时，非晶硅、α-方石英、β-方石英和石英的饱和值。在适用于地热系统的几乎所有条件下，表 5.2 中所列的地热水对于石英是过饱和的。在低于 100℃的温度下，水对于图 5.10 中所示的所有晶型矿物都是过饱和的。因此，与地热流体接触的地热发电设备上可能会有二氧化硅的沉淀物（硅垢）。事实上，许多地热发电设施都有制订方案来解决这个问题。该问题将在第 10 章和第 14 章中进行详细讨论。

尽管已经完成了多晶硅的沉淀和溶解动力学的评估工作，但二氧化硅沉淀速率是不容易预测的。Carroll 等（1998）研究表明，在新西兰的地热系统中，非晶硅的析出速率还受溶液中铝浓度的影响。这些性质以及溶液的其他化学性质可能是影响反应速率的一个重要因素，并且认为获得高品质的地热流体的化学分析资料非常重要，只有这样才能充分了解所有地热系统的特性。

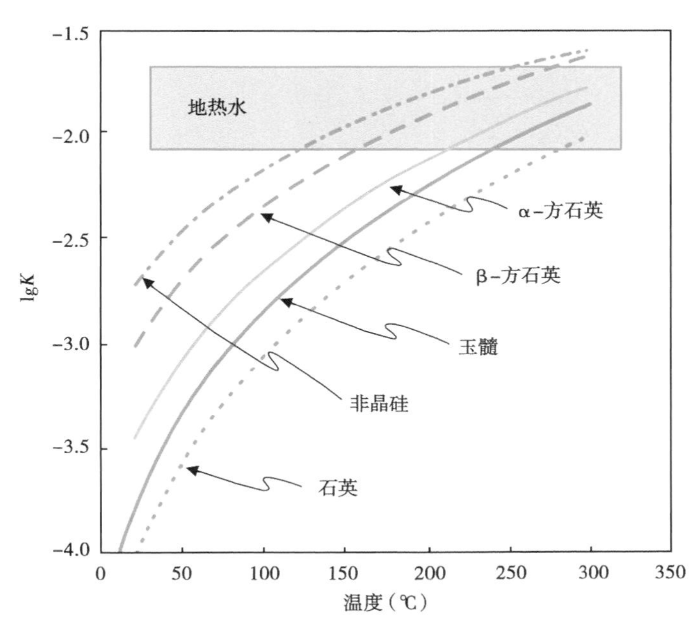

图 5.10 作为温度函数的多晶硅平衡常数的对数

图中顶部附近的阴影区域包含了表 5.2 中水的成分

问　题

（1）方解石溶解于水的代表反应为 $CaCO_3 + H <=> Ca^{2+} + HCO_3^-$。200℃时，该反应的平衡常数的对数是-0.5838，写出这一反应的平衡常数表达式。

（2）如果方解石被投入到 200℃、pH 值为 2 且 HCO_3^- 浓度为 0.0001mol 的溶液中，它会溶解吗？

（3）如果 200℃时 Ca^{2+} 的浓度为 0.02mol 且 pH 值为 8，HCO_3^- 的浓度是多少？

（4）如果反应的平衡常数值等于-3.7，该反应在 300℃的吉布斯能量是多少？

（5）如果水与方解石接触，25℃时水中 CO_2（溶液）的浓度是多少，会存在与问题（2）中相同的 pH 值和碳酸氢盐浓度吗？

（6）假设在临界点水的密度是 0.32g/mL，则 CO_2 在共存气相中的量是多少？

（7）使用图 5.2 中的数据，判定表 5.1 中列出的任何流体是否均与 200℃的石英平衡。

（8）计算表 5.1 中每种水域的碱长石反应中 Q 的对数值。假设温度为 200℃，哪种水与钾端元平衡，哪种水与钠端元平衡？

（9）如果 150℃地热水的水溶性硅的浓度为 0.006 摩尔，它会与任何多晶硅平衡吗？

（10）在表 5.1 中冰岛地热流体分析的基础上计算电荷平衡，判定这种分析对于地热温度研究是否足够精确。

参考文献

Aagaard, P. and Helgeson, H. C., 1977. Thermodynamic and kinetic conditions on the dissolution of feldspars. *Geological Society of America: Abstracts with Programs*, 9, 873.

Alvarez, J., Corti, H. R., Fernandez-Pirini, R., and Japas, M. L., 1994. Distribution of solutes between coexisting steam and water. *Geochimica et Cosmochimica Acta*, 58, 2789-2798.

Barton, P. B., Jr., 1984. High temperature calculations applied to ore deposits. In *Fluid-Mineral Equilibria in Hydrothermal Systems*, vol. 1. Reviews in Economic Geology, eds. R. W. Henley, A. H. Truesdell, and P. B. Barton, Jr. Chelsea, MI: Society of Economic Geologists, pp. 191-201.

Brook, C. A., Mariner, R. H., Mabey, D. R., Swanson, J. R., Guffanti, M., and Muffler, L. J. P., 1979. Hydrothermal convection systems with reservoir temperatures ≥90℃. In *Assessment of geothermal resources of the United States-1978: US Geological Survey Circular* 790, ed. L. J. P. Muffler. Washington, DC: US Department of the Interior, Geological Survey, pp. 18-85.

Carroll, S., Mroczek, E., Alai, M., and Ebert, M., 1998. Amorphous silica precipitation (60℃ to 120℃): Comparison of laboratory and field rates. *Geochimica et Cosmochimica Acta*, 62, 1379-1396.

Chen, Y. and Brantley, S. L., 1997. Temperature- and pH-dependence of albite dissolution rate at acid pH. *Chemical Geology*, 135, 275-290.

Fernandez-Prini, R., Alvarez, J. L., and Harvey, A. H., 2004. Aqueous solubility of volatile non-electrolytes. In *Aqueous Systems at Elevated Temperatures and Pressures: Physical Chemistry in Water, Steam and Hydrothermal Solutions*, eds. D. A. Palmer, R. Fernandez-Prini, and A. H. Harvey. Boston, MA: Elsevier, pp. 73-98.

Fournier, R. O., 1992. Water geothermometers applied to geothermal energy. In *Applications of Geochemistry in Geothermal Reservoir Development*. Series of Technical Guides on the Use of Geothermal Energy, ed. F. D' Amore. Rome, Italy: UNITAR/UNDP Center on Small Energy Resources, pp. 37-69.

Giggenbach, W. F., 1988. Geothermal solute equilibria: Derivation of Na-K-Mg-Ca-geoindicators. *Geochimica et Cosmochimica Acta*, 52, 2749-2765.

Giggenbach, W. F., 1992. Chemical techniques in geothermal exploration. In *Application of Geochemistry in Geothermal Reservoir Development*. Series of Technical Guides on the use of Geothermal Energy, ed. F. D' Amore. Rome, Italy: UNITAR/UNDP Centre on Small Energy Resources, pp. 119-144.

Giggenbach, W. F., 1995. Geochemical exploration of a "difficult" geothermal system, Paraso, Vella Lavella, Solomon Islands. *Proceedings of the World Geothermal Congress*, Florence, Italy, pp. 995-1000.

Glassley, W. E., Nitao, J. J., Grant, C. W., Boulos, T. N., Gokoffski, M. O., Johnson, J. W., Kercher, J. R., Levatin, J. A., and Steefel, C. I., 2001. Performance prediction for large-scale nuclear waste repositories: Final Report. Lawrence Livermore National Laboratory UCRL-ID-142866, pp. 1-47.

Glassley, W. E., Nitao, J. J., Grant, C. W., Johnson, J. W., Steefel, C. I., and Kercher, J. R., 2003. Impact of climate change on vadose zone pore waters and its implications for long-term monitoring. *Computers & Geosciences*, 29, 399-411.

Harvey, A. H. and Prausnitz, J. M., 1989. Thermodynamics of high-pressure aqueous systems containing gases and salts. *AIChE Journal*, 35, 635-644.

Henley, R. W., Truesdell, A. H., Barton, P. B., and Whitney, J. A., 1984. *Fluid-Mineral Equilibria in Hydrothermal Systems*, vol. 1. Reviews in Economic Geology. Chelsea, MI: Society of Economic Geologists.

Johnson, J. W., Knauss, K. G., Glassley, W. E., DeLoach, L. D., and Tompson, A. F. B., 1998. Reactive transport modeling of plug-flow reactor experiments: Quartz and tuff dissolution at 240℃. *Journal of Hydrology*, 209, 81-111.

Kühn, M. and Gessner, K., 2006. Reactive transport model of silicification at the Mount Isa copper deposit, Australia. *Journal of Geochemical Exploration*, 89, 195-198.

Laidler, K. J., 1987. Chemical Kinetics. New York, NY: Harper & Row, 513 pp.

Lasaga, A. C., 1981. Transition state theory. In *Kinetics of Geochemical Processes*, vol. 8. Reviews in Mineralogy, eds. A. C. Lasaga and R. J. Kirkpatrick. Washington, DC: Mineralogical Society of America, pp. 135-169.

Lasaga, A. C., 1986. Metamorphic reaction rate laws and development of isograds. *Mineralogical Magazine*, 50, 359-373.

Lasaga, A. C., Soler, J. M., Ganor, J., Burch, T. E., and Nagy, K. L., 1994. Chemical weathering rate laws and global geochemical cycles. *Geochimica et Cosmochimica Acta*, 58, 2361-2386.

Meike, A. and Glassley, W. E., 1990. In-situ observation of the alpha/beta cristobalite transition using high voltage electron microscopy. *Materials Research Society Symposium Proceedings V*, 176, 631-639.

Palandri, J. L. and Reed, M. H., 2004. Geochemical models of metasomatism in ultramafic systems: Serpentinization, rodingitization, and sea floor carbonate chimney precipitation. *Geochimica et Cosmochimica Acta*, 68 (5), 1115-1133.

Palmer, D. A., Fernandez-Prini, R., and A. H. Harvey, eds., 2004. *Aqueous Systems at Elevated Temperatures and Pressures: Physical Chemistry in Water, Steam and Hydrothermal Solutions.* Boston, MA: Elsevier.

Reed, M. H., 1997. Hydrothermal alteration and its relationship to ore field composition. In *Geochemistry of Hydrothermal Ore Deposits*, ed. H. L. Barnes. New York: John Wiley & Sons, pp. 303-366.

Reed, M. H., 1998. Calculation of simultaneous chemical equilibria in aqueous-mineral-gas systems and its application to modeling hydrothermal processes. In *Techniques in Hydrothermal Ore Deposits Geology*, Vol. 10. Reviews in Economic Geology. eds. J. P. Richards and P. B. Larson. Littleton, CO: Society of Economic Geologists, pp. 109-124.

Steefel, C. I. and Lasaga, A. C., 1994. A coupled model for transport of multiple chemical species and kinetic precipitation/dissolution reactions with application to reactive flow in single phase hydrothermal systems. *American Journal of Science*, 294, 529-592.

Steefel, C. I., DePaolo, D. J., and Lichtner, P., 2005. Reactive transport modeling: An essential tool and new research approach for the Earth sciences. *Earth and Planetary Science Letters*, 15,

539-558.
Steefel, C. I. and Yabusaki, S. B., 1996. OS3D/GIMRT: Software for modeling multicomponent-multidimensional reactive transport. User's Manual and Programmer's Guide, Version 1.0.
Velbel, M. A., 1989. Effect of chemical affinity on feldspar hydrolysis rates in two natural weathering systems. *Chemical Geology*, 78, 245-253.
Whittaker, E. J. W. and Muntus, R., 1970. Ionic radii for use in geochemistry. *Geochimica et Cosmochimica Acta*, 34, 945-966.
Wood, B. J. and Walther, J. V., 1983. Rates of hydrothermal reaction. *Science*, 222, 413-415.
Xu, T., Sonnenthal, E., Spycher, N., and Pruess, K., 2004. TOUGHREACT: A simulation program for non-isothermal multiphase reactive geochemical transport in variably saturated geologic media. Lawrence Berkeley National Laboratory Report, 38 pp.

附录　水分析

大多数报告的水化学分析单位为 mg/kg，按质量计算等于百万分之一，或者按溶液为 mg/L。然而，大多数化学计算使用 mol/kg 单位的溶剂（可以是蒸汽或液体水）。溶剂的 mol/kg 称为质量摩尔浓度，单位是 mol。

运用各种各样的方法，建立了以下理论，1mol 物质含有 $6.0221e^{23}$ 原子（或分子），通常称为阿伏加德罗常数。一种物质的克式量，也被称为分子质量，就是该物质的阿伏加德罗常数原子的质量，单位为克。已知化学元素和化合物的质量已经被列出，可以在参考资料或网上查询。化合物分子量的一个很好的参考是美国国家标准与技术研究所（NIST）（http://www.nist.gov 和 http://webbook.nist.gov/chemistry/）。

要将 1kg 溶液中溶质 i 的质量浓度换算为 i 的摩尔浓度，需要计算溶液中 i 的摩尔数并用溶液中的溶剂量乘以该数量：

$$\text{摩尔浓度}\ i = \left(\frac{\text{mg/kg}_i}{1000 \times \text{mol. wt. of}\ i}\right) \times \frac{1000}{1000 - \sum(z)/1000} \tag{5S.1}$$

其中，$\Sigma(z)$ 是所有溶解物质浓度的总和。

像这样的换算，其中一种物质的摩尔数是确定的，这是建立质量分析的第一步。差的质量分析会导致储层温度或其他重要资源评估的误判，可能成为代价高昂的错误。检验分析质量的一个重要测试是判定电荷平衡。因为所有的溶液都是电中性的，阴离子的负电荷总数（摩尔数）必须与阳离子的正电荷数总数（摩尔数）完全匹配。例如，在一个只有溶解盐（NaCl）的水溶液中，在水中唯有的溶质将是钠离子（Na^+）和氯离子（Cl^-）和极少量的 NaCl（aq）。如果该分析是正确的，那么钠离子的摩尔数乘以用浓度计算的钠原子（即 1）的电荷数的值，应该是氯离子的摩尔数乘以氯原子（即-1）的电荷数的计算值的百分之几。如果差异大于 10%，该分析则考虑不充分且不可用的。对于更复杂的溶液，总的正电荷数和负电荷数（通过用物质的电荷数乘以其摩尔浓度计算并分别计算所有正电荷数和负电荷数的总和）应在 10%的范围之内。

水化学分析还包括水溶液的酸度评价。酸度是溶液中氢离子（H^+）浓度的函数。酸度的衡量指标是 pH 值，它等于$-\lg aH^+$，即氢离子活度的负对数。25℃时的中性 pH 值被定义为 7，这是基于反应中性点的 pH 值，换句话说，从概念上讲是基于氢离子和羟基离子在溶液中具有相等的活性的状态。25℃时，酸性溶液的 pH 值小于 7，碱性溶液的 pH 值大于 7。高温下的水离解反应的 lg*K* 变大，从而使中性 pH 值变为较低值（图 5S.1）。没有对氢离子的绝对度量，所以它是基于对不同组分中氢离子的活性差异的测定。

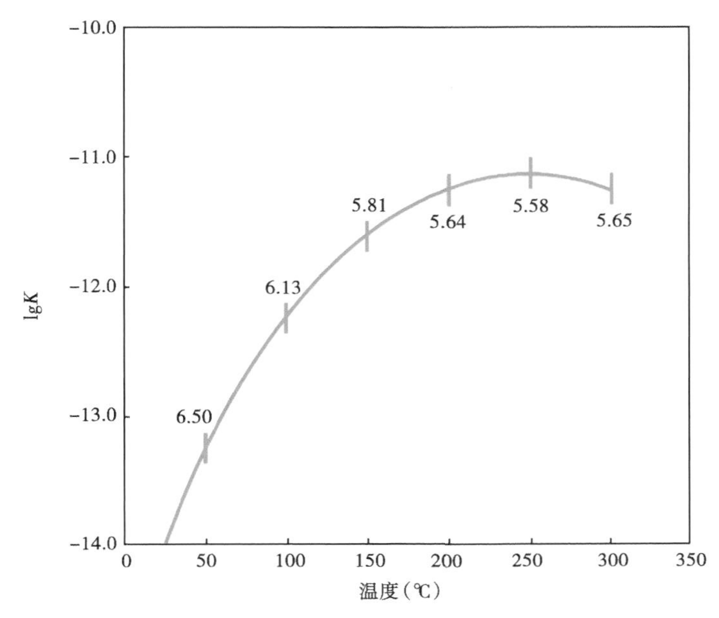

图 5S.1　温度与水的离解反应平衡常数的对数关系曲线

垂直刻度线指示的是在 50℃、100℃、150℃、200℃、250℃和 300℃的温度下的中性 pH 值

大多数地热流体分析可以考虑用来表现储层中流体的浓度，因为与其存在于储层中到被取样之间的时间段的反应速率相比，大多数矿物的反应速率是缓慢的。然而，在发生气体分离的情况下，在实验室中测量的 pH 值是不可能反映储层中的 pH 值的（注意本节中所讨论的反应涉及挥发性物质，以及它们在蒸气和液体之间的划分）。在一定的条件下，这种情况可以进行校正（据 Fernandez-Prini 等，2004）。

第6章　地热系统的地质及地球化学特征

具有经济效益的地热系统位于世界上不同的地质环境中，我们可以很容易通过间歇泉、沸腾的泥浆罐或者蒸汽池来观察。事实上，早期利用地热发电的地区都是在地表有明显标志的地方，如意大利的拉尔代雷洛（Larderello）和美国加利福尼亚州的间歇泉。然而，有很多资源在地表没有明显的特征或者特征很少（所谓的隐藏资源）。在过去的几十年里，地球化学、地球物理以及统计等复杂技术的发展对于发现、定位和评价地热资源起到了极大的推动作用。这些技术有助于识别地热资源的区域，并评价资源量大小。与此同时，需要对地层的渗透性进行分析，来确定是否有足够的渗透性来保证流体的流动，以及考察流体是否有很高的概率将热量传递到地表。所有的这些属性评估都有助于建立开发地热资源的风险程度，以及潜在的经济价值和对环境的影响。

勘查地热资源的潜在位置一般先分析可用的地质信息（如地质图、钻孔记录、地表特征）。考虑一些关键的问题：是否有证据表明，在过去的上万年内，该地区一直有活跃的地热流体？如果是这样，那他们的特点是什么？是否有证据表明这些地热流体的热量足以支撑发电或者其他的一些应用呢？

一旦确定了勘查目标，就涉及地质模图、地球化学、地球物理领域的调查，来评价地下的储层条件。如果初步评价认为有潜力，就会进一步采用更加昂贵的技术对潜在目标进行评价。这些地球物理调查技术包括航磁、电阻率、运用红外光谱和高光谱技术的遥感调查。最后，一旦确立了目标，就可以利用钻孔获得的数据来对概念和模型进行微调。这一章主要介绍化学成分对地质特征的影响，分析目前用来解决常规水资源中化学作用的问题。第7章主要介绍对此有用的地球物理技术。

6.1　地热环境分类

地热资源一般会在地热地质活跃的地方，因此将注意力集中到这些已知的位置是确定可能的地热资源的第一步。参照全球的地热站点的分布图，利用地热资源生产电力的位置大多数集中在火山活动活跃的地区或者以前火山活动活跃的地区（图2.6）。但是，也有些区域，如加利福尼亚州的帝王谷就是一个例外。这就引发了一个问题：哪些地质环境是在勘探地热站点过程中有价值的呢？

前人已经根据地质环境对地热系统进行了分类。第2章概述了一种基于非常广泛的地质制度的分类方案。然而，这种方案虽然从地质原则上看是有用的，但在做进一步细化勘探目标的时候却起不到任何帮助。用于勘探目的的标准取决于系统的规模，以及分类计划的具体目的。例如一个学术观点，当研究基本驱动力与地热资源位置之间的关系时，关注点应该是全球或者区域尺度上的标准，而不是一个特定的钻井目标。当然，确定一个钻井目标的同时，很多时候都要综合考虑相关的信息。基于这个原因，第2章中概述的分类计划就可以作为一个探索的起点。细化到一个更为局部的规模，必须依赖于类似的“从区域的角度来看，地热系统分类”计划。

6.2 区域地热系统分类

在区域的范围内，可用于重点勘探活动的是特定的地质属性，而不是广泛的构造分类。下面的分类方案是在第 2 章讨论概念的基础上，由保罗·布罗菲（Paul Brophy，前地热资源委员会主席）进一步总结的。表 6.1 对这些类型的系统属性进行了总结。这种分类方案与第 2 章的分类方案相辅相成。此方案强调的是自然地理特征，而不是结构性特点。如若不考虑板块构造的本身，就会造成在同一类别中会有不同的板块构造环境。如 A 型系统就结合了火山口和过渡地区的火山特征。这种方法的优点在于对感兴趣的特征描述的过程是独立的。当地下情况导致火山发展的过程未知的时候，这种分类就显得尤为有效。

表 6.1 主要地热系统的地质背景

系统类型	地形	资源深度（m）	表面特征	渗透率
孤立的大陆火山中心（A）	多山的	中—深（2000>4000）	温泉、水池	低—中等
安山质火山（B）	多山的	中—深（2000~>4000）	取决于深度及地下水位	低—中等，裂缝渗透率可以很高
火山口（C）	崎岖的环状断口，底部平坦	浅—中等（1500~2500）	温泉、水池、间歇泉、沸泥泉	在断层和凝灰质地方为高渗透率
扩张沉积盆地和扩张中心（D，E）	地垒崎岖、地堑平坦	通常较深（>2500）	沿边界断层发育	主要沿边界断层或转换断层
海洋玄武岩区，热点（F）	崎岖	浅（<2000）	常见熔岩流，温泉	低垂直，裂缝及角砾岩区域渗透率高

6.2.1 孤立的大陆火山中心（A）

地热系统中这一类别的地质属性是多种多样的，但是其有着共同的特点，即它们是活跃的或者最近活跃的火山系统，在地理上同其他的火山系统有明显的区别。加利福尼亚州的间歇泉和墨西哥恰帕斯的厄奇冲火山（图 6.1）就是该环境的典型实例。这种系统由多种多样的火山岩组成，通常的表现形式为温泉或者明显的地热活动迹象，与此同时，地震活动的水平很低。这种系统中的地热资源通常在几千米的深度内。渗透率由低到中等，主要受控因素为断裂系统。因为这些系统主要在陆壳结晶上，所以其分散在全球范围内，但是并不常见。

6.2.2 安山质火山（B）

安山质火山具有优秀的开发地热资源的潜力。它们分布范围相对较广，往往出现在接近洋盆处。这种系统突出表现在形成同层火山，在地形上突出表现为明显的锥形。它们通常局部具有较高的断裂渗透性，因此需要仔细的分析构造特点来勾画他们的特征。这种系统的地热储层可以处于各种深度，从中等深度到很深的都有。沿着围绕火山的平原和侧翼可以进入储层。与当地火山相关联的地震活动通常都很低，但是这些系统与俯冲带相关联，所有发生

图 6.1　墨西哥厄奇冲火山

最近的喷发时间是 1982 年。照片显示的是蒸汽地表和火山口的酸性湖（图片来自于美国地质调查局 http：//hvo. wr. usgs. gov/volcanowatch/uploads/image1-155. jpg）

的源自显著深度的破坏性地震与火山中心没有直接联系。此外，绝大多数安山质火山存在的危害为大量的火山灰喷发和流动，以及火山泥流和崩流。因此需要对当地的风险做周全的评价。图 6.2 展示的是阿留申群岛上的奥古斯丁山。同样的例子还发现于日本的众多火山（如富士山），从加拿大不列颠哥伦比亚省穿过华盛顿州、俄勒冈州和加利福尼亚州北部的喀斯喀特山脉火山（如贝克山，胡德山和沙斯塔山），尼加拉瓜的圣哈辛托山等。

图 6.2　阿留申群岛奥古斯丁山层状安山质火山（图片来自于美国地质调查局）

6.2.3 火山口（C）

火山口，是在一个大的火山岩浆房在一系列大爆发过程中部分或完全喷发所形成的。当岩浆房被清空后，上覆的岩石缺少支撑，火山就会发生灾难性的坍塌，由此产生了一种大型的中央凹陷包围的圆形或椭圆形的环状高地地貌。这种地形的特点是中央凹陷区同边缘环状区域之间由一系列环状断层相联结。这些系统的中央凹陷一般会在塌陷之后重生，导致在中央凹陷处形成圆顶。一般而言，地热资源位于相对较浅（几千米）的地下。常见的地表表现为鼓泡温泉、沸腾的泥盆和蒸汽地面。从高地形环的任一侧接近系统坍塌的地方都可以钻遇地热储层。岩层的渗透率由低到中等，但是在火山喷发过程中沉积的较粗的火山灰形成的多孔岩石单元，渗透率就会变得很高。裂缝和断层在火山口的坍塌部分会相当发育。

该系统的实例，除了加利福尼亚州的龙之谷，还有蒙大拿州的黄石火山、新墨西哥州的瓦勒斯火山口、墨西哥的罗梅罗，坦桑尼亚的恩戈罗火山口以及阿拉斯加的阿尼亚查克火山口（图6.3）。

图6.3　阿拉斯加的阿尼亚查克火山（据 M. Williams，1977）

火山口直径10km，深度500~1000m。火山口的形成来自于3450年前超过50km^{3}的岩浆喷发。在火山口处塌陷之后，小规模的喷发形成的圆顶和火山渣锥

6.2.4 断陷沉积盆地（D）

地热资源可以存在于受断层控制的沉积盆地内。确定该地区是否有地热储层的关键因素是最近是否有岩浆活动。如果有，那这种系统就有可能存在特殊的地热资源。从掌握的资料来看，断层的存在会使渗透率变高，无论是沿着盆地边界还是穿越和交叉在盆地的沉积物中。此外，沉积层可以充填高渗透性岩石，如多孔砂岩或者裂缝网络。岩浆体是这类系统的热源，经常刺穿较浅的地层，导致地热储层储集在两三千米的地下。这类系统的表面特征非常丰富，包括熔岩流、蒸汽地面和温泉。墨西哥的塞洛普列托的地热系统就是这种类型。然而，高沉降速率和沉积速率经常会掩埋这种类型的地热系统。加利福尼亚州南部的帝王谷、

索尔顿海槽（图6.4）就是塞洛普列托地热系统的延伸，但是它并没有地表特征，是在钻探石油和天然气的过程中偶然发现的。

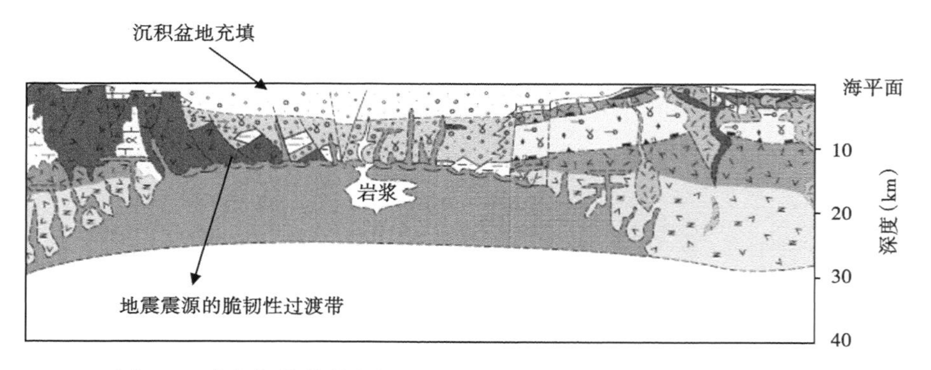

图6.4 索尔顿海槽纵向剖面（据 Fuis 和 Mooney，1990，有修改）
岩石圈结构和地震反射及其他数据获得的构造

6.2.5 边界断层的延伸（地垒和地堑）结合（E）

地垒（脊，往往是平顶）和地堑（平底山谷）的伴生出现往往在地壳伸展减薄的区域（图6.5）。当地壳被拉张时就会发生断裂，形成垂直于伸展方向的陡倾断层。断层之间的地块沉降形成地堑，而周围边界断层的对侧地层持续升高，形成地垒。这种形成地垒和地堑的高角度断层可以延伸到相当深的位置。在拉张的过程中，地壳的减薄造成岩石静压力的下降，岩浆往往会沿着这种地壳减薄的地方上涌。这些热源的存在使得大量的地热储层的出现。这种地热资源相对较深。渗透率也仅仅限于断层控制的地垒地堑区域（图6.6）。这种地热资源的地表特征往往非常有限，主要表现为温泉，沿着地垒顶面有时候会保留着过去火山活动的证据。该类型的一个典型实例是美国的西部大盆地，特别是内华达州，延伸到加利福尼亚州、爱达荷州、犹他州和亚利桑那州。

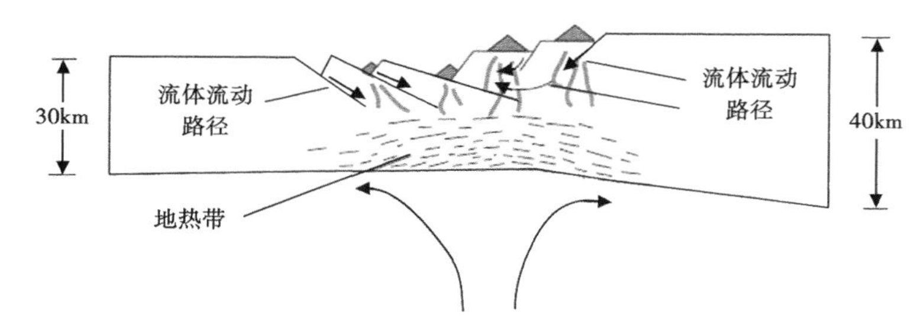

图6.5 大陆地壳伸展环境——地垒—地堑结构剖面图
热量从大陆壳的热源中心通过断裂带上升，岩浆通过地壳给火山中心供给，流体通过断层运移到热地壳部位，加热之后浮力的作用会沿着相同的路径或者其他路径上升

6.2.6 海洋玄武岩区（F）

众多的海岛和群岛都是相对年轻的火山系统，它们主要由玄武质熔岩和岩浆共同组成。虽然偶尔可见温泉，但是这种地热资源表现形式主要还是普遍的、大规模的玄武质熔岩的喷发。在地热应用的开发上，该系统具有巨大的潜力。这种系统埋深相对较浅（约1000~

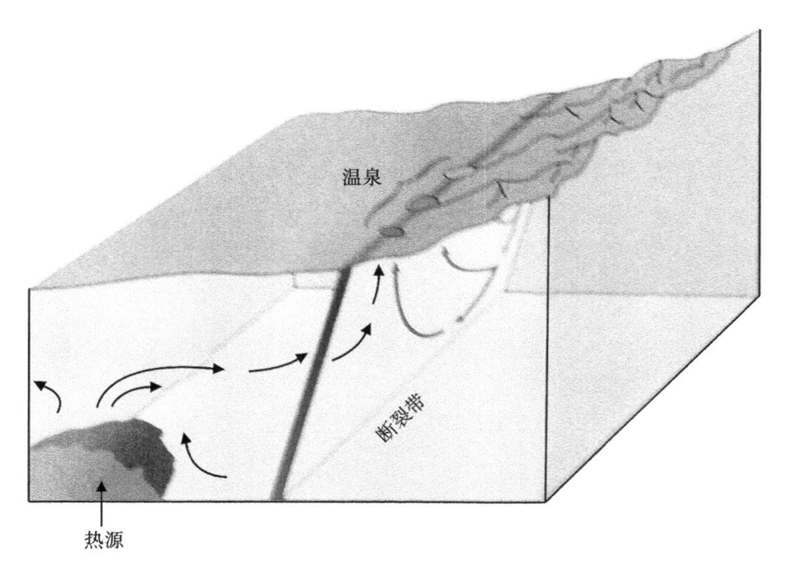

图 6.6　沿断层的示意图

山区地表水沿断裂带的右侧进入地下，并由地下的热源加热。受热的水体受浮力作用沿着断层面上升，形成温泉。温泉与之前的温度对比提供了温泉与热源距离的定性指标

2000m)，具有由角砾岩、熔岩管以及高孔隙度和高渗透率区域共同组成的横向高渗透性。垂向渗透率更为受限，主要受个别流体联合开发的影响。这种类型的系统，除了那些在上面分类列出的“热点”，还有大西洋的阿森松岛和印度洋的留尼旺岛。

这种分类方案为勘查热液系统提供了一个概念框架。在新的勘探过程中，同一类型的的系统特征会对勘探过程的观测起到指导性的作用。例如，火山口系统通常具有环状的断层和中央圆顶，两者都是地热流体的有利勘探区。熟知这些特征可以使勘探工作更加集中有效。

一旦确定了地热系统的类型，就可以更加有针对性地进行勘探工作。本章的其余部分将涉及地质、地球化学和地球物理的研究，以便形成对地热储层的程度、规模和可利用性的认识。但是，在解决勘探方法之前，需要解决一个重要的问题，即地热流体的来源和特点。这样的背景为我们提供了一个定性的概念框架，应用更加严格和定量的地球化学方法可以对将要观察和获得的结果取得更加深入的认识。

6.3　地热流体的成因：资源勘查与评价的意义

上一节所述的布罗菲分类主要是基于自然地理特征。它们包括山脉、火山、山谷和山脊。显然，地下的热源也是地热特征之一。这些地热特征与自然的水文系统以及水循环系统也息息相关。通过对这些水的化学性质以及同位素特征进行分析，往往能推断出它们的起源和历史。通过了解这些过程对特征的影响就可以做出关于资源特征及其演化历史的推论。本节的剩余部分将讨论的起源和地热水的特征以及这些特征可以用来了解地热资源的属性。与此同时，理解地热场地的历史也是至关重要的。在界定一个系统是蓬勃向上还是在刚刚起步发展亦或是已经经历过一段漫长的生命下降的过程，地热场地的历史就发挥了它的作用。

图 6.6 和图 6.7 向我们展示了各种水源对布罗菲分类方案中最常见的两种地热背景——

火山机构和山脊—山谷组合及其相互之间的作用。大量的地表水来源于降雨和降雪。大气水的定义就是气象过程产生的的水。这些水汇成河流，补充着地下的蓄水层。地表上的河流和湖泊就是大气水存在的直接证据。它们也可以作为大多数泉水的唯一组成部分。在这种情况下，地下水同地表水相互混合，大气降水逸散到地表，就会对地表水起到稀释的作用。在美国，饮用水标准规定溶解成分的总量（也称为总溶解固体或 TDS），必须小于 500mg/L。许多自然地表水在这个范围内。然而，水与岩石的互相作用会溶解岩石中的矿物质，如果饱和度足够高的话，水中就会溶解许多种成分。大气水循环到深度几百米甚至几千米取决于岩石单元构成的当地地质的互联渗透性，这些都是由水体流经过程中岩石的化学特征，相互的接触时间以及历史温度所决定的。地热水属于后者这一范畴。

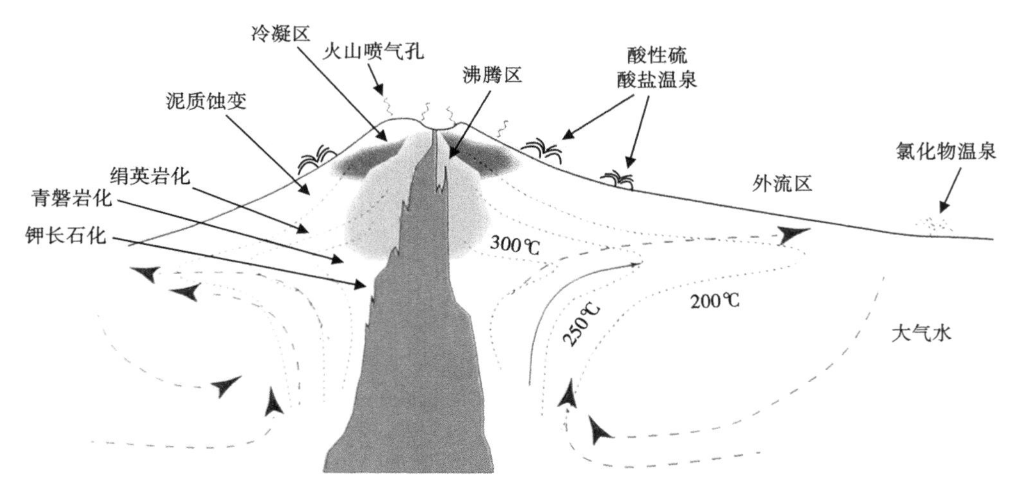

图 6.7 火山系统中流体流动示意图

橙色部分表示为热源（岩浆凝固的火成岩）。在浅层时，它的周围是一个蒸汽区（浅蓝色）和一个冷凝区（深蓝色）。地表特征为喷气孔和喷泉。细虚线和标记线为等温线。加粗的箭头线表示大气水循环。图中亦表示出泥质化、绢英岩化、交代作用和钾蚀变的发生位置

高渗透区有利于大气水的深循环，比如火山口或者环状带的断裂带（图 6.6）。这种深循环配合热源就可以产生地热水，如岩浆体，在地壳薄的地方有高热流，或者是富含钾、铀、钍或者其他放射性元素的花岗岩体。当水被加热的时候，密度会降低，形成一个典型的对流单循环模式。这些循环系统可以达到几千米，沿着水体的流动路径，加热的水与岩石相互发生化学反应。当这些流体出现在地表的时候，它们会形成不同温度的（取决于它们与热源的距离、循环路径以及热源温度）喷泉。这些喷泉的化学成分相对较稀少，同存在于百万范围内所有的自然水域一样，水体的 pH 值偏中性，溶解大气的二氧化碳和一些常见的不相容的氯化物，使水体中存在了一些碳酸盐和氯化物。

如果循环水同结晶岩浆逸出的流体相互作用就会形成富含复杂化学物质的水（图 6.7）。熔化的岩石中含有少量的气体和水。当岩浆冷却并开始结晶的时候，气体、水以及某些元素将不适合存在于结晶矿物（也称为不相容元素）的晶格中，这些物质就集中留在了熔体里。像 H_2S、HCl、CO_2 和 He 这一类气体就会存在于熔体中。而一些不相容元素，如 B、Ba、Rb、Sr 和 Cs 等也会留在熔体中。不同的岩浆和熔体的化学性质不同，导致溶解成分的饱和度不同，当这些不相容的气体和元素的浓度达到饱和时，个别气体将会散逸并带走一定比例

的其他不相容元素。这些迁移的流体会离开熔体进入围岩，在那里，它们有可能与大气降水循环混合在一起。这种混合非常重要，因为它决定了循环水的化学特征。

这样的混合熔岩产物的水含重碳酸盐。第5章介绍了富含二氧化碳的水形成重碳酸盐的解决方案。当大气水循环与富含二氧化碳的蒸汽或水混合，冷凝蒸汽的过程中就会形成重碳酸盐。这些混合液会出现在地热储层的上流区。在地热系统远端的区域，通过溶解大气中的二氧化碳的地热流体也会形成重碳酸盐。这两种情况在图6.7中都有表示。这些水体中碳酸氢盐通常会适度稀释，形成钙华阶地（图6.8）。

图6.8　黄石公园的钙华沉积（David Monniaux 摄）
http://commons.wikimedia.org/wiki/Yellowstone_National_Park

地热系统中另一种水为含硫酸的酸性水。岩浆经过脱气并与岩石相互作用就会形成富含H_2S的流体。这种情况下，水中的化学成分反映了大气水同富含H_2S的流体相互作用的过程。H_2S是一种强还原化合物。即使在地下水和大气水中溶解了很少量的氧气也可以将H_2S氧化成氢硫酸（H_2SO_4），并解离成氢离子和硫酸根阴离子。H_2SO_4也被称为硫酸。这些含有硫酸的温泉通常pH很低，流出的水中含有明显的硫黄的气味。在许多情况下，靠近火山的中心，H_2S被氧化成自然硫，沉积在气孔上，作为气孔活动显而易见的证据（图6.9）。

地热水的来源和特点一直是科学研究的热点。图6.10a是一个经常被用于识别地热水基本性质的图。它依赖于这样一个事实，即溶液中平衡电荷的阴离子主要为Cl^-，SO_4^{2-}和HCO_3^-。这些阴离子溶解在不同的流动路径的循环水中。利用这个特点可以对温泉和地下水进行初步的评估，也能绘制流动路径。下面我们将针对此进行讨论。

这种分类方案是通过统计三种阴离子的溶解量，即每千克的溶液中负离子的毫克数，然后用每种的溶解量除以负离子总量。这样得出的结果乘以100，就给出了三种离子的各自组成部分，或者说，三元体系中每种离子的百分比。图6.10展示了在绘制三元图时溶液的分类。落在Cl^-富集区域的点被认为是含氯水质，通常pH近中性或弱碱性。接近HCO_3^-端的点被分为含碳酸盐水质和含碳酸氢盐水质，靠近SO_4^{2-}端的因为水体的pH值相对较低，被认为是硫酸水质。

图 6.9　夏威夷基拉韦厄火山口硫沉积在喷气孔（R. L. Christiansen 摄，美国地质调查局）

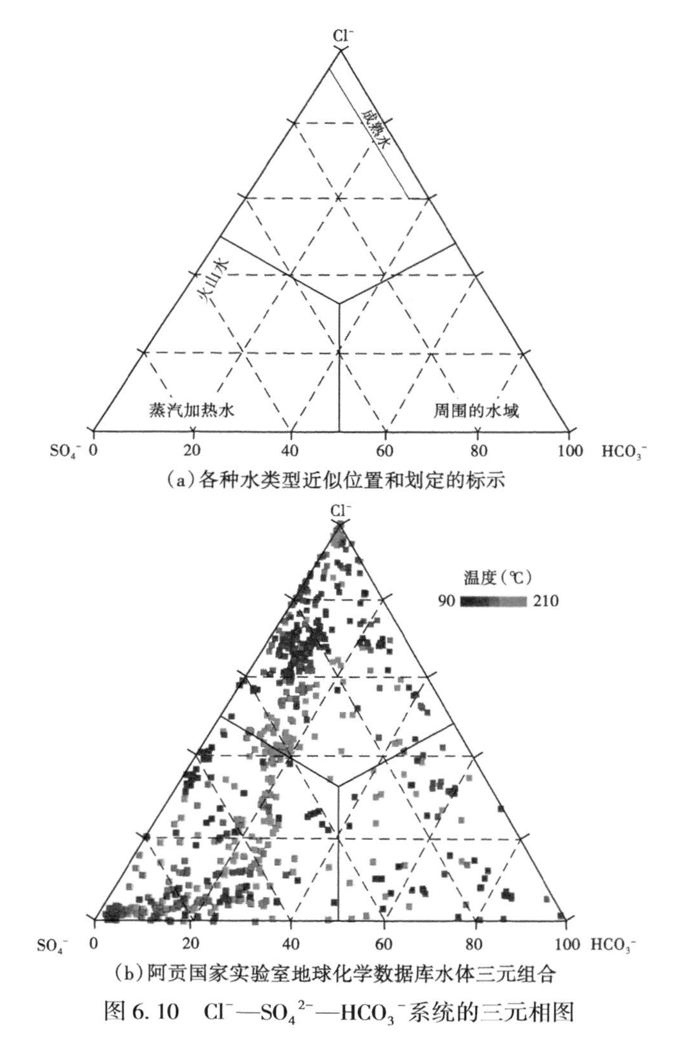

（a）各种水类型近似位置和划定的标示

（b）阿贡国家实验室地球化学数据库水体三元组合

图 6.10　Cl^-—SO_4^{2-}—HCO_3^-系统的三元相图

修改自 Clark，C. E. et al.，Water Use in the Development and Operation of Geothermal Power Plants，United States Department of Energy，Argonne National Laboratory，ANL/EVS/R-10/5，Washington，DC，2010.

一旦掌握了水的特征，一般情况下，就形成了概念模型的框架来验证有关地热资源性质的各种假说。例如，硫酸水质的喷泉意味着一个相对较浅的岩浆资源，产生相对年轻的火成岩体。重碳酸盐水质则意味着地热资源离喷泉的距离较远。但是，我们不能过分依赖这种理论，只是为我们进一步研究提供了一个方向。如图6.10b所示，特定的水体温度范围可以覆盖整个温度的观察范围。因此，需要研究更多的水样本来完善含化学信息的概念模型。

另外，讨论到这个阶段，处理过的地热液体作为变化了的大气水。接近海岸线的火山系统或者其他热源可能与海水相互作用渗透到地下。冰岛就是这种系统的典型，它们可以有流体混合系统，其中的化学特征是热源、大气水、岩浆气体和海水之间相互复杂作用的结果。

沉积盆地内地质框架中保存的水可以有数百万年的历史，这样的水称为原生水。这些水体保持了与大气的接触而进行了广泛的水岩互相作用，通常成为高度浓缩的卤水保存在地下几十万年到几百万年。当这种水同当地的热源相互作用时，就会发生异常复杂的化学反应。

当使用水分类方案作为进一步了解某个资源的指导时，需要格外注意当地地质环境导致的潜在复杂性。带着这种意识，通过严谨的观察和详细的分析将会提高地热系统概念模型的精度。

6.4 地表显示

6.4.1 泉水

地表特征通常能够反映地下地热系统的存在。通过细心的观察，确定它的位置，分析它的属性可以为表征地热资源提供有价值的信息。地下水流出是比较常见的现象。它的表现形式可以是地下渗流在山坡形成的细流或者瀑布。这种泉水可以是冷的，也可以是热的，甚至会是沸腾的。这些都表明地下水流存在着渗透区。而通过这些特征来确定地热系统是否存在还需要科学的论证。以上关于水类型的讨论中已经明确指出，对地热系统的论证过程中，分析水样的化学成分是论证的一个关键部分。

活跃的地热系统在地下深处对水体进行加热，而地表的热水池、冒泡的泥浆、蒸汽流和间歇泉就是这些地下热水涌到地表最明显的例证。如果泉水出现的位置与地热资源点有一定的距离，那就意味着地下水流通的路径受断层控制。图6.11就向我们展示了这样一个系统，位于加利福尼亚州东北部的惊喜谷（Surprise Valley；Eggers等，2010）。值得注意的是，这两个冷泉和温泉之间相距几十千米。

值得注意的是，温泉沿着断裂河谷的边缘以及中部的沉积谷底，表面上看不到的断层位置分布。这种模式说明，地热资源的分布不仅仅局限于山谷边缘的断层带，也会延伸到存在断裂的谷底。这些位置由于断层的存在而形成高渗透区，为流体的流动提供良好的通道。

与泉水相关的沉积物多种多样。这反映了一个事实，即地下的热循环水是良好的溶剂，能够溶解欠饱和的矿物质。当地下的流体接近地表的时候，矿物质的溶解度往往会随着温度的下降而降低。当这些水到达地表的时候，快速的冷却造成溶解的物质析出，在喷泉的周围变形成了矿藏。如上文所述，这些沉积物可以是多种多样的，反映了地热资源的类型及相关的水化学成分以及温度。对应于上面讨论的水化学分类，这些表面沉积物主要可以分为三类（表5.1和表6.2）。

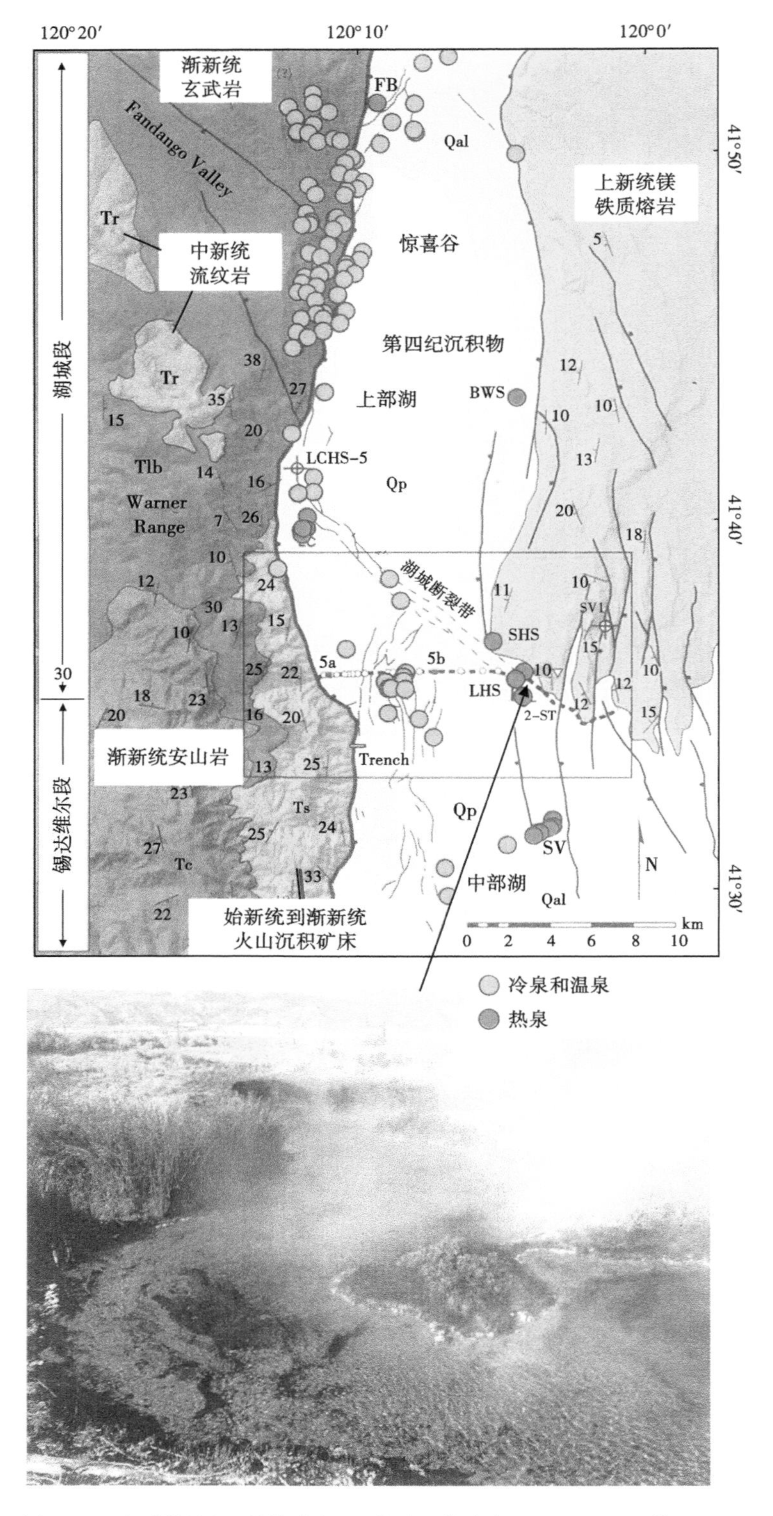

图 6.11 加利福尼亚州惊喜谷地质图（修改自 Eggers，A. E 等 2010）

底部的照片为温泉之一

表 6.2　地热水分类及成分（据 Henley R. W. 和 Hedenquist J. W.，1986）

类型	Cl（mg/kg）	pH	温度（℃）	表面特征
硫酸	<10	<3.0	通常<100	泥池、塌陷坑
碳酸盐或碳酸氢盐	<100	5.0~6.0	100~180	温泉或热泉，少量碳酸盐沉积
氯化物	>400	6.0~7.5	>200	硅烧结矿、间歇泉

如前所述，地热水的三种主要类型为酸性硫酸水，碳酸盐/碳酸氢盐水和氯化物水。酸性硫酸盐水质是火山系统附近最常见的水质。它们的特点是低 pH 值，当大气水同中高温的岩石发生交互作用的时候，大量的富含 H_2S 的流体就会从冷却的岩浆中释放出来。所以中等的温度并不意味着高温的地热资源不存在。相反，它经常反映的是一种流体混合系统，其中大量的冷水、大气水和少量的岩浆气体混合在一起。在它们的流出区，经常会有各种矿物的沉积。火山口周围的硫沉积就是一个很好的例子（图 6.9）。冒泡的泥盆也是一种特征。当酸性的流体与当地的岩石发生作用时就会形成这种现象。因为低 pH 值使岩石变得脆弱，并改变了它的化学性质。酸性条件下发生的反映可以形成黏土矿物和硫酸盐，反应方程式如下（温度低于 200℃左右）：

$$3NaAlSi_3O_8+2SO_4^{2-}+6H^+ \Leftrightarrow NaAl_3(SO_4)_2(OH)_6+9SiO_2+2K^+$$

碱性长石　　　Na－明矾石　　　石英

和

$$CaAl_2Si_2O_8+H_2O+2H^+ \Leftrightarrow Al_2Si_2O_5(OH)_4+Ca^{++}$$

斜长石　　　高岭石

长石是最常见的造岩矿物之一。这些反应说明在温度小于 200℃时，长石是如何与含硫酸性的溶液发生反应转化成硫酸盐和黏土。黏土化蚀变形成高岭石、石英和明矾等一系列矿物。也会存在泥质蚀变形成蒙皂石和伊利石等黏土矿物。

碳酸氢盐水体沿着流动路径同围岩发生化学作用，但是这个过程形成的一系列矿物质与泥质蚀变的很大不同。富碳酸氢盐的水体会沉淀碳酸盐矿物，如方解石和白云石，它们在浅的层次会释放出 CO_2。此外，冷却的过程往往会沉淀 SiO_2 矿物（例如石英或方石英）和碳酸盐。碳酸氢盐溶液具有轻微的酸性，各种各样的黏土矿物通常会与岩石发生如上述生成高岭石类似的反应。与高温碳酸盐系统相关的独特的矿物是长石，钾长石（$KAlSiO_3$）通过如下反应形成黏土

$$KAl_3Si_3O_{10}(OH)_2+6SiO_2+2HCO_3^-+2K^+ \Leftrightarrow 3KAlSi_3O_8+2CO_2+2H_2O$$

伊利石　　　石英　　　冰长石

当水流从泉眼流出，随着温度的降低，水中的某些矿物就会析出，形成石灰华阶地（图 6.8）。如果析出物在水下，就会形成钙华塔（图 6.12）。

当 pH 值接近中性时，围岩的类型不同会使含氯水质形成多种不同的沉积物。这种流体通常有较高温度的流动史，并且溶液中富含大量的 SiO_2。如果这种流体超过 210℃，它们通常会在泉水口形成硅质沉积。这种类型的矿床，有时被称为硅华，是由蛋白石或无定形的多孔结壳二氧化硅形成于溢流池或者间歇泉的周围。

喷泉可以是短暂的，也可以是持久的。在强腐蚀性水存在的区域，泉水及其表面特征可

图 6.12　暴露的钙华塔（Doug Dolde 摄）

以在短时间内反复改变它们的流出特性（数周到数年）。在热水通过渗透带时，流体的循环路径也相应发生改变。当水被加热时，它会沿着流动路径溶解矿物，从而增加了渗透率。然而，当流体流到远离热源的地区，水温就会下降，一部分矿物就会析出。以二氧化硅的溶解图为例（图 5S.1），当温度降低，在 300℃下地热流体中保持平衡状态的石英将会在所有的二氧化硅多晶型下变得过饱和。这种流体在沿着断层向上运移的过程中就会沉淀出一种二氧化硅多晶型物，最有可能的是方石英、蛋白石或者燧石，这会造成渗透率的降低，并最终封闭该条运移通道。当这种情况发生后，驱动流体流动的压力就会形成一条新的运移通道，在地表会形成一个新的温泉。如果这个流动系统受断层控制，那么新的泉眼就会出现在靠近断层的地表或者高渗透率的区域。随着时间的推移，这种不断变化的模式可以发生在任何类型的地热水中。

6.4.2　缺乏活泉水的地表沉积

许多地热系统并没有泉水或者其他明显的地表特征。许多情况下，缺乏地表活动特征取决于地质演化所达到的阶段。但是，某些地质特征可以为我们提供过去的地热活动的证据，为进一步的研究提供了可能。

温泉停止活动之后，硅华和钙华沉积仍然能存在很久。硅华是由蛋白石、方石英、无定形二氧化硅或石英颗粒组成的条带状混合物，它们和破碎的碎屑混合沉积在地表。地表成分很复杂，可以在任何尺度上形成层状叠置或者圆形，这种常见的现象被称为葡萄状。在显微镜下观察，这些地表沉积的表面和内部往往包含着非常小的石英晶体。另一个特征称为颜色石英（druzy quartz）。生长在热水里的细菌通常会附着在沉积物的表面，并在硅华上留下它们的特征。这种嗜热菌对于解释那些只有富硅一个证据来证明温泉活动的历史，是非常有用的。

缺乏溢流泉地区的钙华沉积也存在能解释其发育历史的微观证据同其他矿物一样。形成于湖泊或者其他水体底部的钙华塔也是地热流体近期活动的良好指标。沉积物的快速堆积可以形成丘体或者空心管体，可以长得很高。如果后来的地质过程导致湖水的流失，那么这些塔就会暴露出来。在地热地区，发生钙华沉积相对常见，钙华塔的分布指示着流体沿着断层系统上升的趋势。

与这些地表沉积相关的其他矿物，往往是指示地热活动的良好指标。特别是硼酸盐、硫酸盐和氯化物矿物，它们出现的区域可以认为地热活动已经持续了很长一段时间。硼酸盐相比来说更加重要，因为地热流体相对于大气地下水具有更高的硼含量（Coolbaugh 等，2006）。这种成分的特征反映出，硼因为元素质量小和电荷高（3+），使其相对于大多数矿物来说，优先被划为流体相。最常见的含硼流体的蒸发表面矿物是硼砂（$Na_2B_4O_7 \cdot 10H_2O$）和八面硼砂（$Na_2B_4O_7 \cdot 5H_2O$）。这些矿物通常与石盐（NaCl）和其他常见盐类共同出现在蒸发环境中。

对表面矿物学的勘探分析工作是确定地热资源目标的一种行之有效的手段。然而，这种方法必然会受到当地气候条件的限制。高降雨量地区需要高蒸发量，因为大量的雨水会溶解矿物，防止其发生沉积。相对干旱的地方有利于形成这些沉积特征，比如美国的西部、东非大裂谷以及澳大利亚的中部地区。

6.5 流体地球化学勘探

6.5.1 流体的成分和温度

地热流体具有广泛的组成范围。然而除了硼，其他成分同许多地下水都完全重叠，具有广泛的地质环境特征。虽然硼含量在地热系统中会升高，但是把它作为评价地热前景的指标是远远不够的。个别溶质的浓度不足以提供充分的证据来证明深部地热资源的潜力。

然而，热力学和动力学的关系决定了流体在流动过程中如何同岩石相互作用。因此，受热的水中含有的化学特征可以反映岩石和水在流动路径上的相互作用。一部分体积水的特征可以通过图 6.10 的分类方案来确定，还有一部分的特征可以通过溶液中特定元素的比例来确定。如果流体迁移到地表的速度足够高，就可以防止其与围岩发生再平衡作用，这些同地热储层作用过的水里就会记录下这些高温反应的化合物。这种方法是在地热已开发概念模型的基础上做研究，是现在地热勘探中使用的一种普遍做法。

假设一个地热储层由 α-方石英、碱性长石和方解石组成，那么这个地热系统中三者的可能化学反应可以用如下的方程式表示：

$$SiO_2\ (\alpha\text{-方石英}) \Leftrightarrow SiO_2\ (aq)$$

$$NaAlSi_3O_8 + K^+ \Leftrightarrow KAlSi_3O_8 + Na^+$$

$$CaCO_3 + H^+ \Leftrightarrow Ca^{++} + HCO_3^-$$

其中，二氧化硅（水溶液）表示溶解的二氧化硅和所有的带电物质是溶质负荷的一部分。反应中作为温度函数的对数的 K 值列于表 6.3。

对于接触矿物质并达到化学平衡状态的水而言，溶解组分的活度需要满足任何一个化学反应中的 K 对数函数表达式，这是热动力学的基本要求。从原理出发，以温度为变量的 Q/K 对数函数，针对不同反应阶段，显示为一系列曲线函数。在液体与地热储层达到平衡状态所对应的温度点处，该 Q/K 对数值皆为 0。

表 6.3 针对 α–方石英的水解反应、长石中的 Na—K 交换和方解石水解反应平衡时 lg（*Q/K*）与温度的对应关系（据 Wolery T. J.，1992）

温度（℃）	25	60	100	150	200	250	300
α–方石英	−3.45	−2.99	−2.66	−2.36	−2.13	−1.94	−1.78
长石交换	1.84	1.54	1.28	1.06	0.90	0.79	0.71
方解石	1.85	1.33	0.77	0.09	−0.58	−1.33	−2.21

注：数据来源于代码为 EQ3/6 的计算机 data0 文件。

表 6.4 显示的数据是 100℃下通过上述装置达到平衡状态假设状况下的地热水。该地热水的 *Q/K* 对数值以温度为变量，映射到图 6.13 上。虽然每个化学反应对应的 *Q/K* 对数函数都是以温度为变量，但是 *Q/K* 比值在平衡态温度点的取值都是 1。故而在取对数情况下，以温度为变量的 *Q/K* 对数函数在化学反应平衡态温度点对应值都是 0，每个化学反应函数在图 6.13 上的映射曲线都在温度轴上相交。

表 6.4 假定 100℃下稀释的地热水组分

温度（℃）	pH	Na	K	Ca	SiO_2（aq）	HCO_3^-
100	6.7	0.43	0.026	2.49	2.5	0.44

注：所有数据均为毫摩尔浓度。

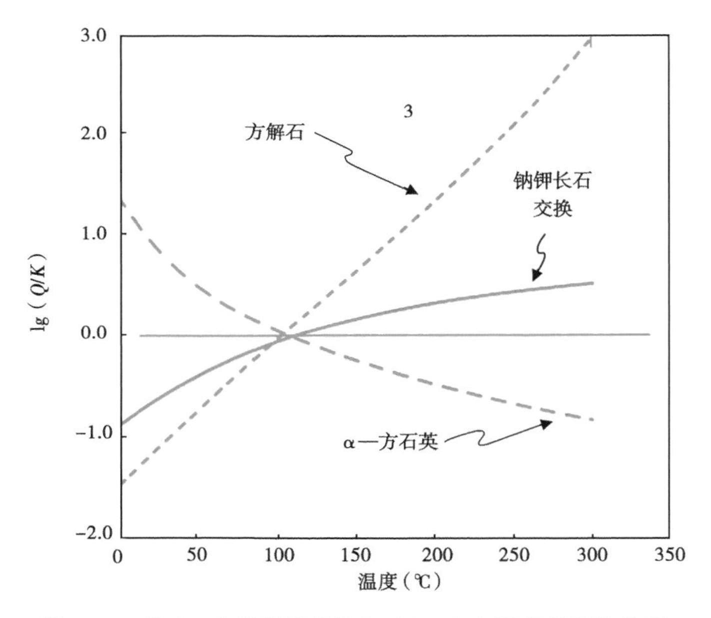

图 6.13 表 6.2 中所列反应的 lg（*Q/K*）与温度的变化关系

理论上，上述的水解反应几乎发生在每一个地热储层的矿物相态中。如果涉及的矿物反应是已知的矿物相，且平衡常数与温度的函数成立，那么借助水分析，利用图 6.13 的函数关系就可以建立地热储层的温度。这种技术可以为地热资源勘探计划提供一个重要的数据点。

但是，一些制约因素限制了这种方法的应用。其中一个制约因素是地热储层中经常出现的矿物相缺乏高质量的热力学数据。没有这些数据，就无法知晓平衡常数，从而不能准确的

获得 Q/K 的值。除此之外，还要假设在水离开储层之后，岩石和水体之间没有化学交换。当水从地热储层中流出之后所经过的路径曲折漫长，这种假设可能是有问题的。另一个制约因素是缺乏对地热储层中的矿物种类的了解。在没有钻井资料或者钻井资料很少的条件下，这种局限就显得更加突出。此外，对于水体的分析也往往是不充分或者不够精细。虽然 SiO_2（水溶液）、Na、K、Ca 元素的含量高，可以获得高精度的结果，但是 Al 和 Mg 元素的丰度很低，很难进行高精度的分析（Pang 和 Reed，1998）。流体在运移到地表的过程中会释放出一定比例的溶解气体，包括 CO_2。溶液中碳酸盐—碳酸氢盐的平衡会对 pH 值产生极大的影响，导致在流体上升过程中的 pH 值与储层中的并不相同。最后，当蒸气发生分离，将 CO_2 气体划分到蒸汽阶段也会影响 pH 值。同样，二氧化硅也可以或多或少的进入蒸汽阶段，这可能导致收集水中的二氧化硅表观浓度降低（Truesdell，1984）。

地球化学温标或者地热温标，仍然可以用以上方法来获得。例如，如果储层中二氧化硅多晶型物与流体之间已经达到平衡，那么二氧化硅的浓度将由该多晶型所控制。反过来，它也会对流体中其他矿物质的平衡产生影响。最终的结果是一个级联耦合关系的相互依存关系，表示为温度依赖于各种溶质的浓度比的演化。

20 世纪 60 年代以来，通过对各种地温的配方分析已经摸索出一套潜在地热储层的适用关系。目前，已经开发出超过 35 种不同配方的温标（Verma 等，2008）。每个温标都已经通过数值拟合函数的形式，利用一直或者受限的温度和成分数据集来制订。到目前为止，已经公开报道的以浓度作为温度函数的系统有：SiO_2、Na—K、Na—Ca—K、K—Mg、Na—K—Mg、Na—K—Ca—Mg、Na—Li 和 Mg—Li 系统。表 6.5 提供了已发表的系统的一部分。

表 6.5　地热水体温标选择方案

系统	方程	适用温度范围（℃）	来源
SiO_2（石英）⇔ SiO_2（溶液）	$T=-42.2+(0.28831\times SiO_2)-[0.00036686\times(SiO_2)^2]+[(3.1665\times10^{-7})\times(SiO_2)^3]+[77.034\times\lg(SiO_2)]$	25~400	Fournier 和 Potter（1982）
SiO_2（燧石）⇔ SiO_2（溶液）	$T=\{1032/[4.69-\lg(SiO_2)]\}-273.15$	0~250	Fournier（1977）
Na-K（长石）	$T=733.6-[770.551\times(Na/K)]+[378.189\times(Na/K)^2]-[95.753\times(Na/K)^3]+[9.544\times(Na/K)^4]$	0~350	Arnórsson（2000b）

获得定量的准确的地温数据有很大的难度，在尊重数据的基础上，对地温结果的差异进行详细分析是很有必要的。为了说明这些影响，我们以 SiO_2 系统和 Na+和 K+交换的地温计来说明。

图 6.14 和图 6.15 是利用五个天然地热系统和一个实验系统通过二氧化硅地温参数来测温的结果。

图 6.14 中，观测的地温数据同利用不同 SiO_2 公式计算的参数之间有很大的差异。对于实验研究来说，石英控制着二氧化硅多晶的形成（Pang 和 Reed，1998），通过石英地温参数计算的温度与实际值相差 20℃。燧石地温方法测定的温度偏低，很可能是因为燧石的溶解度高于预期（第 5 章）。在温度低于 150℃ 时，石英地热温标会很大程度的高估了温度，同燧石地热温标一样不准确，尽管后者的误差更小。在较高的温度下，经验公式获得的地温

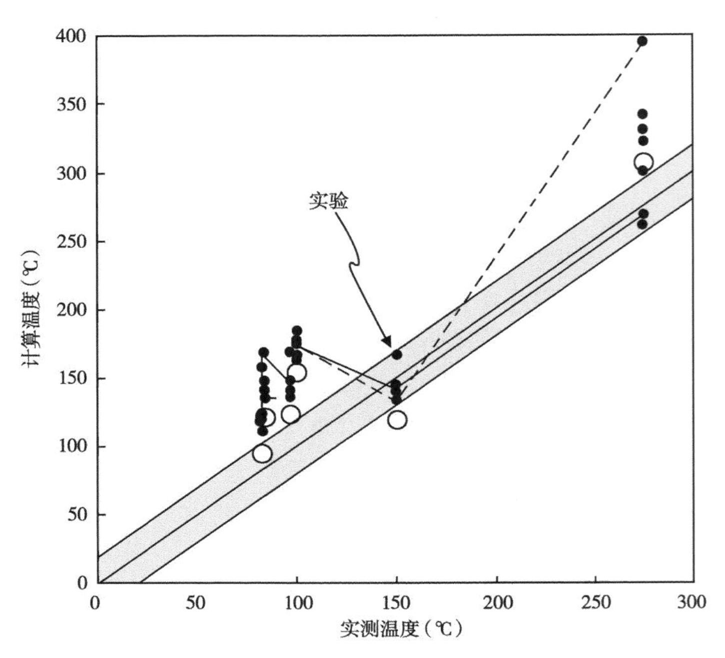

图 6.14　使用八种不同二氧化硅地热温标对五个地热水和一个实验用水的水温进行测量并计算储层温度（据 Fournier，1977，有修改）

实心圆计算的温度假定是二氧化硅控制的多晶型体，空心圆圈控制多晶型为燧石。广义线表示测量温度同计算温度匹配性比较好，阴影带包围的范围是误差在 20℃ 的区域。较细的实线和虚线连接点使用两种不同的地热温标算方式，来区分不同地热温标之间的结果变化。

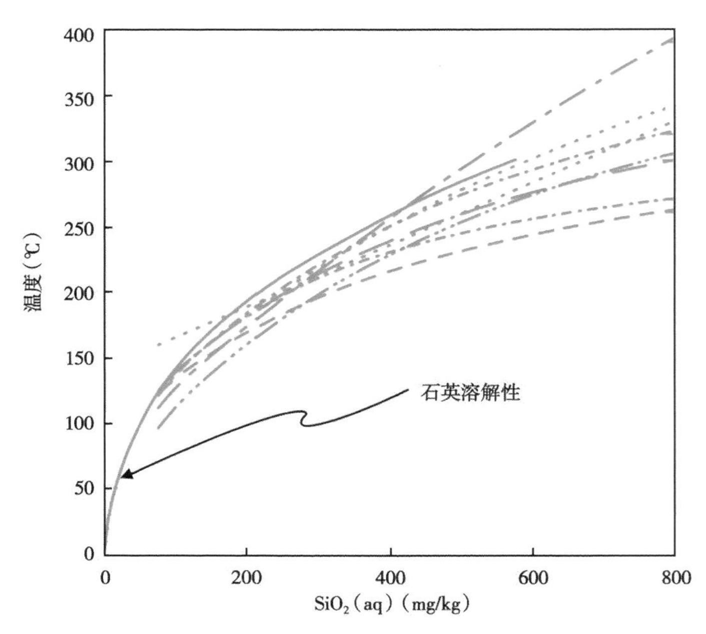

图 6.15　用于计算图 6.14 温度的二氧化硅地热温标八种不同组分的经验曲线的函数形式比较（据 Fournier，1977，有修改）

实线表示石英溶解度参考线

结果显示是广泛的，不同的测量仪器的结果会从120℃到低至5℃。

鉴于实测的和计算的温度存在差异，应该对经验温标的提高关注，其中的一些问题与上述 *Q/K* 问题相类似。经验温标克服了实验室实验系统的局限性。地热水的成分非常多，已知晓的水的类型就有氯化物型、重碳酸盐型和硫酸盐型。自然水域中的成分更加复杂，需要准确且详细的活性—组成关系的质量作用表达式来确定溶解度方程。这些都是精确运用二氧化硅浓度来计算温度的前提。由于活性—成分关系不是一个简单的运算关系，需要准确、全面的成分数据来完善计算机模型，通过对观测数据进行一个合适的曲线拟合，来求取一个近似的温度。大部分适合地温曲线的水体（但不是全部）是pH值接近中性的氯化钠型。当数据库中的水体组成物有所不同时，拟合出的曲线适用性就会有所不同。与此同时，因为不同的作者使用不同的数据集来拟合曲线，每个校准的过程都会形成不同形式的地温曲线。这就是为什么要强调虚线和实线的连接点的原因。对于每一条线，用的都是一个特定的温度计。请注意，在低温段，沿虚线的点给出了公式计算最接近的结果，在高温段数据十分异常，但在高温段，恰恰相反，实线的结果相对真实。这说明了经验温标存在一个常见的问题，即每个温标都有其最准确的温度范围。图6.15绘制了用于计算图6.14的点的溶解度曲线。显然，不同的计算方式导致的结果有很大的差异，特别在温度高于200℃以上的时候。

溶液的pH值是另外一个影响因素。Fournier（1992）指出，二氧化硅地热温标工作的最佳条件是pH值在5~7之间。在碱性（pH>8）和酸性（pH<3）的条件下，二氧化硅在水中的形态会影响二氧化硅沉淀和溶解的反应动力学。这可能会影响溶液的平衡过程，导致溶质析出。

这种差异可能反映了假设的主体矿物和矿物组成参数的固有问题。Giggenbach（1992）和Williams等（2008）指出燧石在温度低于180℃时控制二氧化硅（水溶液）的潜在重要作用。除非钻探到足够的深度来阐明储层的矿物学特征，否则，即使存在地热储层中与流体相接触的多晶型硅，它的控制相也很难明确。

另外一个假设其实是有问题的，即认为水在上升到采样点的过程中，水的组成成分并没有发生变化。巴顿（1984）表明，长石交换的反应时间受温度控制，反应时间从几个小时到几年。如前所述，反应时间也受暴露面积的影响。流体在缓慢上升到采样点的过程中，可能与围岩发生某种程度的反应。这种情况发生的程度仍然存在着争议。

最终，来自深部的流体不可避免的温度会降低。显然，这将降低利用地热温标来估计储层温度的需求。温度的降低将会导致潜在的硅酸盐矿物趋向于饱和或过饱和。在冷却的过程中，矿物质从溶液中沉淀出来的程度不能通过任何先验装置来测定。因此，在这样一个过程中，流体受影响的程度是未知的。

鉴于此，地热温标提供的有用信息是相当可观的。图6.16给出了使用Na—K地热温标来计算图6.14同样的数据集获得的计算温度。事实上，这两种计算方法是基于不同的主体矿物组合，但是相似的温标也指示我们，地球化学地热温标可以识别地热资源，并实现对储层温度的合理估算。Williams等（2008）已经证实K—Mg温标可以提供准确的地温估算，因此在K—Mg含量大的时候这种方法可行。

描绘地表特征和对地表水进行采样是确定地热资源的存在以及对其特征进行分析的重要工具。通过对采样流体的其他性质进行分析可以获得一些其他的特征。同位素系统就是这样的一个工具。通过对同位素的分析，可以深入了解地热系统的特性。

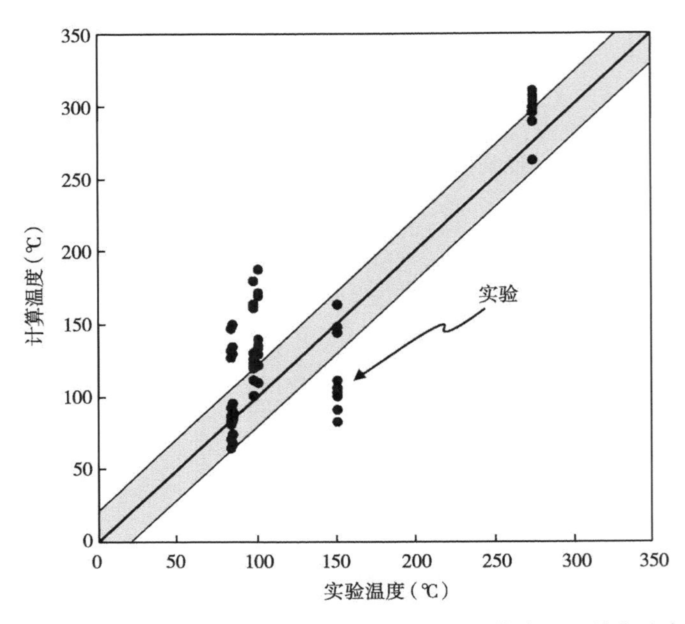

图 6.16　利用九种不同配方的 Na—K 地热温标实测五种地热水和一种实验水获得的温度并推算储层温度的比较（据 Fournier 等，1973，有修改）

6.5.1　同位素

稳定的同位素给我们提供了一个强大的途径，通过对标准水分析获得的信息，可以推演出地热水的起源和演化。相比较宏观的水化学分析，同位素分析对样品收集和处理要求更高，需要更多的样品以及更昂贵的手段，与此同时，耗费的时间也更多。然而，他们往往可以解释标准地球化学调查所得到的模糊的结果。最常用的同位素是氧、氢、氦和硫。

表 6.6 列出了常用的稳定同位素的丰度。在每一种情况下，每种元素中都有一个主要同位素。同位素之间的质量数差别，以百分比来计量，随着元素质量数的增加而逐渐降低。例如氢和氘，质量数的差异是 2 倍，而^{16}O 与^{18}O 及^{32}S 与^{35}S 的质量差异则在 10%左右。颗粒的振动频率与其质量成反比，振动频率影响着化学行为。很明显，给定元素的同位素在任何给定条件下都会有不同的行为。在给定的压力和温度条件下的分馏过程中，同一元素的一种同位素相比其他同位素会更加容易形成晶体结构或蒸气相。一般地，在给定温度的情况下，更高的振动能量相态会造成较轻的同位素聚集。因此，相比较共存的液态水，水蒸气中的 D/H 和$^{18}O/^{16}O$ 的丰度会较低。

表 6.6　稳定同位素及其丰度（据 Walker 等，1984）

同位素	质量数	丰度（%）
^{1}H	1.007824	99.985
^{2}HCD	2.014101	0.015
^{3}He	3.01603	0.00014
^{4}He	4.00260	99.99986

续表

同位素	质量数	丰度（%）
^{16}O	15.9949	99.762
^{17}O	16.9913	0.038
^{18}O	17.9991	0.200
^{32}S	31.972	95.02
^{33}S	32.971	0.75
^{34}S	33.968	4.21
^{36}S	35.967	0.02

共存相之间的分馏用分馏系数来表示。分馏系数的计算方法是通过比较相态中平衡状态下元素或同位素的比例确定。例如，氧同位素的分馏系数在石英和方解石共存的状态下可以表示为：

$$Si^{18}O_2+CaC^{16}O_3 \Leftrightarrow Si^{16}O_2+CaC^{18}O_3$$

这种交换反应的平衡常数（K）：

$$K=\frac{(Si^{16}O_2 \times CaC^{18}O_3)}{(Si^{18}O_2 \times CaC^{16}O_3)}=\frac{(^{18}O/^{16}O)_{方解石}}{(^{18}O/^{16}O)_{石英}}=\alpha_{方解石-石英} \tag{6.1}$$

在这个表达式中，$\alpha_{方解石-石英}$是同位素分馏系数，相当于此交换反应的平衡常数。

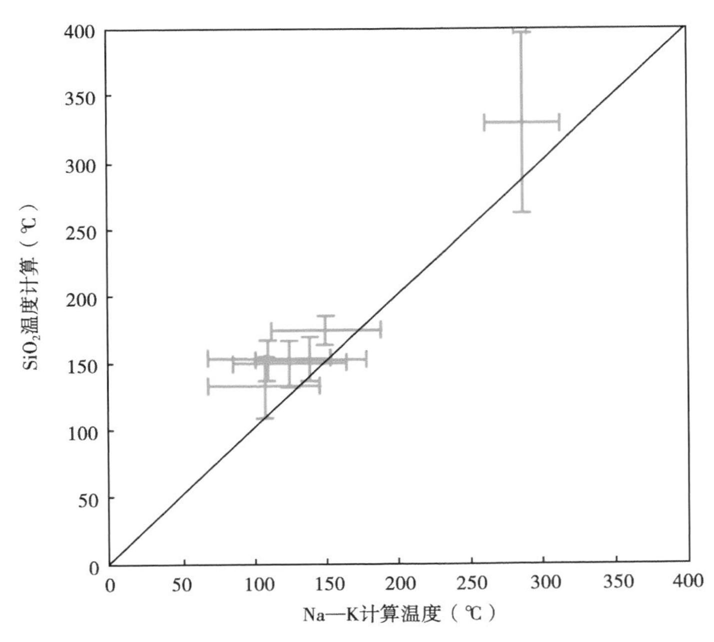

图 6.17　利用 SiO_2（aq）和 Na—K 计算温度

封闭的线段表示每个样品的地温值范围，线段的交叉点为每个样品所有计算温度的中值

这些比率的值可以用质谱法来测量，但是对于每个同位素的绝对值不是常规的测量。一般的，采用一个指定的标准或者测得的同位素作为评价其他样品的基础。对于氢和氧的同位

素测量，标准为平均海水（SMOW），一个样品的同位素用每一千份的差异占 SMOW 的比值来表示：

$$\delta^{18}O=\frac{(^{18}O/^{16}O)_{sample}-(^{18}O/^{16}O)_{SMOW}}{(^{18}O/^{16}O)_{SMOW}}\times 1000 \tag{6.2}$$

$$\delta D=\frac{(D/H)_{sample}-(D/H)_{SMOW}}{(D/H)_{SMOW}}\times 1000 \tag{6.3}$$

当物质的同位素含量低于 SMOW 水平就会得到一个 $\delta^{18}O/\delta D$ 负值。利用其他的标准则会获得不同的 $\delta^{18}O/\delta D$ 值。因此，在分析这些数值的时候要知晓用那种标准获得的测试结果，以便同其他的样品进行比较。

沉淀发生的纬度和海拔决定了大气水中 $\delta^{18}O$ 和 δD 的含量。这反映了不同温度下蒸发和冷凝过程中同位素分馏的显著影响。大气水主要来源于海洋，因此，值的范围被限定在一个线性的阵列中。利用分馏系数比率的不同可以对氧和氢进行分离，两者的分馏系数呈线性相关。图 6.18 中的线表示了大气水中 $\delta^{18}O$ 和 δD 的线性关系。

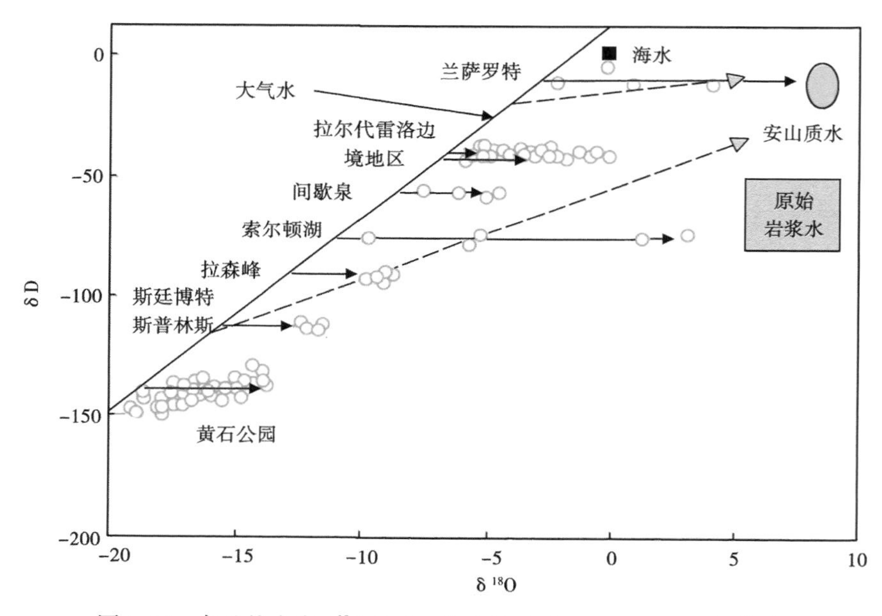

图 6.18　各地热水中 $\delta^{18}O$ 和 δD 的含量（据 Craig，1963，有修改）

大多数的地表水和地下水都落在这条线内。这条线上的偏差表明所测得的水经历了比单级蒸发和沉淀更复杂的过程，可以用于分析潜在的地热目标。图 6.18 也显示了几个选定的地热分布区的点。用圆圈圈定地热位置呈现出一种地热系统通常的趋势。对于这些位置，定义当地的大气水和地热水起源于大气降水线（MWL），地热水取代平均水平会出现 $\delta^{18}O$ 的含量增加，而 δD 变化很少或者没有相应的变化。Craig（1963）认识到，这种现象最有可能的原因是，地热水来源于大气水，当循环到更深更热的区域时，水分子中的氧元素同矿物中的氧元素在高温环境下发生了交换。由于矿物中的 $\delta^{18}O$ 一般在 1～10 的范围内，大气水同矿物互相作用就会导致大气水的 $\delta^{18}O$ 含量增加。因为岩石中的氧元素含量远远超过氢元素的含量，因此会造成 δD 变化很小或者几乎没有变化的现象。

Giggenbach（1992）认为不是所有的地热水都遵循 $\delta^{18}O$ 变高或 δD 几乎没有变化的趋势。通过广泛的分析，他发现在俯冲带火山系统地热水的 δD 与 $\delta^{18}O$ 有相同的趋势，含量会相对较高。他认为，这种现象与俯冲带火山岩的岩浆脱气以及局部大气流体的相互作用与水混合的趋势相关。

这些结果表明，地热系统中观察到的氧和氢同位素的变化可以反映竞争的过程。但是，在任何一个给定的地热点，无论哪个过程占主导地位，如果同位素分析结果同当地的大气降水值有显著的位移，这些稳定的同位素都能在深度上提供地热储层存在的证据。在这样的位移情况下，一个显著的地热资源通过循环水与地表连接是有问题的。

氦同位素研究是确定潜在的地热资源的另一种手段。在这种同位素系统下，导致同位素异常的基本过程是有本质区别的，从而提供了一个不同的途径来确定可能存在的地热资源。

氦的同位素主要包括 ^{3}He 和 ^{4}He 两种。原生储层中的 ^{3}He 来自于地球形成时期的残留，而 ^{4}He 主要是 U 和 Th 衰变发射 α 粒子形成。由于地壳中有大量的 U 和 Th，因此在地壳中 ^{4}He 的含量会随着时间的推移而逐渐变多，使得这种同位素在地壳和大气中的含量增加。地球中 ^{3}He 的主要储集在地幔中。从地幔逃逸到地壳中的任何挥发性气体都会增加 $^{3}He/^{4}He$ 的比值，导致氦同位素的异常。类似的，地幔中生成的熔体含有少量的 ^{3}He，但几乎没有 ^{4}He。当这样的岩浆从地幔上升进入地壳的过程中，岩浆慢慢冷却放气。作为脱气作用的挥发物通过地壳上升，与大气水之间相互作用，就会在水体中留下 ^{3}He 的痕迹。如果附近地下存在结晶岩浆或者地幔挥发物通过该位置的地壳逸出脱气，对于该区域的井或者泉水进行检测就会发现 $^{3}He/^{4}He$ 的比值异常高，证明发生了这种相互作用。大气中的 $^{3}He/^{4}He$ 的比值（定义为 R_a）为 1.2×10^{-6}，缺少了幔深影响的地壳流体约为 0.02Ra，幔深流体的值为 6～35R_a（Kennedy 和 van Soest，2007），因此在地壳中很容易区别开来。

图 6.19 描述了美国西部从俄勒冈州到科罗拉多州的 Cascade 山脉氦同位素测量结果（Kennedy 和 van Soest，2007）。这一区域包含了构造上属于东太平洋俯冲带一部分的 Sierras 和 Cascade 的火山山脉系统，也包括了延伸到内华达州、亚利桑那州、新墨西哥、犹他州和科罗拉多州的伸展盆地和山脉区。在幔源驱动的氦同位素到达地表的地方，R_c/R_a 的峰值大于 1.0。这需要近期的侵入岩驻留到地表以下或渗透性地壳深部存在足够的挥发性物质以及足够和持续的迁移量，这样从地表的采样就会获得准确的结果。在氦同位素最高的地方是地热资源勘探的良好目标。氦同位素的调查可以为增强型地热系统（EGS）的勘探提供参考。第 13 章将对这一重要课题进行详细探讨。

硫同位素分析可以为地热系统提供额外的信息，可为其他同位素系统以及地球化学分析提供补充。硫主要有四个稳定的同位素，分别是 ^{32}S、^{33}S、^{34}S 和 ^{36}S。存在的价态有+6，+4，0，-1 和-2。因此，自然界中硫以硫化物、亚硫酸盐、硫酸盐和自然硫的形式存在于矿物和溶液中。表 6.7 列出了硫可能存在的矿物形式，并总结了这些矿物重要的化学性质。对这些含有硫元素的分子分馏测量方法同测量氢、氧同位素的一样。硫同位素最常见的是用 ^{32}S 作为参考，并考虑 ^{34}S 的富集或者消耗，两者有如下的关系：

$$\delta^{34}S=\frac{(^{34}S/^{32}S)_{sample}-(^{34}S/^{32}S)_{VCDT}}{(^{34}S/^{32}S)_{VCDT}}\times1000 \tag{6.4}$$

VCDT 代表维也纳峡谷硫铁矿，根据定义，$\delta^{34}S=0$。

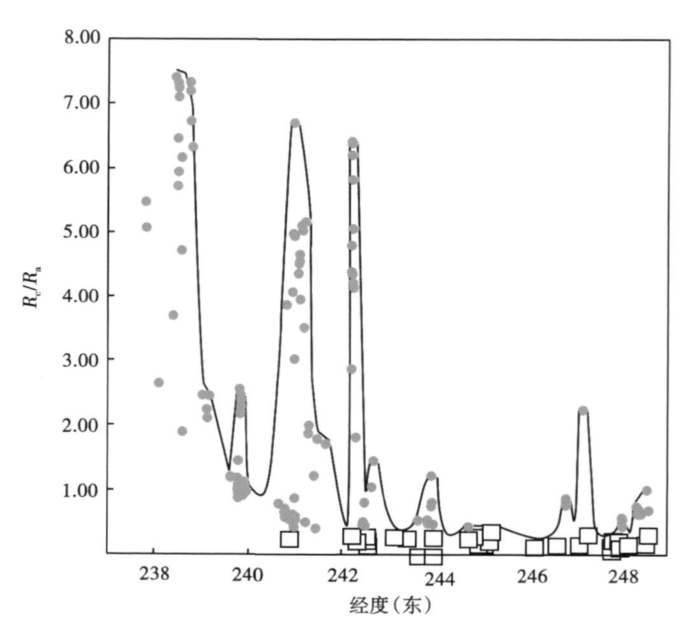

图 6.19 横跨美国西部的 He 同位素比值变化（据 Kennedy 和 Van Soest，2007）

R_c/R_a 的比值即是 $^3He/^4He$ 的比值，经过地壳值的修正。空心方块代表地壳样本，实心圆代表来自地幔的 He。包围点的曲线勾勒出整个点的轮廓

表 6.7 硫的价态，种类及常见的矿物类型（据 Zierenberg，2012）

价态	气体	溶液	矿物	分子质量（g/mol）
+6	—	SO_4^{2-}	硬石膏—$CaSO_4$	96.06
			硫酸钡—$BaSO_4$	—
			明矾—$KAl_3(SO_4)_2(OH)_6$	—
+4	SO_2	—	—	64.066
0	—	—	自然硫—S	32.066
−1	—	—	黄铁矿、白铁矿—FeS_2	—
−2	H_2S	HS^-	磁黄铁矿—FeS	H_2S—32.081
			闪锌矿—ZnS	HS^-—33.07

然而，由于 VCDT 标准已不可用，国际原子能机构确定了 S-1 硫化银作为标准，在数值上有 $-0.3mil^{-1}$（密耳）的偏差，即 −0.3‰。硫系化合物化学性质复杂，有各种质量数和氧化态，因此利用质量相关的同位素分馏可以对其进行分离。由于质量数的不同，较重的硫同位素优先形成较重的含硫化合物。其结果导致较高的氧化态化合物中富集了较重的硫同位素。较重的硫同位素与较轻的富集关系为：$SO_4^{2-}>SO_3^{2-}>S^0>S^{2-}$。

对于涉及两个含硫矿物，A 和 B 的分馏因子可以表示为：

$$\alpha_{A-B} = (1000+\delta_A) / (1000+\delta_B) \tag{6.5}$$

另一种替代方法可以取得相似的结果，即增量方法，定义为：

$$\Delta_{A-B} = \delta_A - \delta_B \tag{6.6}$$

利用方铅矿（PbS）和闪锌矿（ZnS）作为例子对公式进行说明。把 ZnS 看作 A，PbS 看作 B，300℃下的测量值 $\alpha_{S_{ph}-G_{al}}$为 1.0022（Seal，2006）。这意味着 ZnS 相对于 PbS 多含了 2.2mil^{-1}（2.2‰）。虽然这个数很小，但是相对容易衡量，对于分析很有帮助。

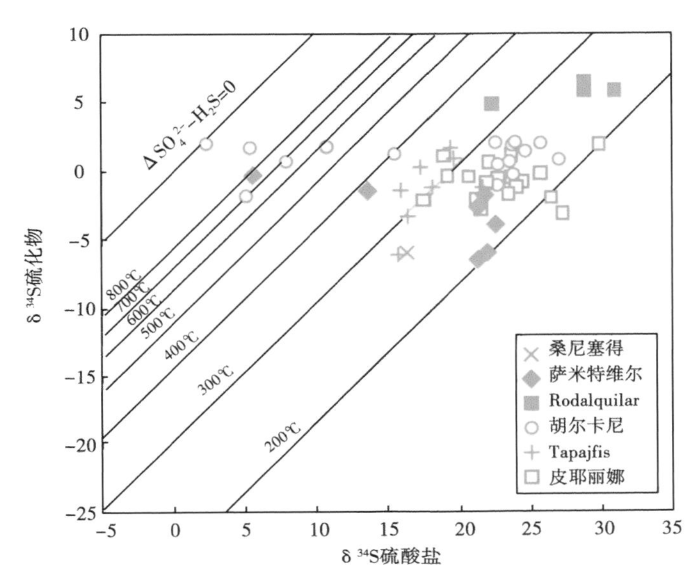

图 6.20　一系列地热蚀变系统中硫化物和硫酸盐测定的硫同位素变化（据 Seal，2006，有修改）

等温线显示为指定温度下的平衡值

硫同位素分馏对温度很敏感，提供了一个潜在的手段来评估地热系统的热特性及热史。图 6.20 总结了热液系统中硫酸盐和硫化物共生情况下同位素分馏数据。这些系统的温度数据是明确的。如果相关共存的含水种类和矿物种类可以识别和测量，类似的结果就可以用于流体种类。然而，共存矿物相和矿物之间反应中同位素平衡的速率可以持续到几天甚至几十年不等，这些取决于温度和溶液的化学条件，尤其是 pH 值（Seal，2006）。

由于地热系统中硫化物性质和矿物类型的多样性，使得硫的同位素在表征活跃的地热系统上有着巨大的潜力，进而追溯这个系统的历史。然而，这种潜力尚未被利用起来作为地热勘探的标准工具。随着研究的深入，硫同位素体系极有可能成为地热勘探过程中非常强大的地球化学手段。

6.6　流体包裹体

流体包裹体是获取地热系统有关信息的唯一来源。在矿物的生长过程中，它可以捕获相接触的流体。由于被捕获的流体在特定的压力和温度下，它的相态将被固定在截获时的状态。如果被捕获时 p 和 T 高于水的临界点，内含物将包含一个单一的超临界流体相；如果被捕获的流体处于三相点之下，流体就会以液体或者蒸气的状态存在。

如果最初它是超临界流体，那么当含有矿物和流体包裹体的岩石在冷却的过程中，流体相将分离成包含液体的气泡。如果在包裹体包封的过程中压力显著高于 $p-T$ 条件临界点的压力值，会形成液体主导的含小气泡的两相包裹体。当超临界流体在温度远远超过临界点的状态下被捕获，就会形成一个大气泡被困在一个体积较小的液相中。图 6.21 展示了一个地热系统中获得的两相包裹体，该样本来自冰岛的雷恰内斯海半岛（Reykjanes Peninsula）钻孔。

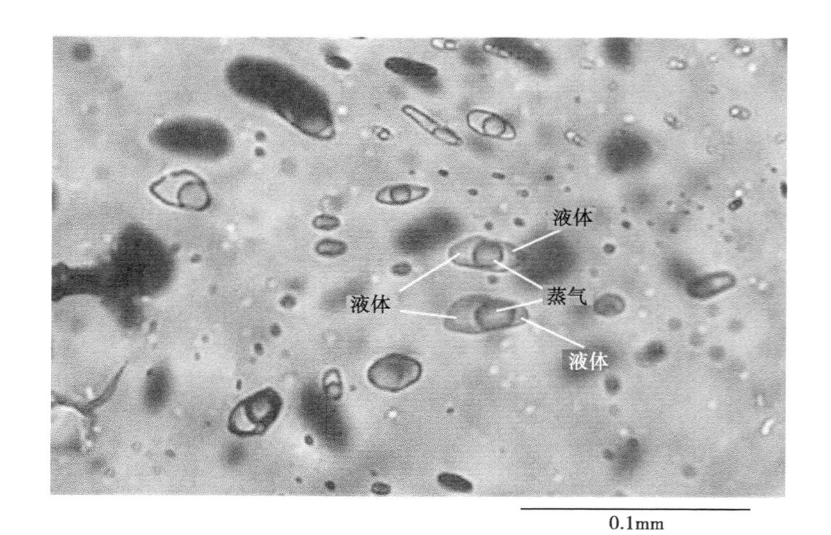

图 6.21 从冰岛地热系统中采集的两相流体包裹体（据 Andrew Fowler）
标记的位置为气泡和封闭的液体

流体包裹体是一个小型的压力容器，如果其保存完整，将会反映出被捕获时环境的压力。假设主要的流体为 H_2O，通过对流体包裹体进行加热至其蒸汽和液体重新结合成单一相或均一化温度就可以确定流体被捕获时的温度。这个均一的温度就决定了捕获时的温度。众所周知，地热水并非纯水，其溶解了其他溶质成分，卤水盐度的变化增加了分析的难度。水的含盐量影响了水的热力学性质，包括沸点和冰点。流体包裹体的盐度可以通过测量其冻结温度来确定。这种测量是在加热—凝固的阶段，利用安装在岩相的显微镜进行的。这些结合的数据点可以确定流体的盐度和被捕获时的温度。

图 6.22 展示了图 6.21 在测量时获得的岩心样品的描述结果（Andrew Fowler）。图 6.22a 是用于测量的岩石板坯。该样品是由被绿帘石（扁平的岩脉中心和斑驳的岩石之间）切割的火山岩（上图右边）构成。虚线所示的位置为岩脉中心。圆圈和正方形表示加热—冷却的测量点。图 6.22b 显示了在岩脉中各个位置的流体包裹体盐度和均一温度。

假定岩脉矿物从寄主岩石向岩脉中心生长，从流体包裹体数据表明，绿帘石岩脉的第一生长期发生在低矿化度水中，温度为 380~400℃。随后，流体温度下降到 340~380℃，盐度增加超过海水的盐度。这些数据表明，地热系统中主要储层再充填流体流态的变化与循环流体的热含量变化一致。

考虑地热系统的历史，这些信息可以完善地热系统的初始模型，包括储层的大小、补给区的位置和可能的流动路径、水文作用下流体的混合以及系统是处于加热还是冷却状态。该样本取自大西洋沿岸雷恰内斯半岛 2km 范围内的钻孔。假设的模型中，海水可能会参与水文状态并改变地热系统的物理框架（Andrew Fowler）。这种模型的价值在于可以集中精力对一个特定的概念进行测试验证，从而提高对所假设的系统的认知。系统认知的提升非常重要，因为它将极大的降低资源开发中的风险。

上述介绍的地球化学方法使研究人员可以从热性能和化学性质上了解可能的地热储层。

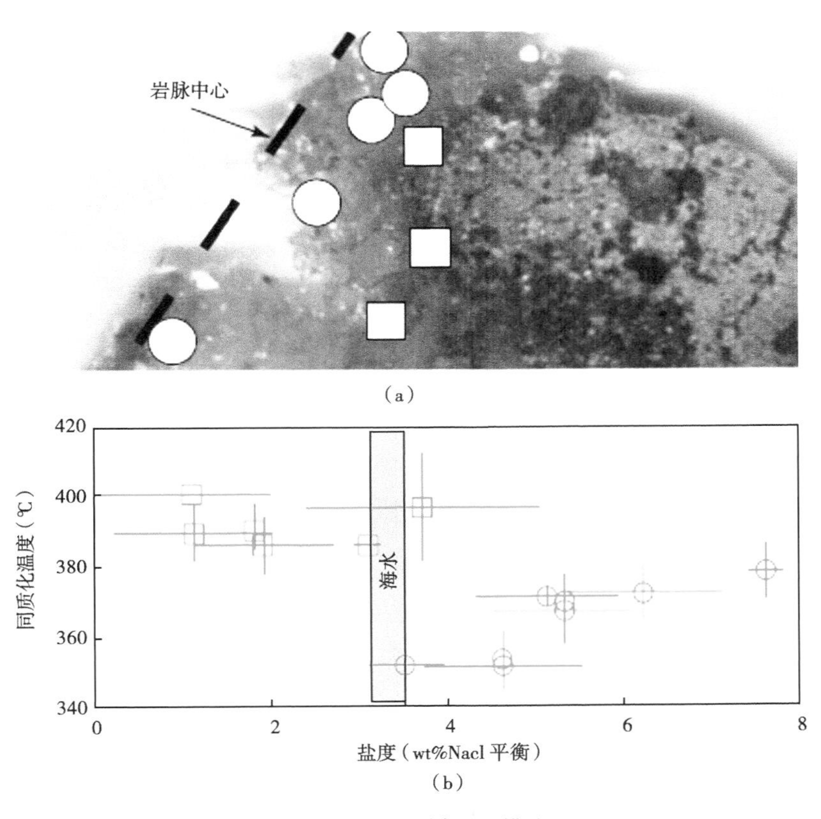

图 6.22　岩心样品及描述

(a) 绿帘石脉（图中虚线位置表示岩脉中心）切割玄武岩的照片，图中圆形和正方形表示的是对流体包裹体加热—冷却阶段的测量点。(b) 均一温度与盐度的关系。个别位置具有多个测量值，因此，圆形和正方形的上部数字与下部数字的差代表着差异（感谢 Andrew Fowler）

其还支持地质和水文模型，从而允许在概念化的物理框架下热储层的存在。

通过综合分析储层的形状、流动区域、发展阶段以及高温区，就可以确定大致的钻井目标。然而，要想确定资源是否有进一步开发的空间，需要对模型进行细化来保证更高的空间分辨率。通常，获得更高分辨率的手段是使用地球物理方法。

6.7　蚀变和勘探

通过对地热系统的矿物学和地球化学特征进行持续地观察研究，可以了解某些确定的模式。同样，这些导致各种蚀变类型进行分类的方式也存在于地热系统中。一般情况下，这些方案是基于对关键矿物和化学指标的分析，来获取地热系统的性能和特性的信息，以便加快勘探进程。这些设计提供的概念模型可以用于指导地热勘探。然而，需要注意的是，得出的结论来自于很有限的对地热系统的分析，并且采用不同的分类标准，由于地质系统的多样性、复杂性和非均质性，这些分类方案并不具有普适性。每一个地热系统都有其特殊的性质，不一定会恰好对应于某个给定的分类方案。因此，各种命名法虽然有用但还是要考虑到近似的问题。

下述的蚀变类型在文献中常见并在勘探过程中被证实有效。图 6.7 高亮部分为地质条件和蚀变过程相近的类型。更多描述见 Hedenquist 和 Houghton（1987），White 和 Hedenquist（1990），Damian（2003）和 Moore（2012）。

（1）黏土化——其特点是存在混合层状黏土（11Å~14Å，伊利石—蒙皂石黏土）与绢云母、硫化物、沸石、石英和方解石。这种蚀变过程是具有腐蚀性的流体与长石和镁铁矿物相互作用的结果。这种蚀变过程通常低于 200℃。在酸性条件下，矿物组合为高岭石、明矾和一些二氧化硅多晶型物，如燧石或方石英，或者可能是石英。

（2）绢英岩化——其特点是存在伊利石，不含蒙皂石。绢云母和石英一直存在。常见黄铁矿。与黏土化类似，该蚀变过程也是由于流体的腐蚀性与长石及暗色矿物互相作用，不同的是，它的反应温度更高，一般在 200~250℃。

（3）青磐岩化——其特点是一般不存在黏土矿物，存在绿帘石、阳起石、钠长石和绿泥石，通常也会有碳酸盐矿物。这种蚀变是腐蚀性流体与宿主岩石相互作用的结果，一般反应温度高于 300℃。

（4）钾长石化——其特点是存在黑云母、钾长石和石英，有时存在绿帘石、绿泥石和白云母。这种蚀变过程通常发生在钾长石交代原岩的斜长石。这种蚀变通常为富钾的流体在高温（高于 320℃）下与宿主岩石相互作用的结果。

6.8 小结

地热资源的勘探需要依赖大量的技术来确定目标。在勘探的初始阶段，需要依赖掌握的地质信息来确定勘探战略。一些重要的手段包括利用地球化学证据结合地温及同位素分析，建立可能的油藏温度来识别异常情况确定热源的存在。各种同位素分析可以获得温度、流体来源和流体的混合信息。在勘探项目中，岩石矿物鉴定是建立该地区系统类型的关键方法。特定的蚀变类型则可以提供关于流体化学和温度的历史信息。

问　　题

（1）列出三种近地表地热资源的重要指标，并探讨它们的意义。

（2）为什么在一个温泉的正下方有可能不存在地热资源呢？

（3）下面三个地温计算式（Henlet 等，1984），所有的单位都为 mg/kg：

SiO_2: $T(℃)=1032/(4.69-\lg SiO_2)-273.15$

Na/K: $T(℃)=855.6/(\lg Na/K+0.8573)-273.15$

Na-K-Ca: $T(℃)=1647/[\lg(Na/K)+0.33*\{\lg[sqrt(Ca)/Na]+2.06\}+2.47]-273.15$

计算表 5.1 中的水域温度。哪个水样与地热温标符合的最好？

（4）解释一下样本之间的差异。结果有什么系统性的原因么？

（5）假设间歇泉的水混合了原始的岩浆水，当岩浆水在间歇泉水样中占多大比例使得其氧同位素的比率最高？

（6）利用石英和燧石地热温标（表 6.5）计算表 5.1 中水样温度。这种差异怎么解释？每种情况提供一个你认为最准确的地热温标。

（7）图 6.20 中胡尔卡尼（Julcani）的硫酸盐硫同位素范围为什么那么大？

参考文献

Arnórsson, S., 2000a. *Isotopic and Chemical Techniques in Geothermal Exploration, Development and Use: Sampling Methods, Data Handling, Interpretation.* Vienna, Austria: International Atomic Energy Agency, p. 351.

Arnórsson, S., 2000b. The quartz- and Na/K geothermometers. I. New thermodynamic calibration. *Proceedings of the World Geothermal Congress*, Kyushu-Tohoku, Japan, pp. 929-934, May 28-June 10.

Arnórsson, S., Gunnlaugsson, E., and Svavarsson, H., 1983. The chemistry of geothermal waters in Iceland. III. Chemical geothermometry in geothermal investigations. *Geochimica et Cosmochimica Acta*, 47, 567-577.

Barton, P. B. Jr., 1984. High temperature calculations applied to ore deposits. In *Fluid-Mineral Equilibria in Hydrothermal Systems*, vol. 1. Reviews in Economic Geology, eds. R. W. Henley, A. H. Truesdell, and P. B. ? Barton, Jr. Chelsea, MI: Society of Economic Geologists, pp. 191-201.

Clark, C. E., Harto, C. B., Sullivan, J. L., and M. Q. Wang., 2010. *Water Use in the Development and Operation of Geothermal Power Plants.* Washington, DC: United States Department of Energy, Argonne National Laboratory, ANL/EVS/R-10/5.

Coolbaugh, M. F., Kraft, C., Sladek, C., Zehner, R. E., and Shevenell, L., 2006. Quaternary borate deposits as a geothermal exploration tool in the Great Basin. *Geothermal Resources Council Transactions*, 30, 393-398.

Craig, H., 1963. The isotopic geochemistry of water and carbon in geothermal areas. In *Nuclear Geology in Geothermal Areas: Spoleto*, 1963, ed. E. Tongiorgi. Pisa, Italy: Consiglio Nazionale delle Ricerche, Laboratorio di Geologia Nucleare, pp. 17-53.

Craig, H., 1966. Isotopic composition and origin of the Red Sea and Salton Sea geothermal brines. *Science*, 154, 1544-1548.

Damian, F., 2003. The mineralogical characteristics and the zoning of the hydrothermal types alteration from Nistru ore deposit, Baia Mare metallogenetic district. *Geologia*, XLVIII (1), 101-112.

Díaz-González, L., Santoyo, E., and Reyes-Reyes, J., 2008. Tres nuevos geothermómetros mejorados de Na/K usando herramientas computacionales y geoquimiométricas: Aplicación a la predicción de temperaturas de sistemas geotérmicos. *Revista Mexicana de Ciencias Geológicas*, 25, 465-482.

Eggers, A. E., Glen, J. M. G. and Ponce, D. A., 2010. The northwestern margin of the Basin and Range province Part 2: Structural setting of a developing basin from seismic and potential field data. *Tectonophysics*, 488, 150-161.

Fournier, R. O., 1977. Chemical geothermometers and mixing models for geothermal systems. *Geothermics*, 5, 31-40.

Fournier, R. O., 1979. A revised equation for the Na/K geothermometer. *Geothermal Resources Council Transactions*, 3, 221-224.

Fournier, R. O., 1992. Water geothermometers applied to geothermal energy. In *Applications of Geochemistry in Geothermal Reservoir Development–Series of Technical Guides on the Use of Geothermal Energy*, Chapter 2. coordinator, Franco D' Amore. Rome, Italy: UNITAR/UNDP Center on Small Energy Resources, pp. 37–69.

Fournier, R. O., 1981. Application of water geochemistry to geothermal exploration and reservoir engineering. In *Geothermal Systems: Principles and Case Histories*, eds. L. Ryback and L. J. P. Muffler. New York: Wiley, pp. 109–143.

Fournier, R. O. and Potter II, R. W., 1982. A revised and expanded silica (quartz) geothermometer. *Geothermal Resources Council Bulletin*, 11, 3–12.

Fournier, R. O. and Truesdell, A. H., 1973. An empirical Na–K–Ca geothermometer for natural waters. *Geochimica et Cosmochimica Acta*, 37, 1255–1275.

Fuis, G. S. and Mooney, W. D., 1990. Lithospheric structure and tectonics from seismic–refraction and other data. In *The San Andreas Fault System, California*, ed. R. E. Wallace. *U. S. Geological Survey Professional Paper* 1515, 207–236.

Giggenbach, W. F., 1988. Geothermal solute equilibria. Derivation of Na–K–Mg–Ca geoindicators. *Geochimica et Cosmochimica Acta*, 52, 2749–2765.

Giggenbach, W. F., 1992. Chemical techniques in geothermal exploration. In *Application of Geochemistry in Geothermal Reservoir Development*, ed. F. D' Amore. Rome, Italy: UNITAR/UNDP Centre on Small Energy Resources, pp. 119–144.

Hedenquist, J. W. and Houghton, B. F., 1987. Epithermal gold mineralization and its volcanic environments. Earth Resources Foundation Conference, The University of Sydney, Australia, p. 422, November 15–21.

Henley, R. W. and Hedenquist, J. W., 1986. Introduction to the geochemistry of active and fossil geothermal systems. In *Guide to the Active Epithermal Systems and Precious Metal Deposits of New Zealand*. Monograph Series on Mineral Deposits, eds. R. W. Henley, J. W. Hedenquist, and P. J. Roberts. Berlin, Germany: Gebrüder Borntraeger, pp. 129–145.

Kennedy, B. M. and van Soest, M. C., 2007. Flow of mantle fluids through the ductile lower crust: Helium isotope trends. *Science*, 318, 1433–1436.

Moore, J., 2012. The hydrothermal framework of geothermal systems. *Recent Advances in Geothermal Geochemistry Workshop*, Geothermal Resources Council, Davis, CA, June 19–20.

Pang, Z. –H. and Reed, M., 1998. Theoretical chemical thermometry on geothermal waters: Problems and methods. *Geochimica et Cosmochimica Acta*, 62, 1083–1091.

Seal II, R. R., 2006. Sulfur isotope geochemistry of sulfide minerals. *Reviews in Mineralogy and Geochemistry*, 61, 633–677.

Tonani, F., 1980. Some remarks on the application of geochemical techniques in geothermal exploration. *Proceedings of the 2nd Symposium on Advances in European Geothermal Research, Strasbourg, France*, pp. 428–443, March 4–6.

Truesdell, A. H., 1976. GEOTHERM, a geothermometric computer program for hot spring systems. *Proceedings of the 2nd U. N. Symposium on the Development and Use of Geothermal Resources* 1975. San Francisco, CA, pp. 831–836, May 20–29.

Truesdell, A. H., 1984. Chemical geothermometers for geothermal exploration. In *Fluid-Mineral Equilibria in Hydrothermal Systems*, vol. 1. Reviews in Economic Geology, eds. R. W. Henley, A. H. Truesdell, and P. B. Barton, Jr. Chelsea, MI: Society of Economic Geologists, pp. 31-43.

Truesdell, A. H. and Hulston, J. R., 1980. Isotopic evidence on environments of geothermal systems. In *Handbook of Environmental Isotope Geochemistry*, vol. I. The Terrestrial Environment, eds. P. Fritz and J. Ch. Fontes. Amsterdam, The Netherlands: Elsevier, pp. 179-226.

Verma, S. P., 2000. Revised quartz solubility temperature dependence equation along the water-vapor saturation curve. *Proceedings of the 2000 World Geothermal Congress*, Kyushu-Tohoku, Japan, pp. 1927-1932, May 28-June 10.

Verma, S. P., Pandarinath, K., and Santoyo, E., 2008. SolGeo: A new computer program for solute geothermometers and its application to Mexican geothermal fields. *Geothermics*, 37, 597-621.

Verma, S. P. and Santoyo, E., 1997. New improved equations for Na/K, Na/Li and SiO_2 geothermometers by outlier detection and rejection. *Journal of Volcanology and Geothermal Research*, 79, 9-23.

Walker, F. W., Miller, D. G., and Feiner, F., 1984. *Chart of the Nuclides.* San Jose, CA: General Electric Co., Nuclear Engineering Operations, p. 59.

White, N. C. and Hedenquist, J. W., 1990. Epithermal environments and styles of mineralization: Variations and their causes, and guidelines for exploration. *Journal of Exploration Geochemistry*, 36, 445-474.

Williams, C. F., Reed, M. J., and Mariner, R. H., 2008. A review of methods by the US geological survey in the assessment of identified geothermal resources. US Geological Survey Open File Report 2008-1296, 27 pp.

Wolery, T. J., 1992. EQ3/6, A software package for geochemical modeling of aqueous systems: Package overview and installation guide (Version 7.0). UCRL-MA-110662-PT-I. Lawrence Livermore National Laboratory.

Zierenberg, R., 2012. Sulfur isotopes, *Recent Advances in Geothermal Geochemistry Workshop*, Geothermal Resources Council, Davis, CA.

第 7 章　地热系统地球物理勘探方法

通过第 6 章中所描述的地球化学方法，勘查人员建立了对可能的地热储层的热性能和化学性质的描述，这有利于地质水文模型的发展，这些模型可以让地热储层的物理框架概念化。将地下高温区域的形状、流场、发展阶段和位置一并考虑，就可以大致划定可能的钻探目标。然而，在认真考虑是否要进一步开发某一资源之前，需要将这些模型细化到更高的空间分辨率。为了获得这种较高的分辨率，可以采用地球物理勘探方法来更好地定义资源。

7.1　航磁调查

由手持罗盘感知的主磁场是地球的磁偶极场（地球动力学领域），它建立了南北两极地磁，还存在着其他同样可以被检测或被测量的磁场。其中一个磁场是由太阳风对地球施加的，它与地球动力磁场相互作用。因局部地质的磁特性而形成的局部磁场不太重要，但对于地球物理调查是有用的。

岩石具有不同程度的磁性，这取决于其矿物学特征、演化历史以及温度和压力条件。一些含铁矿物，特别是磁铁矿（Fe_3O_4）和赤铁矿（Fe_2O_3）本身就是有磁性的，而很多其他矿物当被放置于一个外部磁场中（譬如地球的磁场），它们会通过建立自己的感应磁场来响应外部磁场，这种现象称为磁化。岩石具有不同的磁性矿物含量和磁化率，从而拥有独特的弱磁场。

如果一个人携带灵敏的磁力计在地表行走，可能检测到局部磁场，这些局部磁场将是该地区岩石外加太阳磁场和地球动力学磁场综合作用的结果。通过了解非局部磁场的大小和方向，可以从在特定位置所测结果中减去它们的影响，进而可以确定由此产生的磁场（方向和大小）。接下来的挑战就是如何解释它所获得的磁性模式。

现在通常使用飞机或直升机搭载的磁力计进行磁力测量，这种方法可以在几天内进行大面积的调查和磁定位。相对于飞机的速度，调查结果的分辨率将取决于飞行航线的间距、飞行高度以及磁力计的采样密度。高分辨率的调查要能够识别直径小到几米的地表物体。然而，地热调查的主要对象是地表之下许多米的地体，而这些地下磁性物体的分辨率与地表相比将明显降低。

地热勘探研究的磁异常是由于岩石的磁性对热液蚀变非常敏感而引起的。当热的流动水溶液运移通过岩石，岩石本来的矿物学特征将发生变化。这通常包括像磁铁矿和赤铁矿这样的磁性矿物向含水氧化物矿物的转化，含水氧化物矿物没有磁性并且具有低磁化率，从而就降低了岩石的整体磁化率。黏土矿物往往最终取代其他有明显磁化率的矿物，其最终结果就是低磁异常，表明热液蚀变可能与地热系统有关。

要严格地评估映射异常模式的意义，重要的是要知道该地区岩石的磁化率。要实现这一要求需要进行现场取样工作，收集具有代表性的样本并且在实验室中测量其磁化率。使用地表地质学作为约束来研究已知岩石类型在地下是如何分布的，然后利用地下岩石的分布方式构建模型，试图重现所观察到的磁场模式。这种方法不能为地下有什么提供唯一的答案，因为地下岩石类型分布会有无数种形式，并形成观察到的异常模式。然而，结合当地的地质和地史资料，以及地球化学和地球物理测量结果，就可能出现几个合理的配置。

图 7.1 所示的是可以在飞行线路收集数据的一个例子，是进行数据拟合的一个模型（Hunt 等，2009）。用于磁力测量的单位是特斯拉（T）或纳特斯拉（nT），它是磁通密度的量度。图 7.1 中的单位安培/米（A/m）被引用到特斯拉，但它代表磁化强度。这些单位之间的关系是 $1\times10^{-4}\text{T} = (1\times10^{3})/4\pi\ \text{A/m}$。

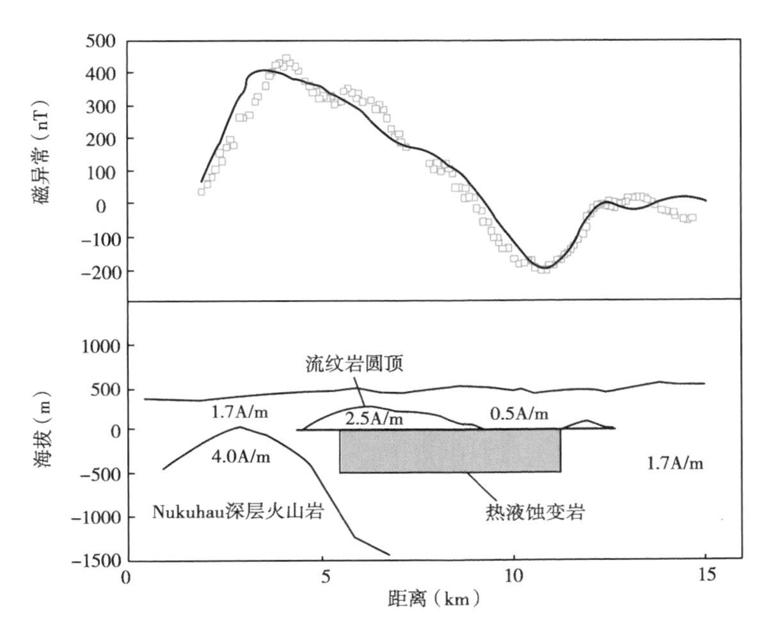

图 7.1　航磁测量及新西兰怀拉基发电站附近某一横断面的计算模型（据 Hunt 等，2009，有修改）
在上面的图中开阔区域指示所测量的磁场的校正值，实线指示的是磁场，该磁场将进行测量用于图中下部分所示模型中。A/m 是模型中各区域岩石的磁场强度的单位

值得注意的是该模型的几个特点。需要注意的一点是低磁模式中的低点没有直接落在模型中的水热蚀变带之内。这是由岩石的组合以及各自的磁化强度所导致的。具有非常高的磁化强度（4.0A/m）的深层火山岩基本覆盖了低磁化强度的热液蚀变带。要定量地解释这些影响需要进行数值模拟，比如用于生成较低值的模拟。

在地表以下 500~1000m 深度的地下低磁场强度区域，是一个潜在的很有吸引力的目标。它可以指示特定岩石的存在，这种岩石可与热液相互作用，从而导致黏土的形成和磁性矿物的蚀变。然而，鉴于这种模型的非唯一性，开发可以允许模型进行测试的附加数据是非常有必要的。

7.2　电阻率和大地电磁勘探

与航磁调查互补的是对岩石电磁感应的研究。电阻是物质性能的函数。地质体通常是较差的电导体，因此具有很高的电阻率，电阻率单位为欧姆·米（Ω·m）。孔隙和裂缝中流体的存在，特别是含有较高浓度带电溶解物质的流体，大幅增加了岩石的导电性，并相应降低了岩石的电阻率。这些基本概念我们已经知道了几十年，但是，直到20世纪60年代中期和70年代早期，当它们被用来勘探新西兰的地热资源时（Hatherton等，1966；Macdonald，1967；Risk，1983），才知道它们能够用于地热勘探。那些早期的研究，以及自那时以来的许多研究，已经显示出这些测量方法的实用性。

电阻率测量采用一系列分布在几十到几百米以外的探针，来探测地球对输入的电脉冲的电响应。通过采用不同的探针分布方法，进行一系列这样的实验，可以重建地表之下几百米深度的岩石中的电阻分布。由于流动的地热水可以被检测为低电阻的区域，因此可以利用这样一种技术来勘查地热资源。一般情况下，流动区是通过结合低电阻率区域的陡峭梯度来划定的。高电阻区可以解释为干岩或具有低渗透性和高电阻的矿物特性的岩石，比如致密黏土或蚀变带。但是，解释电阻率区域时必须谨慎对待，因为它们也可能是由岩石类型变化、各种岩石的混杂以及温度的变化引起的。

图7.2是测量电阻率的一个实例。它是在东非大裂谷埃塞俄比亚部分的博库地热区进行的（Abiye和Haile，2008）。调查的结果表明，在超过1500m海拔的地方存在着两个具有异常低电阻率的区域，这两个区域由一个高电阻率区分隔，该高电阻率区在剖面上延伸为0.9~1km。覆盖两个低电阻率区域的是很浅的异常高电阻率区域，其中一个对应于博库地热区，那里有温水池、热的地表和蒸汽排放。地热区的特点是该地区的岩石会转变成高岭石黏土，并且该区域的断裂裂缝由方解石和石英充填密封。正是这种紧密充填密封和黏土岩性，导致了高电阻率值。据推断，低电阻率区域映射出存在高温含水层能满足其地表的热特征。该含水层的浅层性质，使其成为一个有吸引力的潜在地热资源。图7.2中的垂直线显示了一个小规模的地热项目的钻探地点。

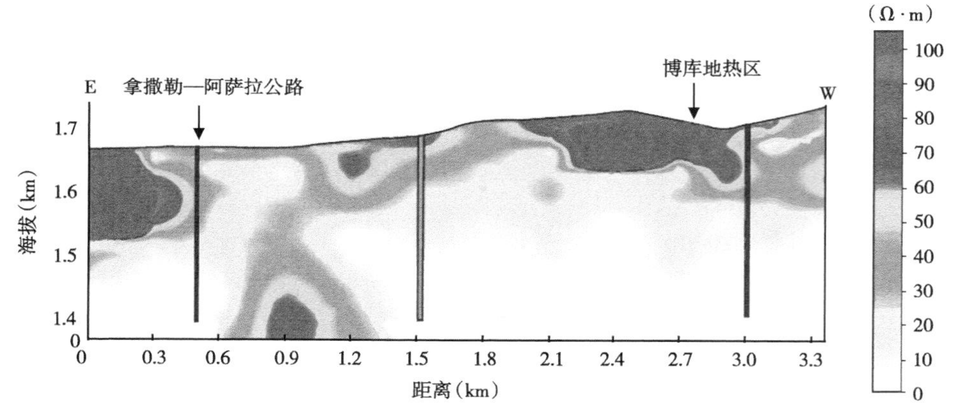

图7.2　埃塞俄比亚博库地热区进行的电阻率测量结果的横截面图（据Abiye和Haile，2008，有修改）
垂直轴表示海平面以上的千米数。灰暗区域代表高电阻率地区，而光亮区域则代表低电阻率地区。
垂线表示钻井的最佳位置

这种电阻率研究的局限性是其相对较浅的深度。重要的地热资源可以支持兆瓦级的地热发电，一般深度超过1000m。这样的地热系统利用电阻率研究是不容易解决的。近来，大地电磁测深（MT）已经成为探测深层构造的一种有效方法。MT是利用一天的不同时刻地球磁场的强度和方向发生的变化，引入微小而可探测的电流进入地壳。这些电流的频率范围很广，从而允许对局部电磁场变化进行多光谱分析。这种调查是在几小时或者几天内完成的，采样频率从连续采样到几秒长的间隔。在地表部署传感器可以进行断层扫描重建，因为检测到的电流频率和幅度是由地下不同的岩石对不断变化的磁场响应决定的。最终，可以得到一个异常清晰的地下电磁特性的分布图。图 7.3 显示了在新西兰进行的这样一项调查的结果。这项调查是在怀拉基（Wairakei）谷的部分区域进行的。该区域位于北部岛屿，是世界上最大的地热区之一。大地电磁测深可以描述深度超过 20km 处的特征，从而提供了一种手段来反映诸如地热资源区实际热源的位置这样的问题，其实际热源可被解释为在深度 15~20km 处的 5km 见方的岩浆体。这样的调查也可以指示低电阻率区域的位置，它可能是在浅层的升流区。在这种情况下，三个独立的低电阻率区域被标记并解释为流体流动的可能区域。

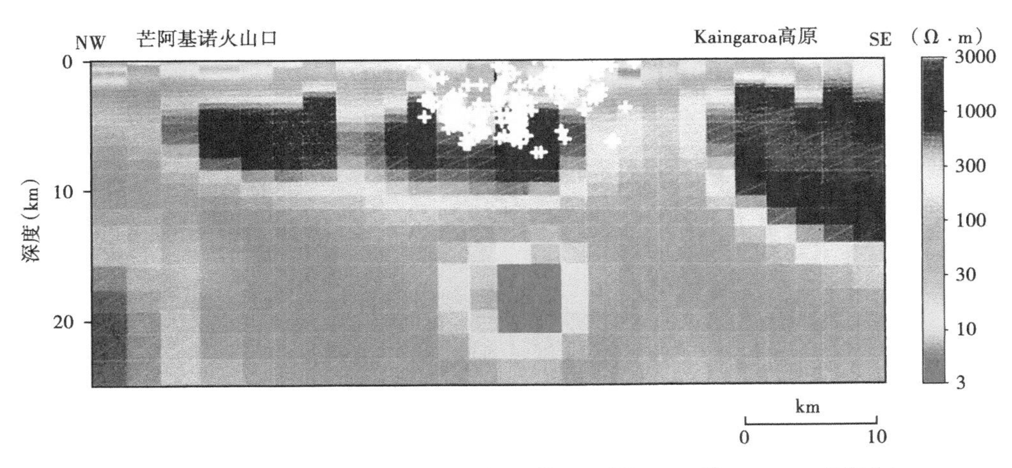

图 7.3 新西兰怀拉基谷进行的 MT 调查模型（据 Heise 等，2007，有修改）

深度约 20km 处的低电阻率区域被解释为一个岩浆体。白色十字指示微震事件的位置。深度小于 10km 范围内以及低电阻率（<10Ωm）存在的浅部地层中流体可能的流动路径由绿色和浅蓝色波段表示

虽然大地电磁探测为深部地层、热源和区域内的流体流动路径的信息获取提供了一种强大的手段，但为了确定特定的钻井目标，依然有必要进行浅层电阻率测量。在这种方式中，浅层电阻率测量是勘探计划中一个非常好的补充。

7.3 重力勘探

通常用来确定地下岩石类型分布的另外一种探测技术就是重力勘探。该技术使用高度灵敏的仪器来检测和量化地面上某一点的重力场强度的细微差别。通过几十到几百个单点的重力测量，或使用连续测量方法，比如在陆地上的一次飞行或在海面上的一次航行，可以绘制出详细的重力局部变化的地图。

如果地球是一个均匀的完美球体，由此产生的重力加速度的测量值在任何地方都将是相同的。描述这种现象的方程就是经典的牛顿引力公式：

$$F = \frac{G \cdot m_1 \cdot m_2}{r^2} \tag{7.1}$$

式中，常数 $G=6.67\times10^{-11}\mathrm{Nm^2/kg^2}$；$m_1$ 和 m_2 分别为两个相互作用物体的质量；r 是各自的质量中心之间的距离。

在地球表面，由重力产生的重力加速度的标准值为 9.80665m/s²。但是，受地形、地球的扁球状形式以及组成地球的复杂地质结构的影响，地球形成了一个远比简单均质球体所提供的引力场更加复杂的引力场。有两个因素促成了这一现状。一个因素反映了这个具有一定深度和热量的地球的密度分层作用和塑性。因为地球的地壳（无论是洋壳还是陆壳）漂浮在地幔上，和前面相似，地幔和地核的密度都是均匀的，它们可以被视为一个恒定的质量，支撑着更加非均质的浮动地壳并构成其基础。因此，地球表面重力加速度的测量值可以根据存在于重力测量点以下的地壳中的各种岩石单元密度和厚度的差异来进行解释。

第二个因素是受引力方程中的 R^2 项影响的结果。地表附近岩石密度的细微变化对重力加速度测量值的影响要比在更大距离上相同岩石密度的影响大。因此，重力测量的高程可以影响重力加速度的测量值，因为特定的岩石单元可能存在于不同的深度。

重力场中的这些变化称为重力异常，这取决于它们是否会导致局部重力测量值分别小于或大于局部推导出的基准值。灵敏的重力仪已经成为野外调查中使用的常规仪器，它能够以一个超过百万分之一的精度水平测量地球重力场的变化。因此，要绘制出详细的地下岩石密度的变化图是有可能的。

例如，如果对前面描述的新西兰航空磁测（图 7.1）中的地下结构进行重力测量，思考一下使用这种仪器将检测到什么。Nukuhau 火山岩的密度比热液蚀变岩的密度高 10%～30%。因为其大部分都被相同的沉积岩和火山岩所包围，将在 Nukuhau 地区探测到一个比热液蚀变岩引力场更强的引力场。假设其深度大致相同但厚度不同，可以预测整个地区的重力信号会有百分之几的差异，这种差异是在大多数高精度重力仪的灵敏度范围之内的。

然而，解释重力测量的结果可能会很困难。地表附近的岩石密度可能会有 50%的差异，且单个岩石单元（比如像怀拉基这种地方的熔岩流或者沉积岩层），其厚度在短距离内可能会有几倍的差异。鉴于这些岩石往往相互重叠，其岩石序列模型可以有很多种可能的组合方式，而这些组合方式可以导致相同的重力异常模式。

通过流体和岩石的相互作用或者对填充裂隙和岩石孔隙的流体密度的影响，地热田的开发过程可以改变岩石的密度。黏土矿物以及硅质交代碳酸盐可以导致岩石密度增加，黏土和沸石交代长石则可以导致岩石密度减小。另外，压裂将导致岩石密度降低，因为蒸汽将取代孔隙流体。因此，使用重力法识别潜在地热场的能力很大程度上取决于在目标地点运行过程的其他信息。例如，对比加利福尼亚希伯（Heber）和吉亚沙斯（Geysers）间歇泉的地热特征，希伯地热点最初是作为石油和天然气潜力区域进行勘探的，经确认，在其部分区域同时存在着重力正异常和热异常（Salveson 和 Cooper，1979）。重力正异常与局部岩石密度的增加有关，岩石密度增加是由于地球化学过程使围岩蚀变，导致孔隙度改变且较高密度的矿物交代了较低密度的矿物。然而，吉亚沙斯间歇泉坐落在低重力区域，这与当地的地质情况以及该地热区充满低密度的干蒸汽有关（Stanley 和 Blakely，1995）。

当与其他地球物理技术相结合，重力测量可以大大减小地下模型的模糊性，因为这些模型必须满足每一个技术的限制。正是因为这个原因，在开发地热资源时，总是采用多种技术相结合的综合方法。此外，信号处理技术的最新进展，提高了提取信息和开发模型结构的能力，从而提高了综合调查的有效性。

7.4 地震和地震反演

地球的岩石是很好的低频能量传送者。这样的能量可以传播数千英里，并且在很远的地方都可以探测到。地震是低频能量发生器的经典例子——大地震产生的地震波可以环绕地球传播几次，并且可以通过灵敏的地震仪轻而易举地检测到。利用这种原理来勘探和表征地下环境的技术已经在石油和天然气行业广泛使用，并正在完善和适应地热资源勘查的需求。

地震能量以几种不同的方式传播。体波通过地质体内部传播，它具有两种类型。压力波（或纵波）在其传播方向上压缩和膨胀物质。这些波是最快的地震波，在地壳中大约以 1~8km/s 的速度传播。剪切波（或横波）通过剪切运动垂直于传播方向传播。横波的速度约为同一材料中纵波速度的 60%。

体波的速度很大程度取决于地震波传播经过的物质。非常致密的材料具有最高的速度（被称为具有低波阻抗），低密度材料具有更低的速度和更高的波阻抗。当不同波阻抗的两种材料相接触，就会发生地震波反射，正是这种现象对于勘探行为尤其重要并且促进了反射地震学的发展。这种行为类似于在具有不同折射率的两种材料间的界面处发生的光的反射和折射。

图 7.4 所示为地震反射基本原理示意图。“震源”是指地震能量传递到底层岩体的一种冲击力，通常通过引爆一个小型炸药或者利用大型振动卡车来产生。箭头 R_1 和 R_2 代表两种无限数量的射线痕迹，该射线痕迹可以显示地震波在地下的传播路径。这些箭头垂直于从“震源”向外扩展的波峰，就像把一个物体扔进池塘时，池塘水面上向外扩散的波浪。图中，Z_0、Z_1 和 Z_2 代表三种地质体的阻抗。地震波在穿越阻抗不同的物质时，地震波会发生反射。来自于一个物体的反射波强度将取决于每种物质的波阻抗有多大差异、入射地震波的入射角度、物质之间的边界有多敏锐，以及局部孔隙空间充满流体的程度。

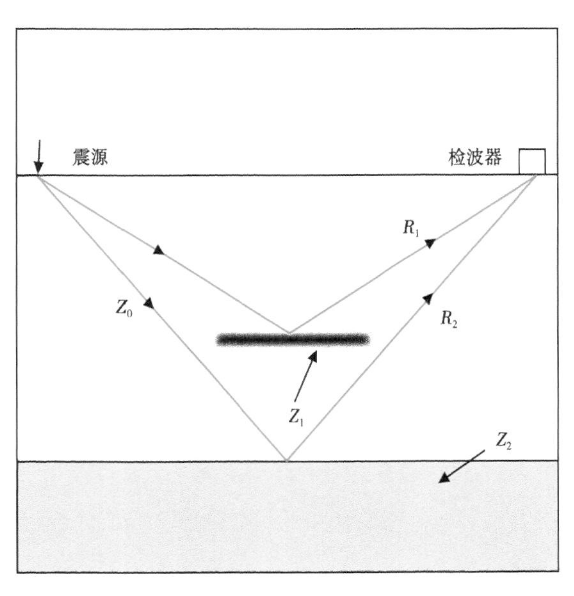

图 7.4 反射地震学实验示意图

震源代表能量来源的位置（冲击或爆炸），检波器代表一种用于检测地震能量的装置，通常是一个测震仪。Z_1、Z_2、Z_3 代表具有不同波阻抗以及不同的地震波速度。R_1 和 R_2 代表地震波沿不同运动轨迹的反射路径，其中一条从嵌入到 Z_0 中的物质表面反射回来

影响波阻抗的因素对地热勘探有重要的影响。能够显著提高流体流速的高裂缝密度可以大大增加波阻抗，尤其是如果孔隙空间充满蒸气而不是液体更为明显。从地震反射中识别出这样的区域是地震研究服务于勘探项目的一个重要原因。圈闭地热流体的不可渗透的盖层是地震反射研究中的另一个潜在目标。在这种情况下，这种岩石很可能是牢固或致密的岩石单元，它们具有低波阻抗，并且具有强大的反射能力。

在地下识别出这些特征对圈定钻探目标至关重要，同时，知道目标的可能深度也同样重

要。通过记录脉冲释放和接收地震信号的时间间隔，可以确定“双向旅行时间”。旅行时间为确定反射界面的深度提供了帮助，利用以下关系：

$$t = 2 \times (D/V) \tag{7.2}$$

式中 t——双向旅行时间；

D——旅行距离；

V——地震波在介质中的传播速度。

对于一个比图 7.4 所描述系统更为复杂的地质系统，需要额外的条件来解释地震波穿过不同岩石单元的不同速度，以及它们对传播路径的影响。

计算机辅助信号处理技术的最新研究进展已经允许人们从地震反射研究接收到的地震波中提取更多的信息，相比以前可能提取到的信息，现在人们可以评估一个反射器的密度和弹性性质，并且在某些情况下，还可以推断物质的孔隙度（Abramovitz，2011）。

最近在意大利拉德雷洛（Larderello）完成的地震研究的实例，提供了一个可以实现的例子（Cappetti 等，2005）。图 7.5 显示的是应用于地震反射研究的精密信号处理技术。标记为“地热目标”的区域具有较高反射率，部分原因是因为它是一个高密度裂缝带，这点已经被与水平线相交距目标左侧约 400m 处的钻井（垂直虚线）证实。高的裂隙密度会导致较高的波阻抗对比度和因此变得更大的反射率。

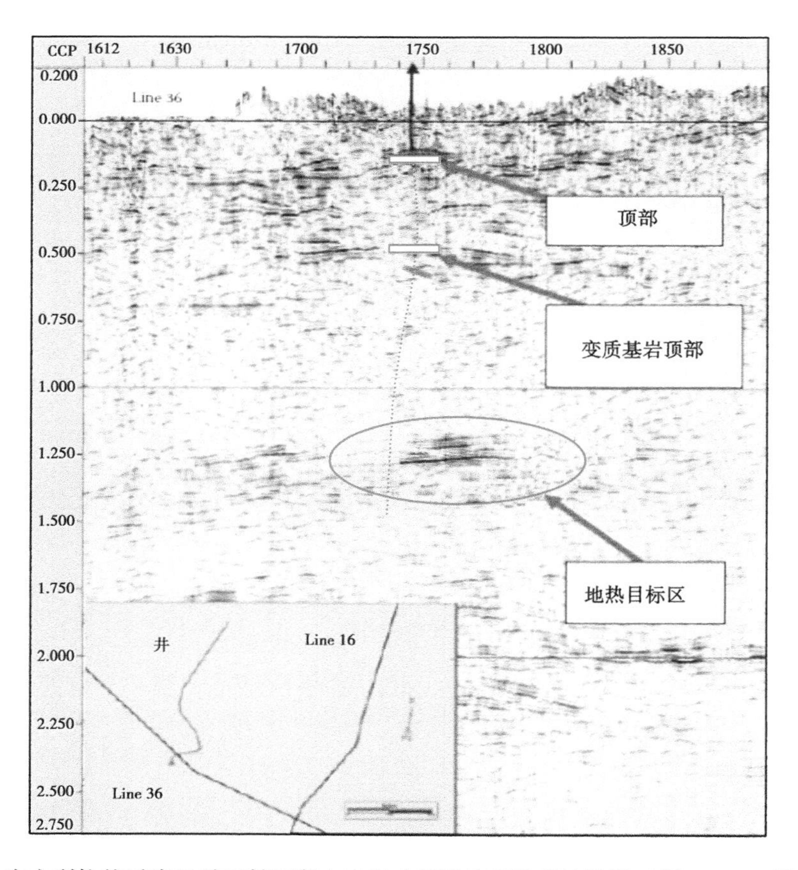

图 7.5 意大利拉德雷洛地震反射研究中应用的信号处理技术结果图（据 Cappetti 等，2005）

测绘地下孔隙度异常图已成为石油和天然气行业中一种比较普遍的方法（Abramovitz，2011），但它还没有被系统地应用于地热勘探。利用已记录钻孔中密度和纵波速度的测量值，可以计算出作为纵波速度和密度产物的声波阻抗，其单位是 kg/(m^3 · s) 或 g/(cm^3 · ms)。同时，通过测量岩心样品的总孔隙度，可以推导出适用于所研究区域的孔隙度与声波阻抗之间的定量关系。这种方法有可能识别出地热储层中的高孔隙度区域。当然，这些地区是否有足够的渗透性以支持足够的流体流动而进行发电还需要额外的研究，尤其是流量测试。

7.5 温度测量

一旦地质和地球物理技术确定了潜在的地热资源，就必须进行地温梯度的测量。这样的测量很有必要，因为只有通过它们才能确立地热资源的存在。然而，用于获取这些数据的钻探措施是昂贵的，因此只有通过其他措施得到充分的证据表明深部地热资源可用之后才会采取钻探措施。

实现这一原则的方法是确定一个目标区域，然后进行钻探计划，钻探时将许多小直径钻孔钻到地层深部。由于钻井是勘探开发项目中最昂贵的部分之一，惯用的方法是细眼钻孔技术，而不是较大直径的旋转钻井方法。小直径钻孔（直径一般小于 15cm）是采用小于大直径旋转钻井设备的钻机进行钻探，这种方法只要较少的材料进行钻孔，并且更容易完成。小直径钻井会被钻到 2000m 深处，从而使其适合于各种勘探计划。

利用挂在钢丝绳上的井下设备，可以进行热流量和地温梯度测量。这种设备通常是直径较小（约 6.25cm），可以对钻孔中多种级别的温度进行较快的测量。这些数据可以解释温度的分布情况。一旦从钻井过程中取得的岩心上采集到样品，并在实验室中测出该样品的热传导率，就可以利用方程（2.3）来计算热流量。这些数据也可以用来计算地温梯度。

解读热流量值和地温梯度需要了解该地区的热流量基准值或平均值，以合理确定浅层热异常。很少有足够覆盖整个区域的数据，能被用来绘制详细的热异常地图。一般而言，尽管大约 100mW/m^2 的热流量值是合理的指标，但只有在适度的深度温度才会升高。

然而，地热储层存在的地区因为拥有复杂的地下热构造而臭名昭著。第 4 章中的长谷火山口的案例分析论证了线性地温梯度，它往往不足以描述地下热机制。事实上，因为地热热源可以驱使地下水对流，发现地热资源的理想标志是地表附近的温度快速增长以及在地表之下相当大的深度处的恒定温度。这样的几何学特征可能表明，已经发现一个对流上升区域。

7.6 遥感技术

7.6.1 多光谱研究

仪器仪表和电子技术的进步促进了可用于飞机、卫星和无人机的高灵敏度的测量工具的发展。这些方法可以实现与地热资源勘探有关的几乎所有地球物理性质的中高分辨率的快速测绘。本节简要介绍了一些已被用来进行这种遥感调查的方法。

即使对于绝大多数未受过训练的观察者而言，通过颜色来区分矿物也是显而易见的，而颜色是电磁辐射、矿物组成和矿物结构之间复杂的相互作用的结果这一事实确鲜为人知。电磁波谱覆盖了从 6~10μm（γ 射线）一直到超过 108μm（电视和无线电波）的波长范围。

光谱中的可见光部分占据了从大约 0.4μm（蓝色光）到大约 0.7μm（红光）的波长区域。在可见光频谱的较长的波长部分之外，是光谱的红外区部分。红外线包括波长在 0.7~1.2μm 之间的近红外线，太阳反射的红外线波长在 1.2~3.2μm 之间，波长在 3.2~15μm 之间的中红外线和波长大于 15μm 的远红外线。实验室测量的纯矿物样品的反射可见光和红外光可以确定矿物质的特征反射光谱，并且可以用作与实地测量结果进行对比的标准。正是这种对比观察可以从远距离感知土壤和岩石的矿物组成。

利用光学波长的航空卫星调查已经变得相对简单。一般情况下，这样的调查利用可见光谱进行光谱分析，可见光谱可以从一个选定区域的单次测量中获得或者沿飞行航线测量得出，从而一个波长范围内特定波长的相对或绝对强度可以沿飞行路径进行测量。利用已经建立的特定矿物的光谱反射率和吸附“特征”的实验室测量成果，通过将测得的光谱与实验室确定的特征进行对比，可以近似确定地表的矿物学特征。这些信息可以用来远程勘察岩石类型和岩石结构，但它们目前还不能提供足够的信息来进行详细的矿物学划分。然而，结合红外和可见光波段的光谱分析提供了更强的辨别能力，使得许多表面矿物的鉴别可用于识别特定区域，在这些区域中热液通过地热流体蒸发过程中的沉积物或者通过本地岩石的蚀变影响着地表矿物。在这些研究中最重要的是识别硼酸盐矿物的能力（Crowley，1993；Stearns 等，1999；Crowley 等，2000；Khalalili 和 Safaei，2002；Kratt 等，2006，2009；Coolbaugh 等，2006，2007）。在地热水域中，硼的浓度普遍升高。含有硼酸盐矿物的蒸发岩矿床可能表明以前活跃的地热温泉或目前不活跃的其他水源存在的迹象。也就是说，探测此类矿床可能是一种识别隐藏资源的方法。

使用手持仪器可以进行土壤和岩石的反射光谱的实地测量。这种做法，结合使用飞机或卫星远程获得的光谱，能够实现地面实况调查的远程测量。这样的努力可以提供准确的潜在隐藏资源区的矿物学特征分析。

这种方法的一个实例，最近已被 Kratt 等（2006，2009）记录在案。利用从先进星载热辐射反射仪（ASTER）获取的卫星数据、机载仪器和地面测量，这些研究人员能够识别代表局部硼酸浓度的硼砂石矿床（图 7.6）。该浓度的形式和位置暗示了流体排放的局部来源。

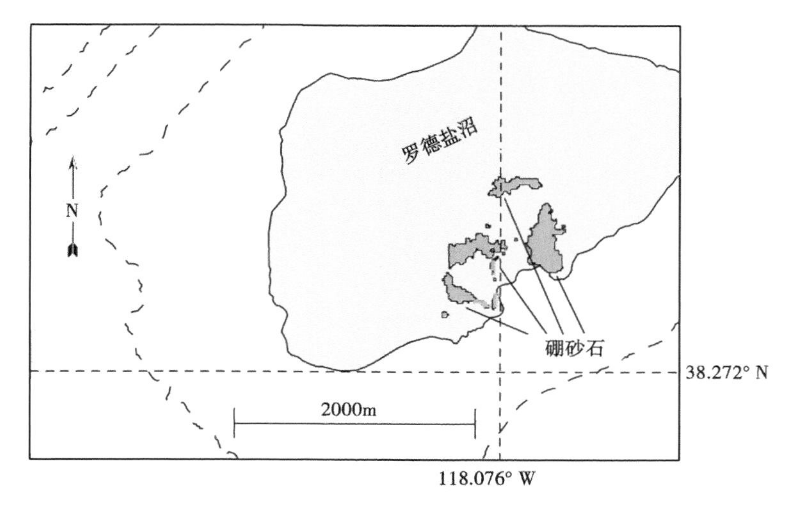

图 7.6 罗德（Rhodes）盐沼的硼砂石分布图（据 Kratt 等，2006，有修改）
这些表面沉积物是依据来源于卫星数据的红外光谱确定的

这种存在类型可能是地热流体流入地表或近地表的一个有效指标。

虽然这些技术目前只适用于具有低降雨量和蒸发岩矿床充分发育的区域，将来可能会开发出使用这种远程采集数据的其他技术方法。这种方法的优点是其鉴定矿物特征的特殊性以及它可以较快地进行大面积调查。

7.7 小结

除了用于地热资源勘探的地球化学方法，还有许多地球物理方法也可以用来识别某种资源。地球物理工具对于确定目标区域、资源深度和其他参数是非常有用的。重要的地球物理方法包括电阻率测量、大地电磁测深测量、重力测量、地震反射和折射测量、合成孔径雷达干涉测量（InSAR）以及地温梯度测量等方法。然而，由于每种技术都存在不唯一的解，可能会导致模棱两可的结果，还需要对其进行明智的分析。开发多种基础假设条件并随着新数据的获取不断试验这些条件，这样做是明智的。井中地温梯度法对于解决不确定因素尤为重要，但是人们通常会使用其他分析方法，因为该方法太昂贵了。遥感方法正在迅速发展，并且在不久的将来可能提供可快速识别隐藏资源的能力，这有可能避免数月的劳动密集型的现场工作。

7.8 案例分析：内华达州法伦

如前所述，对地热资源的勘探包括对一系列数据的评估与整合。Comb 等（1995）在内华达州西部进行的研究就是一个很好的实例。它包括对早期地质研究的回顾、地震活动(与异常相关的)、地球化学、地球物理和钻探分析。最后，通过完善的分析确定资源的可勘探性，可以被开采，并且经济上可行。采用的方法可以作为勘探其他与火山活动相关的伸展构造的策略模板。

研究的区域是火山活动活跃的盆地和山脉地区。法伦（Fallon）市位于卡森（Carson）沙漠，是一个盆地和山脉区，那里的火山活动事件从 43Ma 以前到 20000 年以前（Stewart 和 Caelson，1978）。整个区域有众多的温泉。

前人的地质研究已经证明，山谷由正断层包围，是典型的盆岭区。谷底和地下地质主要由相对较新的砂岩、粉砂岩、黏土和其他沉积岩组成。断层控制边界的山谷主要由多孔沉积充填，这是一个有利的地形，从地形高点沿着断层渗流补给含水层。许多断层可能延伸到相当深的地方，如果存在地下水循环，渗流水便可以同深层的地下水循环相接触。盆地的充填物主要由多孔沉积岩组成，这保证了在提取流体用于发电的过程中充足的渗透率来满足流速的要求。这样的地质结构是地热发电设施的理想选址。当然，需要注意的是，在可达到的深度是否有足够大的热源存在。

近期的火山活动记录和卡森沙漠盆岭区的活动部分的位置表明，预计将会有一些地震活动。然而，对于记录地震事件的方式，这些是微不足道的。一般的，如 Combs 等（1995）指出的，地热站点有微震活动（震级在-2~3.0 级）。在这种情况下，没有记录到地震活动更可能是没有在适当位置放置地震仪而不是没有地震活动。这是因为这些地震的震级不太可能在距地震中心很远的距离被探测到。这种方法的数据分析将在本节结束处讨论。

1980 年，有学者对该地从地下流出的 70℃ 的温泉进行了分析（Bruce，1980）。通过

Na—K—Ca 的地热温标计算的储层温度为 204℃。在这项工作的基础上，钻探了几个地温梯度钻孔来确定地下的温度分布。地温梯度的范围从 97~237℃/km。通过对钻孔中收集的液体进行化学分析，并使用 Na—K—Ca 地热温标计算也认为源区温度为 204℃，与自流井的结果匹配很好（Combs 等，1995）。相对于陆壳来说，即使在盆岭区，该地温梯度也已经很高了。这表明地下的深处存在一个显著的热源。该地温结果与这一结论一致。

对于土壤样品进行收集并对汞进行分析（Katzenstein 和 Danti，1982）。汞是地热流体中一种常见的微量元素。土壤调查的结果显示在测量地温梯度孔附近的汞浓度升高（图 7.7）。这些浓度升高说明地热流体沿着断层逃逸。

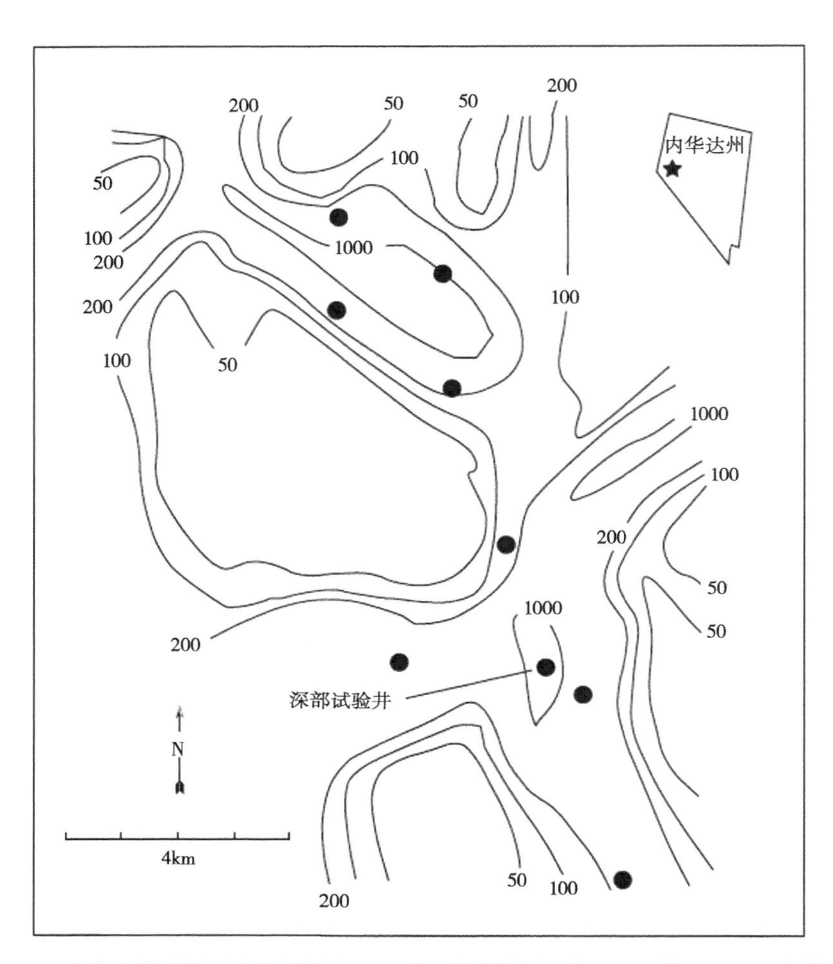

图 7.7　内华达州法伦区土壤汞浓度（10^{-9}）等值线图（据 Comb 等，1995，有修改）
由实心点表示地温梯度井

该地区也同样进行了重磁调查。磁力升高的区域与汞含量升高的区域几乎叠置。观察到的重力勘探并没有与这些异常现象相关联，没有规律性。

1986 年，完成了一个地温梯度钻孔，钻遇深度 1367m。结果发现热液蚀变已经影响到岩石，产生黄铁矿和造成其他原生矿物的改变。与此同时，也检测到硫化氢。该孔的井底温度为 155℃，地温梯度为 104℃。然而，井内并没有流体。

在这些结果的基础上，在汞异常处钻探了一个更大的深部试验井（图 7.7），就位于之前被钻到1367m深度的井的附近。这个更大的井在2119m处终止。在该井的评估过程中测得其温度为191℃，提供了明确的证据证明大量地热资源的存在并且可以被获取。

为了导流，利用液氮刺激钻孔，通过热应力和压力使岩石产生破裂。这方面的努力是成功的，从而产生了一股流速高达40kg/s的盐水流。

寻找资源方面的努力是成功的，并且为勘探工作提供了若干重要的经验教训。它们包括以下几点：

（1）利用以前收集的数据来划定一个可进行详细勘探的目标区域。注意，地质背景是经典的“伸展构造背景”之一，“伸展构造背景”也被列为“断层伸展（地垒和地堑）复合构造”（Brophy E型）。

（2）无论什么时候对合适的样品进行分析都会用到地热温标。它可以为开发基础条件提供一个良好的基础。

（3）地震活动记录的缺乏可能暗示着该区域的构造活动不活跃，因此不可能拥有一种合适的资源。然而，在这种情况下，研究人员的地质经验和专业知识使他们考虑到另一种解释。大量的其他证据强烈暗示着某种资源的存在，因而假设多种条件才是明智的。

（4）土壤微量金属元素的分析，为潜在资源的可能来源提供了重要而有用的导向。事实上，深部试验井的钻探就是以一个这样的汞异常为中心。

（5）其他地球物理数据（磁力和重力）提供了一些迹象表明地质异常，但是只依靠数据还不足以划定一个目标区。这往往是这些数据的情况。它们可能是有用的，但是还需要其他技术方法来提供一个严格的地下模型。

（6）一个井里没有流动水不一定象征着在这个系统中没有水。在这种情况下，裂缝渗透率的形成或增强成功地促使流体以合理的速度发生流动。

问　　题

（1）根据图7.3中的数据，图中间位于约18km深度的热点之上的水循环模式最有可能是什么？

（2）如何解释在内华达州法伦研究中观察到的磁力测量和重力测量之间缺乏对应关系的现象？

（3）在图7.2中的博库截面上，在什么位置钻井才有接近地热流体的可能性？解释你的推理。

（4）Brophy E型系统为流体提供了穿过断层系统的机会。思考流体将如何运移通过图6.6并描述哪里的多光谱分析可能提供地热系统的指示。

（5）给出你对问题（4）的答案，可观察到的不同沉积物的多光谱的差异是什么？

参考文献

Abiye, T. A. and Haile, T., 2008. Geophysical exploration of the Boku geothermal area, Central Ethiopian Rift. *Geothermics*, 37, 586–596.

Abramovitz, T., 2011. Mapping porosity anomalies in deep Jurassic sandstones—An example from the Svane-1A area, Danish Central Graben. *Geological Survey of Denmark and Greenland Bulletin*, 23, 13–16.

Bruce, J. L., 1980. Fallon geothermal exploration project, Naval Air Station, Fallon, Nevada, Interim Report. Naval Weapons Center Technical Report NWC-TP-6194, Naval Weapons Center, China Lake, CA.

Cappetti, G., Fiordelisi, A., Casini, M., Ciuffi, S., and Mazzotti, A., 2005. A new deep exploration program and preliminary results of a 3D seismic survey in the Larderello-Travale geothermal field (Italy). *Proceedings of the World Geothermal Congress*, *Antalya*, Turkey, April, 3 pp.

Combs, J., Monastero, F. C., Bonin, Sr., K. R., and Meade, D. M., 1995. Geothermal exploration, drilling, and reservoir assessment for a 30 MW power project at the Naval Air Station, Fallon, Nevada, USA. *Proceedings of the World Geothermal Conference*, 2, 1371-1378.

Coolbaugh, M. F., Kratt, C., Fallacaro, A., Calvin, W. M., and Taranik, J. V., 2007. Detection of geothermal anomalies using Advanced Spaceborne Thermal Emission and Reflection (ASTER) thermal infrared images at Brady hot springs, Nevada, USA. *Remote Sensing of Environment*, 106, 350-359.

Coolbaugh, M. F., Kraft, C., Sladek, C., Zehner, R. E., and Shevenell, L., 2006. Quaternary borate deposits as a geothermal exploration tool in the Great Basin. *Geothermal Resources Council Transactions*, 30, 393-398.

Crowley, J. K., 1993. Mapping playa evaporite minerals with AVIRIS data: A first report from Death Valley, California. *Remote Sensing of Environment*, 44, 337-356.

Crowley, J. K., Mars, J. C., and Hook, S. J., 2000. Mapping evaporite minerals in the Death Valley salt pan using MODIS/ASTER airborne simulator (MASTER) data. *Proceedings of the 14th International Conference on Applied Geologic Remote Sensing*, Las Vegas, NV, November, 6-8.

Hatherton, T., Macdonald, W. J. P., and Thompson, G. E. K., 1966. Geophysical methods in geothermal prospect-ing in New Zealand. *Bulletin Volcanologique*, 29, 484-498.

Heise, W., Bibby, H. M., Caldwell, T. G., Bannister, S. C., Ogawa, T., Takakura, S., and Uchida, T., 2007. Melt distribution beneath a young continental rift: The Taupo volcanic zone, New Zealand. *Geophysical Research Letters*, 34 (L14313), 6.

Hunt, T. M., Bromley, C. J., Risk, G. F, Sherburn, S., and Soengkono, S., 2009. Geophysical investigations of the Wairakei Field. *Geothermics*, 38, 85-97.

Katzenstein, A. M. and Danti, K. J., 1982. Evaluation of geothermal potential of the Naval Air Weapons Training Complex, Fallon, Nevada. Naval Weapons Center Technical Report NWC-TP-6359, Naval Weapons Center, China Lake, CA.

Khalalili, M. and Safaei, H., 2002. Identification of clastic-evaporite units in Abar-Kuh playa (Central Iran) by processing satellite digital data. *Carbonates and Evaporites*, 17, 17-24.

Kratt, C., Coolbaugh, M., and Calvin, W., 2006. Remote detection of Quaternary borate deposits with ASTER satellite imagery as a geothermal exploration tool. *Geothermal Resources Council Transactions*, 30, 435-439.

Kratt, C., Coolbaugh, M., Peppin, B., and Sladek, C., 2009. Identification of a new blind geothermal pros-pect with hyperspectral remote sensing and shallow temperature measurements at Columbus Salt Marsh, Esmeralda County, Nevada. *Geothermal Resources Council Transactions*, 33,

481–485.

Macdonald, W. J. P., 1967. *A Resistivity Survey of the Taupo – Waiotapu Area at Fixed Spacing (1800 ft.)*. Wellington, New Zealand: Geophysics Division, Department of Scientific and Industrial Research, 10 pp.

Risk, G. F., 1983. Delineation of geothermal fields in New Zealand using electrical resistivity prospecting. *Proceedings of the 3rd Biennial Conference of the Australian Society of Exploration Geophysicists*, Brisbane, Australia, pp. 147–149, August 12–14.

Salveson, J. O. and Cooper, A. M., 1979. Exploration and development of the Heber geothermal field, Imperial Valley, California. *Geothermal Resources Council Transactions*, 3, 605–608.

Stanley, W. D. and Blakely, R. J., 1995. The Geysers—Clear Lake geothermal area, California: An updated geo-physical perspective of heat sources. *Geothermics*, 24, 187–221.

Stearns, S. V., van der Horst, E., and Swihart, G., 1999. Hyperspectral mapping of borate minerals in Death Valley, California. *Proceedings of the 13th International Conference on Applied Geologic Remote Sensing*, Vancouver, BC, March 1–3.

Stewart, J. H. and Carlson, J. E., 1978. Geologic Map of Nevada. Nevada Bureau of Mines and Geology, Reno, NV. http://www.nbmg.unr.edu/Pubs/Misc/Stewart&Carlson500K.pdf.

第 8 章　资源评估

对于所有能源企业，对资源的评估是一个基本的工作，必须对能源的量有经济、管理和科学的认识。对于地热资源而言，这种评估的工作量可大可小，当对单一温泉的能源可用周期评估的时候，工作量就相对较小；而对国家资源评估来说，工作量巨大。尽管两者的尺度不同，但是采用的方法却相似。任何情况下都是评估可用能源总量，即如何利用现有技术实现经济开采以及能源的寿命。抛开这种相似性不谈，两者的差异主要在于如何收集必要的信息和对信息的处理方式。本章首先考虑如何评估本地资源，然后考虑对信息的整合从而对国家和国际的资源进行评估以及如何利用这些数据。

8.1　地热资源评估

在这里将考虑建立利用热能的设备所需要的必要条件，包括直接利用热能设备和利用热能发电。本节不对地面的地源热泵的设备进行评估，因为到处都存在着可以部署地源热泵设备的可用热资源。影响其经济活力的主要因素是当地的地温梯度、钻井成本和其他资源的竞争力，并不直接与可用热资源相关。

自从利用地热资源来发电以来，对于其资源的评估就一直是开发地热资源的重要组成部分。这种方式决定了从一开始这笔投资是否有经济效益。然而，为了更好地理解地热资源的基础规模和这种能源对当地、区域乃至国家能源市场的贡献，有必要开发一个更系统的分析方式而不是通常所用的考虑单一设施发展时所采用的手段。

遵循着 1975 年美国第一次全国地热资源普查（White 和 Williams，1975），1979 年美国地质调查局（USGS）公布了第二次全国地热资源普查结果（Muffler，1979）。2008 年美国地质调查局又进行了一次新的普查（Williams 等，2008b）。

自 1979 年的报告发布以来，针对不同度量标准的评估也进行过几次，主要是针对地区或者国家范围的（Petty 等，1992；Lovekin，2004；Gawell，2006）。Gawell（2006）总结了不同的方法评估的结果，千差万别，并没有可比性。图 8.1 给出了采用各种方法对加利福尼亚州地热资源评估的结果。结果的多样性说明资源评估受分析的方法和假定的条件影响。因此，会存在着采用不同的方式对同一资源进行评估产生不同的结果，而每一个结果都可能是正确的。这里，下面将采用由 Nathenson（1975），White 和 Williams（1975），Muffler 和 Cataldi（1978）开发且 Muffler 在 1979 年的评估中使用的方法。Williams 等（2008a）对该方法进行改进。

地热资源评估是指获取一个储层中可用于产生电力或者完成其他工作的所有热量的总和。为了确定这个值，我们需要知道如下关系：

$$Q_R = \rho C V (T_R - T_0) \tag{8.1}$$

式中　Q_R——储层中能够利用的热量总和，J；

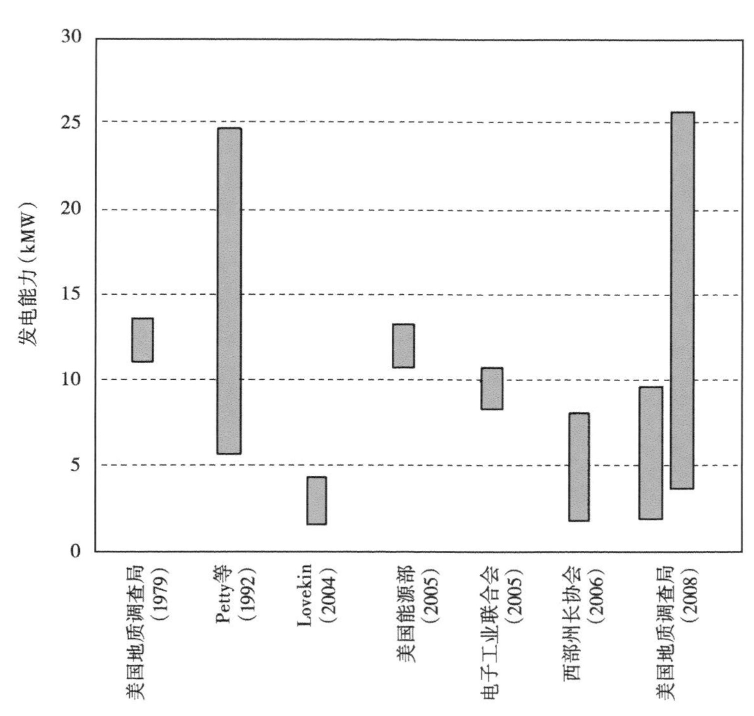

图 8.1 加利福尼亚州资源评估的不同结果

资源评估的值按时间排序，左边最早，右边为最近的

ρ——储层的围岩密度，g/cm^3；

C——储层围岩的比热容，J/（g·K）；

V——储层体积，m^3；

（T_R-T_0）——储层的温度 T_R 与最终状态的温度 T_0 之间的差值。

观察方程（8.1）中的各项参数，可以发现，要想获知 Q_R 的值需要有几个前提。本章将专门讨论这些因素。然而，在资源评估的过程中为了防止混乱，应该在评估时对这些因素的范围做一个界定，这一点非常重要。

8.2 资源基础和储量

当我们对某个资源进行评估的时候，通常有非常充足的理由来说明为什么要进行这项工作。对于纯粹的科学或者学术行为，了解某种矿物的多少对估算全球资源量非常重要。而从一个监管的角度出发，它可以建立资源的潜在开发程度，来确定如何更好地管理这些资源的发展方式，这也是智能环保的重要组成部分。从经济的角度出发，为了实现经济上的效益，需要估计有多少资源可以用特定的技术被开采出来。

这些不同的需求产生了由不同变量组成的基本的估算资源量的方法。图 8.2 向我们展示了分类、命名该方法的各种变量。

对于几乎所有的能源资源，该资源的某些部分已经确定，并且通过现有的技术手段可以对这部分资源实现利用。这样一系列资源的集合，无论是当地的站点集合或者是国家层面上

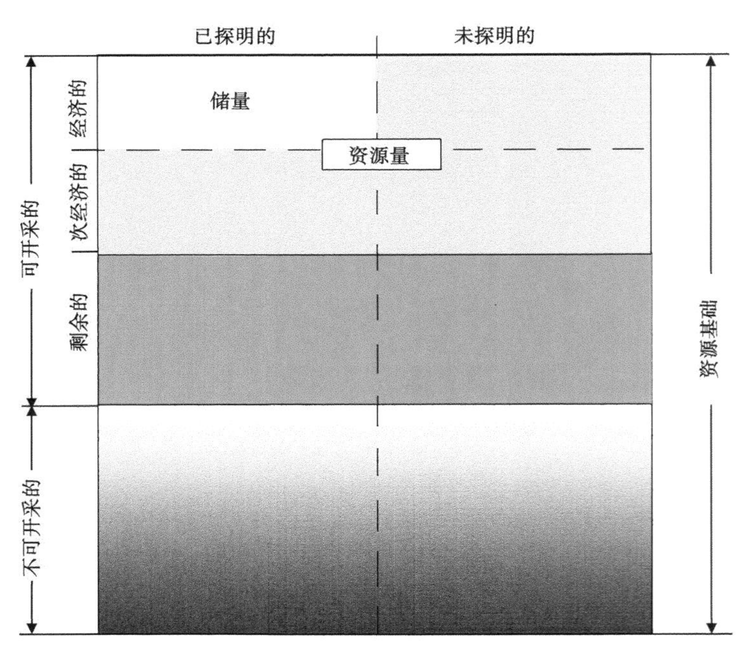

图 8.2　用于描述地热资源的参数（据 Williams 等，2008a，有修改）

的资源集合都称为资源储备。储量是指可以实现经济效益并且能够在耗费很少的额外勘探成本下实现并网利用的资源量。对于资源量的可用幅度，存在着相对较少的不确定性。储量为我们如何开采那些没有被发现的、额外的具有经济价值的资源提供了重要的依据。对于尚未被发现的地热资源的资源量进行评估，需要参照同类地质环境下特定的类型。例如，加利福尼亚州的间歇泉和冰岛的地热系统都是分布于最近喷发的火山中心附近。对于每一个已经清楚其特征的环境，以往勘探开发的经验为估算该环境下具有的地热储层质量提供了部分手段。这些经验对尚未被发现的地热储层是否经济可行做出评估。这些在经济上可行但尚未被发现的地热资源与已知的地热储层一样，被称为资源量。

8.3　确定资源储量

将不确定性引入到通过建立经济可行性来识别正式资源的过程中仍然饱受非议。在某些情况下，某些站点利用现代的技术可以实现开采，但是由于离传输系统过于遥远，却不能实现经济的并网。如果传输线路经过该地区，那么不管什么原因，该站点都会在经济上变得可行。在其他情况下，利用现代的特定技术难以实现对某些储层进行开采，并且在未来的一段时间内，该资源都不太可能实现联机利用。还有一些情况，地热储层在现行的税收和政策下不能实现经济上可行，但是任何监管框架发生微小的改变都会变得可行。所有的这些情况，都没有涉及储层的物理属性对储层开采的影响。相反，现行的经济条件使得其处于边际经济的，并不适合现在开发。但是环境的改变会很快，这些类型的资源就可能会被列入正式资源中。

剩余量表示理论上可以开采，即可以利用钻井或其他方式对其实现开采，但是将面临巨大的挑战，并且在经济上无法实现可持续发展。最后，总热量预算中还有一部分是利用现有技术或可预见技术都无法开采的。以上所有的热量来源称为资源基础。

综上所述，资源基础是所有热量的总和，包括能开采的和不能开采的。资源量是资源基础中利用现有技术可以实现开采的部分，无论是否在当前的经济条件下实行当前的市场形势。储量是资源基础中可以开采并能够实现经济效益的部分。

值得注意的是，上述的所有值都是可变的。资源基础的多少取决于我们掌握描述资源表征、地质环境的状态以及资源是如何产生的数据的多少。例如对全球的石油资源基础估计，从 20 世纪 40 年代初期的 6000×10^8bbl 到 2000 年增加到超过 39000×10^8bbl（Wood 和 Long，2000）。同样的，参考世界范围内石油的探明储量，从 1980 年的大约 6400×10^8bbl 增加到 2012 年的超过 15250×10^8bbl（美国能源局，2013）。这并不意味着地球上的石油资源在不断地增加。相反，这些变化体现了资料的不断完善对准确分析的提升以及对方法改进的作用。同样的，资源类商品的量也可以在经济环境的变化中不断改变。举个例子，剩余量在某种经济环境下可能实现不了它的价值，但是市场环境突然的改变，比如价格上涨，可能就使得它变得有价值。这种情况经常发生在黄金或者其他金属上。技术的提升可以减少开采成本，也会使那些处在边缘经济的资源改变对资源量或者储量的评估，变得经济上可行。高效率的二重循环发电系统（在第 10 章中讨论）的发展就是这样的一个技术突破。它使那些中等温度的地热资源变得有经济价值，改变了对地热发电的储量和资源量的评价。

接下来将主要讨论常规资源及其评估方法。在第 13 章和 16 章中，将讨论潜在的技术发展对于评估方法的改进。

8.4 储层容积

通过方程（8.1）可以发现确定一个地热储层的容积对准确获得地热储层的热量是十分重要的。鉴于地热储层一般埋藏在地下数百到数千米的深处，准确刻画它的几何形状几乎不可能。在已经探明地热资源并利用其发电的地区，往往可以借助钻井和生产历史的信息来对地下储层实现三维精细描述。但是即使这样，地下的不确定性也影响了对储层容积估计的准确度。以菲律宾的提维地热区为例（Sugiaman 等，2004）。图 8.3 是一个地热系统的横断面，反映了地下的等温线和井位的分布状态。假设只考虑横断面部分，地热储层的温度超过 250℃，面积大约在 $42000m^2$，如果假设最东边没有钻井，靠近东边的三口井的深度都没有超过 1400m，那么对于储层的面积范围将会在 $70000m^2$。这种假设让我们意识到清楚了解地下温度分布的范围是尤为重要的。需要注意的是，在缺少井位控制的状态下，要了解这些数据集的局限性可能是什么，并考虑其对评估的准确性的影响。该例子表示通过三维体积的二维截面。为了获得储层的体积并将不确定性降到最小，需要一系列的井资料来获得地下等温线的分布状态。然而，受成本的限制，这种钻探计划往往不可行，对于储层体积的评估也只能依托最靠谱的推测。

许多情况下，虽然明确知道地下存在着地热储层，但我们并没有通过钻井或者勘探计划来获取地下的数据。移动的热泉就是这样的例子。在某些地质环境下缺少地质信息，需要采用保守的策略来估计储层体积。在美国地质调查局最近进行的资源评价中就采用这种策略（Williams 等，2008a）。在美国西部的大盆地内，有许多热泉分布在山前断裂带。山前断裂带伴随着宽度可达数千米的大型盆地出现，这种盆地是由大陆壳沉降造成的。沉降大陆壳的两侧边界由高角度断层控制。断层可以从基底一直延伸到地表。这种地形特征被称为山前断

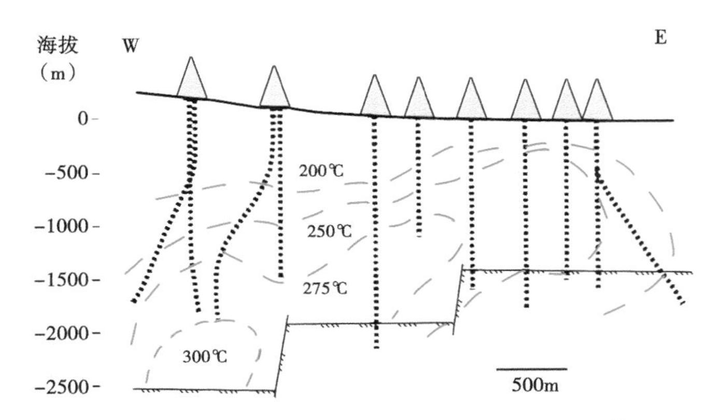

图 8.3　菲律宾提维地热区储层横断面（引自 Sugiaman 等，2004）
图中画出了几口斜井位置，长虚线表示等温线，粗的圆点线表示井，下部有斜线的部分表示基地岩石

裂带，而热泉经常沿着这些断裂带分布。

泉水来自于深层循环地下水的供给并沿着断层涌出。断层是一个高渗透通道，是因为重复的构造运动导致沿断层附近的岩石发生破裂变成了一个渗透断层带。地下的流体循环经常会沿着同一条渗流通道上涌出现在地表的泉水里。由于地下水循环相对较深，地下温度经常超过 200℃，地表的泉水便呈现出温水或热水的特征。

Williams 等（2008a）研究表明这种高渗透带可以达到 100～500m 宽。采用第 6 章介绍的流体化学方法，可以计算出地热储层的大概温度。利用这个温度值和泉水的测量温度，结合当地的地温梯度，就可以确定地下水循环的深度范围。出于学术和科研的目的，在一个盆地和山脉处通常会放置大范围的采样点，对于储层的底界值很容易确定，据此确定储层的垂深边界。水平维度的约束较少。Williams 等（2008a）在其评估中指出地质证据以及参考其他的环境相近的地热系统表明水平延伸距离几乎与山前断裂平行，在 1～5km 之间，最有可能为 2km 左右。这样就可以计算出储层的体积范围。利用统计分析和蒙特卡洛模型分析就可以计算出储层的最有可能的体积。

然而，许多地热温泉并没有出现在地质资料丰富的地区来满足我们的分类方案。这种情况下，对其评估只能依赖于地质学家对该系统多年来学习和分析。通常，这种不明确的结果会被认为是值得进一步研究的系统，不直接纳入严格的评估。

8.5　储层的热含量

正如图 8.3 中所示，热含量与储层的体积密切相关。举个例子，假设图 8.3 中的储层厚度为 1m，那么超过 250℃的储层等效体积为 42000m^3。如果将下限温度设定为 150℃，这个体积将会扩大两倍。

在评估时，储层温度的门限将由发电所用的技术所决定。正如第 11 章中所讨论的，低于 150℃的发电设备为双重发电系统。然而，这种系统必须在有足够冷却能力的前提下使用，来获取流体温度和冷却系统之间足够大的 ΔT 满足热力学要求。在 Williams 等（2008a）的评估中，采用的储层门限温度为 150℃。

确定一个储层的温度结构几乎不可能，除非有钻井信息并且每口井都实现监控。在缺少上述数据下，估计储层温度的最佳方法是地热温标。Reed 和 Mariner（2007）和 Williams 等（2008a）总结出的最可靠的地热温标为硅地热温标、K—Mg 地热温标和 Na—K—Ca 地热温标。硅地热温标的结果相对准确，尤其是 Giggenbach（1992）制订的考虑了不同硅多晶型的影响的方案。参照 Williams 等（2008a）对结果的回顾，在 90~130℃之间，K—Mg 地热温标（Giggenbach，1988）工作效果良好。但是，想要获取足够量和稳定的 Mg 来分析往往很困难，因为 Mg 的浓度相当的低，而且很难做到高精度。在缺少 Mg 分析数据下，或者水中富含 Cl^-，就可以采用 Na—K—Ca 地热温标。

采用这些数据时要时刻牢记计算温度的限制。地热温标反映的前提是水在温度最高的时候，水中化学物质达到平衡，并在流过岩石抬升到地表的过程中经历了极少的再平衡。实现平衡和没有发生再平衡的假设是不现实的。因为一旦流体质量超过热最大值，反应速率就不为 0。我们重新回顾一下方程（5-8）

$$R = S_{\mathrm{A}} \times k \times T_{\mathrm{fac}} \times \alpha \times \phi \times \prod a_i \times \left(\frac{1-Q}{K}\right)^{\omega}$$

式中 R——速率，mol/s；

S_{A}——接触流体的有效表面积，cm^2；

k——远离平衡速率常数，mol/（cm^2·s）；

T_{fac}——速率常数 k 的温度校正因子（通常是阿伦尼乌斯函数）；

α——幂函数，该函数可以描述接近平衡条件下的速率变化；

ϕ——校正相对于溶解率的析出率的函数；

a_i——速率对溶液中特定组分的活动的依赖性；

ω——对特定溶解度或沉淀机制的功率依赖性。

在这个表达式中，R 受温度控制，除非 T 温度下达到反应平衡，否则不为 0。一旦反应达到平衡，k 变成 0，R 也为 0，但是只是针对特定的温度。如果流体温度降低，k 将不为 0 并随着平衡温度与沿着流动路径上 T 之间的差值 ΔT 变大而变大。再平衡的程度取决于流体在低温区域停留的时间，这受流速控制，流速越快，再平衡发生的程度就越低。

这说明通过地热温标计算的温度有可能会低估储层的实际温度，而低估的程度却难以估量。鉴于此，大多数使用地热温标的评估结果是相对保守的。

8.6 比热容的意义

当我们确定了储层的温度和体积之后，剩下的唯一一个变量就是比热容了。

如前面第 3 章所讨论的，比热容是一个关于矿物、岩石的矿物组分、孔隙体积以及是否有液体充填和温度的函数。矿物的比热容通常可以表示为温度的函数（Berman 和 Brown，1985；Berman，1988），如：

$$C_{\mathrm{p}} = k_0 - k_1 \times T^{-0.5} + k_2 \times T^{-2} + k_3 \times T^{-3} \tag{8.2}$$

式中 k_i——来自于实验测试的不同矿物的比热容的拟合数据。

除此以外，还有其他版本的求取矿物比热容的关系式（例如：Helgeson 等，1978）。不同方法之间求取的比热容数据会有百分之几的偏差，但是这并不会对资源量估计产生重要的影响。比热容的单位通常为 kJ/(kg·K) 或者 kJ/(mol·K)。

岩石的比热容受组成岩石的矿物组合、孔隙空间或裂缝空间是否充填液体所决定。假定一块岩石具有最小的裂缝或基质孔隙度来近似计算岩石的比热容，那么比热容将由所有组成该岩石的矿物成分所构成（假定比热容单位为 kJ/（kg·K）

$$C_{\text{prock}} = \sum\left(\frac{x_i \times w_i \times C_{pi}}{V'_i}\right) \tag{8.3}$$

式中 C_{prock}——常压下岩石的比热容，J/(g·K)；

x_i——岩石中矿物 i 的体积分数；

w_i——矿物 i 的摩尔质量，kg/mol；

V_i——矿物 i 的摩尔体积，m^3/mol；

C_{pi}——常压下矿物 i 的比热容，J/(g·K)。

图 8.4 展示了多种矿物混合下比热容数据的变化，在 200℃下比热容数据与矿物组分的函数关系。假设混合的矿物或者岩石只包含两种矿物——石英和钾长石、石英与方解石或者是钾长石与方解石。假设温度的变化对计算数据不会产生很大的影响；如果温度变化在正负 50℃之间，结果偏差不会超过 5%。图中展示了这些两种组分组合的岩石类型。实际上，组成岩石的矿物组分在 3~5 种，但对于通常在地热系统中遇到的岩石类型，这种二元的组合可以反映主要岩石类型的变化特征。

图 8.4 揭示了几个关键的点。首先，端元矿物组成影响岩石的总比热容的差异在 10%~15%。当我们对储层矿物知之甚少的时候，该数据就限定了评估的不确定性范围。其次，大多数的岩石类型比热容值域范围相对较小，反映了主导岩石体积的矿物。第三，由不同矿物组成不同类型的岩石，而由不同岩石组成的沉积岩具有广泛的比热容数值，但会在与花岗岩中观察到的相同的值重叠。这反映了一个简单地事实，即花岗岩主要是由不同比例的长石和

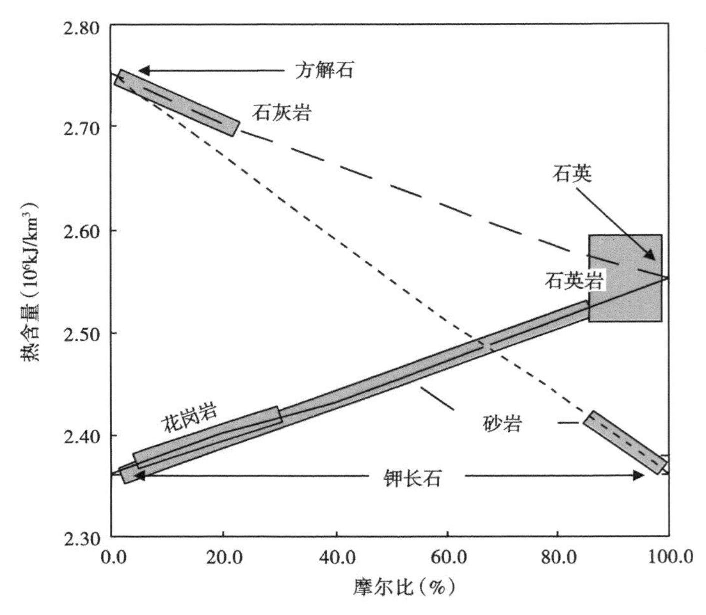

图 8.4　200℃二元混合矿物（石英—钾长石、石英—方解石、钾长石—方解石）的热含量随摩尔比例的变化

由斜体岩石名称指示的岩石类型的划定，大约对应着各二元组合矿物混合的区域

石英混合组成的，这也是其他岩石侵蚀残余的岩石类型。这也同时说明了这些特殊矿物的耐磨性。

对于高度多孔或者破碎的岩石，利用方程（8.3）对于地热储层的比热容估计会偏高。这种情况下，了解储层的孔隙度和渗透率特征以及宿主岩石的矿物学就非常重要了。

8.7 热提取效率

方程（8.1）中求取的 Q_R 是指地热储层的总的热含量。这个值代表着储层中能够被提取出的热量总和。事实上，只有一部分热量可以被提取出来。有几个因素对这一过程产生影响。这些因素包括井的钻遇能力和提取能力以及储层流体的流动特性。

参见第 11 章的详细讨论，用于发电的总热量可以表示为：

$$Q_{WH} = m \times (H_{WH} - H_0) \tag{8.4}$$

式中 Q_{WH}——井口提取的热量，kJ/s；

m——从井口到涡轮机的质量流速，kg/s；

H_{WH}，H_0——井口和最终参考温度状态下焓值，kJ/kg。

通过这个关系，可以获得采收率 R_R 的表达式

$$R_R = \frac{Q_{WH}}{Q_R} \tag{8.5}$$

R_R 是确定从储层中获取能量的重要数据。经验表明，采收率很难预测。在由裂缝主导渗透率的储层中，采收率会非常低，通常只有 0.05～0.2（Lovekin，2004；Williams，2007；Williams 等，2008a）。在均质多孔介质中，采收率可以高达 0.5（Nathenson，1975；Garg 和 Pritchett，1990；Sanyal 和 Butler，2005；Williams 等，2008a）。之所以采收率的变化范围这么大是因为从岩石中提取流体的效率不同。

对于均质多孔介质而言，泵举过程会降低井底的压力。压力的减少受井口流速的影响。对于一个液体储层，流入井内的体积和质量保持不变，这是液体的不可压缩决定的。可以用如下方程来描述井口和距井口 r 距离的压差：

$$P_r = P_R - P_B + \frac{\mu \times f_v}{2 \times \pi \times K \times R_t} \times \ln \frac{r}{r_w} \tag{8.6}$$

式中 P_r——距离为 r 时的压力，Pa；

P_R——储层的内在压力，Pa；

P_B——泵举过程中井底的压力，Pa；

μ——黏度，kg/(m · s)；

f_v——体积流速，m^3/s；

K——渗透率，m^2；

R_t——储层的厚度，m；

r——到井中心的距离，m；

r_w——井中心到井口的距离，m。

图 8.5 示出压力的变化与不同泵送速率下井的距离的函数，也称为牵伸中压力的变化。

这个结果对于地热能提取有几点重要的意义：

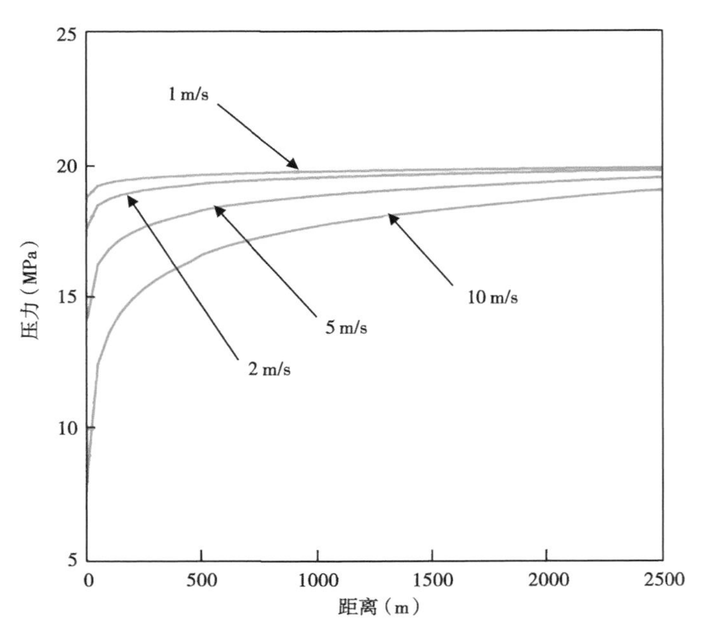

图 8.5　地热储层中以距离和压力为函数绘制的曲线

绘制的曲线分别代表井口流速为 1m/s，2m/s，5m/s，10m/s，假定储层厚度为 1150m，渗透率为 10mD，流体黏度为 2×10^{-4}kg/（m · s），井径为 0.254m，储层压力为 20MPa

第一，流体穿过储层的运动速度与距井距离的对数相关。因此，以 J/s 为单位的热提取速度与距井的距离呈对数变化关系。如果在发电过程中提取流体不采用回注，储层的压力就会发生改变，从而导致在井口的能量流随时间而变化。如果采用注入的方式就足以补充排出的流体体积，这种随时间变化的效果就不可预见。

第二，是图 8.5 中绘制的曲线的光滑度反映了多孔介质具有均匀透气性的假设。现实情况下，这种状态是不可能存在的。因此，压力差将布满整个流场，并影响流动方式，降低了热能均匀地从储层中提取的效率。

第三，图中所示为处理不能捕获裂缝介质的行为。如果流体主要是通过裂缝流动，那么储层中的主要压降将表现在裂缝内。垂直于裂缝表面，多孔介质的岩石就会在包围裂缝的周围附加一个压差，从而导致流体从岩石流向裂缝中，尽管这个速率会比裂缝中的速率显著降低。这种流体从多孔介质到裂缝的运动过程虽然很小，但不一定为 0。因此，除了预期的热传导，岩石和裂缝之间也会发生一定量的热对流。尽管如此，孔隙和丰富的裂缝将主导从储层中提取热量的能力。储层中沿裂缝暴露的面积越大，采收率越高。然而，这个过程的有效性通常造成裂缝型储层的采收率适中。

利用数学方法来表示采收率与裂缝流量的相互作用关系是由 Williams（2007）提出的分形方法。在一个系统中，他考虑了不同裂缝数量与流量比例变化的关系。该模型的结果与充分表征裂缝主导的系统所观察的特征一致。

图 8.6 展示了内华达州的两个裂缝型地热系统——迪克山谷（Dixie Vallay）和贝奥沃韦（Beowawe），采用该方法所获得的结果。曲线记录了一小部分裂缝携带了不成比例的高体积流量：迪克山谷 10%的渗透率携带 35%的流量，而贝奥沃韦则是 10%的渗透率携带了超过

50%的流量。由于这么小比例的裂缝就携带了如此高的流量，这势必会导致地热储层中有一部分裂缝的作用很小。因此，热提取不均匀，采收率也相应较低。

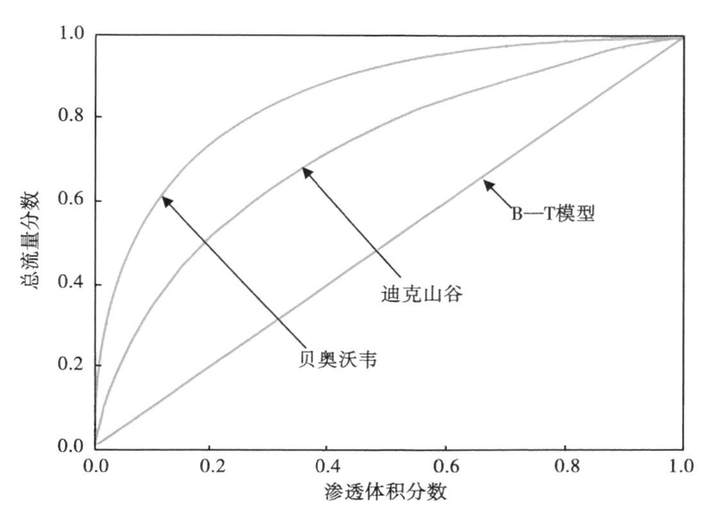

图 8.6　不同比例流量下的储层透水量曲线对比图

迪克山谷和贝奥沃韦的曲线基于 Williams（2007）和 Williams 等（2008a）的分形模型。

“B-T 模型”曲线关系来自于 Bodvarsson 和 Tsang（1982）的模型（Williams 等，2008a，有修改）

8.8　小结

资源评估试图通过统计意义的估计来获取从地热储层中能提取的总能量。在这个过程中使用的命名“储量”是指一个已经鉴定并表征的能源，并且该能源在经济上具有开发价值；“资源量”指未发现的或者已知的资源，在当前状态下，并没有经济开发价值，但是在适度的发展后可以具有价值；现有技术不能开采的资源在将来技术的发展下可能成为可开采的资源。所有这些资源称为资源基础。对于资源本身，为了保证评估的严谨性，必须了解储层的体积、热含量和可提取的热量（采收率）。这些参数通过统计处理，根据经验和历史确定其分布。一旦建立了关系，就确定了统计的模型。而完成严格的资源评估最常用的是蒙特卡洛方法。

8.9　案例分析：美国地热资源

当确定一个地热储层的热含量和采收率以及与其相关的概率分布，就可以进行最后一部分的资源评估。这涉及计算最有可能的值和储层的各自范围。对于未被发现的资源，采用确定的地质背景来类比同样背景的地热资源类型，根据历史经验和生产历史来对其进行估计，一旦类比类型确定了，相应的热含量和采收率也就知道了。

然后将所得到的数据用于绘制地热资源的概率分布，可以用各种统计方法来完成这一步骤。最常见的是美国地质调查局在石油和天然气评估过程中使用的最成功的是蒙特卡洛方法（Charpentier 和 Klett，2007）。最近使用这种方法评估地热资源目标的是美国地质调查局公布的其最近评估的美国西部的地热资源（Williams 等，2008b）。

美国西部地质环境复杂，存在许多地热点（图 8.7）。Williams 等（2008b）确定了多个地热储层的体积、热含量和采收率统计学分布，并用这些数据估计了可用于发电的资源量（表 8.1）。储层的体积和温度（热含量）分布呈三角形，峰值为概率最大值，液体为主的地热系统数值在峰值的两边呈线性下降。对于采收率，假定在相同范围内每一个值的概率是相同的，裂缝渗透率控制储层的流量时，该值介于 0.08~0.2 之间，而多孔基质渗透率控制流量时，该值介于 0.1~0.25 之间。

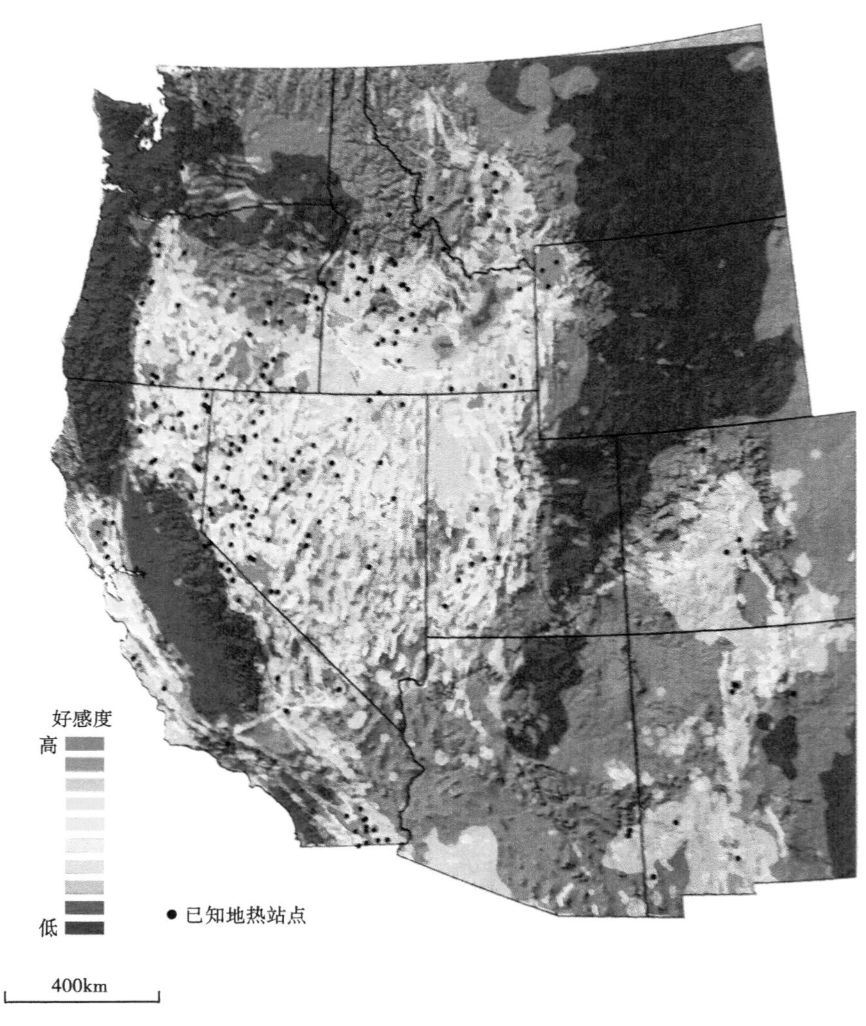

图 8.7 美国西部地热点位置分布（据 Williams 等，2008b，有修改）

颜色表示地质资料表明地热储层可能位于附近。根据地质资料的可靠程度确定地热资源存在区域的可能性由低到高

每一个地热目标使用单独的概率范围和分布来进行蒙特卡洛模拟（图 8.7）。已知和确定的地热资源（储量）的模拟结果在表 8.1 中。对于未探明的和增强型地热系统（EGS）的模拟结果在表 8.2 中列出。所有结论采用的发电潜力单位都为兆瓦（MW）。

资源评估的结果提供了地热能对美国电力需求的贡献能力。如果只考虑储量（表 8.1

中的值)，不依赖于新的发现，平均将能提供近 10MW 的电力。如果加上未探明的储量和 EGS（表 8.2)，总的输出功率将超过 545MW，相比之下，大约是美国总的装机容量的一半。

表 8.1　根据 Williams 等使用的蒙特卡洛方法评估美国西部地热资源结果（据 Williams 等，2008b）

州	站点数	95%概率（MW）	平均值（MW）	5%概率（MW）
阿拉斯加州	53	236	677	1359
亚利桑那州	2	4	26	70
加利福尼亚州	45	2422	5404	9282
科罗拉多州	4	8	30	67
夏威夷	1	84	181	320
爱达荷州	36	81	333	760
蒙大拿州	7	15	59	130
内华达州	56	515	1391	2551
新墨西哥州	7	53	170	343
俄勒冈州	29	163	540	1107
犹他州	6	82	184	321
华盛顿州	1	7	23	47
怀俄明州	1	5	39	100
总计	248	3675	9057	16457

表 8.2　Williams 等利用蒙特卡洛模拟获得的未探明和加强型地热资源地热站点分布数量结果

州	未探明的（MW）			EGS（MW）		
	95%概率	平均值	5%概率	95%概率	平均值	5%概率
阿拉斯加州	537	1788	4256	NA	NA	NA
亚利桑那州	238	1043	2751	33000	54700	82200
加利福尼亚州	3256	11340	25439	32300	48100	67600
科罗拉多州	252	1105	2913	34100	52600	75300
夏威夷	822	2435	5438	NA	NA	NA
爱达荷州	427	1872	4937	47500	67900	92300
蒙大拿州	176	771	2033	9000	16900	139500
内华达州	996	4364	11507	71800	102800	139500
新墨西哥州	339	1484	3913	35600	55700	80100
俄勒冈州	432	1893	4991	43600	62400	84500
犹他州	334	1464	3860	32600	47200	64300
华盛顿州	68	300	790	3900	6500	9800
怀俄明州	40	174	458	1700	3000	4800
总计	7917	30033	73286	345100	517800	727900

注：NA = 无数据。

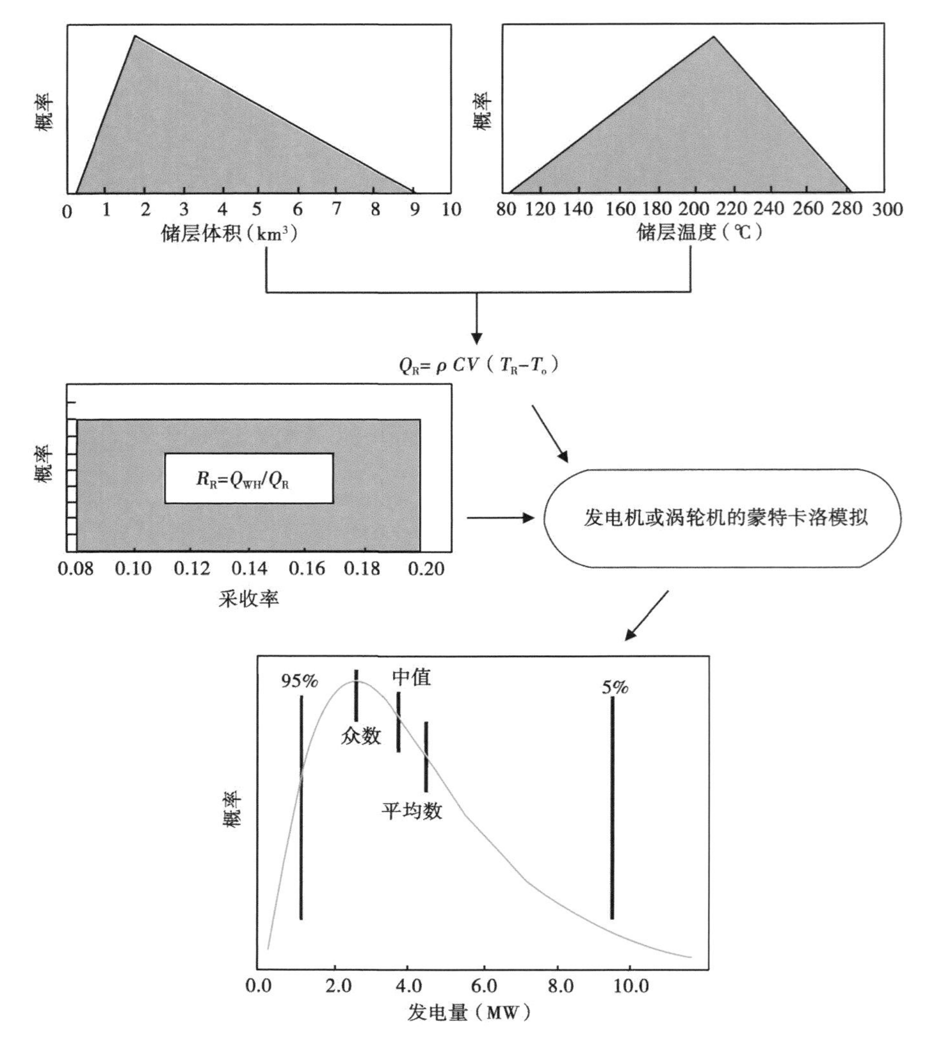

图 8.8 Williams 等（2008b）对储层体积、温度和采收率做的蒙特卡洛概率分布模拟

针对每一个特定的地热储层，体积和温度的概率分布都被约束在一个三角形中，每一个储层的峰值都不同。假定采收率概率分布为均匀的，这些概率参数的组合在蒙特卡洛模拟中被用于计算每一站点（下图）的发电量概率分布。发电量中的“众数”，“中位数”，“平均值”以及95%和5%置信度区间表明可产生的功率量

问　题

（1）仔细观察表 8.1 和表 8.2 中对于探明和未探明资源量的平均值。不同州之间探明和未探明的比值相差很大，这种差别意味着什么？

（2）问题同上，对比探明的和 EGS 资源。

（3）列举三个影响地热站点是否被认定为储量的因素并分析这三个因素是如何随时间推移而变化的。

（4）化学过程可能会导致石灰岩被方解石所取代。写出这个反应的表达式。如果 40%体积的石灰岩被石英取代，将如何影响石灰岩的热含量？

（5）图 8.6 表明流体流量往往受控于储层的总可渗透性体积。讨论这个现象的原因。在裂隙岩体的地热资源开发过程中，你认为哪些特点可以支持足够的流量？

（6）什么地质过程导致加利福尼亚州、科罗拉多州、新墨西哥州和俄勒冈州潜在的地热站点集中分布（图 8.7）？如果你要进行一次勘探工作，你的目标是什么？为什么？

（7）鉴于图 8.7 中所隐含的各种地质系统的性质，在这种地质环境下代表额分类是什么？

（8）什么样的因素组合会出现满足 8MW 设备的地热资源最高概率？

参考文献

Berman, R. G., 1988. Internally-consistent thermodynamic data for minerals in the system Na_2O-K_2O-CaO-MgO-FeO-Fe_2O_3-Al_2O_3-SiO_2-TiO_2-H_2O-CO_2. *Journal of Petrology*, 29, 445-522.

Berman, R. G. and Brown, T. H., 1985. The heat capacity of minerals in the system K_2O-Na_2O-CaO-MgO-FeO-Fe_2O_3-Al_2O_3-SiO_2-TiO_2-H_2O-CO_2: Representation, estimation and high temperature extrapolation. *Contributions to Mineralogy and Petrology*, 89, 168-183.

Bodvarsson, G. S. and Tsang, C. F., 1982. Injection and thermal breakthrough in fractured geothermal reser-voirs. *Journal of Geophysical Research*, 87, 1031-1048.

Charpentier, R. R. and Klett, T. R., 2007. A Monte Carlo simulation method for the assessment of undiscovered, conventional oil and gas. In *Petroleum Systems and Geologic Assessment of Oil and Gas in the San Joaquin Basin Province, California*, ed. A. H. Scheirer. Reston, VA: US Geological Survey, 5 pp.

Garg, S. K. and Pritchett, J. W., 1990. Cold water injection into single- and two-phase geothermal reservoirs. *Water Resources Research*, 26, 331-338.

Gawell, K., 2006. California' s geothermal resource base: Its contribution, future potential and a plan for enhanc-ing its ability to meet the states renewable energy and climate goals. California Energy Commission Contractors Report for contract 500-99-13, subcontract C-05-29, California Energy Commission.

Giggenbach, W. F., 1988. Geothermal solute equilibria. Derivation of Na-K-Mg-Ca geoindicators. *Geochimica et Cosmochimica Acta*, 52, 2749-2765.

Giggenbach, W. F., 1992. Chemical techniques in geothermal exploration. In *Application of Geochemistry in Geothermal Reservoir Development, ed.* D' Amore. Rome, Italy: UNITAR/UNDP Centre on Small Energy Resources, pp. 119-144.

Helgeson, H. C., Delany, J. M., Nesbitt, H. W., and Bird, D. K., 1978. Summary and critique of the thermody-namic properties of rock-forming minerals. *American Journal of Science*, 278-A, 229.

Lovekin, J., 2004. Geothermal inventory. *Geothermal Resources Council Transactions*, 33 (6), 242-244.

Muffler, L. P. J., 1979. Assessment of geothermal resources of the United States—1978. US Geological Survey Circular 790, p. 163, http://pubs.usgs.gov/circ/1979/0790/report.pdf.

Muffler, L. P. J. and Cataldi, R., 1978. Methods for regional assessment of geothermal resources.

Geothermics, 7, 53–89.

Nathenson, M., 1975. Physical factors determining the fraction of stored energy recoverable from hydrothermal convection systems and conduction–dominated areas. US Geological Survey, Open–File Report 75–525, p. 50.

Navarotsky, A., 1995. Thermodynamic properties of minerals. In *Mineral Physics and Crystallography*, ed. T. J. ? Ahrens. Washington, DC: American Geophysical Union, pp. 18–28.

Petty, S., Livesay, B. J., Long, W. P., and Geyer, J., 1992. Supply of geothermal power from hydrothermal sources: A study of the cost of power in 20 and 40 years. Sandia National Laboratory Contract Report SAND92–7302.

Reed, M. J., and Mariner, R. H., 2007. Geothermometer calculations for geothermal assessment. *Geothermal Resources Council Transactions*, 31, 89–92.

Sanyal, S. K. and Butler, S. J., 2005. An analysis of power generation prospects from Enhanced Geothermal Systems. *Geothermal Resources Council Transactions*, 29, 131–137.

Sugiaman, F., Sunio, E., Molling, P., and Stimac, J., 2004. Geochemical response to production of the Tiwi geothermal field, Philippines. *Geothermics*, 22, 57–86.

US Energy Information Agency, 2013. http://www.eia.gov/cfapps/ipdbproject/iedindex3.cfm?tid=5&pid=57&aid=6&cid=regions&syid=1980&eyid=2013&unit=BB.

Western Governor's Association, 2006. Geothermal task force report. Clean and Diversified Energy Initiative Report, p. 66.

White, D. E. and Williams, D. L., 1975. Assessment of geothermal resources of the United States—1975. US Geological Survey Circular 726, p. 155.

Williams, C. F., 2007. Updated methods for estimating recovery factors for geothermal resources. *Proceedings of the 32nd Workshop on Geothermal Reservoir Engineering*, *Stanford University*, Stanford, CA, p. 6, January 22–24.

Williams, C. F., Reed, M. J., and Mariner, R. H., 2008a. A review of methods by the US Geological Survey in the assessment of identified geothermal resources. US Geological Survey Open File Report 2008–1296, 27 pp.

Williams, C. F., Reed, M. J., Mariner, R. H., DeAngelo, J., and Galanis Jr., S. P., 2008b. Assessment of moder–ate– and high–temperature geothermal resources of the United States. US Geological Survey Fact Sheet 2008–3082, 4 pp.

Wood, J. and Long, G., 2000. Long term world oil supply (A resource base/production path analysis). Energy Information Administration, US Department of Energy. http://www.eia.doe.gov/pub/oil_gas/petroleum/presentations/2000/long_term_supply/sld001.htm.

第9章　钻　　井

探测地热通常需要用到钻井。钻井被用来采集地下的岩石和土壤样品，从而确定这些岩石和土壤的热导率、孔隙度和渗透率，岩石类型以及物理特性、地温梯度等一些可以影响资源评估的参数。钻井也需要探测地热流体，并保证热量供应的控制率是一致的。最后，当回注液体的时候钻井也是必要的手段。钻井方法在地热开发应用中通常是一种最为昂贵的方法。为此，在选择钻头和钻井技术类型时，需要谨慎考虑。

本章旨在介绍钻井用于各种地热应用时适用的基本原则。所涵盖的资料将提供足够的背景，为特定的应用提供进一步、详细的所需信息。但重要的是，要知道钻井仍然是一个技术密集型的工作。虽然技术上的进步已经可以减少地下地质信息的不确定性，但是在数十米、数百米乃至数千米的地下能发现什么，这些细节问题是很难获得的。

因此，在可能的情况下，尽量选用有经验和对本地熟悉的钻探团队进行钻探。这样的团队能够预测潜在的挑战，灵活地应用已有的资料并用于开发。

9.1　背景

经常被提及的一个经验法则是，在一个地热项目中钻井的花费占总费用的40%～60%。尽管实际的成本取决于很多变量，但是钻井费用和钻井深度是普遍具有一致性的。如图9.1所示，用于发电水井的钻井成本能达到数百万美元。

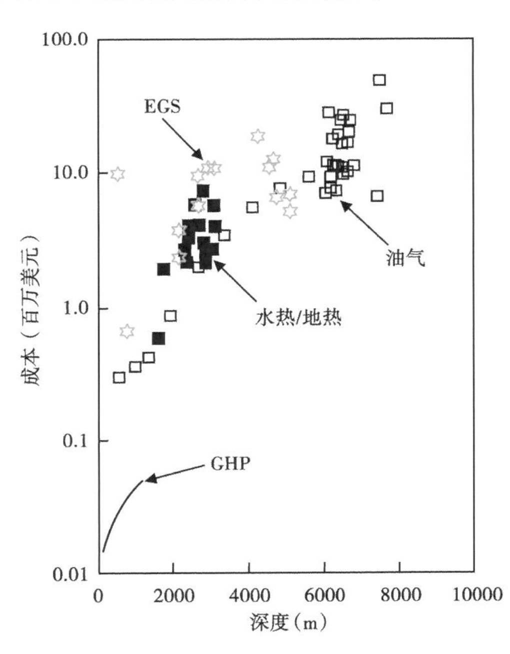

图9.1　钻井成本与钻井深度的函数
（据Smith等，2000；Bertani，2007；International Geothermal Association，2008；Bolton，2009）

为了便于比较，将石油工业中油气钻井的费用也展示在图中，同时也显示了地源热泵钻井近似的成本曲线（GHP），地源热泵钻井通常只有几百英尺的深度。

对于同一深度，其成本也千差万别，因为影响钻井成本的因素多达10几个。尽管这种模式对油井和地热井都成立，但是应用于地热井时趋势更加明显。无论是常规的水热井或增强型地热系统（EGS）井，都落在整体成本中较昂贵的部分。

这些成本模式反映了各种各样技术挑战的结果，幅度的变化很大。本章其余部分涉及的各种性能均影响这些成本。简单的地源热泵钻井，一般在成本上可比钻水井多12～15美元/ft。后面将讨论钻探井面对的技术挑战，通过低成本的地源热泵钻井的钻探技术。

9.2 地源热泵和直接利用钻井

这些类型的应用需要低到中等温度。地源热泵只需要稳定的几米到几百米的深处的温度，该系统最好安装在地下温度约10~25℃范围内(50~75℉)。直接利用，如水产养殖、温泉和温室，需要类似的温度。因为这些条件不是很严苛，钻井深度在较浅的水平，所需的钻井设备与钻水井几乎相同。

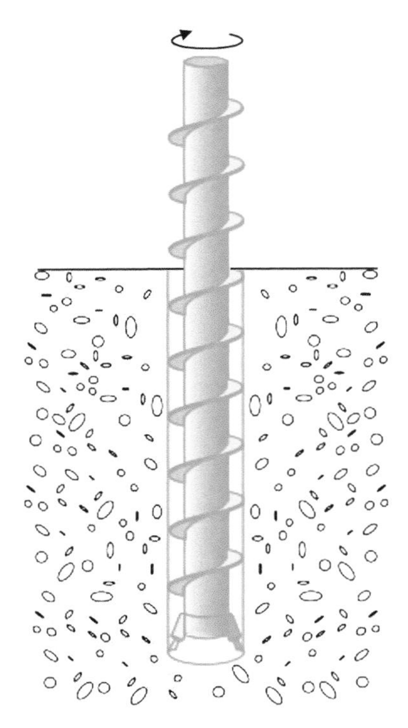

图9.2 螺旋钻机系统

9.2.1 钻井设备与技术

在岩石较软的区域，如沉积盆地中，地下是由砂岩、粉砂岩和其他多孔、疏松的岩石组成，钻探设备往往是车载钻（图9.2）。螺旋钻通过旋转螺杆带动钻头，钻入相对较软的岩石或者土壤层。当螺杆转动时，它将钻屑从钻孔中送出来。这样的方法通常可以在较短的时间内（几个小时或者几天）钻达几百英尺的深度。这些设备的钻孔尺寸可以小到7cm（3in），大到25cm（10in），需要根据系统的设计和具体应用选择。

在岩石坚硬的地区，使用钻井设备是必要，它可以穿透这些坚硬的岩石。有一些钻探技术是可以替代的，这要取决于钻孔的尺寸、深度以及项目的预算。所有的钻井方法都是在钻柱的末端将附近的岩石粉碎，并在此过程中将其挖掘出的方法。然而，用来粉碎岩石的具体技术差别很大。

顿钻技术通过反复锤击来粉碎岩石。该方法是将钻头和钻柱连接到钢丝绳上，通过钻机反复地提高和下降，使钻头在井底冲击岩石。另一种方法是使用机械装置连接到钻头，反复地手提钻冲击岩石。这样的系统通常由气体驱动。高压空气流通过气孔去除岩石碎片和灰尘。冲击钻用于相对较浅的孔。旋转的方法一般都是用在较深、尺寸较大的井。

金刚石钻头

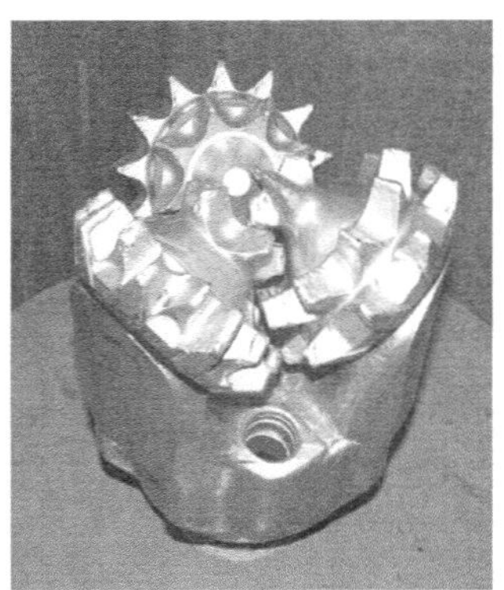

三牙轮钻头

图9.3 钻井用钻头

旋转式钻井技术是指通过使用承受载荷的旋转钻头对岩石施加压力来破碎岩石。一些钻头用具有硬化齿的滚刀来粉碎岩石，还有一些钻头用碳化钨或钻石镶嵌的表面研磨岩石（图9.3)。滚刀钻头通常用于较软的岩石，如果齿刀足够应付岩石的晶粒尺寸和硬度，也可以用在坚硬的岩石上。对于不适于滚刀钻头的坚硬的岩石，通常使用金刚石钻头。这些钻头有各种各样的大小和配置能够影响钻井液在周围的流动速度、作为施加压力函数的磨削速率以及其他变量。

9.2.2 钻井液和循环体系

一旦被破碎，岩石碎片和灰尘会被高压气体从钻孔中吸走，或者更为常见的是，通过循环的钻井液带出钻孔。液体通常沿着钻杆向下注入，并通过套管返回到地表。反循环时，流体沿着套管并固定钻杆，在这种情况下，钻井使用的材料是特殊的颗粒物。

完整的钻井过程离不开钻井液。虽然没有什么特别之处，但是钻井液（通常称为钻井泥浆，因为它是由水和黏土组成的）可以为钻井提供经济、稳定、良好的环境，其中一个功能是带出钻头破碎的岩屑。在钻井过程中如果不将岩屑去除，那么研磨这些岩屑会造成能耗的不必要浪费，而且最终将堵塞钻孔。清除岩屑的过程中，在高压下岩屑通过钻井液输送到洞口（钻杆或套管）循环回到地表。钻井液也起到了润滑功能，可以减少钻杆和钻孔壁之间的摩擦，以及还有润滑钻头的作用。这样减少了钻杆和钻头的磨损，同时减少了驱动钻头旋转运动的能量。

钻井液稳定了钻井并且作为一种屏障使井孔与其外界的环境相隔离。这些功能是特别重要的，需要仔细考虑钻井液使用的类型。如果在钻井过程中考虑到其中的物理和地质环境问题的重要性，这是值得赞赏的。

在地球表面的任何位置上发现的岩石代表了数百万年的地质过程的结果。具不同化学成分和物理性质的岩层彼此紧密相邻。随着时间的推移，应力从不同的方向强加在不均匀多种物质上，这些作用的综合结果就是在不同的深度以最大和最小的应力使这些物质固结成岩。当水从表面渗入时，水文系统将会改变，从而形成一个或多个含水层，每个含水层都有其自己的流速、补给率和流动的方向，这是相互作用过程的总和。

在这样一个地质系统中进行钻探将会扰乱当地的受力平衡及受力过程。一个可能的结果就是质量差的材料可能导致井壁坍塌，造成钻井工作的失败。还有另一种可能是剥落，岩石在压力下可能从孔壁上剥落成一片一片并进入钻孔，从而降低钻杆的稳定性或者堵塞钻柱。在多个含水层情况下，很可能它们将具有不同的组分。

通过钻井可以将不同含水层交互贯通，如果某个含水层为饮用水源，这种情况可能会导致引用水源的污染。最后，钻井的目的是为了获得受控体积或质量的地热流体，同时将钻井与周围环境隔离，防止不必要的水进入钻孔或地热流体从钻孔中逃离。钻井液的使用是解决这些问题的重要手段。如何实现则反映了钻井液的工程性能。

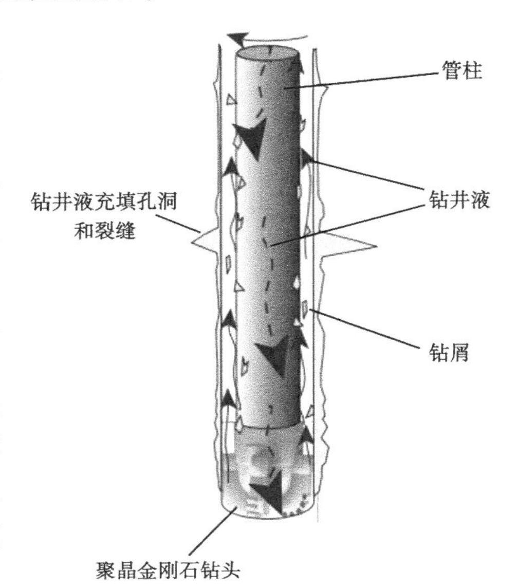

图 9.4 旋转钻杆和钻井液流量

浅灰色带表明钻井液渗透到周围岩石中的程度。虚线箭头表示干净的钻井液流到位，实线箭头表示钻井液流动携带岩屑到地表

9.2.3 钻井液的性能

为了满足上述需求，钻井液必须足够流畅流过钻杆、围绕钻头并返回地表（图 9.4），并且

还要有足够的黏性以防止钻屑沉降到孔底。与此同时，关键的一点是钻井液沿着井壁形成一种完整的、似凝胶状的机械防渗层，直到散布于围岩中的狭窄区域。一种物质如果能够流动且在机械扰动下保持固体或凝胶状的特性，将这种物质称为触变材料。大多数钻井液具有触变特性。

钻井液中最常用的材料是一种由水+黏土浆和各种添加剂混合组成的混合物。具有较高比例的蒙皂石黏土混合物比较好，这种混合物通常被称为膨润土。膨润土是一种在自然地质环境中形成的较软的岩石。膨润土是各种黏土矿物的混合物，其主要特点是具有较高含量的蒙皂石。

黏土矿物是由两个硅原子、四个氧原子（四面体层）或铝原子与六个氧原子（八面体层）组成的分子层。这些分子片与各种阳离子结合在一起（主要是钾、钠、钙和镁离子），并以不同的方式堆叠。水分子占据了表面空间。不同的黏土矿物具有不同比例的阳离子，不同的堆叠方式形成了四面体和八面体结构，并在这些结构中含有不同量的水分子。

蒙皂石黏土的含水量对矿物的物理特性有重要影响。水很容易通过反应从蒙皂石结构中加入或除去：

$$(\mathrm{Na},\ \mathrm{K},\ 0.5\times\mathrm{Ca})_{0.7}(\mathrm{Al},\ \mathrm{Mg},\ \mathrm{Fe})_4[(\mathrm{Si},\ \mathrm{Al})_8\mathrm{O}_{20}](\mathrm{OH})_4\cdot n\mathrm{H_2O}\Leftrightarrow$$
$$(\mathrm{Na},\ \mathrm{K},\ 0.5\times\mathrm{Ca})_{0.7}(\mathrm{Al},\ \mathrm{Mg},\ \mathrm{Fe})_4[(\mathrm{Si},\ \mathrm{Al})_8\mathrm{O}_{20}](\mathrm{OH})_4\cdot(n-1)\mathrm{H_2O}+\mathrm{H_2O} \tag{9.1}$$

蒙皂石中含水量最小的称为脱水蒙皂石，而水合蒙皂石在其结构中拥有最多的水分子。黏土中含有的水对黏土分子的大小有很大的影响，黏土越多，其摩尔体积越大。蒙皂石黏土在完全水合状态下能够保持其结构中最大量的水。当它们吸收水分时，它们明显膨胀。水合蒙皂土比干蒙皂石的体积可以扩大10~20倍。

这种特性加上较低的抗剪强度，使其成为理想的钻井液，百分之几的蒙皂石加水使钻井液具备足够的黏性来夹带岩屑。如果不受干扰的话该方案液体呈凝胶状。

加入这种混合物使钻井液整体密度增加，使它可以取代进入钻井的任何流体。通常使用重晶石，这是一种高密度的硫酸钡矿物。还有许多有机化合物，它们的配方很多是未知的，因为它们的配方专有特性信息掌握在制造商手中，这些信息被添加用于改善流动性、热稳定性、黏度或其他属性。

当该溶液进入岩壁的孔隙时，它不再受注入流体的扰动。因此，它成为凝胶状，作为固定的机械屏障，防止井壁的垮塌及阻止与周围环境的流体交换。在一定程度上，这种钻井液渗透围岩的程度将取决于当地的渗透性，变量是很大的（图9.4）。凝胶的机械强度足以将松散的材料保存在围岩中，同时也能减少墙体坍塌的概率。

偶尔，也会遇到裂隙非常发育的岩石。如果裂隙区范围足够大，且其渗透性足够高，钻井液会优先流向裂隙，而不是下面的孔。这样的情况，会失去循环中的钻井液，可能会是一个严重的问题。要通过各种手段去密封，通常方法是通过注入大量的钻井液或者改变钻井液的配料。当然，这种方法是昂贵的。因此，每一次钻井都要尝试找到合适的钻井液成分来密封渗漏区。

9.2.4 完井

一旦开始钻探，必须以一种有利于应用的方式完成。如果钻井是用于闭合的地源热泵系统，环路或管道的环路被放置在钻孔中，然后对该孔灌水泥浆。灌水泥浆是将永久性的材料放置在钻孔中，以保持它在钻探过程中的密封性和稳定性。灌水泥浆还起到隔离钻孔与周围环境的作用，从而防止钻孔之间化学物质或污染物与当地含水层的交换。

灌水泥浆的另一个作用是在某个地区内具有防治多个含水层之间的物质交换，使钻孔在不同的深度不能形成通路，这样一个含水层受到污染后不会污染其他含水层。最后，地源热泵应用是很重要的，灌水泥浆有足够的热导率以促进封闭管道之间的传热，这样井壁与地质环境会形成强大的束缚来防止循环水沿井壁渗漏从而降低传热效率。

如果钻井的目的是为了获取地热水用于水产养殖、地热温泉、温室或其他直接利用方式，为了保证井的持久性和保护设备，衬垫或者套管可以放置在钻井中，如管道、泵和传感器等。

水泥浆由多种混合物组成，这些物质混合在一起泵到某个地方会变硬。各种水泥、混凝土或者特殊的膨润土等混合物通常混到一起。这些水泥浆的优势在于其渗透率比围岩低得多，从而保证钻孔与环境物理隔离。

9.2.5 环境问题

已经讨论其重要性，一次钻探一旦完成后，它要保持与周围环境隔离，尤其是当钻井穿透含水层时更要注意。需要密切注意井壁是密封的，在适当的情况下，灌水泥浆或下套管要合理和完整。

此外，在钻井过程中如果需要钻井液的时候，也需要在钻机设备旁边有一个钻井液池。这个钻井液池是用来保存混合钻井液的，这些钻井液泵入井中降低温度，清除岩屑以及密封孔壁。从井中循环出来的钻井液也要泵入这个钻井液池中。在钻探完成时，这个钻井液池应该处理掉以免破坏当地的环境。如何实现和满足当地法规的要求将取决于有管辖权的监督管理机构，在某些情况下，这个费用会比较高，因此必须考虑进项目成本预测。

9.3 地热流体的开发

在任何项目中，钻井用于发电对环境都是有影响的。地热钻井的深度和机械挑战与石油天然气行业类似，因此可以从石油天然气行业进行技术借鉴，在钻穿地热储层时需要特殊考虑，首要解决的挑战是高温高压流体、地质环境以及共存流体导致的化学腐蚀。必须直面这些挑战，首先常规性的描述钻井技术，然后描述特定的问题并且必须解决，以完成一口地热井。

9.3.1 钻井设备

能够安全有效地在可能遇到地热的环境中进行钻井，需要精细的、先进的能够处理突发事件的钻井系统。钻井平台的大小根据钻柱对平台可能施加的压力大小决定。因此，钻井平台的大小要根据井的深度而定。所需的功能可以通过考虑 6000m 深的井获得。然而值得注意的是，目前大多数地热系统达不到这一深度。可能 EGS 会追求一个持续的形式，然而，这样的钻探能力是必须具备的。

钻井延伸至 6km 给钻井平台施加的压力超过 350000kg。这个质量主要是钻机控制的钻杆以及取回钻杆时的重量。因此，钻机的结构必须能够支撑负载力。此外，该钻机系统必须能够适当的控制钻头上的负载以达到高效的钻速，最后，由于整个钻柱必须驱动钻头旋转以向下钻进，钻井平台能够用于钻柱的扭矩的力达到 43500N/m。这样一个系统的功率要求大约为 4.5MW。

所有的钻井平台都有一个在钻探过程中用于起重钻杆的部分，在起下钻杆的时候让它固定以及提升和下钻等各方面工作的钻塔（通常是 6.1~9.1m 高）。不同的钻机，采用适当的扭矩以使得钻柱带动旋转钻头。

有些钻机设计一个转盘向钻柱施加扭矩。转盘位于钻井平台或地板处。转盘是平台的一部分，夹持在钻柱上并以特定速率旋转钻杆。其他钻机通过所谓的顶部驱动装置来施加扭矩。顶部驱动装置耦合到钻柱末端，并在下降到井中时施加扭矩。两者都可用于地热行业。

为了能够顺利取出岩屑、冷却钻杆和钻头并提供润滑，钻井液的体积要求必须有容纳最低约为 135m^3 的能力。显然，该系统还必须能够泵送该体积的钻井液以保持流动。对于进入地热系统的井，钻井液循环系统中通常包括钻井液冷却装置，因为从井底返回的钻井液会很热。再循环热泥会减少钻井液的冷却能力，降低钻头寿命和钻井速度（ROP）。

这些系统通常模块化组件，可以相对快速安装和拆卸。这些系统不是装在汽车上的完整钻井系统，而是现场组装的是临时的复杂工程结构。

9.3.2 围压和岩石强度

当钻井深度超过几百米时，必须考虑的一个重要影响是岩石的强度随围压的增加而增加。图 9.5 总结了岩石的断裂强度随围压的增加而增加。断裂强度是衡量一个完整岩石被压裂之前所必须经历的一个过程。该参数提供了一种可用来测量钻头钻到地下困难程度的方法。两个现象在图中尤为明显。首先，岩石类型对岩石强度有很大的影响。其次，随着围压的增加，岩石的断裂强度增大，但岩石类型的不同则断裂程度不同。地下环境中的地质情况是复杂的，不同类型的岩石组成的夹层，钻探效率会有所不同，所需要的钻井能量也会有所不同。

当考虑钻井速率随岩石类型和围压增加而变化时，这种变化对岩石强度的影响是明显的。图 9.6 显示钻井速率受岩石类型和围岩影响的例子。需要注意的是，钻井速率在一个相

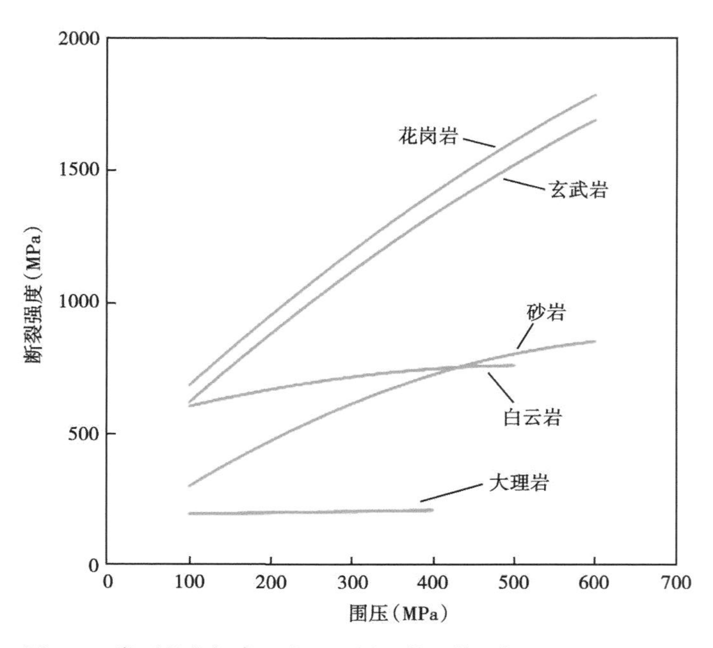

图 9.5　岩石强度与岩石类型和围压的函数（据 Lockner，1995）

对较短的深度间隔可以减少近90%，其中大部分变化发生在第一个15MPa（约500m）的压力范围。在安排较深井的钻井作业时，必须考虑这种影响，把50%的时间来完成井底10%~20%的工作量是不合理的。

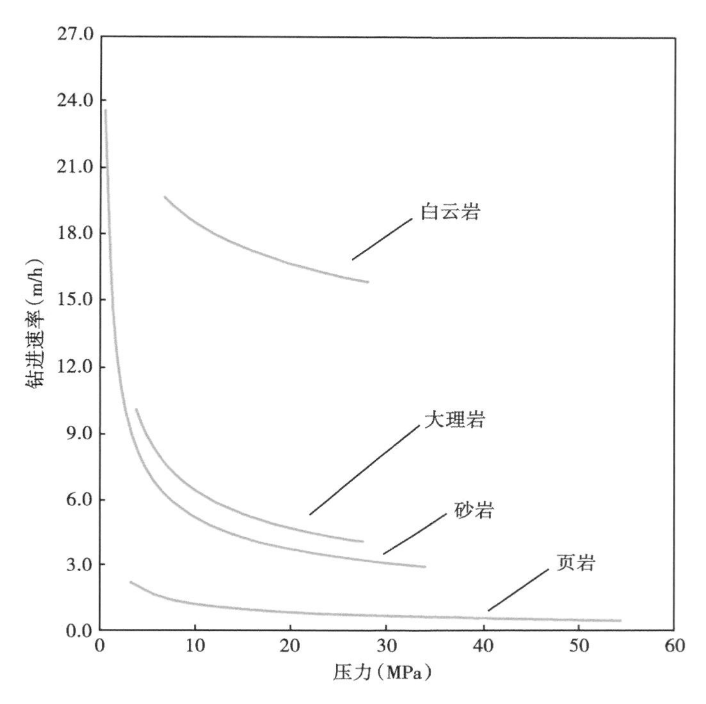

图9.6 钻进速率与围压关系曲线（Black A. 和 Judzis A.，2007）

一种用来完成深层钻井的技术是增加钻头的重量，这将直接转化为施加到岩石上更大的力量，用于克服岩石的强度。图9.7显示ROP在负载变化下如何进入岩石中。钻进速率可以通过增加负载提高两倍。因此，图9.7也强调了影响钻进速度另一个关键点，就是用于钻井的循环流体的性能。

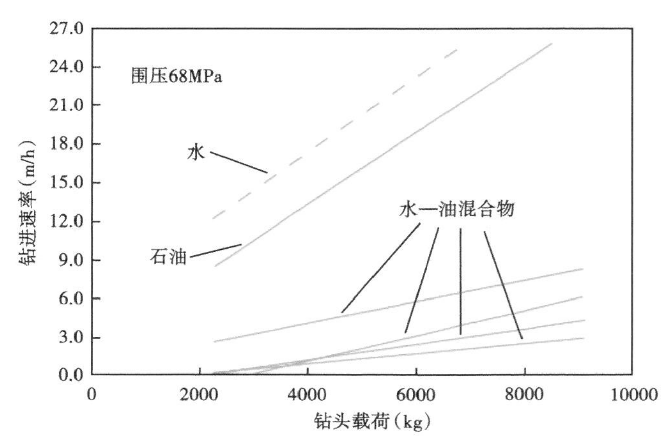

图9.7 钻进速率作为钻头和钻井液载荷函数（据Black和Judzis，2007）

围压数据为68MPa，由实验室获得，岩石为砂岩在图9.7所示的实验研究中得到的最高的钻井速率是使用水作为冷却剂。然而，水不足以清除钻下来的岩屑，需要有更高黏度的液体。在研究中，用了水、石油和其他物质混合的液体。该图强调了选择钻井液的重要性，这将直接影响钻进速率。然而，选择钻井液仍是一个挑战。

岩石强度同样影响到保持预期目标的能力。在垂直钻井中，出现一些意外偏差并不少见。由于岩石固有的非均质性，可以发生亚米级岩石强度的变化。这种非均质性对钻头性能的影响可以通过由于压裂而被破碎的岩石来鉴别。当钻头钻遇这样的区域时，井中正在钻进的一侧的岩石强度会比其他区域的小。如果强度的差异是显著的并保持一段距离，那么钻头会自然朝向更容易钻进的区域，结果就是钻井随着深度增加而偏离原来方向。这种影响的幅度可以是相当大的，可以偏离计划方向达几米甚至几十米。钻进速率的改变、钻杆磨损以及其他的指标能够提示司钻是否发生影响。在严重的情况下，井下测量用来确定钻进实际方向与深度。然而，这些都是费时费力的过程，因为它们迫使钻机在一段时间内停止作业，才能对井下进行测量和评估。因为这个原因，在装载钻头时要注意，因为超重会导致位置的偏离。

9.3.3 温度与钻井液的稳定性

虽然标准的钻井液在市场上可以买到，也能够适应很多钻井应用，但如果超过200℃的温度，标准钻井液的性能就会受到影响。所遇到的问题包括降低可塑性、絮凝（影响黏度）和收缩。这些影响的原因反映了黏土矿物的热稳定性和化学稳定性。

考虑蒙皂石的脱水反应，很明显，这种反应对温度很敏感，因为反应的右边有较高的熵化合物和水，作为一种产物，高熵相都受到高温的青睐。如果该反应按照书面上的书写，水要从矿物结构去除，该反应是一个脱水的反应。由于蒙皂石结构中存在多个水分子，随着温度的升高，多次脱水会影响蒙皂石的矿物相。图9.8显示通过实验确定蒙皂石脱水反应两个

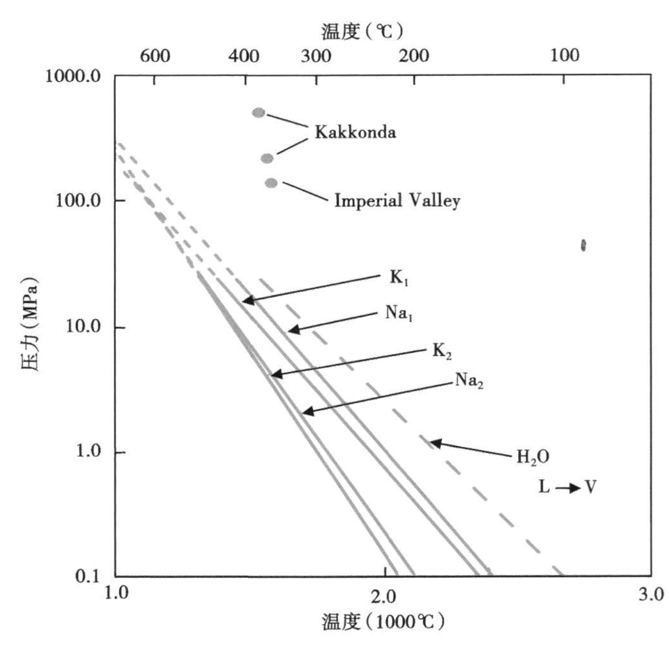

图9.8 确定蒙皂石脱水反应条件（据Zilch等，1991；Saito和Sakuma，2000；Van Groos，1986）

K_1 和 Na_1 指示最大压力、温度条下件富钾、富钠蒙皂石第一次脱水反应 K_2 和 Na_2 指示分子的第二次脱水反应各自相应条件的最大 p—T 条件

主要条件为最大压力和温度。同时，也表明是纯钠和纯钾蒙皂石的区别。图 9.8 表明，在给定的压力下，脱水反应的温度会发生超过 50℃的变化，这要取决于组成成分。

野外经验证据显示，天然蒙皂石和天然膨润土在温度低于实验（如图 9.8）脱水的温度时，其性质可能会发生改变。这种行为反映了几个方面的影响。其中大多数蒙皂石的结构比方程（9.1）所示的更为复杂。结构中阳离子的相对比例可能会显著的不同，导致反应中端元组成的热力学活性减少。总的结果是相对于反应物矿物，产品固体矿物的活性显著降低，这将使反应转变为比图中所示更低的温度。

此外，钻井液中其他组分无论是天然的还是合成的，性质都随温度而变化。因此钻井液的低温特性使其不能应用于很多高温地热系统中。

为了克服这些问题，一种方法是利用钻井液冷却系统，即钻井液在再循环进入井之前被冷却这些系统通常使用热交换器除去返回钻井液中的热量。然而，这样的系统增加了钻井作业的成本。

虽然钻井液的循环冷却给钻井过程带来许多好处，但并不是没有风险的。关于使用钻井液的重要的因素是其可能会减少或消除岩石允许液体流动的能力。对于地热井，这可能是一个严重的问题，因为钻井的目的是允许热的流体流入到井中以输送到地表或将流体重新注入以补充地热系统。减少或消除渗透性会造成流量的减少或损失，如果这种地层结构被破坏会危害到地热钻探的成功。如果地层结构发生破坏，各种能够降低渗透性的材料将会被运用以消除破坏所带来的影响。高流速、流体组成的变化、冲洗和化学添加剂等溶解材料是减少地层伤害的有效方法。

这些影响导致对钻井液新配方的广泛研究。各种聚合物和其他材料被考虑用于高温下使用的钻井液添加剂。这一领域仍然研究比较积极且充满商机。

9.3.4　套管和灌水泥浆

地热井在深处产生高流量的高温流体。地热井通常穿过较浅的含水层。为了防止冷却水或热流体泄漏流出井外，以及保持钻井的长期稳定性，钻井通常需要下金属套管。此外，许多地区油井的流体压力高于静水压力，通常会导致地热流体溢出井口。为了防止高压将钻杆举升出地面以及有足够强的支撑结构维持管道在钻井中的地方弥撒，就需要一系列逐步递减大小嵌套的套管被灌水泥浆或胶结到位作为生产井管的支撑。

图 9.9 显示了 5000m 井两个不能的下套管方法的实例。钻井过程包括钻一系列较小直径的孔。每个钻孔的钻头都超过该套管的直径，并且在钻下一段之前套管被灌水泥浆。

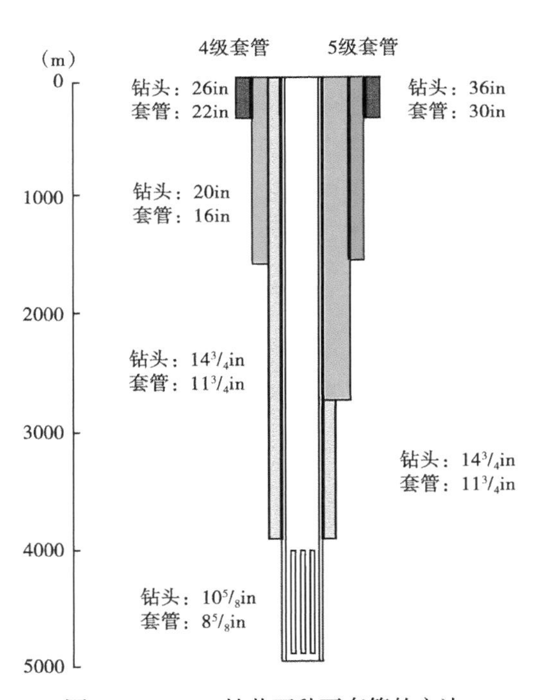

图 9.9　5000m 钻井两种下套管的方法

套管显示为黑色的线条，与水泥浆区表现出不同的颜色

例如，在所示的 4 种套管方法中，第一段将使用 26in 直径的钻头钻到几百米的深度。一旦

钻到此深度，钻杆将被取出，从 22in 的套管。在凝固前，使用 20in 直径的钻头将水泥浆注入到 2in 的环形外壳中。继续下一阶段钻探，直到最终达到目标深度。

灌水泥浆或固井过程中应注意，不达标的水泥浆与套管或围封的岩石粘结，可导致井眼周围的流体流动。此外，不良的水泥浆会产生空隙及强度不够，最终导致套管由于腐蚀或机械故障而损坏。如果给钻井加压用于测试或激发，都会加剧这些情况的发生，该钻井会泄漏或被流入的冷水污染。这样的失败会严重影响一个地热井的产能，最终导致该井返修或报废。

一口井是否需要下套管取决于岩石的完整性。具有高强度且没有强裂断裂的岩石，通常不用下套管。这样的井是非常稳定的，并将保持其寿命期间的完整性。然而，如果这口井钻在高度断裂或其他物理性质不稳定的岩石，则需要通过使用各种类型的衬垫来提供稳定性，使岩石不会崩塌，但允许流体流动。开槽或穿孔衬垫通常用于这种情况下。如图 9.9 所示，有一个开槽衬垫的例子。

9.3.5 封隔器

封隔器是一种用来处理打钻时遇到的诸多问题的一种装置。当以下问题出现时，这种封隔器可以用来密封钻井的一部分。如果在打钻的时候发现钻井内多个区域存在潜在的有利或有害的属性，这个时候可能最好的办法是隔离这些区域并测试其各自的性质，或者是密封钻井特定区域的裂隙，或者是用来提高钻井特定位置的渗透性。总之，封隔器可以处理以上出现的诸多问题。

作为封隔器必备的一些性质：由于封隔器可以放到钻井内，所以它的直径要小于管子或钻井的内直径；它也必须可以膨胀或者以某种方式扩张它的直径用来在钻井的特定位置密封住各类孔洞；同时，它还应该能够填充该孔洞或钻透它；或者当问题被解决后能够缩小自己直径。已经存在一些特定的设计用来解决以上出现的问题。

最经常使用的是一种可以伸缩的封隔器，这种装备的主要组件是由弹性材料做成的气囊。这种装置可以深入钻井内，然后使用高压流体驱使其伸张以用来密封井壁。一旦放置后，可以作为一种屏障用来阻碍井内上下物质的流通。放置多个可伸缩性的封隔器可以让各个分段被分别隔离。

可伸缩封隔器已经被广泛应用到石油天然气工业中用来激发和改造钻井内的特定区域。这种激发是通过一定的方式增加钻井内所选井段的渗透性，通常的做法是通过隔离这些区域并在一定的压力下注入液体。如果该岩体具有一些天然的但已闭合的裂隙，这些裂隙一般在刺激过程中会滑脱并重新张开。这个过程也叫水力剪切，用来增加裂隙的渗透性。在一些例子中，一些完整的岩石当其破裂强度被水压超过时，就会生成一些新的裂隙，这个过程称为水力压裂。在一些情况下，这种激发方法需要将注入的液体停留在要操作的区域。可伸展的封隔器目前是用来实现这一目标的主要常规手段，因为一旦该过程结束这些注入的液体就可以很容易除掉。

封隔器在冰岛得到成功地应用，以激发低温（<100℃）地热采暖系统。在这种情况下，使用约 15MPa 的压力，实现了 15~100kg/s 的注入速率，其结果是区域供热系统的流体流量从 300L/s 提高到 1500L/s（Axelsson 和 Thóórallsson2009）。

但是，在封隔器中使用的弹性材料通常不适用于 225℃ 以上的高温。随着地热井进入更深层次，提取更热的流体，就需要开发新型封隔器。当前，可膨胀金属封隔器和可钻式封隔器已经得到不同程度的开发（Tester 等，2006）。这仍然是一个重要的研究课题。

9.3.6 井漏

多次强调过，钻井需要不停地注入钻井液来冷却钻头、润滑钻杆以及清除钻削。由于这些原因，需要严格控制流体注入和排出井内的速率，如果出现钻井液排出的速率低于注入的速率，这意味着一部分钻井液渗滤到了围岩中的渗透区。这种情况一般会发生在高度裂隙化的岩区，或者高孔隙化的区域。这两种情况可发生在钻井的任何深度和任何条件下。如果钻井时高渗透区没有被密封住的话，钻井液的漏失可能是一件灾难性的事件，有可能导致钻井工作的停止以致钻井被遗弃。

至于密封这些区域的措施有多种。在有些情况下，增加钻井液注入的速率会使这些裂隙最终被填满，这样钻井工作才能继续。在有些情况下，由于裂隙网非常发育，以至于增加的钻井液不足以充填孔隙，在这种情况下，可以将其他物质混入钻井液中并注入井内。这些物质如：块状苜蓿、颗粒煤、柴油以及锯末，或者其他已经试验过的可以堵塞裂隙的材料。在这种情况下，相比于钻井被废弃产生的损失，即使没有成功的把握，这些努力也是值得的。

9.3.7 防喷设备

地热流体可以是一种高温高压的液体。在某些情况下，还混有有毒的或易燃的气体。为了防止在地热钻井时这些流体突然被释放，爆裂防喷设备（BOPE）是必备的。装备这些设备所需的条件在不同的地区也存在差异，但是 BOPE 在以下情况下需要装备：如果该地热资源区首次打钻，或者该地区存在一些已知的因素，预知到一旦装备出问题将会导致危险的状况，则需要装备 BOPE。图 9.10 显示了该装备的主要组成部分，柱塞是防止液体流动的主

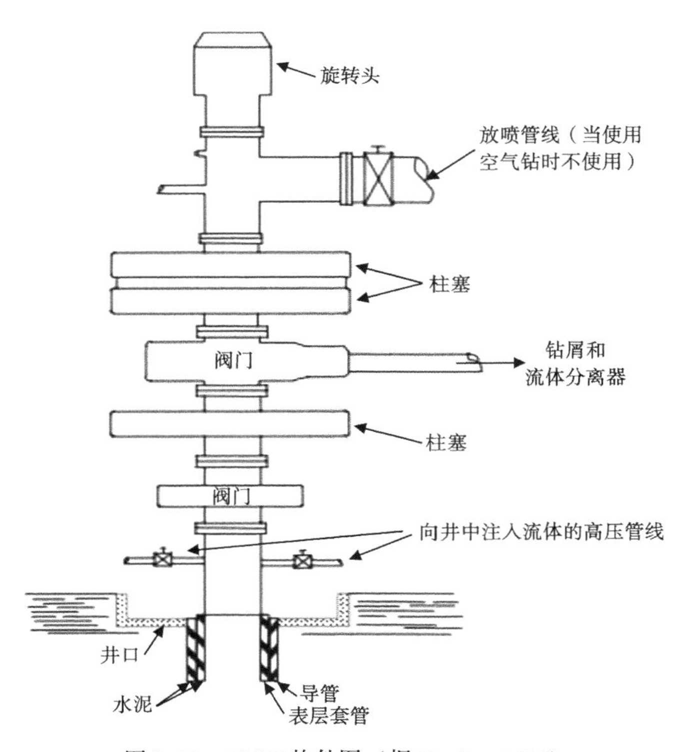

图 9.10 BOPE 构件图（据 Wggle，2006）

要装备。它们由钢板和切割器组成，可以压接或切断管道并阻止液体在高压下流动。BOPE在固井后就要马上安装。

9.3.8 定向打钻

在20世纪70年代以前，几乎所有的工业钻井都是垂向的。但是打钻时钻孔偏离垂直方向一定角度的优点也是很明显的。一个重要的优点是当钻井最初垂直打下去，但是后来在适当的引导下将打钻方向在特定的深度偏离一定的角度，这样可以大大增加管道的长度并有可能多采出一些地质资源。另外，一个钻井垫可以在多个钻井中来引导偏离的方向，所以采用这种方式可以大大降低所占用的土地面积。

在20世纪70年代，石油和天然气行业开始开发受控条件下倾斜钻探工具。这种定向钻井水平钻探能力可达几千米（图9.11）。这样做主要依赖于几方面的技术发展。它也充分验证了这个事实，即钻杆由钢管组成，它是非常灵活的，可以延伸数百或数千米。

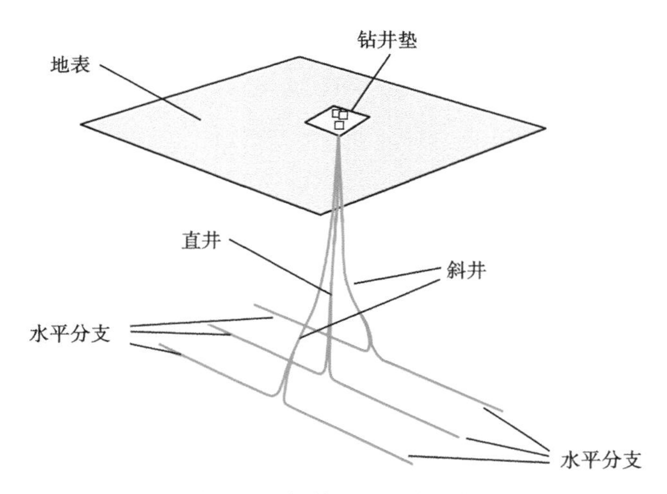

图9.11 斜井和定向井示意图

有一口直井和两口斜井，三口井的每一口都有两个相背方向的水平分支

定向钻井技术的一个重要发展是井下钻具的发明。该井下钻具由一个钻头组成，其中，切削辊或其他切割元件通过钻杆末端钻井液的高压侧流来驱动旋转。该系统不需要以与钻头切削辊相同的速度旋转整个钻杆。钻头切割组件与钻杆有2°的倾斜。这会迫使钻头在孔的一侧切割，从而使其偏离。通过控制钻头切削组件的方向，以及与钻杆不同的旋转速度，就可以在任意方向逐步钻进。

最近，已经开发出可以实时旋转钻头三维转向的电动机。这些旋转导向系统能够更准确地针对特定的深度和区域。这些系统具有通信能力，钻井时可以控制位置、方位、深度和方向。目前，斜井曲率可高达15°/30m，转化为90°曲率的距离不到200m。

使用定向钻井可以增加20%或更多的成本。然而，产量的增加通常可以远远超过这些费用。自2010年以来这种的成本—收益加上准确性，远程实时定向钻井为企业带来了巨大的增长。

定向钻井不但在石油和天然气工业得到发展，它也成为地热工业的标准。然而，如上所述，地热系统的高温对设备、流体和操作系统是一个挑战。高温设备故障率高，增加了钻井的风险，但在很多情况下，其效益仍超过了一般的钻井。即便如此，定向钻井和水平井仍然是一个昂贵的挑战，尤其是在更高的温度下射流钻井液仍是驱动钻头的主要手段。

9.3.9 取心

虽然花费很高，但是勘探中的钻探取心是获取岩石信息的一种重要方法。取心通常是通过钻削较小直径的孔，并使用特殊的中央有空隙的钻头（图 9.12）。钻头的切削单元切下岩石并保存于中心柱中。通常情况下，取心是在几米到几十米的地方，这取决于所使用的设备。在适当的时间，停止钻机并将岩心带出地表。

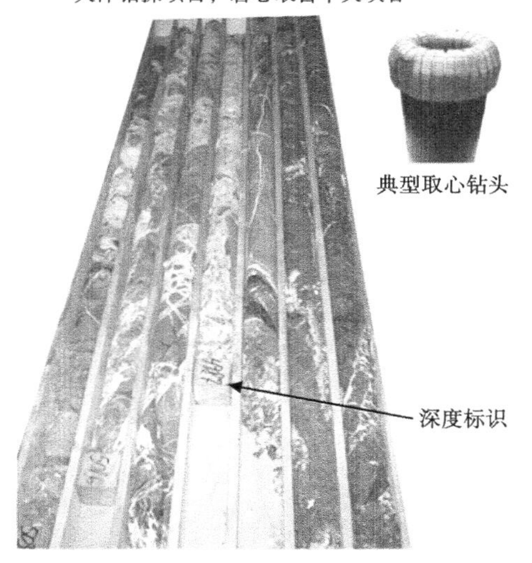

图 9.12 从大洋钻探项目获得岩心
（图片由 Robert Zierenberg 提供）
岩心箱显示核心岩心在钻井中的位置。
右边是取岩心的钻头，中间的孔用来取心

9.4 小结

地热中的钻探需要严格确保对当地环境的保护，特别是确保钻井从其穿过的环境分离出来，并将钻井点恢复到可接受的状态，并防止有害化合物的泄露。对于 GHP 和直接应用的钻井通常要比用来发电的钻井深度更浅。前者通常螺旋钻系统（如果土壤条件允许）或者使用旋转钻系统。通常用于水井钻井的相同设备也可应用在上述这些情况当中。发电钻井对于工程的要求更高，需要更加庞大的钻机将几千米的套管安置在恶劣条件的井下。因为极端的温度和压力条件，使得设备性能和操作问题变得非常具有挑战性。然而，石油天然气行业的技术转让允许引进和成功使用定向钻井，增强钻井液和轨迹监测等。这些成功需要开发更加强大的井下设备，特别是封隔器、仪表和能够承受高温的钻井液。

9.5 案例分析：日本 Kakkonda 地热场

Kakkonda 地热场大致位于日本东京北部 500km，它是最浅的高温地热区。它位于东北部的火山活动区，这是西太平洋地区太平洋板块俯冲带的一部分。该区域的承压类型与 Brophy 类型系统一致。在 Kakkonda 区域，11 万~24 万年间的年轻花岗岩（Doi 等，1995；Matsushima 和 Okubo，2003），侵入该区域 3km 深度内并提供巨大的热量。

在该区域已经钻探超过 70 口地热井，井深大多在 1000~3000m。温度分布作为深度的函数是变化的。该地区自 1978 年开始生产电力，现在该地区已生产超过 70MW 的能量（Matsushima 和 Okubo，2003）。

为了更好地描述天然地热资源，并且为了验证各方面的钻探技术与战略，1994—1995 年布置钻探了 WD-1 井，目标深度 4000m。采用顶部驱动钻机技术，配置钻探过程中的钻井液冷却系统。

之前的钻探表明在这种环境下可以遇到很多具有挑战性的情况。下文将讨论，该钻探过程。

钻探开始于 1994 年 1 月 5 日，是在 1992 年与 1993 年钻孔的基础上重新钻井。计划设计五个管套，与图 9. 9 描述的相似。深度、钻头直径和安放套管的直径参考图 9. 13。

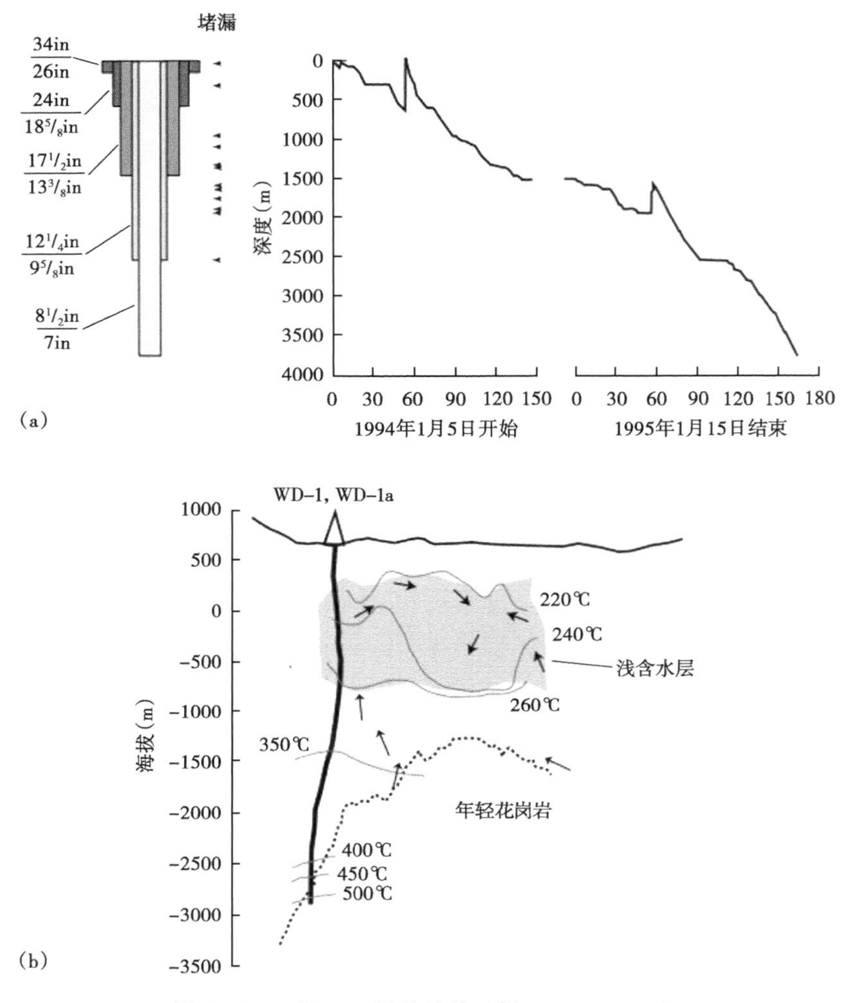

图 9. 13　Kakkonda 地热钻井（据 Uchida，1996）

（a）WD-1 和 WD-1a 井。左图表示钻头直径套管。右边的箭头表示循环的位置。右图为钻进深度与时间的函数，钻井开始于 1994 年 1 月 5 日。注意，钻探于 1994 年 5 月中旬停止，于 1995 年 1 月 15 日重新开始。1995 年 7 月 6 日深度达到 3729m。（b）通过该地区钻井横截面。图中显示年轻热花岗岩（虚线）的位置，广义流场（粗箭头表示已用来地热发电资源的浅含水层推测流动模式；细箭头表示高温流体推断的流动路径），等温线（有温度显示的灰色线）及 WD-1 和 WD-1a 井的位置

之前该区域的地热井钻探经验告诉我们该区域火山岩相当的破碎。由于这个原因，预期井漏将会是深部钻探巨大的挑战。需要特别关注的是浅层地热储层的存在。事实上，前 2000m 井漏是巨大的挑战，最终水泥成功的隔离了其中许多区域，但因为这个原因在大约 1695m 时不得不改变钻井轨迹。

在这个区域由于破碎带井漏最常见，每天钻进只有 6. 7m/d。在破碎带之上，钻进效率是 18m/d。虽然“正常”条件下的普遍经验表明，50%的成本和时间将完成最后 10%～20%工作量，该实例表明这样的经验法是有条件的。

钻探预期在 3000m 深的时候遇到高温地热储层，尽管在这个深度钻遇温度超过 200℃，但是没有达到预期的高温，所以钻探继续。

在 3350m，在钻井液中发现 CO_2 含量升高。含量升高的 CO_2 会对健康有害，需要加以控制。在钻井液中添加石灰来降低 CO_2 含量，意图用碳酸钙来捕获 CO_2。这种努力似乎成功了。

在温度超过 3451m 时，为了更换钻杆和钻头而将钻井泵停止泵送时，钻井液由于高温而退化。为了解决这个问题，钻井液密度降低至 1.1g/cm^3，预计这种较低密度和较高含水量的钻井液将提供额外的时间，以便在钻井液退化降解之前更换钻头。然而在 3642m 之后，硫化氢含量在钻井液中变高了。硫化氢可危害钻井人员的健康，对其含量的控制是至关重要的。似乎二氧化硫将要从地层进入井中，需要增加钻井液密度来将井与地层流体密封。然而，井下的高温使得高密度钻井液钻井变得艰难，钻井终止于 3729m。

钻井后定期进行井下调查。发现 6 天后井底的温度高达 500℃，是当时测得的最高地热井温度。

通过 Kakkonda 钻井工程为钻探这类系统提供了重要的经验。总的来说，钻井技术，包括定向随钻监测技术、顶部驱动技术和电机驱动定向控制技术，可用于诸如高温场的钻井系统。然而，从这种经验还可以看出为了开发适应井内高温环境的钻井液，以及能够长时间运行在这些恶劣环境中的钻井设备，仍有很多工作要做。

问　　题

（1）钻井液的用途是什么？什么因素能影响钻井液的性能？

（2）如果你雇用了一个浅钻队伍，你会提什么问题以确保他们是有经验的、有信誉的钻探队伍？

（3）钻井液最主要的成分是什么，这些成分的作用是什么？

（4）发电的时候，需要解决的环境问题是什么？对非电力应用是什么？

（5）什么是封隔器，它有什么作用？

（6）为什么一个深层地热井的成本比石油和天然气的价格要高出一点？

（7）如何确定需要多长时间才能钻到指定的位置？解释为什么随着钻探的加深的层渗透速率会降低。

（8）定向钻探如何影响地热区，是否会被认为是一个储备？

（9）使用图 9.13 中的信息，绘制温度与深度图。最陡的地温梯度是什么？最浅的？在什么样的深度这 2 个梯度可达到 650℃？这些估计是可靠的吗，为什么？

（10）为什么高温对钻井液是一个问题？

参考文献

Axelsson, G. and Thórallsson, S., 2009. Stimulation of geothermal wells in basaltic rock in Iceland. *IPGT Nesjavellir Workshop*, May 11-12.

Bertani, R., 2007. World Geothermal Power Generation in 2007. *Proceedings of the European Geothermal Congress*, Unterhaching, Germany, May 30-June 1.

Black, A. and Judzis, A., 2005. Optimization of deep drilling performance—Development and benchmark testing of advanced diamond product drill bits & HP/HT fluids to significantly improve rates of penetration.

Topical Report, DE-FC26-02NT41657. http: //www. osti. gov/scitech/biblio/895493.
Bolton, R. S. , 2009. The early history of Wairakei (with brief notes in some unfroeseen outcomes). *Geothermics*, 38, 11-29.
Doi, N. , Kato, O. , Kanisawa, S. , and Ishikawa, K. , 1995. Neo-tectonic fracturing after emplacement of Quaternary granitic pluton in the Kakkonda geothermal field. *Japan Geothermal Resources Council Transactions*, 19, 297-303.
International Geothermal Association, 2008. (http: //iga. igg. cnr. it/geoworld/geoworld. php sub =elgen)
Lockner, D. A. , 1995. Rock failure. In *Rock Physics and Phase Relations: A Handbook of Physical Constants*, vol. 3, ed. T. J. Ahrens. Washington, DC: American Geophysical Union, pp. 127-147.
Lyons, K. D. , Honeygan, S. , and Mroz, T. 2007. NETL extreme drilling laboratory studies high pressure high temperature drilling phenomena. National Energy Technology Laboratory Report, NETL/DOE-TR-2007-163, National Energy Technology Laboratory, Morgantown, WV, pp. 1-6.
Matsushima, J. and Okubo, Y. , 2003. Rheological implications of the strong seismic reflector in the Kakkonda geothermal field, Japan. *Tectonophysics*, 371, 141-152. 200 Geothermal Energy
Saito, S. and Sakuma, S. , 2000. Frontier geothermal drilling operations succeed at 500℃ BHST. *Journal of the Society of Petroleum Engineers Drilling and Completion*, 15, 152-161.
Smith, B. , Beall, J. , and Stark, M. , 2000. Induced seismicity in the SE Geysers Field, California, USA. *Proceedings of the World Geothermal Congress 2000*, Kyushu-Tohoku, Japan, May 28-June10.
Tester, J. W. , Anderson, B. J. , Batchelor, A. S. , Blackwell, D. D. , DiPippio, R. , Drake, E. M. , Garnish, J. et al. , 2006. *The Future of Geothermal Energy*. Cambridge: MIT Press, p. 372.
Uchida, T. , Akaku, K. , Sasaki, M. , Kamenosono, H. , Doi, N. , and Miyazaki, H. , 1996. Recent progress of NEDO' s "Deep-Seated Geothermal Resources Survey" project. *Geothermal Resources Council Transactions*, 20, 543-548.
Van Groos, A. F. K. and Guggenheim, S. , 1986. Dehydration of K-exchanged montmorillonite at elevated temperatures and pressures. *Clays and Clay Minerals*, 34, 281-286.
Wygle, P. , 1997. *Blowout Prevention in California*. 7th edition. Sacramento, CA: California Division of Oil, Gas and Geothermal Resources Publication
Wygle, P. , 2006. *Blowout Prevention in California*. 10th edition. Sacramento, CA: California Division of Oil, Gas and Geothermal Resources Publication, 17 pp.
Zilch, H. E. , Otto, M. J. , and Pye, D. S. , 1991. The evolution of geothermal drilling fluid in the Imperial Valley. *Society of Petroleum Engineers Western Regional Meeting*, Long Beach, CA, March 20-22.

第 10 章　地热资源发电

利用地热能发电系统采用的技术，从根本上同绝大多数其他发电设施并没有什么区别。具体说来，发电机是由涡轮机将热能或者动能转化为电能。在化石燃料发电厂，热能驱动涡轮机运转；而在水电站，则是流水带来的动能驱动涡轮机运转。但是在两个重要的方面上，地热发电的优势是其他发电方式望尘莫及的。首先，地热发电相比于化石燃料发电厂、生物反应器或者核反应堆，在提供基本负荷电力的过程中不需要燃料循环来产生热量，因为这些热量本身已经存在于地球的内部。其次，相比于其他不需要燃料循环产生热量的可再生能源发电技术，例如风能、太阳能、潮汐能或者海洋波浪能，地热能可以不间断地稳定提供基本负荷能力超过 90%。本章涉及与特定地热资源相关的地热发电的生产和设计的物理学问题。

10.1　地热发电史

第一个利用地热蒸汽来发电的设备于 1904 年出现在意大利的拉尔代雷洛（Larderello）。拉尔代雷洛是意大利拥有大量近期火山活动的一个区域，最近的一次蒸汽爆炸发生在 13 世纪后期。随着工业革命的发展，对于地热资源开发的兴趣变得高涨起来，首先将拉尔代雷洛的蒸汽用于当地的化学分离工业。然而，由拉尔代雷洛地热系统驱动的小型蒸汽发电设施催生了当地地热发电工业。小型蒸汽发电设施首次在拉尔代雷洛的 Prince Piero Ginori Conti 项目上点燃了四个灯泡。在七年后的 1911 年，工业规模的地热发电被并入电网，并用于当时兴盛的商业化学的应用。1916 年，2500kW 发电能力并入电网，为当地社区提供商业用电（Bolton，2009）。拉尔代雷洛保持着世界上唯一工业规模地热发电的纪录，直到 20 世纪 50 年代新西兰开发出第一个地热电站。在 20 世纪 50 年代初到 1963 年之间，新西兰在怀拉基（Wairakei）开始利用该电站发电，总装机容量超过 190MW（Bolton，2009）。与此同时，在加利福尼亚的间歇泉，一家公用事业公司——太平洋天然气和电气公司，安装了一个总装机容量大约在 12MW 的地热发电设备（Smith 等，2000）。从那时起，全球地热发电实现了快速增长。图 10.1、表 10.1 列出了 1995 年、2000 年、2007 年以及 2012 年全球地热发电设备产生的电量。自 1965 年开始，地热发电的年发电能力以每年约 250MW 的速度在增长，如图 10.1 的虚线所示。

表 10.1　各国地热发电能力（据 Smith 等，2000；Bertani 等，2007；Matak，2013；Bolton，2009）

国家	1995（MWe）	2000（MWe）	2007（MWe）	2012（MWe）
阿根廷	0.67	0.0	0.0	—
澳大利亚	0.17	0.17	0.2	1.1
奥地利	0.0	0.0	1.1	1.4
中国	28.78	29.17	27.8	24
哥斯达黎加	55	142.5	162.5	201

续表

国家	1995（MWe）	2000（MWe）	2007（MWe）	2012（MWe）
萨尔瓦多	105	161	204.2	204
埃塞俄比亚	0	8.52	7.3	7.3
法国	4.2	4.2	14.7	16.2
德国	0	0	8.4	12.1
危地马拉	33.4	33.4	53	52
冰岛	50	170	421.2	675
印度尼西亚	309.75	589.5	992	1333
意大利	631.7	785	810.5	883
日本	413.7	546.9	535	535
肯尼亚	45	45	128.8	205
墨西哥	753	755	953	983
新西兰	286	437	471.6	762
尼加拉瓜	70	70	87.4	124
巴布亚新几内亚	0	0	56	56
菲律宾	1227	1909	1969.7	1904
葡萄牙	5	16	23	29
俄罗斯	11	23	79	82
泰国	0.3	0.3	0.3	0.3
土耳其	20.4	20.4	38	99
美国	2816.7	2228	2687	3129
总计	6866.77	7974.06	9731.7	11180

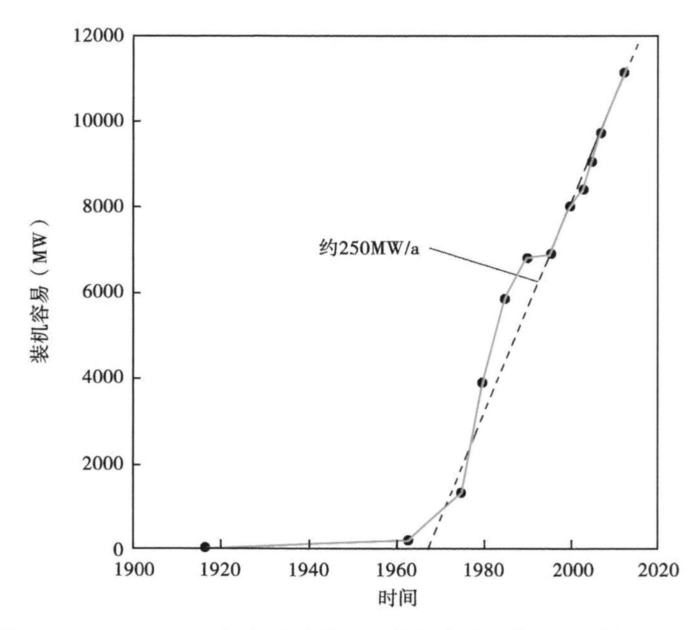

图 10.1　1917—2012 年全球地热发电装机容量（据 Smith 等，2008）

10.2 灵活性和一致性

地热发电的一个重要属性是不需要外部燃料。因为用于发电的热能是发电厂周围地下的天然资源，没有必要为了提取能量而运输燃料或者处理燃料。这个巨大的优势使得地热发电在环境上和经济造价上更有吸引力。

没有燃料循环也不需要充注燃料就可以发电以及每时每刻不间断供热，这就使地热发电设施在每时每刻都可以保证电站的基本负荷电力。基本负荷电力是维持大多数输电设施运转的基础，是一种可靠的电力来源。与此形成对比的是间歇性能源，例如风能和太阳能发电，随当地风速和气候条件以及一天中的太阳辐射量的变化而变化。因此，地热发电可以作为混合能源发电技术的重要组成部分，它能够维持一个稳定的电力供应。

最近的研究表明，地热发电也可以是灵活的。为了使资源灵活，要求发电机的输出功率能够随着电力需求的变化而增加或减少。当发电设备处于脱机状态时，如碰巧工厂停车检修，或由于天气或时间的而影响风力发电和太阳能发电受到影响，电网就会发生变化。如果设计提供可变功率输出，地热设施便能够增加或者减少发电量来响应这些变化。尽管地热灵活发电的能力一直在理论上可行，但实际上地热发电还是用于基本负荷电力，反映了在没有显著变量情况下对此类资源的需求。然而，随着风力和太阳能发电变得越来越广泛，对灵活发电的需求也日益增长。这表明，能够灵活的地热发电设施在未来可能会变得更加普遍。

下面的讨论主要集中在用于基本负荷发电设计的地热发电技术。灵活的设备在充分实施的过程中需要额外的设计组件和操作策略。目前所采用的可变的设备是通过改变被引入到发电设备的热的地热流体的量，或者通过使用次级管道回路绕过发电设备或者通过控制地热流体从储层中提取的速率来完成。这是地热能源协会（GEA）的网址，鼓励读者跟进这些能力的发展。(http://www.geo-energy.org/)

此外，地热发电是高效和一致的。一个典型的地热电厂能够维持在设计能力80%~95%的范围内运行很长时间（几周到几年）。这种能力使地热发电的容量因数为0.8~0.95。如此高容量因数的意义将在第15章中详细讨论。

10.3 地热发电设施

地热发电的能力依赖于能够在多大程度上将地热热能转换为电能。而实现这一过程需要一个能够将热量带到地表的设备来有效完成热能与电能的转化。利用复合管道设备将深处的热流带到地面上的涡轮机中，通过热能与动能的转化带动涡轮机的运转（见附录）。利用发电机，就可以将涡轮机的动能转化为电能了。那么，从地热流体的热能转化为电能的量为：

$$P_{elec} = \mu\varepsilon_{gen} \times \mu\varepsilon_{turb} \times H_g \tag{10.1}$$

式中 P_{elec}——产生的电能总量，J/s；

ε_{gen}——发电效率；

ε_{turb}——涡轮机的机械效率；

H_g——向涡轮机提供热能的速率。

本章的其余部分将着重讨论的 H_g 影响因素。而影响 ε_{gen} 和 ε_{turb} 的因素主要是工程上的问题，本书不涉及。图 10.2 是先前在第 3 章讨论的水的压力—焓关系图，用它作为评价地热能到电能转化的手段。流体的焓是驱动涡轮机运转做功的能量来源。地热流体的压力和温度是能量的初始来源，从提取再到转化为涡轮机动能的过程中必然会造成能量的损失。能量损失主要是流体在井筒流通过程中与周围岩石发生的热传导作用，流体之间相互摩擦作用的损耗以及在上升过程中重力势能的变化。这些能量的损失都相对较小，这是由于井筒和套管之间的低导热性差，井壁相对光滑以及流体的上升速度（几米到几十米每秒）。总的来说，这种损耗只占整个焓的百分之几。在下面关于能量提取的计算中，假定这些损耗可以忽略不计，并且假定流体在井筒的上升过程中温度不变。在此假设下，认为流体在其上升到涡轮机的过程中遵循图 10.2 的等温线。

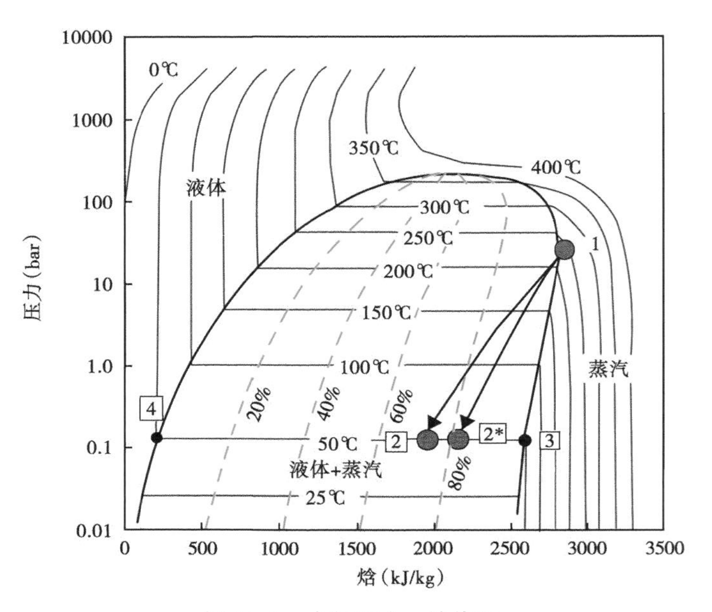

图 10.2　水的压力—焓值图

轮廓线为温度（实线）。虚线表示蒸汽在两相液体+蒸汽区域的百分含量。临界点温度为 373.946℃，压力为 220.64bar（来自于 NIST 水的属性）。点 1，2，2*，3 和 4 涉及干蒸汽系统中地热资源转换到电力的可能路径

10.4　干蒸汽资源

如果地热流体的温度超过临界温度（373.946℃）或者压力和温度的条件满足其处于超临界状态，那么其在上升的过程中就不会出现气液混合的相态。在这种情况下，随着上升过程中的不断压缩，该流体焓的变化将由流体特定的等温线所指示。这就是最受追捧的超临界或者干蒸汽系统。

在考虑到有多少能量可以转换为电力的时候，这个系统的巨大优点就体现的很明显。从热动力学的角度出发，利用临界热蒸汽系统，可以在单位已提取液体中获得最大的能量。这是由于在减压过程中从蒸汽分离出的液态非常少，并且在这两个阶段之间划分出的焓是最少的。换言之，就知道了在临界蒸汽系统中，液态中绝大部分的焓都保留下来并进入了涡轮机，从而为转换电力提供能量。在该系统下，只需要在井口到涡轮机入口之间配备最短的工

程管道，这是因为该系统作业条件下，在热蒸汽进入涡轮机之前，没有液态需要提前分离。相对于其他种类的地热系统，该系统极大减少了设计和套管费用。通常仅需要一个分离器，用来除去蒸汽流中的颗粒物。这一点可以有效防止蒸汽中的微粒对涡轮叶片造成损害。

图 10.3 展示了蒸汽流过涡轮机过程的熵—压力图。我们把蒸汽降到饱和曲线的右侧作为初始状态，此时温度为 235℃，压力为 30bar（饱和曲线上的焓值最大点，见图 10.2）。当蒸汽进入涡轮机后，它便进入了一个比密闭井筒受限制更小的环境。在这种围压较小的状态下，气体就会发生膨胀。如果膨胀过程中是等熵和可逆的，那么将会实现无损耗的转化（图 10.3 从 1 到 2 的过程）。然而，如同第 3 章中所述，热传导的损失和摩擦作用使得这个过程变得不现实——无法实现热平衡。实际的转化过程将是从 1 到 2*，分离出少量液体，系统熵少量增加。

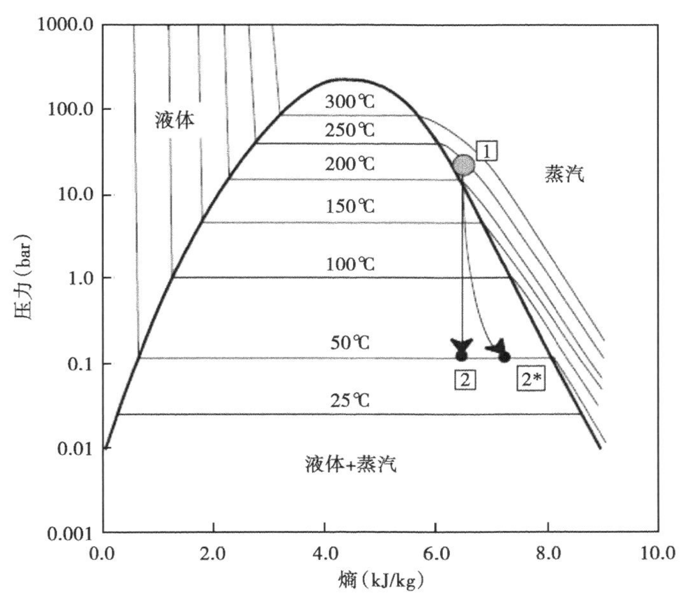

图 10.3　干蒸汽发电设备压力—熵值关系图

点 1，2，2* 与图 10.2 中相对应

这个过程可以用进入涡轮机的蒸汽的焓（H_e）与流出涡轮机的蒸汽焓值（H_x）的差来表达：

$$w = H_e - H_x \tag{10.2}$$

进入涡轮机的蒸汽焓值可以认为是饱和蒸汽在 235℃下的焓值，即 2804kJ/kg。在理想状态下，过程等熵并且可逆，假定流出涡轮机的液体温度在 50℃，焓值为 1980kJ/kg（图 10.2 中点 2 所示），蒸汽分馏程度为 73%。整个过程产生的热量为：

$$w = 2804 - 1980\text{kJ/kg} = 844\text{kJ/kg}$$

然而，由于熵值的升高，整个过程的效率小于 1.0。因此，实际上涡轮机的效率为完成流体膨胀之后的焓差与理想状态下焓差的比率：

$$\text{eff} = \frac{H_1 - H_{2*}}{H_1 - H_2} \tag{10.3}$$

涡轮机的设计方式将会影响转化效率。通常情况下，现代涡轮机的转化效率超过 85%（附录 10.1）。当这种涡轮机应用于地热系统的时候，影响性能的另一个因素是在蒸汽与涡轮机相互作用过程中产生的液体量。在一项经典的研究当中，Baumann（1921）指出蒸汽涡轮机的效率近似遵循如下公式：

$$\text{eff}_w = \text{eff} \times \frac{(1 + x_2)}{2} \tag{10.4}$$

式中 eff_w——湿蒸汽存在下涡轮机的工作效率；

x_2——气相中蒸汽所占的分数。

这个线性关系表明，液体在气相中每增加 1%，涡轮机的效率大约会降低 0.5%。因此，如何处理在进入涡轮机前和在涡轮机运转过程中产生的冷凝液是决定一个地热电站总体性能的关键性因素。现代的涡轮机在设计的过程中，都在液体流经的路径上适时的增加了液体储集器。

考虑末端状态下流体的性质，利用公式（10.3）和（10.4），可以计算出 2^* 的有效焓值（DiPippo，2008）：

$$H_{2*} = \frac{H_1 - 0.425 \times (H_1 - H_2) \times [1 - H_3/(H_4 - H_3)]}{1 + [0.425 \times (H_1 - H_2)]/(H_4 - H_3)} \tag{10.5}$$

在规定中的理想条件下，H_{2*} 为 2166kJ/kg，因此转化的热量为：

$$w = 2804 - 2166\text{kJ/kg} = 638\ \text{kJ/kg}$$

涡轮机的工作效率为：

$$\text{eff} = \frac{(2804-2166)\text{kJ/kg}}{(2804-1980)\text{kJ/kg}} = 0.77$$

因此，地热电站必须有能力以足够高的速率来产生蒸汽才能满足其发电在经济上可行。建设成本、勘探投资、电力基础设施的建设以及其他方面的考虑都对一个电站的经济生存能力产生很大的影响，通常认为，一个能够并入基础电网的电站的发电量应该在 1MW 以上。如果在当地或者分布式的发电，比如为一个小型社区、几个工业建筑或者大学校园以及更小的单位提供电力，诸如此类的几十千瓦发电量在经济上也是可行的。考虑到现实情况，638kJ/kg 的流体用于发电，产生 1MW 电量所需的流速为：

$$\frac{1000000\text{J/s}}{63800\text{J/kg}} = 1.6\text{kg/s}$$

这样的流速必须稳定维持数年才可行。

利用地热资源发电时，另一个必须要考虑的因素是井口的压力与流经涡轮的流体流速的关系。分析图 10.2，很显然我们会发现，压力对性能有影响。因为它为流体的初始焓与初始和最终状态之间的焓差建立条件。最大可能的压力是储层本身。因为大多数的地热储层具有足够的压力形成流体的自喷，当把井口关闭，井口的压力将会增大。井口阀门关闭时井口的压力称之为封闭压力（P_{cl}）。实际的封闭压力取决于储层的压力和温度特性以及井底的深度。压力最小值应该出现在热力循环结束时，冷却塔冷却冷凝液的时候。

涡轮机的输出功率（发电机的最大可能输出功率）是单位质量流速与单位质量焓变的乘积。驱动压力大小决定了质量流量。然而，输出功率也是焓降的函数，即涡轮机入口与出口之间压降的函数。要了解这些因素的相互关系，假定一个等熵（即理想）的涡轮系统。井口流体的熵值由井口封闭压力和温度共同决定。假定压力和温度都是最大焓的值，即温度为235℃，压力为30bar。焓值为2804kJ/kg。质量流量可以表示为在封闭压力和有效压力之间的压力比的函数（DiPippo，2008）：

$$m = m_{max} \times \sqrt{\left[1 - \left(\frac{p}{p_{cl}}\right)^2\right]} \tag{10.6}$$

m_{max}为最大质量流速，可以通过井试验得到，为5kg/s。表10.2显示了质量流速和一组选定条件下压力比之间的关系。需要注意的是，最大的质量流速为压差最大的时候，当压差为0的时候，质量流速为0。

表10.2　假定条件下的发电量、压力比和流速的关系（p_{cl}=30bar；m_{max}=5.00kg/s）

压力（bar）	压力比	质量流速（kg/s）	焓变Δ（kJ/kg）	发电量（kW）
1.0	0.03	5.00	0	0.00
2.0	0.07	4.99	142.2	619.62
4.0	0.13	4.96	244.2	1210.10
6.0	0.20	4.90	314.2	1539.26
8.0	0.27	4.82	359.2	1730.96
10.0	0.33	4.71	399.2	1881.85
12.0	0.40	4.58	427.2	1957.68
14.0	0.47	4.42	454.2	2008.55
16.0	0.53	4.23	469.2	2005.64
18.0	0.60	4.00	499.2	1996.80
20.0	0.67	3.73	509.2	1897.68
22.0	0.73	3.40	514.2	1764.94
24.0	0.80	3.00	534.2	1602.60
26.0	0.87	2.49	544.2	1357.47
28.0	0.93	1.80	559.2	1000.20
30.0	1.00	0.00	566.2	0.00

因为无论是质量流速还是焓变量均依赖于压力差，因此，涡轮机输出功率的计算必须要考虑到这些相互关系。压力的每一个值，焓降为：

$$\Delta H = H_1 - H_p^*$$

式中　H_1——井口处的焓值，2804kJ/kg；

H_p^*——进入流体的焓值固定为2804kJ/kg时达到的最初值。

鉴于我们假设的是一个等熵的涡轮机，因此在入口和出口的压力熵是不变的。因此，冷凝器压力焓值应该为熵值相同情况下，随着压力变化的焓值，即简化的蒸汽压焓图（莫里尔图）（图 10.4）。此图给出了两相区域中气液比以及压力和温度与流体焓和熵的关系。这种关系图考虑了流体的热力学性质，可以利用市面上的软件或者工程公司来计算得到结果。

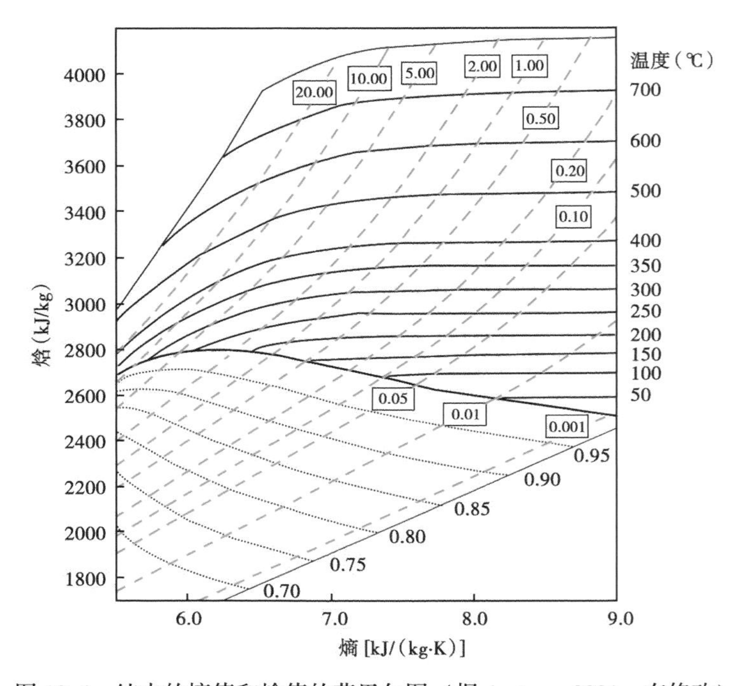

图 10.4　纯水的熵值和焓值的莫里尔图（据 Aartun，2001，有修改）

粗线将蒸汽区域（上）和两相区域（下）分开。实线表示温度曲线，温度数值标记在右边；长虚线表示等压线，标签表示着数值（MPa）。点虚线表示两相区域内蒸汽分馏等值线，其数值用斜体标识。在给定条件下，温度和压力的交点可以读出焓值和熵值。在两相区域内，也可以确定蒸汽的百分比

图 10.5 表明了封闭压力和操作压力之间的压力比函数产生的输出功率的变化。该图表明了评估质量流速与整个地热资源—发电机综合体的热力学参数关系的重要性来保证特定设施的最佳性能。从图 10.5 可以轻而易举地发现，最大输出功率是最大质量流速和设备中可用于驱动涡轮机的能量的折中，并且取决于发电厂的实际情况。

值得注意的是这里发电机的能力是建立在涡轮机在理想状态下等熵运转的。而现实情况下，工程系统的效率只能用这种理想状况下的近似表示。为了能准确评估工程设置的性能，需要一个更加接近涡轮机真实运转的分析方法。对这个话题有更深入的研究，详情请参阅本章最后的参考文献。

在评估一个发电系统的整体性能时，必须考量各种操作和工程上的局限以及超出自然系统的热力学基本的限制。维持发电设施运转所需的泵液、监控、照明、环境改善以及设施用电和其他的种种，都依仗于发电容量的大小。这些载荷都会损耗输出电量，必须严格的分类和量化，以求设计建造出在经济上可行的设施。

虽然不常见，但是利用干蒸汽系统进行发电可以显著提高效率。例如，在加州的间歇泉（图 10.6），目前的装机容量约为 1400MW，其中在运行的发电容量为 933MW，它是世界上最大的地热发电站，而它的发电潜力还在不断开发。

在意大利的拉尔代雷洛，是世界上除加利福尼亚州外唯一的干蒸汽发电设施。印度尼西亚也已经发现了一个干蒸汽资源，经测试其初始的质量流速为 3.78kg/s。

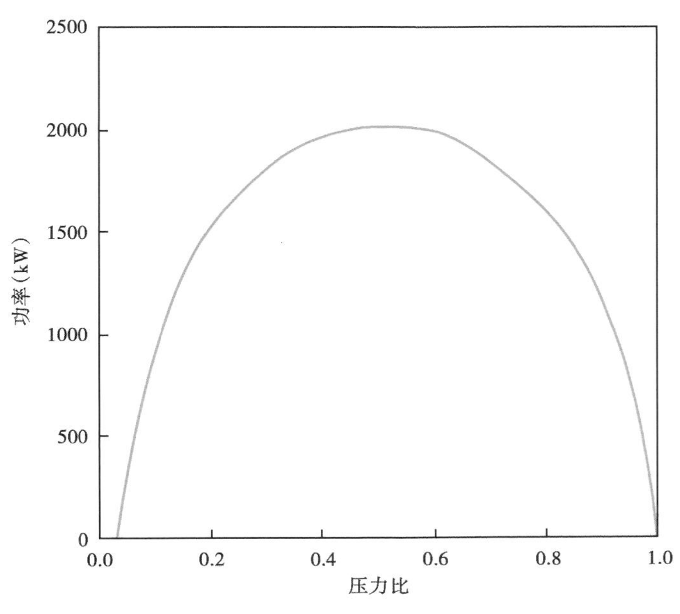

图 10.5　压力比与发电机输出功率之间关系

图 10.6　加利福尼亚间歇泉的地热干蒸汽发电设施

照片中的蒸汽来自于发电机的冷却塔。发电机在冷却塔附近的建筑物中（美国地质调查局 Julie Donnelly-Nolan 摄）

10.5　热液系统

目前大部分的地热系统是利用湿蒸汽或者热液系统来发电。热液系统具有共同的特征，同样的温度在压力—焓图上靠近液相一侧的焓值更低（图 10.7）。当这些流体从深处上升的过程中就会变成蒸汽。不管这个汽化的过程是在井筒中发生还是在进入涡轮机的时候，都是工程和操作上需要解决的问题。

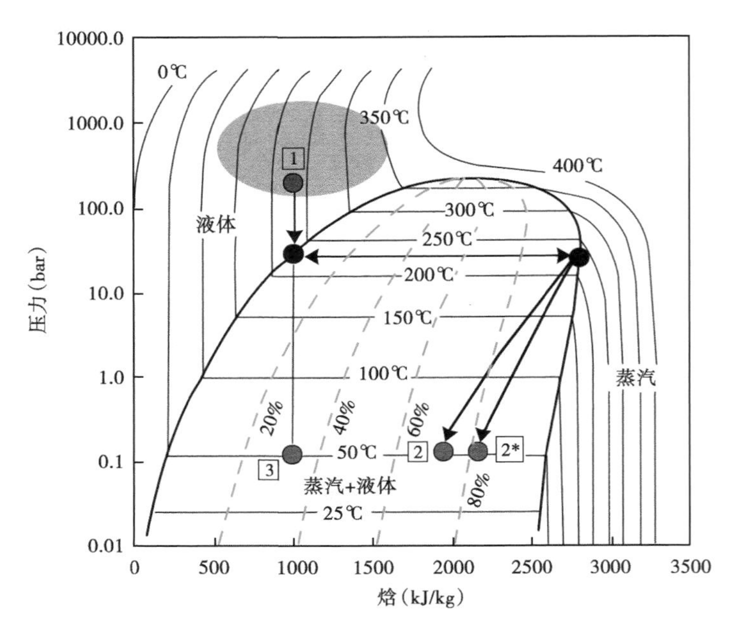

图 10.7　水热系统的压力—焓图

大部分热液系统都有封闭的储集条件

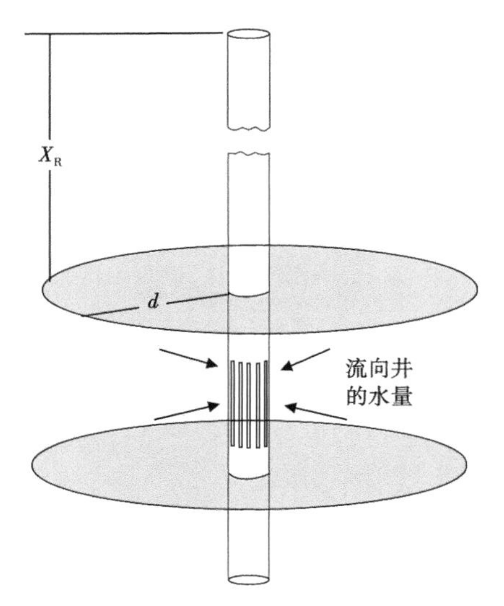

图 10.8　生产井流场几何关系示意图

X_R 代表井口到储层的深度，d 代表井筒的半径，阴影区域代表储层的顶底范围

热液资源最常见的压力和温度条件位于图 10.7 的阴影区域。为了便于说明，假定地热资源的温度为 235℃，压力为 200bar（图 10.7 第一个点位置）。此点的焓值为 1018 kJ/kg（Bowers，1995）。当压力和温度下降到气液相交界处时，液体就会汽化。在这种情况下，235℃下的相边界压力为 30.6bar。假设这一切发生在等熵状态下，按照 DiPippo（2008）提出的方法对流体从井筒中上升的过程进行描述。流体在井筒中的运动遵循动量守恒定律(示意见图 10.8)，这是液压流的基本属性。动量方程为：

$$m \times a = \sum F_n = -\mathrm{d}p - \frac{\mathrm{d}F_b}{A} - \rho g h \tag{10.7}$$

式中　m——流体的质量；

a——流体在井内上升的加速度；

$\sum F_n$——作用在流体上力的总和，包括随深度变化而产生的压力变化（$\mathrm{d}p$），流体在流经过程中同井筒产生的摩擦力（$\mathrm{d}F_b$-A），以及液柱的密度（ρ）和高度（h）（g 代表重力加速度）。

所有的这些力作用方向与流体流动方向相反，因此给予负号表示。

流体流动过程中密度可以认为是恒定的。此外，由于在这种状态下，流体几乎不可被压缩，同时，为了保持质量和体积，加速度为零。因此，公式（10.7）可以重新进行整理，得出一段流体的顶部和底部的压力差：

$$\Delta p = \frac{2f\rho v^2 X_R}{D} + g\rho X_R \tag{10.8}$$

式中 Δp——顶底的压力差，MPa；

f——摩擦系数；

ρ——流体的密度，kg/m^3；

v——流体的速度，m/s；

X_R——井口到储层的深度，m；

D——井筒的直径，m。

摩擦力系数取决于井筒的摩擦程度（Ω），井筒直径以及表示惯性力和黏性力之间比率的无量纲的雷诺系数（Re）：

$$Re = \frac{4m_v}{\mu\pi D} \tag{10.9}$$

式中 m_v——单位时间内流过的流体质量，kg/s；

μ——绝对黏度，kg/(m·s)；

摩擦系数用下面的公式计算得出：

$$f = 0.25 \times \frac{1}{(\lg\{[(\Omega/D)/3.7] + (5.74/Re^{0.9})\})^2} \tag{10.10}$$

因此，假设储层的顶部压力为20MPa（200bar）；235℃，20MPa的条件下流体密度为837kg/m³，流速为2.0m/s，管径为0.2m，储层深度为2000m，此时从井底到井口的压差为：

$$\Delta p = 17.5\text{MPa}$$

10.5.1 闪蒸

在流体上升的过程中保持液相的假定并不成立，当流体上升的过程中，满足一定的物理条件，流体就会在井筒中汽化。因此，在设计和管理发电设施的时候必须要考虑在什么条件下流体会在井筒中汽化。在分析这种情况之前，需要建立一个具有某些特性的系统，以便分析在流体向上流动的过程中，压力是如何变化的。其中的一个因素是泵送的流体对井底的压力影响程度。流体从储层到井筒的运动受到流体物理性质的影响，尤其是储层的渗透性。因此，井底的压力低于地热储层的压力。这种效应的大小由牵伸系数（C_D）来表示，由经验来确定各井的系数大小。其计算关系为：

$$C_D = \frac{(p_R - p_B)}{m_v} \tag{10.11}$$

式中 p_R——储层压力；

p_B——井底压力；

m_v——单位时间内流过的流体质量。

p_R，p_B 和 m_v 由单井的流量测试来获得。

一旦储层的条件都可知，那么地热流体汽化时的压力就很容易通过流体的热力学性质确定。假定系统内流体温度为235℃，汽化时的压力（p_f）为3.06MPa。发生汽化处离储层的高度（X_f，又称为汽化起始线）可以利用以下公式计算：

$$X_f = \frac{p_R - p_f - C_D \times m}{\rho \times g + \Gamma \times m^2} \tag{10.12}$$

变量 Γ 可以由如下公式获得

$$\Gamma = \frac{32 \times f}{\rho \times \pi^2 \times D^5} \tag{10.13}$$

距离井口表面的距离为 $X_R - X_f$。图10.9展示了汽化起始线高度是如何随着井径和流速而变化的。

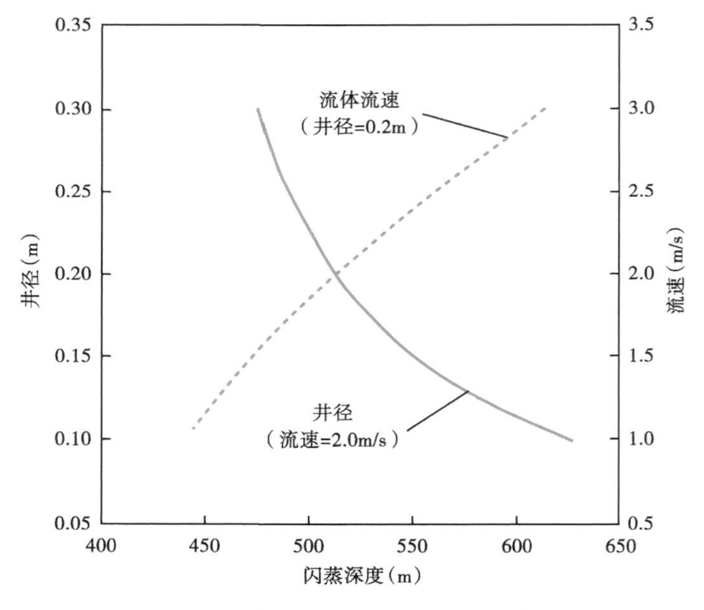

图10.9　流速与井径和闪蒸深度的关系

曲线计算时只允许指定的变量发生变化

从图中可以直观地看到井径和汽化起始线的关系。通过公式（10.3）可以看出 Γ 同井径的五次方成反比关系。因此，井径的增大将会极大程度上造成 Γ 的减小，进而使得 X_f 变大，汽化起始线距离井口的距离减小。当固定井径而增加流体速度的时候，情况就变得更加复杂了，因为流速影响了雷诺系数、牵伸系数和摩擦系数，这些都将影响汽化起始线深度。但是，存在着净效应，即在增加流体速度的情况下会增加质量流量，液体汽化的深度也会增加。而井口到涡轮机之间是否会发生汽化现象则取决于发电站现场的特点和对地热储集体的管理策略。流体的上升速度是至关重要的，它同时也影响着储层的质量和寿命。除此之外，能用于发电的蒸汽干度极大的影响着整体的发电能力，因此，如何更好地优化流速和汽化条件是一个非常值得思考的问题。

10.5.2 蒸汽干度

进入涡轮机的蒸汽干度是影响发电系统性能的重要因素之一。蒸汽干度定义为蒸汽相下水蒸气与液态水的比值。在图 10.7 中，气液在两相区域内的比例由虚线来表示。如前所述，Baumann（1921）发现蒸汽干度每下降 1%，效率大约会下降一半。这又提出了一个重要的需要考虑的因素。

我们在分析过程中一直采用的是一个理想化的等焓系统，很显然，如果尽可能降低温度和压力将会极大增加系统中蒸汽的含量。假设最终状态的温度为 50℃（图 10.7 点 2 的位置）。回想一下在计算方程（10.5）的过程中假设的等熵条件下蒸汽焓值为 1980 kJ/kg，过程结束时焓值为 2166 kJ/kg。从第 3 章讨论的质量守恒定律来看，发现约 33%的流体转化成蒸汽（图 10.7 点 3 的位置）。因此，在每利用 1kg 的蒸汽发电的过程中，必须从储集层中提取 3kg 的蒸汽。每千克的液体的焓值为 1085 kJ，因此，为了获得 638 kJ 用于发电的焓量需要从储层中提取 3245 kJ 的焓。如同前面讨论的，湿气的存在会降低涡轮机的效率，但是在这种情况下，系统的三分之二的质量都为液态水。如果在这种情况下运行涡轮机，能量转化过程的效率将损失约 30%，这是一个在发电过程中不能接受的损失。

所以，从地热资源中把液体从蒸汽中分离出来显得尤为重要。为了达到此目的，在涡轮机和井口之间放置一个旋风分离器（图 10.10）。

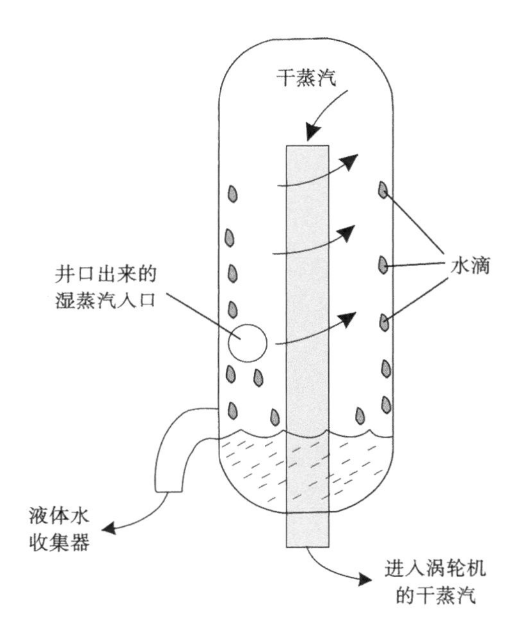

图 10.10 旋风分离器示意图

混合的蒸汽和液体高速进入并流经开放的体积。离心作用导致液体撞击容器内表面并沿着两侧的隔板留下来，通过底部的收集器收集并排出。剩余的干蒸汽沿着上方的管道输送到涡轮机

入口管的速度维持在 25～40m/s 之间（Lazalde-Crabtree，1984）就能保证足够有效的分离速度。通过分离器的内壁收集液滴，然后汇聚到收集器底部的收集池中，通过下部的出水管排出液体。干蒸汽通过分离器高部位的出口进入到涡轮机中。从这一点上来看，这种涡轮机发电系统同干蒸汽资源的性能是相同的，唯一的区别是从井中抽取上来的单位质量流体的可用能量。

10.5.3 双闪蒸系统

双闪蒸系统发电厂的创新点在于它实现了更完全从地热流体中提取能量。虽然这样的设备更加复杂，但是它在经济上仍然是可行的。因为增加的产出电力所提供的收入远远超过设备增加的费用以及操作和维护成本。

双闪蒸系统比单闪蒸系统增加了 20%～30%的能量提取。该方法的热力学过程见图

10.11。在初始阶段双闪蒸蒸汽膨胀的过程同单闪蒸系统相同。从地热储层的提取点开始（图10.11点1），地热流体开始闪蒸，当它被带到井口穿过一个旋风分离器后，这些分离出来的蒸汽就被引入到涡轮机中。

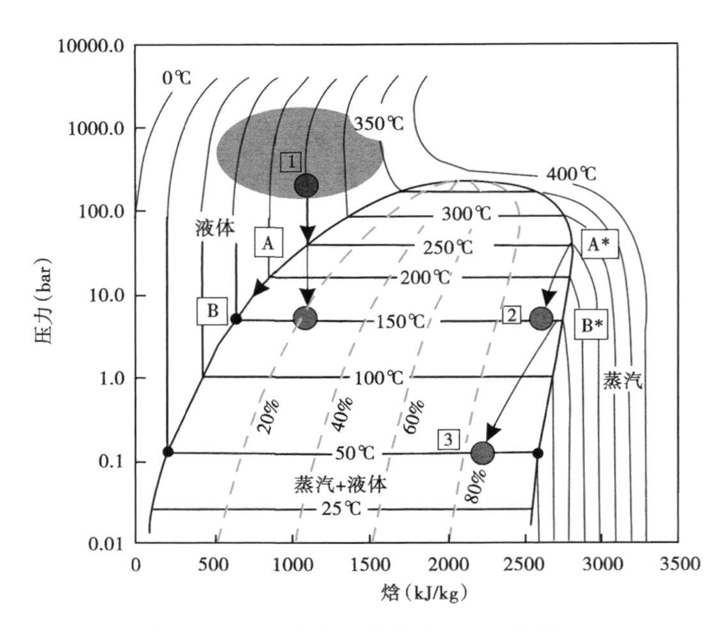

图10.11　双闪蒸系统的压力—焓关系图

从储层中提取的液体（点1，250℃）分离出来的蒸汽用于一级闪蒸设备的发电（从点A*到点2位置）。从该过程中得到的液体再进行分离形成蒸汽和液体，将所得到的蒸汽用于第二阶段的发电（B点到B*到点3位置）

整体的路径是从点1到A点和A*点（图10.11），这是蒸汽和液体的初始分离过程。从A*点开始，蒸汽发生膨胀并通过涡轮机，在涡轮机上进行工作的时候冷却。在单个闪蒸系统中，涡轮机需要在蒸汽以一个较低的温度（50~100℃）离开前，尽可能多的利用膨胀蒸汽来做功。随后，在涡轮机的各个不同的地方冷凝的热水通过冷凝系统循环或者回注到储层中。虽然在这个过程中可以提供大量的能量用来发电，但是在膨胀过程中分离出来的蒸汽形成的冷凝液中的热量还是损失掉了。在双闪蒸系统中，设计了一个专门在相对小范围压力和温度区间工作的高压涡轮机，冷却过程相对温和（路径A*到点2），温度下降到160~140℃之间。从蒸汽（A–B）中分离的热水被收集起来，并在较低的压力下（点B）闪蒸。这种额外的蒸汽被引入到另一个涡轮机中（一种专门在较低压力和温度条件下工作的涡轮机，或者是与涡轮机类似设计的不同部分），可以在较低温度和压力下保持高效工作。这种双闪蒸过程的优点主要是重新利用了一部分能量，否则这部分能量将随同水从复杂的涡轮中排出。这个过程的最终状态是点3。

三重闪蒸系统最近已经在开发和部署了。这种系统的涡轮机遵循同样的原理过程，能量的增量提取同双闪蒸系统一样，但是需要分三个阶段进行流体的分离和扩展，而不是两个。

10.5.4　最终状态：冷凝器和冷却塔

如在先前第3章中指出的，系统的热力效率最终是由流体的初始和最终状态之间的温度差来决定的。对于目前讨论的发电系统，实现高效率的重要因素是建立一个有效的冷却过程，最大限度的增大发电厂涡轮入口同排气系统之间的温度差。为了实现冷却过程，涡轮机出口的蒸汽一般流经冷凝器，冷却水从蒸汽中获得足够多的热量，使蒸汽凝结成液态水。温度的变化也同时降低了系统出口处的压力，这对整个涡轮流场的状态变量（压力和温度）的变化都有重要的作用。此外，可以从物理上保持冷凝器中的压力。

冷却的过程通常是从涡轮中喷射水流到流动的蒸汽中，并收集由此产生的液体。冷却水的流量必须足够多，以达到将进入的蒸汽冷却到浓缩点温度的目的。换言之，一定要充分地降低进入蒸汽的焓值，达到系统设置的目标温度点，及液体饱和曲线上水的温度点。在前面的讨论中，认为冷却完的温度为25℃，此时液态水的焓值为104.9kJ/kg。假定蒸汽离开涡轮机的温度为50℃，此时蒸汽的焓值为2592 kJ/kg。从这个状态到冷凝器中冷凝成液态水，需要使其减少2487.1kJ/kg的焓值。水的比热容约为4.2kJ/(kg·K)。如果假定涡轮机中的流速为2.5kg/s，冷却水的质量流速可以从如下的关系式中得出：

$$m_{cw} = m_{te} \times \left(\frac{\Delta H}{C_{pw}} \times \Delta T\right) \tag{10.14}$$

式中 m_{te}——蒸汽从涡轮机流出的质量流速；

ΔH——达到终止状态下焓变；

C_{pw}——水的比热容；

ΔT——达到终止状态时温度的变化。

在假定条件下，m_{cw}的值为

$$m_{cw} = 2.5\text{kg/s} \times \frac{2487.1\text{kJ/kg}}{4.2\text{kJ/kg} - K \times 25\text{K}} = 59.2\text{kg/s}$$

此计算值表示在冷凝阶段结束时所需的最大值。事实上，冷凝器需要把蒸汽转化为液体，通过减小体积来降低整个涡轮机的压力。通常在冷凝器中冷凝水不会达到25℃的末端状态，一般会在一个更高的设计温度状态下。此外，将蒸汽100%转化为液体将会提供最大的效率，转化效率在80%~95%时仍然会带来足够大的压力变化。实际上，在这些操作的条件下，m_{cw}将为59.2kg/s的一小部分。实际的值将取决于冷凝器的工作条件，比如它的压力和冷凝水的设计温度。

在冷凝的过程中，温水通过冷却塔冷却到末端状态。在冷却塔中，将液态水喷射到一定体积的移动空气上，使其蒸发冷却。在这个过程中，供给到涡轮机的流体约1/2~3/4的质量转移到了大气中。

无论是冷凝阶段还是蒸发冷却阶段，实际用水量的结果都是非常重要的。因为它强调了水作为需要仔细管理的额外资源重要性。这个结果也意味着，为了实现高效率的发电过程，需要大量的冷却水。

10.6 二元发电设备：有机朗肯循环

在本章中，已经讨论了发电策略，目前采用的是直接从地热流体供给蒸汽涡轮机发电的方式。然而，在温度低于150~180℃的时候，受限于流体的能量密度，即每千克的流体可以提供的焦耳量和实现效率的影响（再一次体现了资源的初始和结束状态之间温度差的重要性），从系统中转化的功率有限。虽然全球有好多地方的地热温度在90~180℃之间，但是，直到20世纪60年代，才实现利用这些地热资源发电。

1961年，Harry Zvi Tabor和Lucien Bronicki开发了一种利用低沸点有机流体作为工作介质，用于涡轮机发电。图10.12是一个基本的二元发电系统示意图。使用高效交换器，将地热流体中的热量传递到具有低沸点的流体中。在这个加热的过程中，蒸发的流体发生膨胀，产生的蒸气就可以根据热力学膨胀驱动涡轮机发电。因此，适用于二元发电设备的涡轮机和蒸汽涡轮机在基本原理上是非常相似的。

用于发电的流体必须要具有沸点比水低的特性，同时也不能与流经的管道和涡轮机的材料发生反应。一种常用的液体是异戊烷（C_5H_{12}），沸点28℃，比热容为2.3kJ/(kg·K)(Guthrie和Huffman，1943)，汽化时的热量约为344kJ/kg（Schuler等，2001）。温度适中的地热流体有能力加热大量的异戊烷。

图10.12中沿着流动路径显示的温度值基本上是典型的使用异戊烷的二元设备。这些值在评估系统的能量时非常有用。在采用恒压热容的异戊烷的设备上，通过显示的流量和温度数据，能够计算出转移到涡轮机上的大致能量。在经过涡轮机的膨胀过程中，每单位时间的焓降为：

$$\Delta H = m \times C_p \times \Delta T \tag{10.15}$$

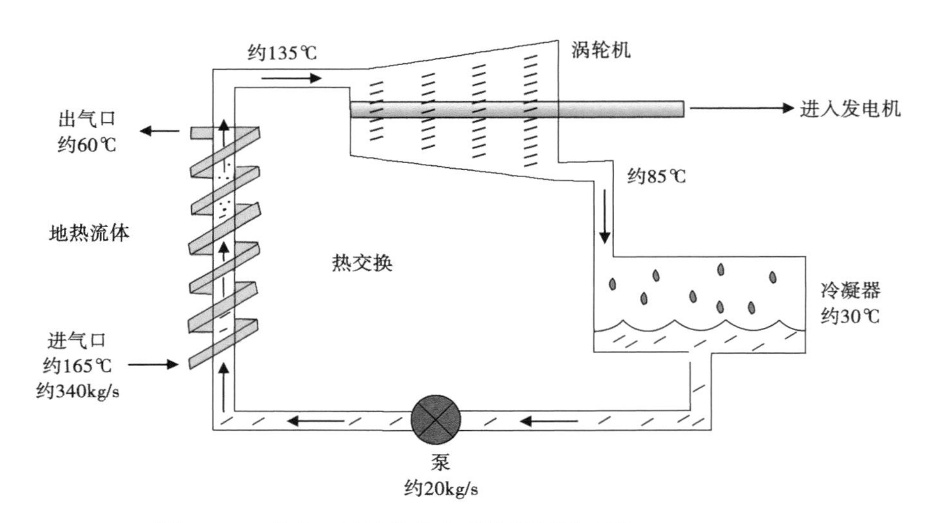

图10.12 基本二元地热发电系统原理图（据Kanoglu，2002）

从图中的数据可以得出：

$$\Delta H = 20\text{kg/s} \times 2.29\text{kJ/kg} - \text{K} \times 50\text{K} = \frac{2288.4\text{kJ}}{s} \approx 2.3\text{MW}$$

涡轮机的效率按先前的85%来计算，这个设备的输出电量在1.95MW。该实例展示了建立具有如此特性的发电设施的规格。通过工程的增强，或者耦合类似的发电设备在一起，就可以产生10~20倍的发电功率。事实上，二次发电设备拥有2~50MW的发电功率是很常见的。功率更大的发电设施也是可行的。

二元发电设施也可以用来给当地的工业、设施和社区提供电力供应。在阿拉斯加的切纳温泉村，已经成功的利用小型二元发电设施进行电力供应（Erkan等，2007）。利用当地的温泉资源，在相对偏僻的地方安装了两个 210kW 的发电机组，提供低成本的电力。而俄勒冈州的克拉玛斯夫尔斯的俄勒冈理工学院则安装了一个能够提供 280kW（总输出功率）的单一二元发电设备。图 10.13 展示了该发电机及其结构。

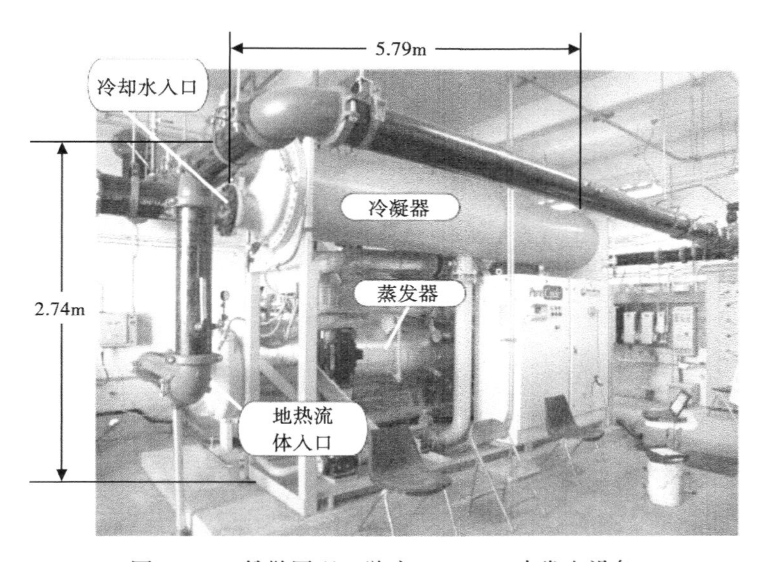

图 10.13　俄勒冈理工学院 280kW 二次发电设备

长度是从地热流体入口到地热流体出口（未显示）；高度为该设备的基座到冷却水入口的中心点；设备的最大宽度为 2.29m，总重量 12519kg。净输出为 225~260kW 之间，取决于传入的地热流体与冷却水之间的 ΔT。该设备由普惠公司生产

二元发电设备的一个重要的环境方面的优势是它没有排放问题。该流体涡轮机提供动力的流路形成闭环（图 10.12）。换句话说，异戊烷或者其他的流体从冷凝器流经热交换器再到涡轮机，最后又回流到冷凝管中，形成了一个连续的循环。另外，从热储的流体通过热交换器并返回到储层中，该过程没有任何排放。二元发电设备的闭环设计使得在循环过程中没有任何气体排放到大气中，这点恰恰与闪蒸系统不同，后者在运行过程中不可避免在冷却和冷凝阶段地热气体会有一定比例的逸散到大气中。另外，由于闭环中流体低沸点的特性，常常利用空气就可以实现对它的冷却和冷凝。因此，二元发电设施不会产生大气排放。由于没有采用水冷却，二元发电设备的 ΔT 不容易受到昼夜温差变化和季节变化的影响。在空气温度较低的位置，比如美国、北欧、加拿大或者其他的中高纬度的绝大部分地区，二元发电设施几乎都可以达到其额定输出。在夏季，由于中午的温度高，此时 ΔT 降低，导致电厂的效率降低。这种情况下，大约会降低 20%的发电量。研究的重点是如何克服周围空气的温度和湿度变化对冷却能力的影响，从而使制冷系统维持在一个恒定的 ΔT。

10.7　小结

利用地热资源发电不需要燃料，并且能够提供容量因数高于 0.9 的真正的基本负荷能源。工程和运营战略的进步使得利用地热发电更加便捷。利用地热资源需要有效将热量从储层中提取出来并在电厂转换成电能。生产井穿透数百至几千米地下的储层，为储层流体从深部提升提供流动路径。注入井利用回收冷凝水或其他水源来补充储层（如果需要的话）。储

层有很多种。其中干蒸储层具有足够的焓值来蒸发所有可用的水。这种系统对于工程师来说是最简单的，并且对地热资源的利用率最高，但是这种资源在地质上却是很少见的。相比来说，水热系统就更常见一些。这样的系统具有足够的热能（温度在160~250℃范围），在其接近井筒和涡轮机的时候压力升高，水变汽化为蒸汽。干蒸汽和水热发电厂利用蒸汽在流经涡轮机膨胀冷却的过程中尽可能多的将热能转化为涡轮机的动能来发电。现在，已经有许多利用蒸汽焓的开发设计，包括单闪、双闪以及多级的涡轮机。较低温度的地热资源可以利用沸点低于水的流体（通常是如异戊烷或丙烷，或氨—水的溶液）通过二次设备发电。在二元设备中，地热水流经热交换器，通过热传导将热量传递给工作流体，然后冷却的水再被回注到储层。二元发电系统正在成为地热能源市场中增长最快的部分。它们对地热资源的温度要求更宽泛，低温也可以工作，并且实现对大气的零排放，与此同时，它们可以实现模块化的工作。

10.8 案例分析：间歇泉

作为地热发电的经典案例，我们将研究在加利福尼亚州西北部的间歇泉。虽然间歇泉是少见的干蒸汽资源，并不能认为是一个典型的地热资源，但其发展历史仍然显著的影响着许多地热发电的业务，无论是使用干蒸汽系统还是水热液系统。正是从这一个角度出发，将对该系统展开研究。

10.8.1 地质概况

间歇泉位于一个复杂的地质环境中，该地区的地质状况现在仍然是一个很值得研究的课题。间歇泉位于Mendocino转换断层崩塌的南侧，是华盛顿和俄勒冈海岸的Cascadia俯冲带和San Andreas断层组成的三角板块的一部分（图10.14）。某些学者认为，在过去的25Ma，该交界处已经向北从加利福尼亚漂移到目前的位置。在漂移过程中，地幔在没有俯冲洋壳为夹板的情况下与上覆大陆接触（Furlong等，1989）。该窗口使得热地幔在相对较浅的位置与地壳岩石互相作用，导致高热流和火山中心在加利福尼亚州从南向北呈现越来越新的串状分布形态。

这种构造格局导致局部热异常，间歇泉就是这种热异常的体现。现在，这个地区是10000年前火山喷发形成的中心（Donnelly-Nolan等，1981；Hearn等，1995）。该地区的热流约为500mW/m^2（Walters和Coombs，1989），大约是全球平均水平的60倍。首次在该地区发展利用蒸汽地热及温泉是在20世纪初。在这些位置，岩浆体都位于地表以下相对较浅的位置。热结构模型和区域的演化以及从该地区岩石中的流体包裹体的分析表明，凝固的岩浆体是该地区的主要热源，埋深在3km左右（Dalrymple等，1999）。

该地区的主要地热资源是地下的一个干蒸汽区域，围岩为渗透率非常低的岩石。这个系统是如何形成的不是很好理解，但是可以描述系统的基本要素。浅层的热源通常会引起剧烈的地下水对流。地下热水和新喷发的火山岩相结合很容易导致原岩的重结晶和蚀变。这样的过程会堵塞岩石的裂缝和孔隙空间，最终的结果是低渗透性的岩石更加致密，流体的流动通道进一步减少。这个过程主要发生在通道初次热源侵入的渗透性岩石的表面，反应比较快。一旦流体的流动通道减少或者完全封死，热流体向上的对流就会减少。由于对流是一种有效的传热过程，封堵流体的流动通道就会有效的储存热源中的热量。当有足够的能量输入的时

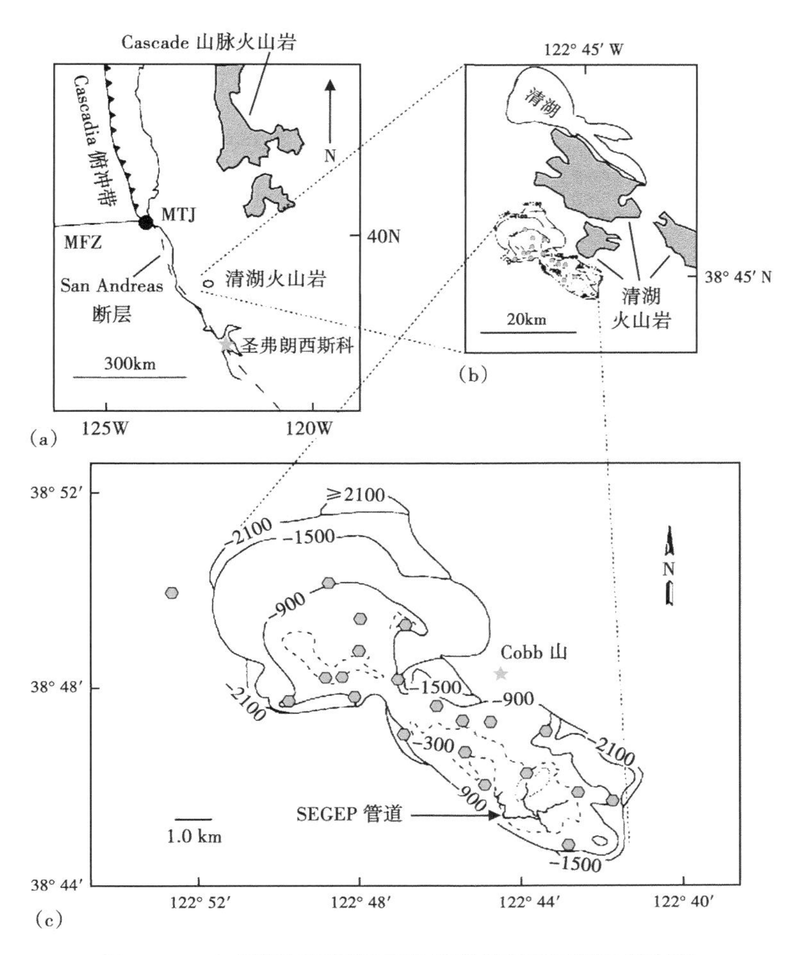

图 10.14 加利福尼亚间歇泉地质背景及蒸汽储层深度图

(a) 区域构造格架显示间歇泉位于 Cascade 山脉，San Andreas 断层以及 Mendocino 断裂带的连接处；(b) 蒸汽范围在清湖（Clear Lake）火山岩地表的位置，该火山岩是过去 70 万年喷发形成的；(c) 蒸汽储层顶部的等高线图（虚线轮廓海拔为-300m）。高度以海平面为基准。同时，图中标明了发电厂的位置（五角星）和 SEGEP 管道位置

候，地下水就会沸腾蒸发。现在地热发电利用的资源就是水—岩相互作用形成的不可渗透的围岩包裹的区域过热或者干蒸汽的储层。

这个系统的体积很大。钻井深度已经超过 3000m，但是还没有发现液相区。这意味着总的蒸汽储层超过 1000m 厚。区域位置的不同导致干蒸汽的温度在 225~300℃之间浮动（Dalrymple 等，1999；Moore 等，2001；Dobson 等，2006）。

10.8.2 发电历史

第一次尝试在间歇泉利用蒸汽发电是在 1921 年，利用一个功率为 35kW 的发电机对当地的一个酒店进行供电。但是在短暂的成功之后就被废弃了，原因在于流体所携带的微粒和化学成分腐蚀损坏了发电装置。

1961 年，在更强大的技术支持以及对地热发电更好了解的基础上，又重启了蒸汽发电的项目。第一个发电站选在了原先 35kW 的旧址上建立，总装机容量 11MW，到现今为止，

一共建立了21个发电设施，总发电容量为1400MW。图10.14c展示了发电厂的位置。

在该地区钻井可谓非常复杂。好的方面是，这些储层的围岩坚硬不透水，钻井时可以不用下套管。这些裸眼井降低了开发的成本，因为井筒中不需要金属管道或者衬垫来保持井筒的稳定。然而，由于地质的原因以及腐蚀性气体和液体同岩石的反应，造成了地表的崎岖不平，这降低了土壤以及浅层基岩的稳定性。综合考虑这些条件，可以在一个地层稳定的地方打井，随后利用斜井钻遇储层，这种方案在经济上是可行的。现今开发储层是用斜井，图10.15是该井的预定方向示意图。最近，地热行业也开始普遍采用这种在石油和天然气行业具有悠久历史的钻探方法。另一个钻井的创新是多分支井和丛式井（图10.15）。从储层里多个地方提取蒸汽，通过一个井口来生产，这种方法的好处是可以简化地面管道，并且增加了每口井的产量。

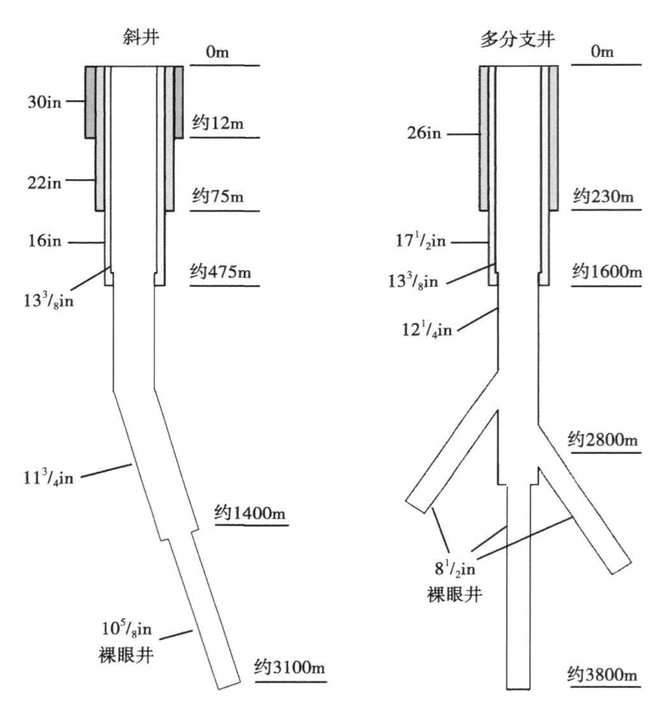

图10.15　斜井和分支井示意图（据Pye和Hamblin，1992；Henneberger等，1995）
井径和井深都是近似值

10.8.3　排放物

在探索地热发电的过程中，人们发现，蒸汽系统的组分随地域不同而发生变化。常见的非凝性气体包括：CO_2，H_2S和HCl。在该区域的北部，人们发现蒸汽中HCl的浓度特别高，导致蒸汽特别活跃。这种酸性低pH值的资源是不经济的，因为对管道和涡轮机部件材料的要求非常的高，因此，北部资源尚未被开发。

非凝性气体的问题很多。各个地区相应机构建立的H_2S排放标准各不相同。职业健康与安全管理局建议，工作场所的H_2S的含量不得超过20×10^{-6}，10分钟内的吸入量不超过50×10^{-6}。典型的地热发电厂H_2S排放量小于1×10^{-9}。然而，事实上间歇泉的蒸汽中H_2S含量达0.15%。因此，人们开发了一个减排的项目，从排放的流体中除去H_2S。将H_2S氧化成元素S，效率能到达99%。在这个过程中生产的副产物硫也可以作为提供给当地农业的有用的商品。

二氧化碳的排放也是一个值得思考的问题，因为温室气体排放对环境产生影响。

10.8.4 可持续发展及回注

地热能发电的可持续性是一个值得认真考虑的问题。间歇泉为我们提供了一个有趣的例子。建立资源的可持续性的最基本的方法是参考每一个能源生产的历史记录，或者使用某种替代度量。在这些数据的基础上，就可以模拟资源的长期利用方式，并确定是否可持续发展。我们定义正在讨论的问题为可持续发展能力，来保证发电设备在某些特定的状态下运转至少20年，这是一个地热电厂设计的合理使用寿命。发电设备的历史数据在不同电厂有所不同。在间歇泉超过50年历史的一些电厂已经拆除或者被替换了。图10.16展示了整个地热复合物以及每一口井的电力生产历史（图10.16a）。图10.16b向我们展示的是5个具体的电厂（Calpine电站13，16，18机组；NCPA的1机组和2机组）1996—2007年间的发电状况（Khan，2007）。

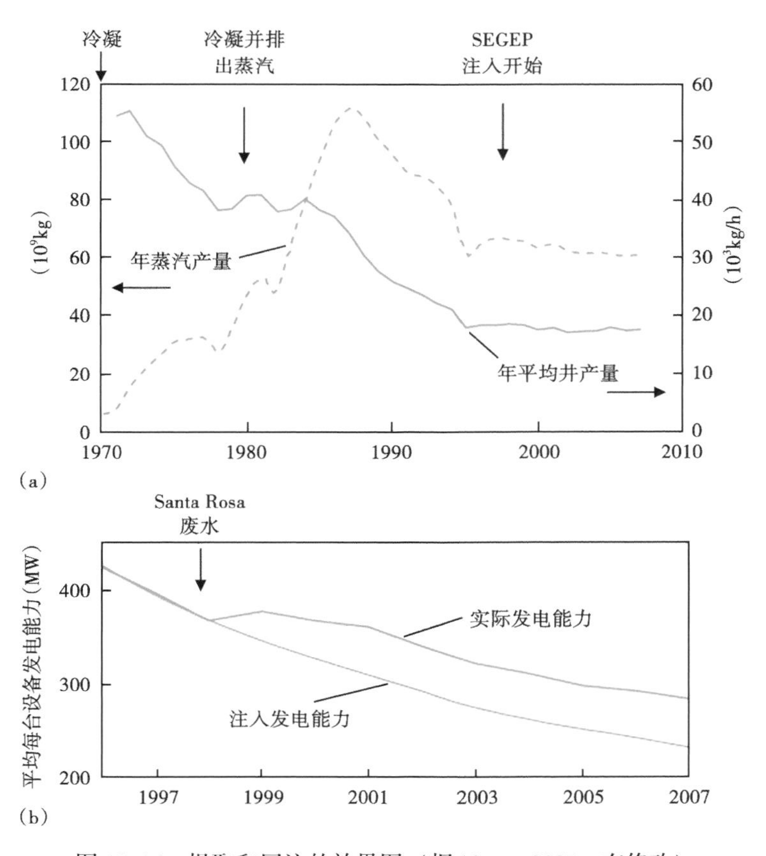

图10.16 提取和回注的效果图（据khan，2007，有修改）

（a）整个地区（虚线）年总蒸汽产量和每口井年均产汽量（实线），图的上方显示着各种回注的近似时间；

（b）在现场东南部一个发电机组在SEGEP回注过程中的响应曲线

从1970年到1983年，间歇泉的蒸汽生产速率逐渐上升，到1995年以后逐渐下跌，随后蒸汽的生产趋于稳定。从单井上来看，蒸汽产量在1970—1978年下降并稳定了一段时间，随后在1984—1995年间再次下降。从1995年开始稳产。如果我们假设初始的蒸汽性质处于图10.3的1点处，提供的焓降温度为50℃（在这样系统中的典型涡轮机），那么焓降所带来的贡献约是300kJ/kg的蒸汽。1987年蒸汽产量的峰值在110×10^9kg，到了1995年产量下降到约60×10^9kg，平均每年的焓值下降大约为：

$$\frac{(1.1\times10^{11}\text{kg}-6.0\times10^{10}\text{kg})\times300\text{kJ/kg}}{8\text{a}}=1.875\times10^{12}\text{kJ/a}$$

这个能量损失是由系统的水文结构带来的，实际上不能保证在蒸汽被抽取的过程中，天然液体流入储层的速度与地下水蒸发的速度相同。干蒸汽系统自然补给率较低，因为液态水必须绕过系统中的防渗区，然后运移到储集区。为了使蒸汽的产量保持在一个恒定的水平，蒸汽的提取速度必须控制在与自然系统的交换速度或者液态水注入储层速度能够满足蒸汽提取的速度。在目前的技术下，预测早期阶段的蒸汽提取速度必须根据经验而不是理论模型。这反映了一个事实，即储层的体积是未知的，而岩石的渗透性也不能实现对蒸汽流通路径的三个维度参数进行描述，实际的自然补给率也是未知的。历史的数据表明，间歇泉早期发展过程中，蒸汽的提取速度是比其补充速度要快的。虽然蒸汽的蒸汽产量有所增加，但是单井的蒸汽产量在下降。这些数据表明，要想维持间歇泉发电的稳定性，对储层进行注水是必不可少的。

从1969年开始，就启动了对储层注入冷凝水的过程。一小部分生产井被用于注水井，冷凝水就通过这些井注入储层，注入的流体相当于25%~30%的蒸汽（Brauner和Carlson，2002）。从当地的溪流里增加额外一部分的水来补充冷凝水，使得注入储层的液体质量增加了少部分。然而，这些流体体积不足以防止蒸汽产量进一步下降。

1995年，在间歇泉以东26mile的圣塔罗萨（Santa Rosa）市一个叫间歇泉东南污水管道项目（SEGEP），将处理后的废水注入蒸汽储层中。这条输送管道（位置见图10.14）设计每天能将29.5×10^6L（7.8×10^6gal）的水注入南部的7~10口井内（Brauner和Carlson，2002）。如图10.16所示，废水的注入保证蒸汽生产的稳定。现在正在开发能达到每天41.6×10^6L（11×10^6gal）的废水注入能力。注水也可以降低流体中H_2S的含量。在1995年没有注水之前，该地区蒸汽中的H_2S含量各井不断增加。这说明储层中的蒸汽不断减少。然而，在开始废水注入之后，由于储层中非凝性气体的稀释，H_2S的浓度下降了近20%。

但是，需要注意这里并没有注入水质量和蒸汽提取质量之间的关系。1999年注水的总速率在3.83×10^6kg/h，其中大部分是在东南地区的几口井中注入的。在同一时间内，整个地区的蒸汽产出速度大约6.6×10^6kg/h。换言之，大约56%的产出蒸汽是由注入20%区域的废水提供的。这种情况表明，水和蒸汽的流动路径非常复杂。

图10.17展示了流体注入地下系统的行为。该图显示了注水井周围的微型地震分布。微型地震是由于某些机械原因导致岩石弹性能量的释放。灵敏的地震仪可以探测到冷水注入热的岩石由于收缩引起的快速裂解。其他的可探测到的岩石中已有裂缝形成新的裂缝的过程，以及构造应力作用在岩石上的应力释放。无论是什么机制，微地震发生的位置展示了注入水的可能迁移路径。图中也清晰的表明，大部分发生微地震的井都远离生产井。这意味着至少有一部分流体从生产井附近的岩石渗入到生产井中随蒸汽散逸。即使这样，蒸汽的长期稳定

生产表明对储层的加压过程是成功的。但是，并不能确定注入的液体质量和重注储层的蒸汽能否形成平衡。此外，虽然生产已经稳定，储层的整体性能仍然低于20世纪60年代末和70年代初的水平，仍然需要确定新的注入计划，将生产维持到早期的水平。

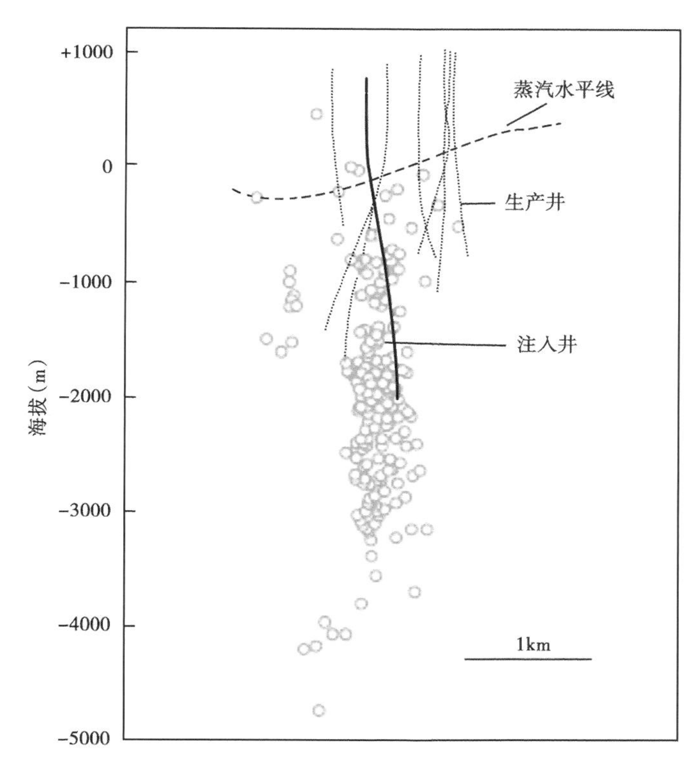

图10.17　根据注入井42B-33（实线标记的注入井），2007年11月记录的微地震事件分布图（空心圆圈）

问　　题

（1）什么是干蒸汽资源，它比其他类型的地热资源发电有什么优势？

（2）假定蒸汽进入涡轮机时温度为235℃，质量流速为5kg/s，叶片温度为35℃，在一个理想的过程中，涡轮机的输出功率是多少？

（3）在什么压力下问题（2）中的流体将发生闪蒸？

（4）假定地下3000m处储层顶部压力为35MPa，流体温度为235℃。井内流速为3m/s，流体密度为850kg/m^3。那么，流体在井内多深处会发生闪蒸？

（5）已知从涡轮机流入的水温度为60℃，流出涡轮机的温度为25℃，质量流速为5kg/s，冷却该水需要质量流速为多少？

（6）哪些因素决定一个地热资源的可持续性？什么运作策略可以用来加强可持续性？

（7）什么是朗肯循环？为什么在利用地热资源发电过程中很重要？

（8）一个有效的二次地热发电系统采用的近似最低温度是多少？什么因素影响这个温度？

（9）如图10S.3所示，涡轮叶片上沉积了碳酸钙，用什么化学方法可以阻止它的形成？

参考文献

Baumann, K. , 1921. Some recent developments in large steam turbine practice. *Journal of the Institution of Electrical Engineers*, 59, 565–663.

Bertani, R. , 2007. World geothermal energy production, 2007. *Geo–Heat Center Bulletin*, 28, 8–19.

Bolton, R. S. , 2009. The early history of Wairakei (with brief notes on some unforeseen outcomes). *Geothermics*, 38, 11–29.

Bowers, T. S. , 1995. Pressure–volume–temperature properties of H_2O–CO_2 fluids. In *Rock Physics and Phase Relations*, ed. T. J. Ahrens. Washington, DC: American Geophysical Union, pp. 45–72.

Brauner, E. Jr. and Carlson, D. C. , 2002. Santa Rosa Geysers recharge project: GEO–98–001. California Energy Commission Report 500–02–078V1. California Energy Commission, Sacramento, CA.

Dalrymple, G. B. , Grove, M. , Lovera, O. M. , Harrison, T. M. , Hulen, J. B. , and Lanphyre, M. A. , 1999. Age and thermal history of The Geysers plutonic complex (felsite unit), Geysers geothermal field, California: $A_{40}Ar/_{39}Ar$ and U–Pb study. *Earth and Planetary Science Letters*, 173, 285–298.

DiPippo, R. , 2008. *Geothermal Power Plants*. 2nd edition. Amsterdam, The Netherlands: Elsevier. 493 pp.

Dobson, P. , Sonnenthal, E. , Kennedy, M. , van Soest, T. , and Lewicki, J. , 2006. Temporal changes in noble gas compositions within the Aidlin sector of The Geysers geothermal system. Lawrence Berkeley National Laboratory Paper LBNL–60159, p. 12.

Donnelly–Nolan, J. M. , Hearn, B. C. Jr. , Curtis, G. H. , and Drake, R. E. , 1981. Geochronolgy and evolution of the Clear Lake Volcanics. In *Research in The Geysers–Clear Lake Geothermal Area, Northern California*, eds. R. J. McLaughlin and J. M. Donnelly–Nolan. Washington, DC: US Geological Survey, pp. 47–60.

Erkan, K. , Holdman, G. , Blackwell, D. , and Benoit, W. , 2007. Thermal characteristics of the Chena Hot Springs, Alaska, geothermal system. *Proceedings of the 32nd Workshop on Geothermal Reservoir Engineering*, Stanford University, Stanford, CA, January 22–24.

Furlong, K. P. , Hugo, W. D. , and Zandt, G. , 1989. Geometry and evolution of the San Andreas Fault zone in Northern California. *Journal of Geophysical Research*, 94 (B3), 3100–3110.

Guthrie, G. B. Jr. and Huffman, H. M. , 1943. Thermal data XVI. The heat capacity and entropy of isopentane. The absence of a reported thermal anomaly. *Journal of the American Chemical Society*, 65, 1139–1143.

Hearn, B. C. , Donnelly–Nolan, J. M. , and Goff, F. E. , 1995. Geologic map and structure sections of the Clear Lake volcanics, northern California. US Geological Survey Miscellaneous Investigations Map I–2362, http: //pubs. usgs. gov/imap/2362/.

Henneberger, R. C. , Gardner, M. C. , and Chase, D. , 1995. Advances in multiple–legged well completion methodology at The Geysers geothermal field, California. *Proceedings of the World Ge-*

othermal Congress, vol. 2, Florence, Italy, pp. 1403–1408.

International Geothermal Association, 2008. http://www.google.com/url? sa = t&rct = j&q = &esrc = s&source = web&cd = 1&ved = 0CB8QFjAA&url = http%3A%2F%2Fwww.earth-policy.org%2Fdatacenter%2Fxls%2Fupdate74_2.xls&ei = TF64U9fDGI-hyASh_YDoAw&usg = AFQjCNGjxc8UEE6DK4TZkSvA8sHfXNqPDA&bvm=bv.70138588, d.aWw.

International Geothermal Association, 2008, 2012. *IGA Newsletter*, v. 89, p.3, IGA Global Geothermal Energy Database.

Kanoglu, M., 2002. Exergy analysis of a dual-level binary geothermal power plant. *Geothermics*, 31, 709–724.

Khan, A., 2007. The Geysers geothermal field, an injection success story. Ground Water Protection Council, Annual Forum, http://pakistanli.com/papers/FtF.htm

Lawrence Berkeley National Laboratory, Calpine, Inc., and Northern California Power Agency, 2004. Integrated high resolution microearthquake analysis and monitoring for optimizing steam production at The Geysers geothermal field, California. California Energy Commission, Geothermal Resources Development Account Final Report for Grant Agreement GEO-00-003, 41 pp.

Lazalde-Crabtree, H., 1984. Design approach of steam-water separators and steam dryers for geothermal applications. *Geothermal Resources Council Bulletin*, 13 (8), 11–20.

Matek, B., 2013. 2013 geothermal power: International market overview. Geothermal Energy Association, Washington, DC, 35 pp.

Moore, J. N., Norman, D. I., and Kennedy, B. M., 2001. Fluid inclusion gas compositions from an active magmatic-hydrothermal system: A case study of The Geysers geothermal field, USA. *Chemical Geology*, 173, 3–30.

Muraoka, H., 2003. Exploration of geothermal resources for remote islands of Indonesia. *AIST Today*, 7, 13–16.

Pye, D. S. and Hamblin, G. M., 1992. Drilling geothermal wells at The geysers field. *Monograph on The Geysers Geothermal Field.* Special Report No. 17, Geothermal Resources Council, Davis, CA, pp. 229–235.

Schuler, L. D., Daura, X., and van Gunsteren, W. F., 2001. An improved GROMOS96 force field for aliphatic hydrocarbons in the condensed phase. *Journal of Computational Chemistry*, 22, 1205–1218.

Smith, B., Beall, J., and Stark, M., 2000. Induced seismicity in the SE geysers field, California, USA. *Proceedings of the World Geothermal Congress 2000*, Kyushu-Tohoku, Japan, pp. 2887–2892.

Walters, M. and Coombs, J., 1989. Heat flow regime in The Geysers-Clear Lake area of northern California. *Geothermal Resources Council Transactions*, 13, 491–502.

附录　涡轮机

最常见的用于发电的设备是涡轮机。涡轮机是一种将流体的能量转化为机械能的装置。在利用地热发电的过程中，工作流体为水蒸气。涡轮机可以将蒸汽的热焓转化为有用的功。图 10S. 1 和图 10S. 2 展示了一个基本的蒸汽涡轮机的部件。

通过冷凝器的冷却系统将高温高压的蒸汽冷却成低温低压的气体。高 $p—T$ 的蒸汽膨胀过程中通过一组固定的叶片（定子），集中流向一组安装在旋转轴（转子）的叶片。流体在驱动叶片旋转的过程中流体的能量部分的转化为旋转的机械能。在膨胀的过程中，流体的热焓转化为涡轮机旋转的动能，蒸汽的温度和压力在这个过程中下降。

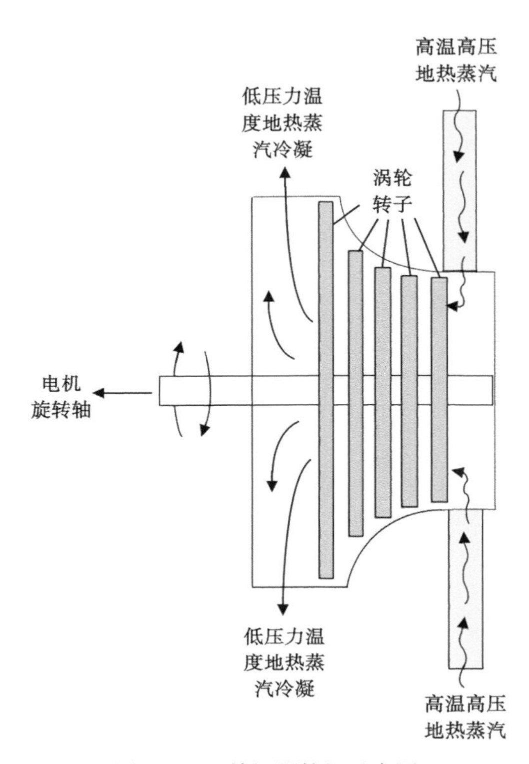

图 10S.1　单级涡轮机示意图

高压蒸汽通过旋风分离器和微粒捕获器的管道进入右边的涡轮机，并流经一系列旋转的涡轮叶片。各组叶片随着流经路径向前直径不断增加。叶轮的直径基于其沿着流动路径位置的预期压力和蒸汽的温度参数来设计的。蒸汽经过涡轮机到较低的温度和压力的冷凝系统然后排出。多级涡轮机中，在前面阶段的蒸汽经过除湿重新注入另一组涡轮叶片，直到它耗尽能量后进入冷凝器的冷却系统。涡轮叶片连接在一个直接连接到发电机的轴上

这个过程的效率关键取决于叶片的形状和尺寸。涡轮机转动的过程中，流体通过涡轮机的热焓量是不断下降的。叶片的形式和大小必须沿着不同路径的长度来设计，以便最大限度地将能量从流体转移到轴上。现代蒸汽涡轮机由一系列的定子组成。在设计中专门设计了一系列的转子，在不同的 $p—T$ 条件下，尽可能有效地提取能量。高压阶段的叶片直径一般小于低压阶段的直径，反映在流体低压状态下能量密度减少。在低能量密度和低压下，需要更大的叶片来保证提取能量的效率。图 10S.1 为单级涡轮的配置，图 10S.2 显示了单个定子—转子双涡轮原理的关系和流程图。数十年来，工程的细化和科学的分析使得现代涡轮机设计更加完善。当今的多级蒸汽涡轮机的效率很高，通常它从蒸汽资源中的转化效率能够超过理论最大值，即 85% 。

任何对于蒸汽扩散路径、叶片的几何形状或者蒸汽性质的修改都会降低涡轮机的效率，因为它们的设计都是针对特定条件的优化。地热发电中，一个特别值得关注的问题是蒸汽供应的水中其他的组成部分。尽管人类一直致力于提升地热流体中蒸汽的质量，但是热力学上也一直在防止纯蒸汽中含有溶质。无论蒸汽与液体之间的成分比例多低，溶液中的某些成分会在流体相中一直存在。流体中的某些成分的浓度是非常重要的，这些固体沉积物将不可避免的沉积到涡轮叶片上。地热发电系统的涡轮叶片上最常见的沉积矿物质是 SiO_2，因此需要考虑 SiO_2 的溶解度（图 5-3）。考虑温度的间隔，温度每下降 5℃，就会造成溶解浓度下降 0.1~5.0。碳酸钙是另一种溶质成分，影响涡轮机效率的机制跟 SiO_2 相同。对于典型流量（1~5kg/s）的涡轮机系统，涡轮机性能的降低只是一个时间问题，随着涡轮机的运转，矿物质会不断地沉降到叶片上，直到效率达到不可接收的水平。这种情况下，就需要对涡轮机进行大修。因此，除去流体中的溶解物来满足涡轮机尽可能长时间的运转就显得尤为重要（图 10S.3）。

另外一种影响效率的因素是非凝气体的存在。这些非凝气体（NCG）减少了能够转移到涡轮机的能量。地热蒸汽中主要的非凝气体是 CO_2，H_2S 和 NH_4。根据流体的化学性质，

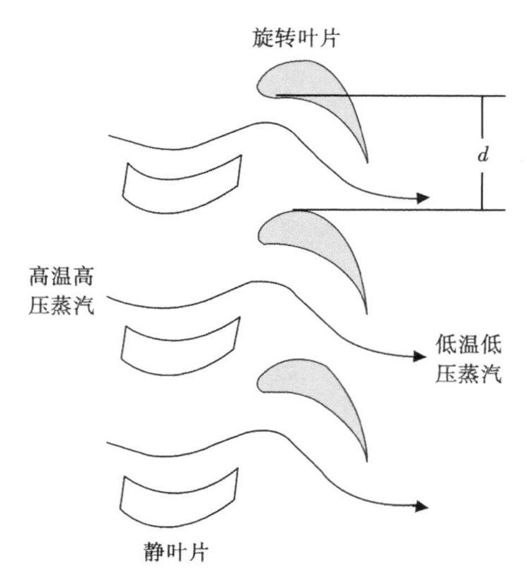

图 10S. 2 发电机定子绕组沿涡轮机内的蒸汽流路示意图

每一组叶片的几何形状是专门为特定的温度和压力以及流速而设计的，为了最大限度地提取蒸汽的能量，距离 d 是影响涡轮效率的关键参数之一

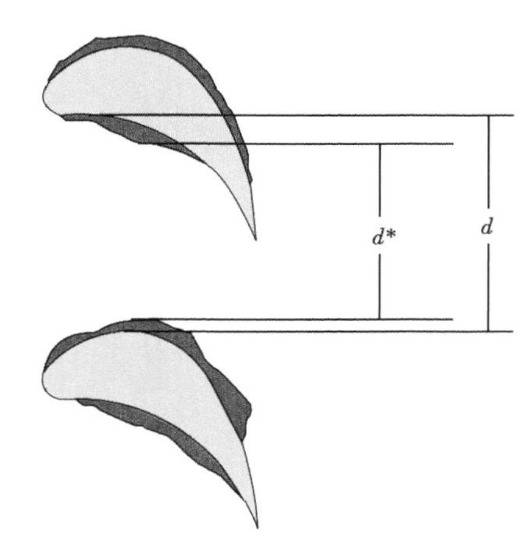

图 10S. 3 叶片上的沉积物改变了设计的距离 d

（暗色，不规则覆盖在灰色的涡轮叶片之上）沉积物的存在使叶片更加粗糙，降低了流体流经叶片的流畅程度，减少了输入到叶片的能量。此外，沉积物导致距离从 d 减少到 $d*$，降低了流量，从而影响了能量传递的速率

可以在蒸汽进入涡轮机之前去除 NCG。

用于地热发电厂的蒸汽轮机与利用化石燃料或核能提供动力的发电厂不同，这是因为其他发电厂的蒸汽温度超过 1500℃，而地热系统在 200～350℃的温度下提供蒸汽。因此，低温地热系统的涡轮机针对这些条件进行了优化。

第 11 章　低温地热资源：地源热泵

热泵技术是 20 世纪出现的最尖端的工程成就之一。热泵是一种简单设备，通过热传输系统实现了最高的效率。它们在本质上与卡诺循环非常相似，工作原理与卡诺实验中设想的原理是一样的。它们通过加热和冷却的方式传递能量，同时消耗所传递能量中的一小部分。其巨大优势来自于利用热力学原理传递已经存在的热量，因而不需要生产热量。因为产生的热量（通过燃烧、摩擦或一些其他手段）的固有效率通常比传递已经存在的热量较低，热传递引擎的效率是其他方式难以企及的。在这个意义上，热泵是满足建筑物和空间加热及冷却能源需求的理想方式。本章讲述连接热泵与地球近地表地热储层需要考虑的主要问题，热泵系统的设计概念以及顺利实现这样的热泵应用需要考虑的原理。

11.1　热泵基本原理

利用地球热能的热泵是一种利用流体系统的热力学性质将热量从一个地点转移到另一个地点的流体介质机械装置。第一个已知的热泵是奥地利的 Peter Ritter von Rittenger 在 19 世纪 50 年代中期发明的，用于将废弃的蒸汽加热盐矿。直到 20 世纪初，主要作为家用电冰箱核心的热泵才普及起来。

在电冰箱中，热泵用于将冰箱内部空气的热量（热源）排出到冰箱周围的空气中（热汇）。这个过程与典型的卡诺循环类似，冰箱内部的空气是卡诺循环中初始等温膨胀阶段的热源，房间中的空气是卡诺循环中等温压缩阶段排放出的热汇，如图 11.1 所示。发生热传递的流体是制冷剂，一直以来是沸点非常低的有机化合物。对于建筑采暖、通风和空调（HVAC）等地热能源利用，其中的热传递原理和过程是相同的，唯一的区别在于热源和

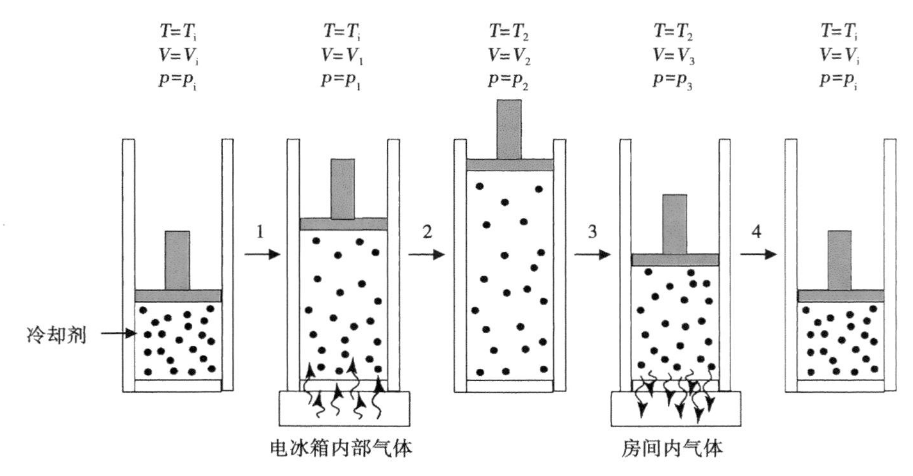

图 11.1　电冰箱将其内部的空气排出到冰箱所在房间中的示意图

这一过程与第 3 章提到的卡诺循环的特性是一致的

热汇。

地源热泵（也称为地面耦合热泵或地—源热泵）利用了地球的巨大热量和近地表温度适中、恒定的优点。在夏季需要防暑降温的地区，白天地表气温普遍高于26℃（80℉）。冬季需要取暖的地区，地表温度一般低于18℃（65℉）。在绝大多数地区，地表以下几十米处的温度恒定在4~13℃（40~55℉）。恒定的温度意味着地表以下是一个储热库，既可以抽取热量用于加热，也可以埋存热量用于冷却，这样就在建筑物与地球之间实现了高效率的热传递。

一套地热——建筑一体机系统的基本配置如图11.2所示。该设计展示的是：垂直的管道环路连续不断在地热库与建筑物内的热泵之间循环工作液。这样的系统被称为闭环系统，因为工作液在管道环路中循环而不流出。许多其他的设计形式也应用于闭环系统，包括埋置于壕沟和其他挖掘的设施中的单一和多个水平闭合环路设计（Ochsner，2008）。开环设计也是存在的，它利用热泵从水井中泵抽地下水，然后回注到地下水系统中。开环系统热交换的基本原理与闭环系统是相同的，但是资源的管理方式是不同的，因此在后面的部分会分别介绍。

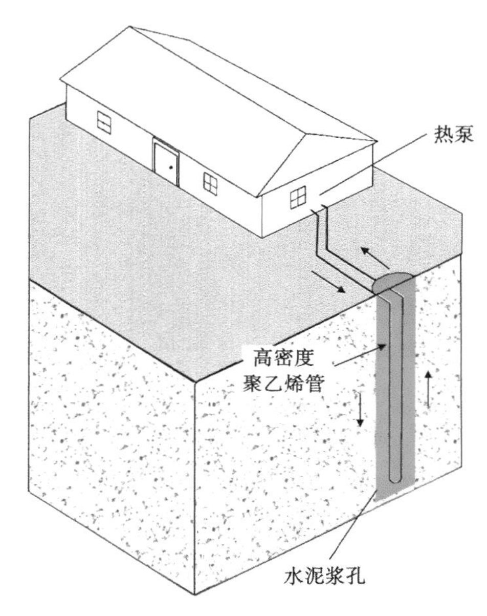

图11.2　采用单钻孔形式的地源热泵管道系统示意图

尽管单钻孔系统很常见，但大多数应用通常需要多钻孔系统。钻孔的深度通常为90m，管柱用水泥浆固定，因为黏土混合物具有高导热性。热泵及暖通空调机组一般位于住宅附近

图11.3是一个与地热耦合的热泵的示意图。热泵的主要元件包括：容纳制冷剂的盘管，制冷剂的沸点要比当地地下热源温度低，压缩机、减压阀和进行室内（图的左边）与地球热库（图的右边）换热的性能。不同制造商使用的制冷剂各不相同（一些常用的制冷剂的特性如表11.1所示）。现在规定制冷剂必须为不消耗臭氧的化合物。成功运行这一系统还需要额外的一台泵将水在热泵与地热库连接的环路中循环起来。

泵完整的加热循环包括图11.3中A到D过程（冷却循环可以通过将室内的热传递到闭合环路中的流体中来实现）。在A处，冷的液态制冷剂进入换热器从工作液中获得热量，这些工作液是从地球的地热储层中循环过来的，只要循环工作液和储热库的热交换效率足够高，工作液的温度就能接近井筒中管路深度处的温度。由于冷却液的沸点大大低于当地的地下温度，当它流过连通冷却液与外部流体的散热器盘管时会沸腾。当冷却液发生这样的热现象时，冷却液通过沸腾经历了由液相到气相的相变。在B处，通过压缩机对气体增压，气体的温度因而升高，这表明压缩机对气体做功，热的气体通过建筑物中的另一个换热器，在这里，热气与室内气体产生热交换，室内空气温度上升，而热气本身温度下降。然后热气通过一个减压阀，压力下降，气体冷凝回液体。在这一点，循环完成，工作液可以重新用于加热。

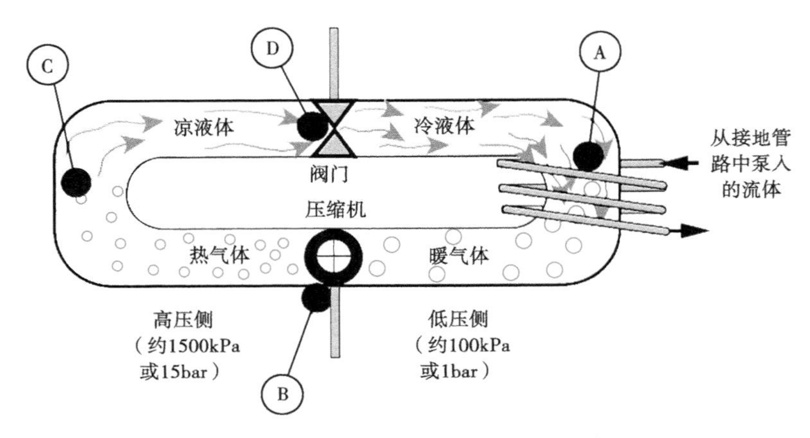

图 11.3 设计用于供热的地源热泵示意图

在供热模式下，流体从地下进入图右侧的换热盘管，加热由热泵泵入的循环流动的冷却剂。热泵也能实现供热和制冷，在这种情况下，制冷剂和换热器的配置允许制冷剂在两种模式之间切换，要么从闭合环路中循环的流体吸热或者将热量排放到循环的流体中

11.2 热泵热力学

地源系统中使用热泵技术与采用有机朗肯循环的二元地热发电系统是基于相同的热力学原理。不同系统之间的显著差异表现在使用条件和能量密度不同以及在传热过程中使用的流体不同。

表 11.1 可用作制冷剂的部分化合物的热力学性质

名称	分子式	分子质量（g/mol）	密度（kg/m^3）	熔点（℃）	沸点（℃）	汽化热（kJ/kg）	等压热容［kJ/(kg·K)］
R134a	$H_2FC—CF_3$	102.03	1206	-101	-26.6	215.9	0.853
丙烷	C_3H_8	44.096	582	-187.7	-42.1	425.31	1.701
异戊烷	C_5H_{12}	72.15	626	-160	28	344.4	2.288

在热泵中应用的非水流体的沸点远远低于地下水的沸点。图 11.4 是丙烷不同温度下的压力—焓关系图，作为对比，图上还标示了水在这些压力—焓条件下液相与气液两相的范围。一般情况下，通过与地下相互作用受热的工作液的温度在 5~15℃之间（图 11.4 淡灰色区域）。工作流体将其热量在图 11.3 右侧所示的换热器处传送到热泵中的冷却液中。在该点处，热泵中的流体在约 0℃和 100~400kPa 的条件下处于液态（实际的温度和压力取决于热泵的设计和热泵中使用的流体）。因此，热泵中的流体将沿着图 11.4 淡灰色区域中向右的箭头在恒定的压力下升温。热泵中的流体达到气液两相区的温度时，流体在恒温恒压下通过汽化持续吸热，直到汽化过程完成。吸收的总热量取决于流体的汽化热。在该点处，如果蒸汽与换热器保持接触，蒸汽将会过热，这就意味着，它将获得超出汽化热额外的热量。

蒸气一旦形成，它将会被压缩到汽化时 10 倍的压力（图 11.4 中气相区的箭头）。之后，蒸气通过房间或者建筑物中的换热器，在恒定的压力下，散失热量，重新回到气液两相区。这种情况下，流体散失汽化热，蒸气冷凝回液体（图 11.4 中指向左侧的长箭头）。

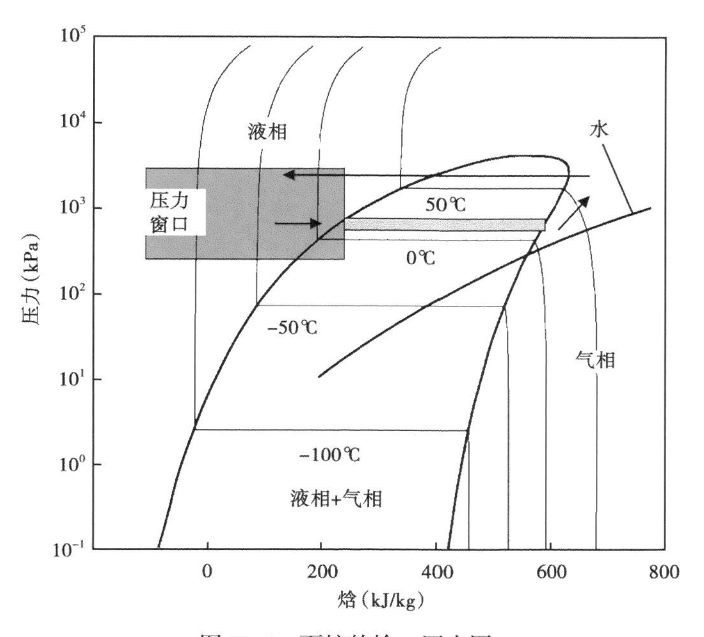

图 11.4　丙烷的焓—压力图

标示了气液两相区。作为参考，水的低温部分液相边界也绘制在图上

11.3　性能系数与能效比

热泵过程的效率是通过对比驱动系统所需的能量与系统传递的总热量来测定的。再来看图 11.4 所示系统的热力学特性，丙烷从液态汽化到气态大约消耗 425kJ/kg 丙烷。水的比热容约为 4180kJ/(kg·K)。正常情况下，图 11.3 热泵右侧接地环路的换热器流入流体和流出流体的温度降约为 10℃。因此，假设接地环路中流动的流体只有水，闭合环路向热泵中输送 1kg 地热水将能够汽化约 10kg 丙烷，丙烷的热量仅增加 4kJ 多一点。热泵中的压缩机由小型电机驱动，电机额定功率 1.5kW，电机消耗的功率对流体做功，假设电机的效率为 0.8，地热流体的流速为 1kg/s，热泵中工作流体的输入能量为：

$$E_{Tot}=4180J/s+0.8\times1500J/s=5380J/s$$

通过对比系统中的热量输入值 5380J/s，与系统驱动压缩机的总耗能 1.5kW，可以度量系统的效率。这个比值就是效率。

$$\frac{E_{Tot}}{E_{consumed}}=\frac{4180J/s+0.8\times1500J/s}{1500J/s}=3.59$$

在热循环中，这个量被称为性能系数，它的定义是：

$$COP=\frac{输入热量}{压缩机需求电力}$$

地源热泵系统的性能系数通常在3.0~5.0之间，这意味着用于运行热泵能量的300%~500%的热量将被传递到所加热的空间中。对比而言，效率最高的燃气壁炉只能将燃气中可利用能量的90%~95%转换成用于加热的热量，它的性能系数约为0.9。

性能系数的热力学意义可以参考图11.4描述的循环路径来理解。压缩循环将气体的焓从约600kJ/kg增加到约680kJ/kg。这就是压缩机对气相做功，也就是系统的电力需求量。传递到建筑物中的热量是流体冷凝时释放的汽化热，是图11.4中左向长箭头与气液两相边界相交的值，约为390kJ/kg。因此，输送到房间中的热量比压缩机消耗的能量为：

$$COP=\frac{(680-390)\ kJ/kg}{(680-600)\ kJ/kg}=3.6$$

这与上面采用的稍有不同的方法计算的结果基本相同，热泵实际的性能系数取决于热泵部件的设计、运行参数以及循环结束点处的温度。

冷却效率用能效比单位衡量，是在标准的最大额定功率下，设备冷却能力除以电力消耗，地源热泵的能效比通常介于15~25之间。

11.4 近地表地热储层

受两大热源的影响，由土壤和岩石构成的地球表面数百英尺的表层就像一个热储库。正如前面第2章指出的那样，从地球内部流出的热流量平均为87mW/m^2。这个热量的来源是地球内部的缓慢冷却和地壳中的放射性物质衰变。在世界各地的深矿中，在1~2km的深处，温度可以高达60℃（140℉），当地的地温梯度高达0.5~1.5℃/100ft。这样的地温梯度可在没有大气或者太阳的情况下，使地表温度达到5~42℃（40~107℉）。其他热流量小的地方将会更低一些。因此，仅有热流量的条件下，浅地表的温度差异很大，存在局部热点和冷点。

11.4.1 太阳辐射

大气层和太阳辐射减轻了只有热流情况下的地表极端温度变化。对整个地球来说，到达地面的太阳能的日均输入量约为200W/m^2（Wolfson，2008）。太阳辐射与大气相互作用形成了气候模式，弥合了世界各地的地表温度的差异。这种效应白天能加热地表几十厘米的土层，晚上则会慢慢冷却，温度变化被限制在一定范围内，变化范围主要取决于纬度，这种昼夜效应慢慢延伸到地下。

除了太阳辐射的昼夜效应以外，加上降水的影响，显著的增加了地下的热能含量。由于降雨（或者雪融化）带来的雨水的去向是非常复杂的，有些雨水通过蒸发作用立即返回到大气中，有些被植物吸收合成组或者排放回大气，有些沿着地表流动进入当地排水设施，还有些渗透地表慢慢流入含水层进入地下含水系统。其中渗透水对地下地热储层的影响最显著，它吸收地表太阳能量输送到更深处的土壤和岩石中。水的高热容确保太阳能被相对高效的输送到地下。这样，地下的热能含量反映了太阳能与地热能输入的总和，太阳能显著降低了地热能的不均匀性。图11.5显示的是美国各地的年均土壤温度，数据来源于国家自然资源保护局（http：//soils. usda. goc）。值得注意的是温度与纬度以及区域气候模式是强烈相关的。

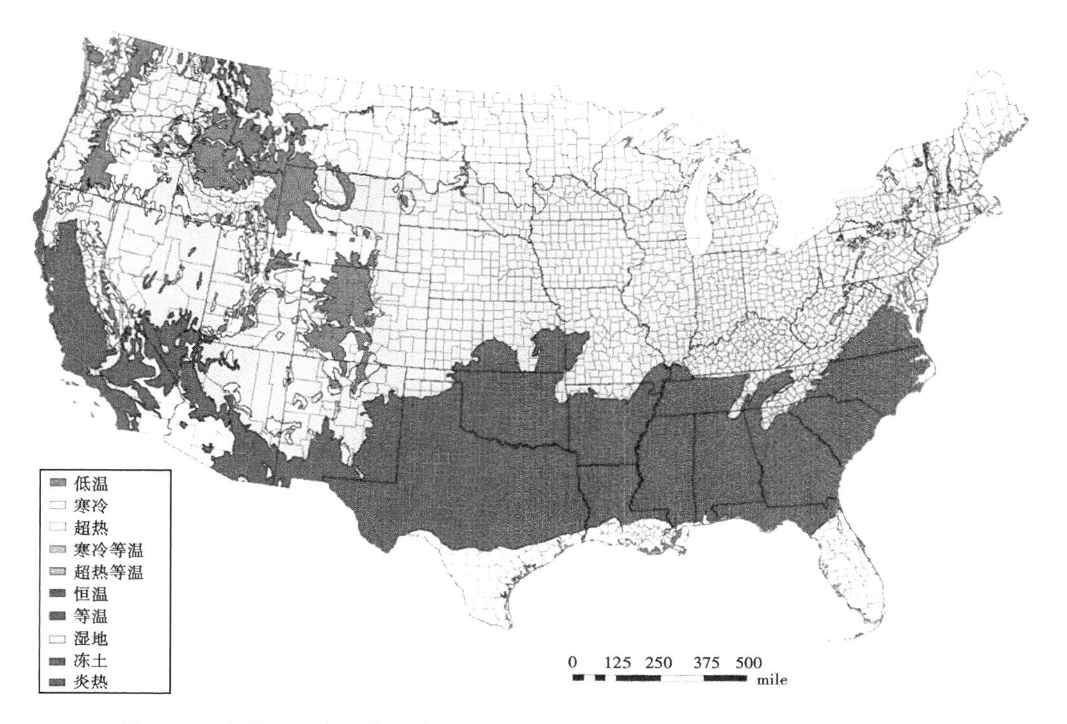

图 11.5 全美近地表土壤温度（国家自然资源保护局，http：//soils. usda. goc）

然而要重点注意的是，在图 11.5 中所示的土壤温度图是浅层的情况（<5m）。不同区域地下温度作为深度的函数不同，这对地源热泵的性能有重要影响，这个问题将在本章进行讨论。

11.4.2 土壤特性

图 11.6 显示的是芬兰一个研究中心理想温度变化和观测温度变化与水分含量、深度和季节的函数关系。图示每一个季节有两条理想曲线（最细的线）。外围的曲线代表的是潮湿的土壤温度变化与深度关系，而内侧曲线代表的是干燥土壤的温度变化与深度关系。这些曲线之间的差异是由于在一定距离上一定的热流量下，地温梯度是导热系数的反函数，通过改写公式（2-3）就显而易见：

$$\frac{\nabla x \times q_{\mathrm{th}}}{\nabla T} = k_{th}$$

随着导热系数降低，岩石中的饱和度降低，地温梯度一定升高。

图 11.6 中的理想曲线是在地表温度在当地年平均温度 10℃ 以内浮动的情况下绘制的。然而，实际的温度变化会更加复杂，图中所示的芬兰观测值夏季偏离平均温度约 14℃，而冬季的偏离值只有夏季的一半，这反映了当地气候条件与纬度的影响。在低纬度地区，偏离值可能更对称的分布于年平均土壤温度两侧。当地气候和季节的变化增加了温度变化的复杂性，温度偏离幅度可低至 5℃，也可超过 20℃。

无论某个地点实际情况如何，从图 11.6 反映的信息可以得出两条重要结论。首先设计

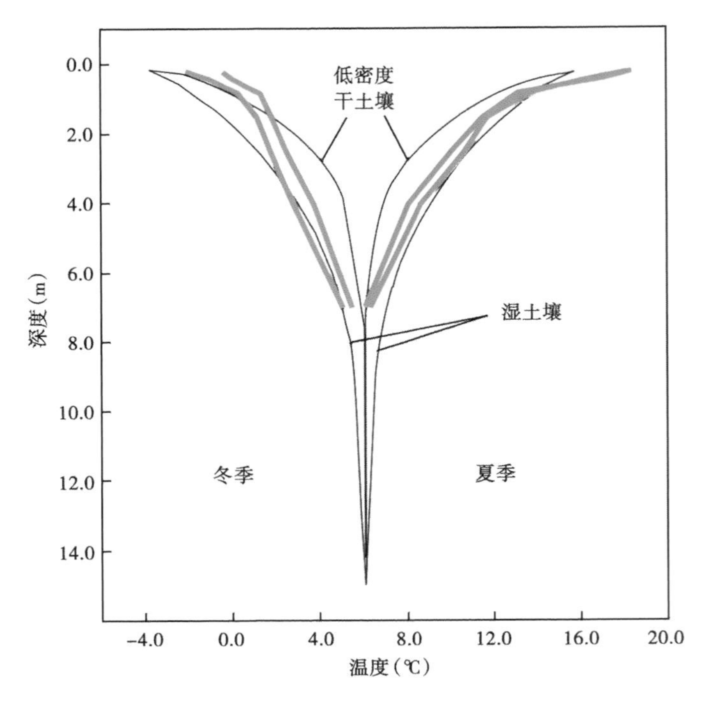

图 11.6　15m 深土层的年度极值温度剖面（据 Lemmelä 等，1981）

细线是夏季最高温度和冬季最低温度的理想温度剖面。每个季节有两条极端温度曲线，外侧线代表潮湿土层的理想温度变化曲线，而内侧线代表干燥土层的理想温度变化曲线。理想曲线假设温度变化相对于平均温度时对称分布。粗线是芬兰南部一个地点两个不同年份的实际观测值

安装在沟槽中的浅层闭环系统，必须小心注意当地的土壤性质和环境条件。在估计设计参数时，使用一般土壤的导热系数标准曲线就足够了，但是，只有对土壤的导热性及其变化进行深入而细致的调查，才能实现最佳性能。当进行这项调查时，必须关注当地的气候历史，这是因为区域降水模式会极大影响导热系数的月度变化。当地的农业研究机构是获取有关当地数据的良好来源。但是一旦挖掘或者钻井，若要实现最优化设计，土壤必须进行取样并进行热性能测定。其次，如果安装井口装置，季节变化将不是一个重要参数，因为一旦深度超过10m，太阳辐射能波动和气候变化的影响逐渐减弱，以至于几乎处于恒定的热力状态。

11.5　土壤的热导率与热容

地源热泵系统的成功来源于土壤和岩石的高热容和高热导性。表 11.2 是一些常见地质材料的热导率与等压热容。这些性质的重要性可以通过热泵用于供暖通风和空气调节时需要在建筑物与地球之间传递的热量来衡量。

考虑一个建筑物冬季热损失速率为 7kW 的情况，如果这幢建筑物想要在工作日的早上 7 点到下午 5 点之间维持恒温，这段时间内总的热量损失为 252000kJ，根据表 11.2，地下每立方米材料可以获取的热量，可用下式计算：

$$Q = C_p \cdot \Delta T \cdot V$$

式中　Q——可获得的热量；

C_p——等压热容；

ΔT——目标材料的温度变化量；

V——目标材料每立方米的摩尔数。

表 11.2　25℃条件下部分常见材料的热导率［W/(m·K)］和等压热容［J/(mol·K)］

材料	k_{th}	C_p	Q	m^3
石英[a]	6.5	44.5	1960	128.5
碱性长石[a]	2.35	203	2000	130
方解石[a]	2.99	82	2103	120
高岭石[a]	0.2	240	2408	105
水	0.61	75.3	4181	60

注：[a] C_p 来自于 Helgeson, H. C. et al., American Journal of Science, 278-A, 229, 1978.

表中所示为每立方米的物质，在25℃条件下，温度升高或者降低1℃，释放或者吸收的热量。m^3 列中列出的是提供7kW 的热量每种物质所需的立方米数。

表 11.2 中所示为各种材料在近地表条件下温度变化 1℃时每立方米可以获得的热量，表中还显示了考虑热损失时，各种材料供热所需要的总立方米数。正如下文所讨论的一样，很多地源热泵的钻孔深度为 250~295m，因此，理论上说，一个钻孔就能轻松地提供所需要的热量。

然而，能否以必需的速率提供热量取决于闭环附近材料的导热性。确认这样的速率需要求解下面的方程，并比较计算结果与热量需求的大小。

$$\frac{\Delta Q}{\Delta t} = C_V(T_f - T_i)/(t_f - t_i) \times V$$

式中　ΔQ——需要系统补充或者减少的热量；

Δt——补充或者减少热量持续的时间，s；

C_v——等容热容，J/(m³·K)；

$(T_f - T_i)$——初态（i）与末态（f）之间的温度变化量；

$(t_f - t_i)$——持续时间，s；

V——目标体积。

对于在上述条件下运行的钻孔系统，采用高岭石的等容热容值 2225.2J/(m³·K)，假设体积为 1m³，则：

$$\frac{\Delta Q}{\Delta t} = 61.81 \text{J/s}$$

从表 11.2 可以看出，很明显在最优的条件下，高岭石中每米长的钻孔只能提供 0.2J/s 的热量。因此，在这样的材料需要更多的钻孔才能达到热传递所需的速率，即使单个钻孔中的有效热量是充足的。对比高岭石和表 11.2 中列出的其他材料的热导率，显而易见的是，其他大多数的地质材料比单纯由干燥高岭石构成的地区更适合支持地源热泵系统。事实上，大多数材料的热导率足够高，闭环系统通常具有负载约每 180m3520W 速率的能力，这约相当于在 295ft 的钻孔中产生 1t 的制冷量。

11.6 闭环系统的设计要素

11.6.1 供热与制冷负荷

尽管有无数的考虑因素，设计一个接地环路的原理是比较简单的。主要的难点是设计地下管道的长度以满足指定建筑物的制冷和（或）供热负荷。必须定量考虑的重要参数包括建筑物或者需进行温度控制的空间的供热及制冷负荷，当地地热储层的有效供热及冷却能力，热量从地热储层采出或者排放到地热储层的速率与效率。

11.6.2 计算管路长度

计算建筑的能源需求（加热和冷却负荷）将不会在本书中涉及。优秀的软件包可以从多个来源获得的最新数据中完成这项计算，在接下来的讨论中，假设建筑物需要的供热负荷和冷却负荷分别为13400W和11750W。

有多种方法可用于计算给定系统所需的管路长度。在这一计算中，必须考虑的主要变量包括负荷、热泵的效率、热传递的速率、地热储层中可获得的热量以及系统的负荷需求时间。由于模型需要考虑预设地点的季节变化性，大多数参数是在年度基础考虑的。这里介绍的方法是国际地源热泵协会（俄克拉荷马州立大学，1988）提出的。要确定一个加热环路所需的地下管道的长度，其方程是：

$$L_{H}(\mathrm{m})=\frac{(C_{H})\times[(\mathrm{COP}-1)/\mathrm{COP}]\times[R_{P}+(R_{S}\times F_{H})]}{(T_{L}-T_{\min})}$$

对于冷却回路，对应的方程是：

$$L_{C}(\mathrm{m})=\frac{(C_{C})\times[(\mathrm{EER}+3.412)/\mathrm{EER}]\times[R_{p}+(R_{s}\times F_{C})]}{(T_{\max}-T_{H})}$$

式中 R_{p}——管道的热流阻力（等价于管道热导率的倒数）；

R_{s}——土壤的热流阻力（等价于土壤热导率的倒数）；

F_{H}（F_{c}）——系统用于加热（冷却）的时间；

T_{L}（T_{H}）——安装深度处最低（最高）土壤温度；

$T_{\min}$（$T_{\max}$）——目标热泵中的最低（最高）流体温度。

在图11.7中绘制了两组不同的土壤温度下，加热与冷却所需的管路的水平长度与土壤热导率的函数关系。显而易见，管路长度与土壤热导率和温度条件有很强的相关性。这种相关系在干燥条件下最强，在高饱和度和热导率时虽然不那么强烈，但是依然很显著。为了便于说明，考虑图2.4中不同饱和度的石英砂岩对长度的影响，图中最低饱和度和最高饱和度下所需管路长度的比值接近4。显然如果未能充分表征土壤的热力学特征，很容易造成接地环路系统过小或者过大。

设计长度对设计实施具有重要约束。对于利用钻孔的垂直系统，虽然需要更少的土地，但是由于钻井费用高昂，初期投资费用可能很高。对于水平管路系统，挖沟以及埋管所需的土地面积很大，但是安装成本低于垂直钻孔。如果有足够多的土地可用于水平管路系统，方程（11.4）和（11.5）可用于计算管路的长度，并协助确定什么样的环路配置是合理的。

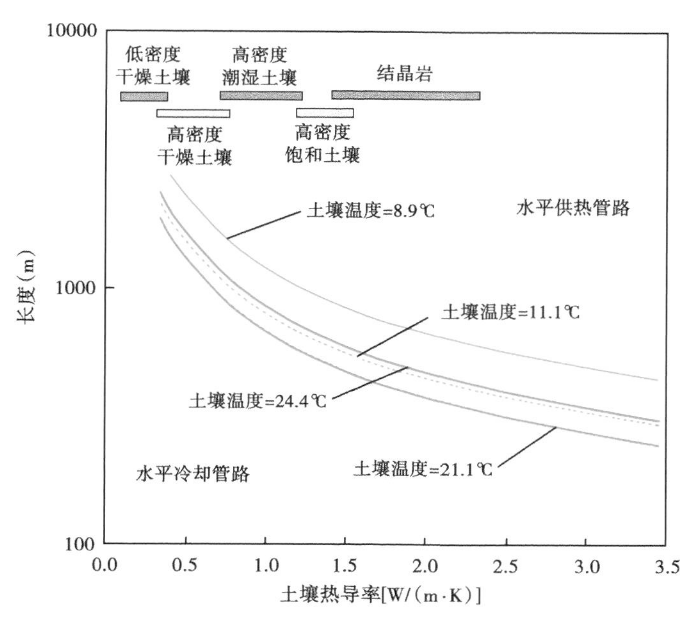

图 11.7　闭环地源热泵系统计算的供热和冷却的管路长度

在这些计算中，假设热泵的性能系数为3.24，能效比为7.8。管路的热导率为14.8W/(m·K)，加热和冷却的时间分数分别为0.5和0.6，热泵流体最高气温与最低气温分别为37.8℃和4.4℃。作为参考，低密度干燥土壤、高密度干燥土壤、高密度潮湿土壤、高密度饱和土壤以及结晶岩热导率的范围也绘制在图上

开环系统不同于闭环系统之处在于，工作液直接提取自地下水，流过热泵换热器，并重新回注地下或者排放到地表环境中。这样的系统只依赖于所提取的地下水的流体温度，不依赖于对当地土壤或基岩的热力学特性的认识。相反，获取地下水历史上温度变化的可靠数据是必需的。一般情况下，与近地表土壤相比，这种温度变化是很微小的，通常变化幅度中值在5℃以内。这些系统不需要指定管路的长度，因此设计定型更加容易。然而地下水的排放，无论是回注还是排放到地表水系，需要特别考虑和特别关注以避免潜在的水污染，由于这样的关切，安装此类系统往往需要特别许可。

11.7　局部变化：测量的重要性

前面已经讨论了获取准确的地下信息对设计地源热泵系统实现预计功能的重要性。尽管有些地源热泵系统是根据地下特征采用经验方法设计的，但当地地热系统的自然变化使得这种方法具有很高的风险，比如地下温度的变化。

图11.8显示了美国几个大城市区温度随深度的变化。对于波士顿和达拉斯，地下温度近乎严格遵循线性梯度，可以考虑为简单关系。然而，对于洛杉矶盆地地区，地下温度的观测值范围广泛，在深度只有几百英尺处，温度分布范围高达30℃（40℉）。正如图11.9显示的那样，从地热环路进入热泵的水的温度将会极大的影响系统的效率（Davis，2013）。因此，不仔细匹配地下温度变化，设计的热泵和管路长度将会比当地情况过大或者过小。

图11.9还强调了另外的方面，当讨论地下温度条件时（图11.6），季节性天气和气候

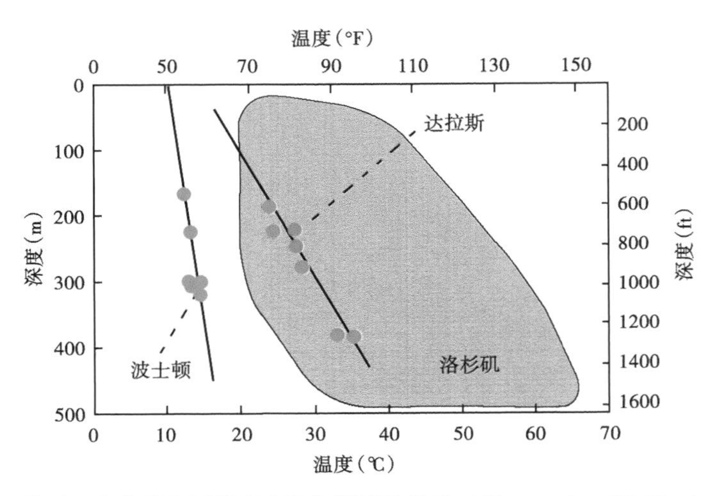

图 11.8 美国三个大都市区温度变化与深度的关系（据 Battocletti 和 Glassley，2013）

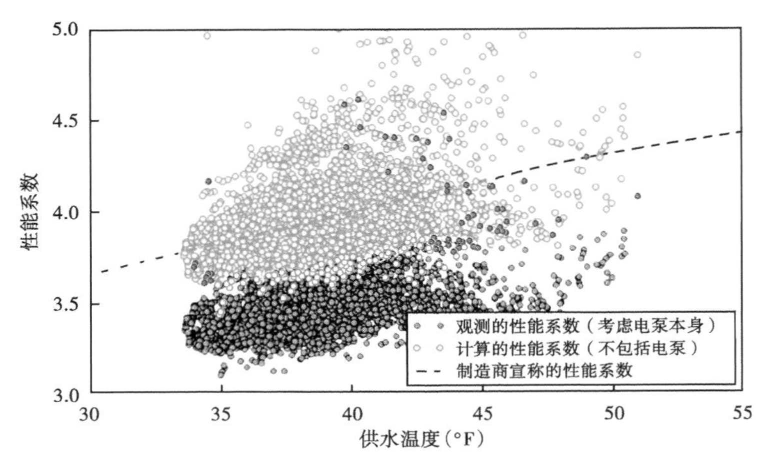

图 11.9 地热管路中流入热泵的水的温度与系统性能系数的关系（据 Davis，2013）

淡灰色点是不考虑泵本身能量消耗时计算的性能系数，而深灰色点考虑了泵本身的能量消耗对性能系数的影响

模式可引起 20℃或更高的温度波动。制造商宣称的热泵的性能系数通常是指特定温度下。完美定型一款热泵必须考虑季节变化，以便安装效率最高的系统。

最后，图 11.9 也清楚表明，虽然性能系数指标在用作比较和参考的目的时有用，但是必须灵活处理。因为管路尺寸是个设计参数，是由负责该系统的工程师确定的。制造商宣称的性能系数并没有考虑驱动水在地热环路中循环流动所需的能量，因为制造商并不知道管路的尺寸。实际观测到的性能，也就是系统的性能系数虽接近理想设计的性能系数，但并不完全匹配。合理的设计和安装地源热泵系统一定会优于其他暖通空调设备，但是实际的节能效果与完全基于铭牌上的性能系数预测的节能效果并不完全匹配。

11.8 小结

地源热泵系统利用了地下浅层（300m 以内）储存的低温地热资源。地球内部持续涌出的热流和流入土壤的太阳能共同提供了一个可以提取热量的可靠的地热储层。高效的热泵与这个地热储层耦合能够将地热能从地球转移到安装简易热泵的建筑物中。目前可用的热泵技术的性能系数在 3~5 之间，这使得热泵成为用于暖通空调最节能的手段。这种系统的设计简单明了也很成熟，但依赖于获取高质量的地下特特信息和建筑物属性信息以确保正常运作的系统能可靠的满足对它的需求。

11.9 案例分析：Weaverville 热泵系统和美国地源热泵的成本效益分析

Weaverville 小学是一所具有 50 年历史的公立学校，位于加利福尼亚州西北部。在 Weaverville 最热的七八月份，白天平均最高温度约 34℃（93℉），在冬天最冷的十二月份和一月份，白天平均最高温度约 8℃（46℉）。在这两个时间段需要制冷和供热。基于经济与建筑物维护效率的原因，决定改造建筑群，使之具备地源热泵制冷和供热的能力。

在地源热泵系统安装前，建筑群使用了 20 个空气源热泵、2 台柴油锅炉、一个丙烷锅炉、2 个丙烷加热器、11 个蒸发冷却器和 4 个双燃料机组。

为了确定该建筑群地源热泵系统的尺寸，经计算，该地必需的供热能力约为 47kW；所需的冷却能力，估计为 35kW。供暖通风及空调运行的时间为 700h/a。

根据选定的地源热泵和接地管路计算的钻孔深度为 1005m（3320ft）。在计算中，假设地下温度约 11.5℃（53℉），热泵的性能系数约 4.8，能效比为 23.5。最终配置中，需要布置 11 个独立的钻井场，每个井场部署 8~22 个钻孔，每个钻孔深 90m，在教室和办公室中总共安装 38 台地源热泵。整套系统于 2003 年 9 月上线运行，当时，该系统建成后，学校增加了额外 371m^2（4000ft^2）的教室空间。14 个教室升级后，所有的教室提供全年的供热通风与空调功能。

图 11.10 显示的是这套地源热泵系统安装前后石油和丙烷消耗量对比。图 11.11 显示了相同时间段内电力消耗的变化，图 11.12 显示的是生产能源的总成本。图 11.13 则是能源来

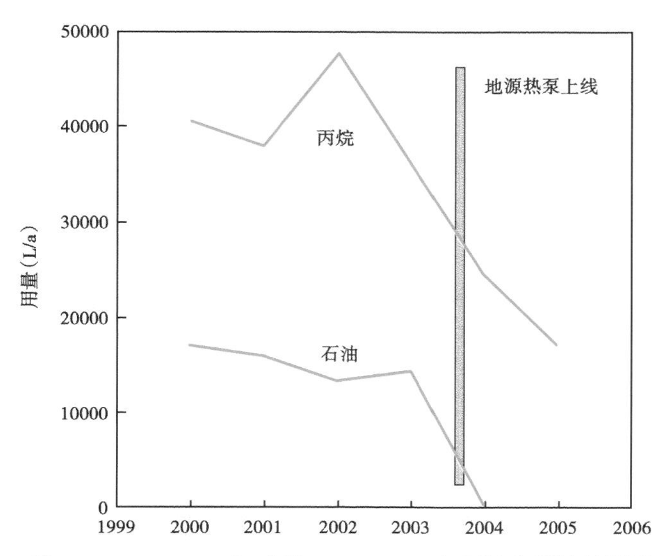

图 11.10 Weaverville 小学 1999—2005 年石油和丙烷的用量

所绘制的线只是将年末值连接起来，并不代表每月的值。地源热泵系统投入使用的九月份也绘制在图上以供参考

源的变化导致减少的温室气体的排放量。通过消除石油消费，减少丙烷和电力消耗，二氧化碳的排放量几乎减少了 50%，二氧化硫的排放量接近为零，从经济和环境的角度来看，该系统的投资是有利的。

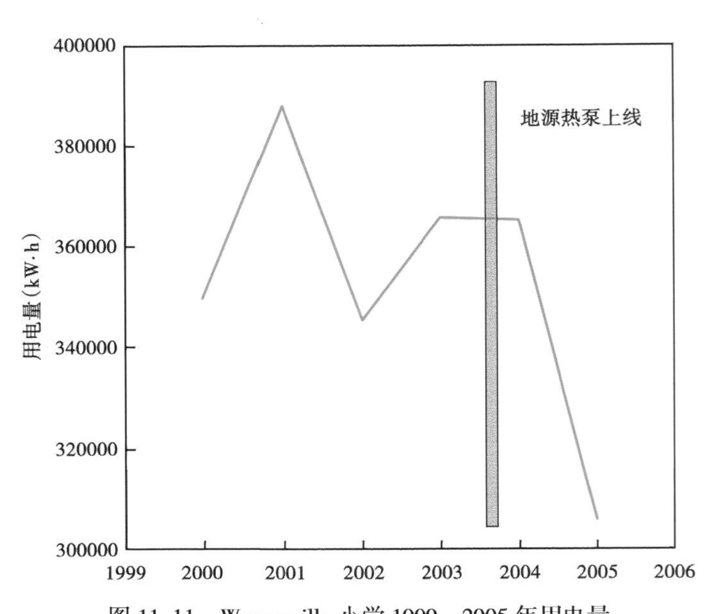

图 11.11　Weaverville 小学 1999—2005 年用电量

只绘制了每年总耗电量，因此，所绘制的线只是将年末值连接起来，并不代表每月的值。地源热泵系统投入使用的九月份时段也绘制在图上以供参考

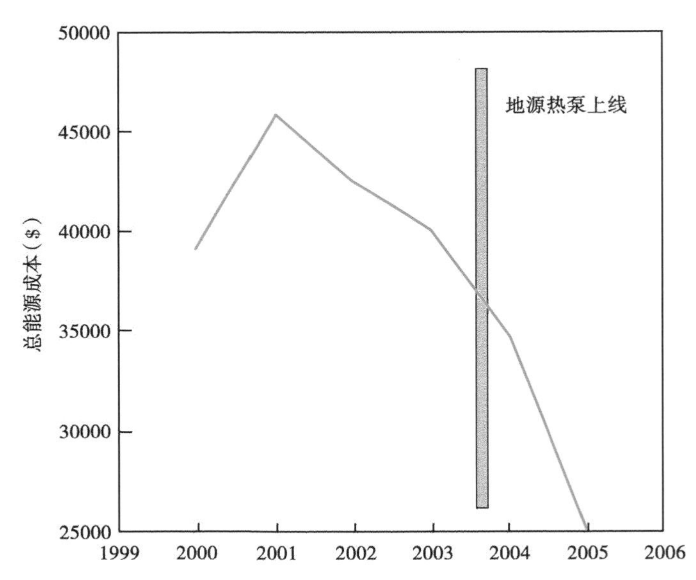

图 11.12　Weaverville 小学 1999—2005 年每年总能源成本

只绘制了每年的总成本，因此所绘制的线只是将年末值连接起来，并不代表每月的值。地源热泵系统投入使用的九月份时段也绘制在图上以供参考

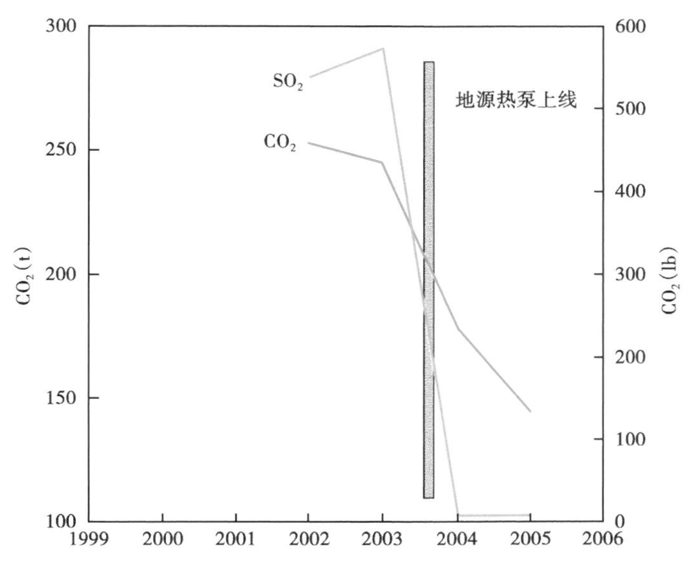

图 11.13 Weaverville 小学 2002—2005 年二氧化碳与二氧化硫排放量

只绘制了每年的总排放，因此，所绘制的线只是将年末值连接起来，并不代表每月的值。地源热泵系统投入使用的九月份时段也绘制在图上以供参考

井场供水和回水的温度被监测了几个月，学校的一些房间的出口水温同样被监测。图 11.14 显示的是两个月时间内记录的温度，从十一月初一直到一月初，这段时间是供暖需求高峰期。每条曲线上的尖峰反映的是由于控制系统的定时温控器与热泵系统的启动与关停造成的日内波动。

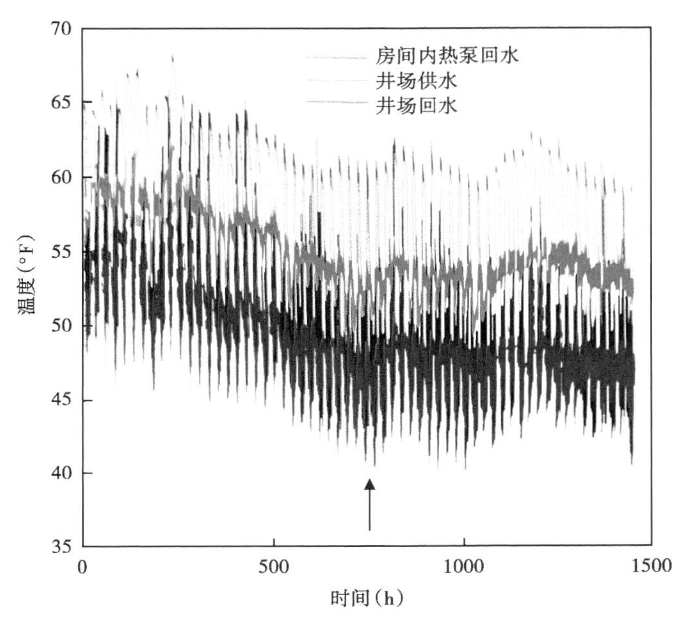

图 11.14 来自井场供应的工作液的温度变化

时间范围为 2005 年 11 月 4 日到 2006 年 1 月 4 日，箭头指向的位置为图 11.15 中代表的时间段

当井场作为一个整体时，可以假设井场的供水温度在平均地面温度几度范围内波动。开始记录时，供水温度约为 14℃（57℉），但到一月初，温度下降到约 11℃（52℉）。对于地表温度变化剧烈的地区，这样的季节性波动是比较常见的。这反映出寒冷的地表水和冷空气转移到更深区域，造成季节性的低温模式。尽管存在波动，11.5℃（53℉）非常接近设计温度的下限，但是系统仍然具有足够的供热能力。

对日内变化的细致研究揭示了这套采用地源热泵技术的系统的一些重要特征。图 11.15 显示的是冬季某天的温度变化。在井场与热泵之间循环的流体温度在众多节点上每隔几分钟记录一次。图上显示的曲线包括对某间教室供热的热泵出口的温度（从教室内的热泵返回），从井场连接到教室的供应主管路的温度（井场供水）以及返回井场的主管路中的温度（井场回水）。图示时间段中，控制热泵循环的恒温器在 17 点教室下课后设为 65℉，并在早上 6 点半上课前设为 72℉。

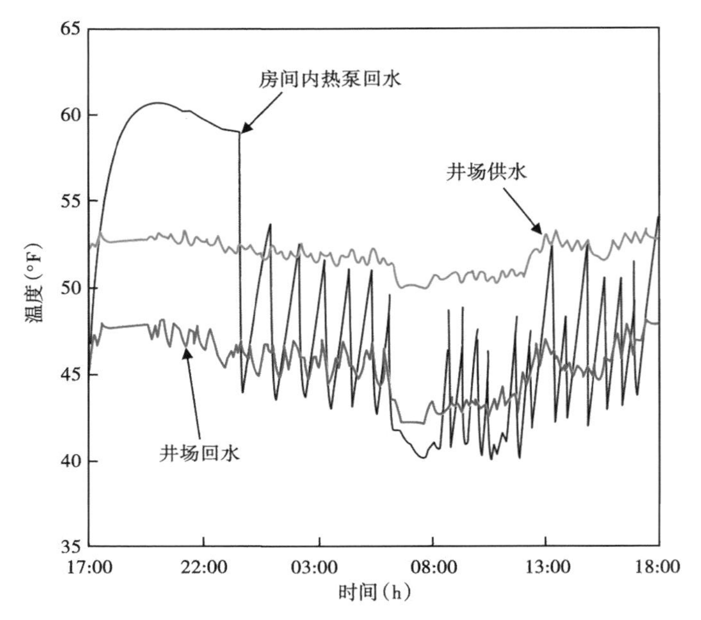

图 11.15　流体温度日内详细变化形态

图上所示的时间范围为 2005 年 12 月 5 日星期一下午 17 点到 2005 年 12 月 6 日下午 18 点。线的颜色表示与图 11-14 中一致

热泵回水的温度记录表明流体温度从 17 点开始持续升高直到大约 19 点 30 分，之后温度开始缓慢下降。温度曲线上的驼峰反映出系统中没有流体循环，这是因为在 17 点恒温器重新设定为 65℉，而这时房间内的温度至少为 72℉，在 17 点到约 19 点 30 分之间，热泵中静止流体受热直到与热泵所处的房间达到热力学平衡。夜晚当房间开始变冷时，泵的温度也开始降低。在 23 点左右，室内温度降至 65℉以下，触发热泵压缩机启动，驱动流体在系统中循环。系统启动导致热泵内流体的温度下降至井场回水主管道的温度。由于几个房间是独立的，它们的热泵分别接入井场回水管线，井场回水管线温度代表了这几个独立的热泵回水温度的平均值。泵循环时，当房间内温度达到恒温器控制的 65℉时，泵停止循环，流体温度攀升。当房间内温度偶然降到 65℉以下，泵内流体的温度达到井场供水温度时泵循环重新启动。正是这样的循环造成热泵回水温度剧烈的振荡。到 6 点 30 分，恒温器又设置为 72℉，

热泵持续运行 2 小时，期间房间内温度升高。从 8 点 30 分一直到 17 点，热泵循环启动和关停，热泵回水温度维持在井场回水温度附近。从 17 点，这样的循环再一次重复。

在 17 点系统关闭之后的几个小时里，井场供水温度从 52℉缓慢攀升到 53℉，这代表没有热量抽取时地下条件下自然系统的恢复过程。当热泵循环启动后，流体流动导致供水温度降低 1℉或 2℉。当热泵在 6 点 30 分到 8 点 30 分这段时间连续运转时尤其明显。从 8 点 30 分以后，系统温度缓慢恢复，这是因为热泵循环只是短时间开启。供水温度的微小波动显示出整个系统的井场回水达到了热平衡。井场供水温度相对稳定是值得关注的，证明该处地热资源是稳定的。

热泵回水曲线上的尖峰是热泵循环启动与关停的反映。当系统刚安装的时候，热泵通常是单级的，这就意味着，在一个供热循环中，热量以单一、恒定的速率输送到房间内。从那以后，两级和多级系统发展起来，进一步减少了热泵系统的能源消耗，这样就使得温度曲线上的尖峰变得光滑，也降低了对地下地热储层影响。

在图 11.16 中绘制了供水温度与回水温度比值的长期变化值，以及这些数据的线性最小二乘拟合，趋势呈现微小的正斜率表明部分残余热量补充到地下，从而增加了总的可用热量。这是因为每当热泵启动时，热流体循环到地下。净结果就是热量实际上在地下和建筑物之间来回传递。这就是地源热泵系统的典型特征。如果安装的系统是用于加热和冷却，这种热效应会影响能源预算也会影响性能，尽管这种影响通常是微弱的。在钻孔穿透的深度段内若地下水的流速比较快，这种影响就最小，甚至完全没有影响。

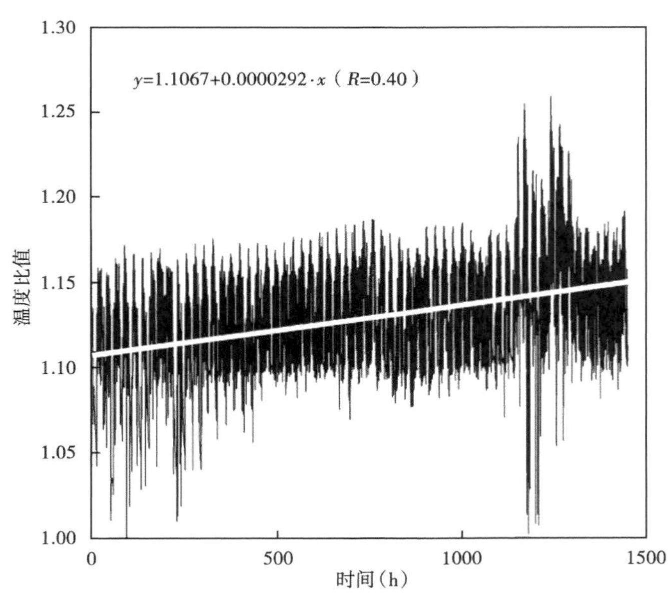

图 11.16 2005 年 11 月 4 日到 2006 年 1 月 4 日之间井场供水温度与井场回水温度比值的变化

白线是数据点的线性最小二乘拟合，图上还显示了拟合线的方程及拟合度

Battocletti 和 Glassley（2013）分析了在美国全国范围内安装地源热泵系统对能源消耗和温室气体排放的影响。在研究中，模拟了在美国 30 个最大的城市的居民住宅和商业建筑中安装地源热泵系统。结果，不同气候带节能效果各不相同，最冷的区域节能效果最显著，高达 75%，然而由于热量传递效率等问题，在大多数温带地区节能效果并不明显。

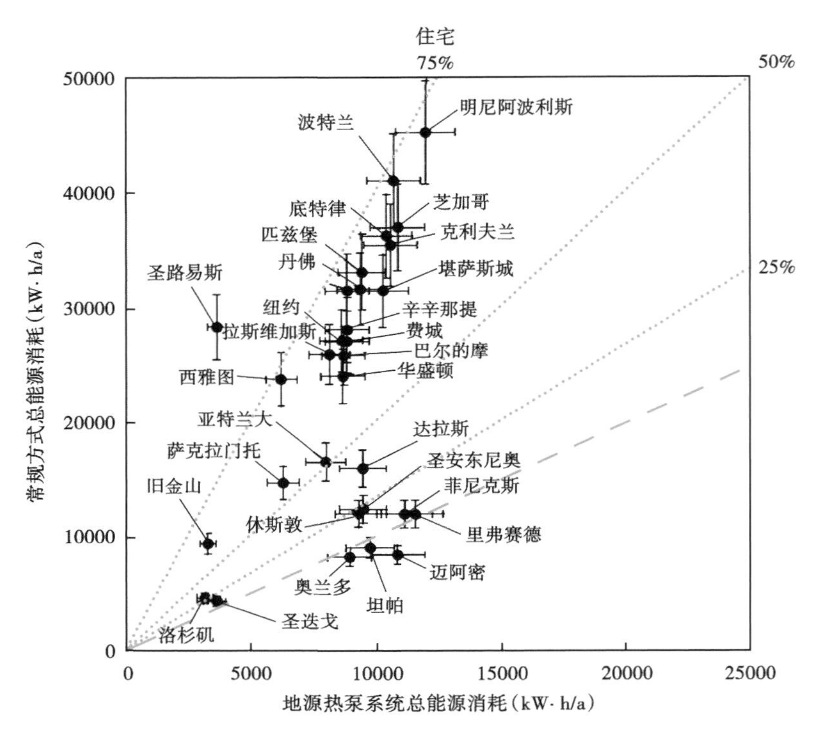

图 11.17　美国30个大城市采用地源热泵系统为一个标准家庭供热消耗的能量与采用常规系统消耗的能量对比

粗虚线表示能源消耗量相同。有标签的细虚线表示地源热泵系统相对于常规系统节约能源的百分数。常规系统消耗的能量是基于这些大城市地区各种发电技术混合（比如，原油，煤炭，天然气，核能）。（来源于 Battocletti, E. C. and Glassley, W. E., Measuring the costs and benefits of nationwide geothermal heat pump deployment, US Department of Energy, Final Report for Award DE-EE0002741, 319, 2013.）

问　　题

（1）描述地源热泵是如何工作的，决定效率的因素是什么？

（2）性能系数如何表征？哪些参数用于计算性能系数？

（3）如何改变泵的性能使它的性能系数从3.5提高到5？

（4）在25℃条件下，由等量石英、碱性长石和方解石构成的土壤，水饱和孔隙度为15%，温度每降低1℃，可获得多少热量？

（5）一供热系统采用的热泵的性能系数为3.8，建筑物的供热负荷为15kW，计算所需的供热管路的长度。假设土壤性质与问题（4）相同，管路的热导率与土壤相同，供热时间占50%，土壤最低温度为10℃，热泵流体的最低温度为3℃。

（6）根据 Weaverville 案例，对照图11.14，一个小时一个小时的阐释控制房间内热泵回水温度的因素。

（7）如果考虑图11.14的模式，一天24小时运行的热泵系统有什么优势和劣势？

（8）图11.7中，三个节能效果最小或者为负的城市来自于佛罗里达州，在这样的配置中什么因素造成地源热泵系统的优势最小？

参考文献

Battocletti, E. C. and Glassley, W. E., 2013. Measuring the costs and benefits of nationwide geothermal heat pump deployment. US Department of Energy, Final Report for Award DE-EE0002741, 319 pp.

Davis, M., 2013. Ground source heat pump system performance: Measuring the COP. Ground Energy Support, 12 pp. http://www.groundenergy.com.

Helgeson, H. C., Delany, J. M., Nesbitt, H. W., and Bird, D. K., 1978. Summary and critique of the thermodynamic properties of rock-forming minerals. *American Journal of Science*, 278-A, 229.

Lemmelä, R., Sucksdorff, Y., and Gilman, K., 1981. Annual variation of soil temperature at depths 20 to 700 cm in an experimental field in Hyrylä, south-Finland during 1969 to 1973. *Geophysica*, 17, 143-154.

Ochsner, K., 2008. Geothermal Heat Pumps. London: Earthscan, p. 146.

Oklahoma State University, 1988. Closed-loop/ground-source heat pump systems: Installation guide. National Rural Electric Cooperative Association Research Project 86-1. International Ground Source Heat Pump Association, Stillwater, OK, p. 236.

Wolfson, R., 2008. Energy, Environment, and Climate. New York: W. W. Norton & Company, p. 532.

第 12 章　地热资源的直接利用

不同于地热发电热能被转换成电能，直接利用技术能够将热能直接应用到广泛用途中。这些应用需要的温度范围为 10~150℃之间。鉴于此温度范围在浅层非常常见，这些地热能利用设备几乎可以安装在任何有足够流体的地方。本章将会详细阐述关于这些应用的基本原理，并针对地热直接利用技术的实例进行讨论。首先，将从如何预测地热能的量级开始讨论。

12.1　评估可直接利用储层的量级

地热能中大约有 5.4×10^{27} J（Dickson 和 Faneli，2004）存在于地球陆地，其中近 1/4 存在于地下 10km 以浅的地层（Lund，2007）。为了有效直接利用，上述地热资源必须明显高于周围地表的温度，并且能够被有效地传递。这样的条件历来常见于地表温泉，或高地温梯度下地表浅层可钻遇的热水中。这些地点相对分布比较局限，集中在近期火山活动频繁的地区或在大陆裂谷带。鉴于这些原因，陆上大量的地热资源中，仅有很少一部分的热能可以被经济化利用。

迄今为止，易于获取的这部分地热能所占比例却鲜为人知，因为很难能够全面的定量评估这些地热资源的分布。活动大陆板块边缘和碰撞带是最有可能的抬升地带，近表面温度足以驱动温水循环，利用现有的技术获取地下流体，那么 1%~10%面积的大陆可能满足地热能的直接利用。随着钻井技术的提高和地壳深处流体循环更有利于热能获取，大陆地热资源中可获取的比例将会显著提高。

截至 2010 年，在世界范围内约 122TW・h/a 的地热能资源被直接利用，数据来源于 50583MW 的装机容量（Lund 等，2011）。为了便于比较，2006 年电力的全球消费量为 16378TW・h/a（美国能源信息管理局，2009）。直接利用系统的装机容量在 2000—2005 年间几乎翻了一倍，以每年大约 13.3%的速度（Lund 等，2005）增长。在 2005—2010 年间，这种变化几乎是 79%，约以 12.3%的年均速度增长（Lund 等，2011）。

直接利用系统的装机容量增长反映了该系统在国际上的快速发展。据报道，1985 年，11 个国家直接利用地热能资源超过 100MW。2010 年，这一数字已上升到 78 个国家。表 12.1 总结了直接利用地热能系统的装机容量。这些系统在全球的分布说明了它们被设计为多种技术。

表 12.1　2005—2010 年间已安装直接利用系统的容量（据 Lund 等，2005，2011）

国家	容量（MW）2005	容量（MW）2010	已安装容量变化（MW）	变化率（%）
阿尔巴尼亚	9.6	11.5	1.9	19.6
阿尔及利亚	152.3	55.6	-96.7	-63.5
阿根廷	149.9	307.5	157.6	105.1
亚美尼亚	1.0	1.0	0.0	0.0

续表

国家	容量（MW）2005	容量（MW）2010	已安装容量变化（MW）	变化率（%）
澳大利亚	109.5	33.3	-76.2	-69.6
奥地利	352.0	662.9	310.9	88.3
白俄罗斯	2.0	3.4	1.4	71.1
比利时	63.9	117.9	54.0	84.5
波斯尼亚和黑塞哥维那	—	21.7	21.7	—
巴西	360.1	360.1	0.0	0.0
保加利亚	109.6	98.3	-11.3	-10.3
加拿大	461.0	1126.0	665.0	144.3
加勒比海群岛	0.1	0.1	0.0	3.0
智利	8.7	9.1	0.4	4.7
中国	3687.0	8898.0	5211.0	141.3
哥伦比亚	14.4	14.4	0.0	0.0
哥斯达黎加	1.0	1.0	0.0	0.0
克罗地亚	114.0	67.5	-46.5	-40.8
捷克共和国	204.5	151.5	-53.0	-25.9
丹麦	330.0	200.0	-130.0	-39.4
厄瓜多尔	5.2	5.2	0.0	-0.8
埃及	1.0	1.0	0.0	0.0
萨尔瓦多	—	2.0	2.0	—
爱沙尼亚	—	63.0	63.0	—
埃塞俄比亚	1.0	2.2	1.2	120.0
芬兰	260.0	857.9	597.9	230.0
法国	308.0	1345.0	1037.0	336.7
格鲁吉亚	250.0	24.5	-225.5	-90.2
德国	504.6	2485.4	1980.8	392.5
希腊	74.8	134.6	59.8	79.9
危地马拉	2.1	2.3	0.2	10.0
洪都拉斯	0.7	1.9	1.2	176.1
匈牙利	694.2	654.6	-39.6	-5.7
冰岛	1844.0	1826.0	-18.0	-1.0
印度	203.0	265.0	62.0	30.5
印度尼西亚	2.3	2.3	0.0	0.0
伊朗	30.1	41.6	11.5	38.2
爱尔兰	20.0	152.9	132.9	664.4
以色列	82.4	82.4	0.0	0.0
意大利	606.6	867.0	260.4	42.9
日本	822.4	2099.5	1277.1	155.3
约旦	153.3	153.3	0.0	0.0

续表

国家	容量（MW）2005	容量（MW）2010	已安装容量变化（MW）	变化率（%）
肯尼亚	10.0	16.0	6.0	60.0
韩国	16.9	229.3	212.4	1256.8
拉脱维亚	1.6	1.6	0.0	1.9
立陶宛	21.3	48.1	26.8	125.8
马其顿	62.3	47.2	−15.1	−24.3
墨西哥	164.7	155.8	−8.9	−5.4
蒙古	6.8	6.8	0.0	0.0
摩洛哥	—	5.0	5.0	—
尼泊尔	2.1	2.7	0.6	29.4
荷兰	253.5	1410.3	1156.8	456.3
新西兰	308.1	393.2	85.1	27.6
挪威	600.0	3300.0	2700.0	450.0
巴布亚新几内亚	0.1	0.1	0.0	0.0
秘鲁	2.4	2.4	0.0	0.0
菲律宾	3.3	3.3	0.0	0.0
波兰	170.9	281.1	110.2	64.5
葡萄牙	30.6	28.1	−2.5	−8.2
罗马尼亚	145.1	153.2	8.1	5.6
俄罗斯	308.2	308.2	0.0	0.0
塞尔维亚	88.8	100.8	12.0	13.5
斯洛伐克共和国	187.7	132.2	−55.5	−29.6
斯洛文尼亚	49.6	104.2	54.6	110.0
南非	—	6.0	6.0	—
西班牙	22.3	141.0	118.7	532.5
瑞典	3840.0	4460.0	620.0	16.1
瑞士	581.6	1060.9	479.3	82.4
塔吉克斯坦	—	2.9	2.9	—
泰国	2.5	2.5	0.0	1.6
突尼斯	25.4	43.8	18.4	72.4
土耳其	1495.0	2084.0	589.0	39.4
乌克兰	10.9	10.9	0.0	0.0
英国	10.2	186.6	176.4	1729.6
美国	7817.4	12611.5	4794.1	61.3
委内瑞拉	0.7	0.7	0.0	0.0
越南	30.7	31.2	0.5	1.6
也门	1.0	1.0	0.0	0.0
总计	28268.0	50583.1	22315.1	78.9

图 12.1 总结了一些已安装的直接利用系统，都可直接利用温暖的地热流体。根据某些工程标准大类，对应用装置进行了分组，这些都是热传递的基本原则。后面描述了这些原则以及它们如何被用来解决具体的设计需求。

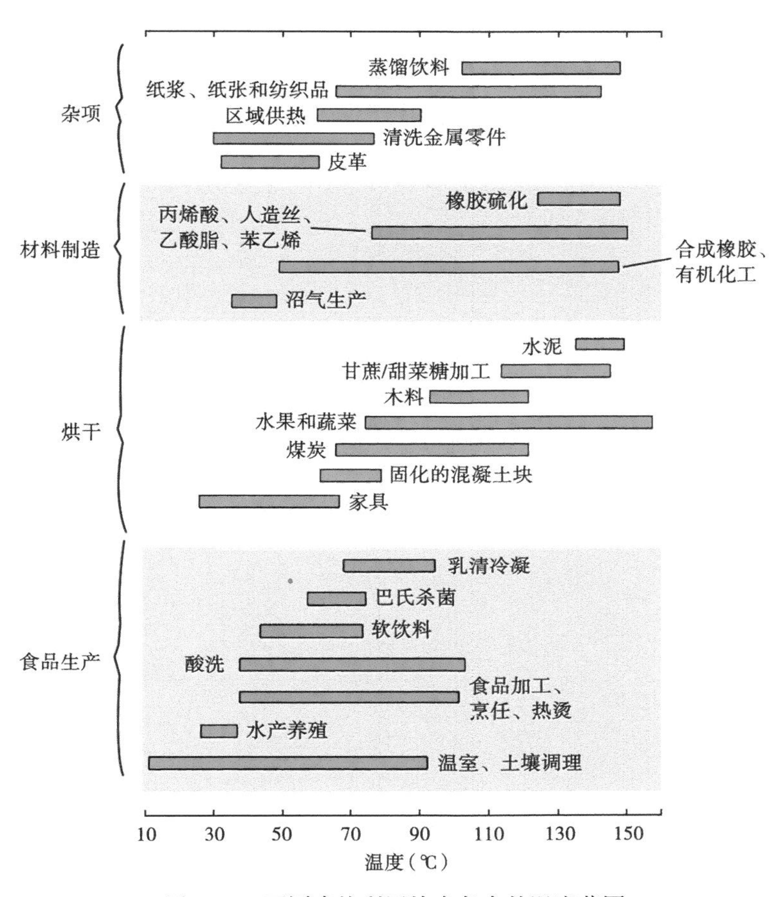

图 12.1　不同直接利用技术各自的温度范围

具体利用过程根据热使用的方式或工业类型的不同进行分组。利用热能的食品生产业被分为地热能直接利用技术的一种，虽然本行业的热能被用在多种方式（如空间，水和土壤的加热，以支持农业和水产养殖；烹饪，热烫和灭菌食品；加工食物产品）。烘干主要反映利用地热能从原料除去水分。材料的制造利用地热能来驱动化学反应。而杂项代表了一些特定行业的具体应用技术

12.2　热能传递的性质

共存的系统或系统的某部分达到相同的温度时，就能达到热平衡。如果它们不在同一温度，且没有施加热障或扰动，热量会自发地从温度更高的一方或多方转移到温度较低的一方或多方，直到系统中的所有部分达到同一温度。这是所有直接利用技术依赖的最基本原则。然而，随着热量从一处转移到另一处，导致了不必要的热量损失。如果想建设和运营一个高效的直接利用技术，必须通过减少不必要的损失并最大限度地利用热量等来控制热传递。形成的热传递的物理机制是传导、对流、辐射和蒸发。图 12.1 中所示每项技术都有一个或多个传热机理影响。由于这些内容在第 2 章也有论述，因此本章将更强调在直接利用技术开发

中的常见的材料和工艺，不再是整个地球的传热过程。

12.2.1 传导过程中的热传递

当原子和分子交换振动能量时，传导中便产生了热传递。在宏观方面，当两个处于不同温度的物体互相接触时，通过检测温度的变化证实了这一过程。此过程在图 12.2 中可见，图中为两物体接触时的温度随时间变化曲线，其中 t_1 是两个物体刚接触的时刻，T_1 和 T_2 分别代表体 1 和 2 的初始温度，T_3 是它们在 t_2 时刻最终达到的平衡温度。注意 T_3 时的温度并非在 T_1 和 T_2 正中间，反映了热容量的效果。在这个例子中，物体 1 的热容量一定大于物体 2 的热容量。

热传导可有如下关系式表达：

$$Q_{cd} = k \times A \times \frac{dT}{dx} \tag{12.1}$$

式中 Q_{cd}——热量传导过面积为 A 的物体时的传热率；

k——热导率，W/(m·K)；

dT/dx——距离 x (m) 的地温梯度。

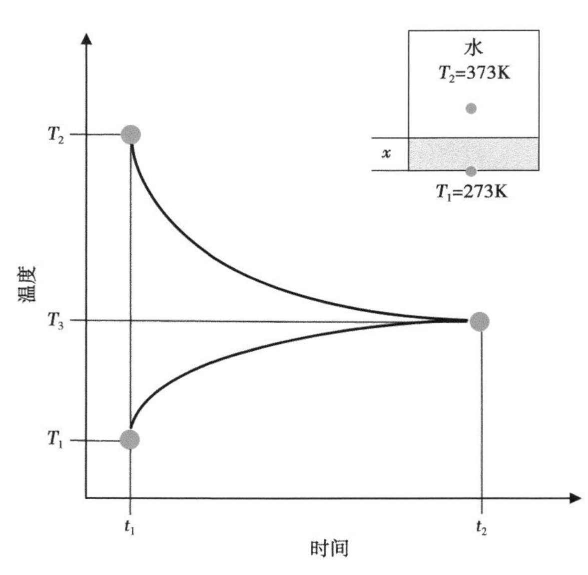

图 12.2 简要描述两个不同温度的物体相互接触时温度随时间的变化图

其中假定热量仅在传导时发生传递。右上方的方框简要阐述了图 12.3 计算过程中所需要的条件

公式（12.1）有时也被称为热传导傅里叶定律。如方程式（12.1）表示，通过增加传热发生的面积或减小传热距离，即可增加传热的速率。

例如，一杯温度为 373K 的水放在铜板之上，而且假定热量仅从容器的底部散失，该材料的热导率是恒定的。图 12.3 所示为不同厚度的铜板热损失的速率（J/s）。正是这种热损失速率决定了地温梯度形态。铜板越薄，铜板的地温梯度越大，因此，热损失率越高。

为了对比更清楚，对铬镍钢和砂岩的热损失曲线进行了拟合。表 12.2 中列出了可能在地热能直接利用技术中使用的部分材料的热导率。需要注意的是，在该表列出的材料中，热损失速率的差异有超过 2 个数量级的，甚至，许多常用材料中热损失速率的差异也有可能超过 4 个数量级。请注意，热损失速率与材料厚度的敏感性也应重点考虑。

图 12.3 所示案例的结果是真实材料简化后的特性。虽然大部分的温度变化对大多数直接利用技术影响不大，然而必须了解，热导率是物质或材料依赖于温度的一种特性。因此，热传递速率的精确计算必须考虑到对热导率 k 对温度的依赖性，而图 12.3 绘制过程中的计算却没有参考温度这一变量。因为该实验结果重在强调热导率和材料的空间几何特性的重要性，以便在地热能直接利用技术或修建设施时用得到。当这些参数存在偏差时，会导致一系列诸如低估热保温能力、管道尺寸不足或低估对外部的热损失等现象发生，这些都会严重影响直接利用技术的高效运作。

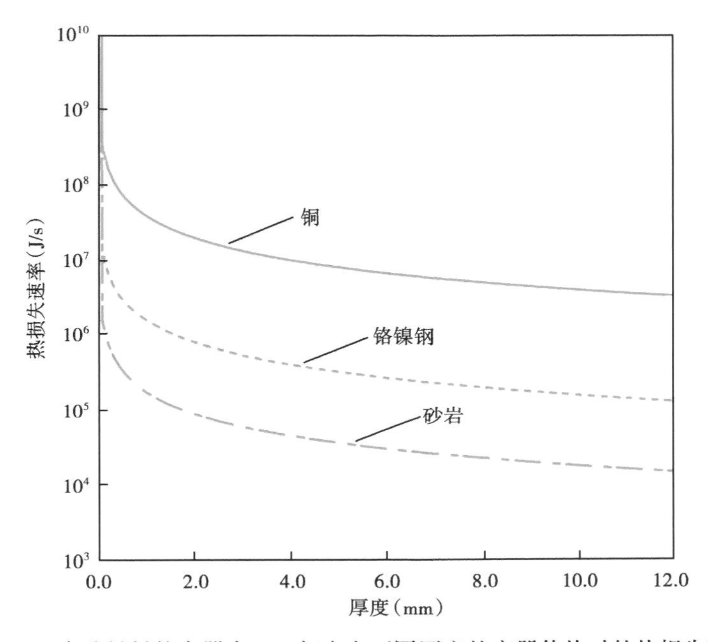

图 12.3　多种材料的容器中，一杯水在不同厚度的容器传热时的热损失速率

表 12.2　不同材料的热导率（k）（据 Holman，1990）

材料	k_{th} [W/(m·K)]
纯银	410
纯铜	385
纯铝	202
纯镍	93
纯铁	73
碳素钢，1%碳	43
铬镍钢（铬 18%，镍 8%）	16.3
石英	6.5
菱镁矿	4.15
大理石	2.9

续表

材料	k_{th} [W/ (m · K)]
砂岩	1.83
玻璃	0.78
玻璃棉	0.038
混凝土	1.40
汞（液体）	8.21
水	0.556
氨	0.054
氢	0.175
氦	0.141
空气	0.024
水蒸气（饱和的）	0.0206
二氧化碳	0.0146

12.2.2 对流传热

对流传热是一个复杂的过程，涉及到许多物质（诸如热量）的运动。此前在第 2 章讨论过该方面内容，地幔深部炽热岩石的对流，其中的黏性力严重地影响材料的对流特性。对流热传递也常发生在不同材料间的界面，诸如空气与热水接触面或者空气被风扇吹着高速拂过热交换单元。在这种情况中，无论是弹性的效果、流体特性（例如湍流与层流）、边界层的形成还是动量及黏度的影响、表层特性或者流动路径的几何特征等都影响了热传递。

图 12.4 中简要展示了一些简单常见的对流传热的影响因素，如流体经过一个平坦的平面。这种几何外形与直接利用技术中很多典型的情形非常相似。在这种情况下，气流如图中箭头所示为层流运动（并非湍流），并且流动的空气和温暖水体之间的界面假定为表面完全平滑。温度为 T_2 的冷空气拂过温度为 T_1 的温暖水体。黏性和摩擦力减缓水体表面空气的运动速度，形成了边界层。边界层是空气与接触面之间存在速度梯度的区域，空气的速度从 v

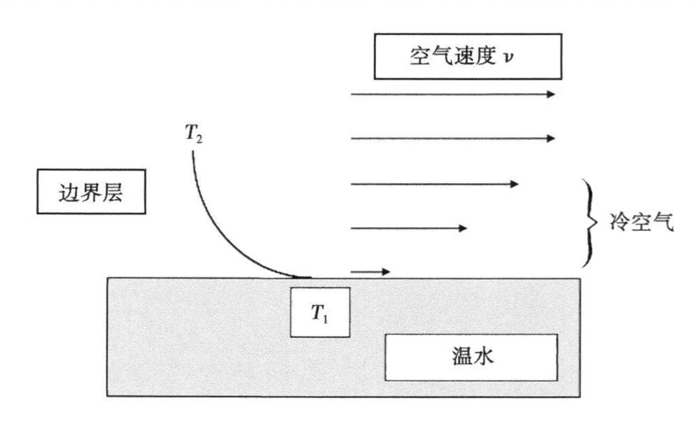

图 12.4 空气—水界面处对流传热示意图

箭头的长度与界面之上的空气流动速度成比例变化。临近界面处的空气中存在边界层，该区域空气流动速度受空气—水接触面影响较大。空气中的地温梯度在图中由标号 T_2 的实线表示。T_1 是水的温度下降到接触面处的0。边界层的特性取决于流体的性质、速度、温度和压力。热量是以扩散的方式传递，从水表面传递到速度接近于0的边界层底部，使边界层底部温度接近于水体温度 T_1。其结果是，除了在流动空气主体和气水界面间存在速度梯度，也同样形成了温度的梯度变化场。该地温梯度的变化继热扩散之后，成为边界层处热传递的又一驱动力。热分子通过平流输送把热量传递至边界层，并进入空气主体中，从而提高了空气的温度，形成了又一个热传递机制。

对流传热时的热传递速率遵循牛顿的“冷却定律”，可由下式表达：

$$Q_{cv}=h\times A\times dT \tag{12.2a}$$

式中 Q_{cv}——对流传热时热传递速率；

h——对流传热时热传递系数，J/(s · m^2 · K)；

A——接触表面的面积，m^2；

dT——温暖水体同上覆冷空气之间的温度差，T_1-T_2。

h——主要取决于材料性质、压力和温度、流体速度、流体层流或湍流、接触面表面性质、流体流动路径以及表面相对于重力场的方向。其影响结果是，h 在不同情形下取值范围变化很大。表12.3列出了多种几何外形及其他情形下 h 的取值。

测定 h 需要特定几何外形的实验或者利用某种函数关系。例如，空气在一个小池塘上以一个低速率流动时，对流传热损失可近似于如下公式（Wolf，1983；Rafferty，2006）：

$$Q_{cv}=(9.045\cdot v)\times A\times dT \tag{12.2b}$$

式中 v——空气流动的速度，m/s。

因子9.045的单位是kJ · s/(m^3 · h℃)

表12.3 部分热对流传热系数（据Holman，1990）

特定条件	热对流传热系数 [J/(s · m^2 · K)]
安静环境下，温差（T_1-T_2）为30K	
空气中垂直的平板（高度0.3m）	4.5
空气中水平的圆柱（直径5cm）	6.5
水中水平的圆柱（直径2cm）	890
流动的空气和水	
2m/s的空气吹过边长0.2m的方盘	12
35m/s的空气吹过边长0.75m的方盘	75
10m/s的空气在0.2MPa气压下吹过直径2.5cm的试管	65
0.5 kg/s水流经过直径2.5cm的管子	3500
50m/s的空气吹过直径5cm的管子	180

下面举例说明，函数如何应用在真实环境中，如轻风拂过水体时，水体热量会散发多快？假设水体面积为5m×5m，水体温度为30℃（303K），表面吹过的风速为3m/s，外部空气温度为0℃（273K），则热损失如下计算：

$$Q_{cv}=(9.045\times 3.0\text{m/s})\times 25\text{m}^2\times 30℃=20351.25\text{kJ/h}=5653.1\text{W} \tag{12.2c}$$

在此案例中，若保持水体温度不变，需要向水体中补充热量速率为 5653.1 J/s。在此情况或其他情况下，热量从一个媒介传递到另一个媒介，而且流体运动非常明显，因此这种热传递机制一定要考虑到，以便真实的模拟热传递过程。

12.2.3 辐射传热

在理想情况下，辐射传热可表示为一个理想的黑体模型。这种情况下，热传递通过热量辐射完成，可由下式表达：

$$Q_{rd}=\sigma \cdot A \cdot T^4 \tag{12.3}$$

式中 Q_{rd}——辐射的能量；

σ——Stefan-Boltzmann 常数，取值为 5.669×10^{-8} W/(m^2K^4)。

理想黑体辐射只依赖于温度。其结果是，辐射波长是与温度成严格的负相关。例如，在室温下，一种理想的黑体将主要表现为红外辐射，而在非常高的温度下，辐射将主要表现为紫外线。实际材料辐射存在更复杂的方式，这既依赖于物体的表面性质，又取决于物体组成材料的物理特性。

另外，当热量通过辐射从一个物体转移到另一个时，相对于辐射接受的物体，热源的摆放位置等也必须给予注意。例如，一个给定表面积的球形物体，通过辐射将热量少部分传递给一定距离外的物体，相比之下，具有相同的表面积和辐射状态的平板，如果平板直接正对着接收物体，辐射的热量会传递更多。把这些因素考虑到公式（12.3）中，变为：

$$Q_{rd}=\varepsilon \cdot \zeta \cdot \sigma \cdot A \cdot (T_1^4-T_2^4) \tag{12.4}$$

式中 ε——材料的辐射系数，ε 为理想黑球时，取值 1.0；

ζ——函数，主要表征几何因素对热传递的影响；

T_1 和 T_2——各个物体的温度；

A——有效表面积。

大多数针对热能直接利用技术中辐射传热的考量中，由于界面通常呈平板状或流体中呈封闭体状态，因此几何因素对热传递影响非常小，公式（12.4）可简化为

$$Q_{rd}=\varepsilon \cdot \sigma \cdot A \cdot (T_1^4-T_2^4) \tag{12.5}$$

12.2.4 蒸发传热

通过蒸发传递热量也是一种有效的能量传递机制。影响蒸发速率的主要因素有：挥发液体上方蒸气的温度、压力，液体的暴露面积及温度，平衡蒸气压以及蒸气的流速。尽管这些属性单独测量比较容易，然而发生过程影响因素类似于热对流传递的情形，影响机制非常复杂。

其中一个复杂因素是边界层在部分压力的性质，由于湍流的流体性质影响，其在垂向上随接触面距离远近变化较快，同时横向上沿接触面也发生较大变化。因此，周围的蒸汽压值较难精确表征。

另外，蒸发的速率受界面之上地温梯度影响，而地温梯度也受边界层性质影响，因此，边界层性质影响了蒸汽压平衡。由于地温梯度的存在是推动扩散过程的主要驱动力，扩散过程中在物体表面水蒸气运输的速度既受温度条件影响，也受流体速度影响。

考虑到这些复杂性，利用经验法推导了一个计算蒸发速率的函数表达式，该式参考多种情形下的数据进行验证。Al-Shammiri（2002）用该方法总结了许多结果。Pauken（1999）用经验法提出了如下公式：

$$E_{ev}=a \cdot (p_w-p_a)^b \tag{12.6}$$

式中 E_{ev}——蒸发速率，g/(m² · h)；

p_w 和 p_a——分别在水和气体温度下的水蒸气饱和压力，kPa，其中

$$a=74.0+97.97v+24.91v^2$$

$$b=1.22-0.19v+0.038 \cdot v^2$$

式中 v——流体在界面处的流速，m/s。

热损失就是

$$Q_{ev}=\frac{a \cdot (p_w-p_a)^b \cdot A \cdot H_w}{2.778e^{-7}} \tag{12.7}$$

12.3 直接利用技术的可行性研究

如“蒸发传热”这一小节中讨论的热量传递机制一样，当考虑一项应用技术时，所有的热损耗（Q_{TL}）都应统计到，是所有相关的热损失机制之和：

$$Q_{TL}=Q_{cd}+Q_{cv}+Q_{rd}+Q_{ev} \tag{12.8}$$

这个公式说明，该热损失是发生在直接利用技术操作前提下，而且不考虑该技术操作过程中设计发热部分产生的热量。而设计发热部分产生的热量（Q_L）大小取决于具体过程和装置尺寸。假定 Q_L 随时间是个常数，则地热资源必须有足够的温度和流速，以满足：

$$Q_{Geo}>Q_{TL}+Q_L \tag{12.9}$$

在大多数热能利用系统中，季节性的变化（如空气温度、湿度等其他变化）会影响 Q_{Tot} 的波动。因此，提出了设计荷载（design load）的概念。设计荷载是指设施可能遇到的最极端的状态。也可以说，设计载荷是该设施在最极端条件下产生的最大热损耗。因此，当评估一个准地热能直接利用项目的可行性时，必须确定该设施是否能够满足极端条件下运行时的需求。

然而，应该具体问题具体分析。譬如，有时候资源比较充足时，设计该设施小时就应考虑到资源能满足所有需求。有时在经济原因考虑下，设计设施时就应该充分考虑到，即便在资源费用最贵时，该地热资源也能投入使用。而在其他小概率偶发条件时，设施就可以考虑使用备用能源。在本章最后将讨论具体案例中具体问题如何考虑及应对。针对这些设计利用地热流体资源的设施，下文中出现的案例反映了多种类型的利用设施，及设施运行中须解决的问题。

12.4 区域供热

2010 年，全年通过地热直接利用设施消费了 438071 TJ/a 的能量，仅集中供暖一项便占

了其中的 62984 TJ/a（Lund 等，2011）。这在全世界范围内对地热流体资源直接利用的类别中排名第三（图 12.5）。大多数的供热系统包含了区域供热，通过区域供热网，热能输送给供热网中的很多用户。

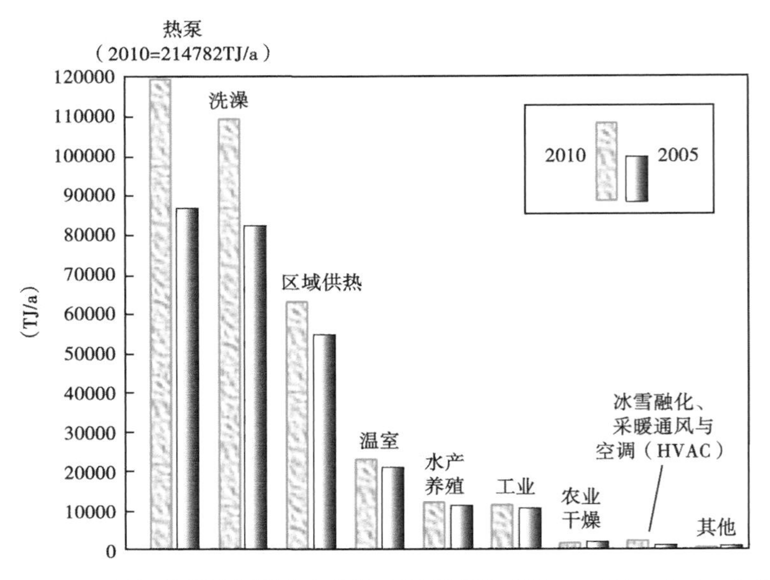

图 12.5　2010 年地热直接利用技术的资源利用情况（据 Lund 等，2010，有修改）

12.4.1　评估和操作

区域供热系统的最基本要求是需要有充足的温暖地热流体、运输流体的管道网络、中央主控系统及一个处理和回注系统。设计该系统时，需要充分考虑管道网络的输送量满足对资源的需求。并且，一定要确定地热资源的某些性质，如可持续的流动速率（通常流速需要在 30~200kg/s 之间，依据区域供热系统运输量不同和地热资源温度不同产生变化）和地热资源的温度。设定 P_G 为某处地热资源能产生的地热能量，则：

$$G_{Geo} \geqslant P_G = m \cdot C_p \cdot (T_G - T_R) \tag{12.10}$$

式中　m——流体的流动速率，kg/s；

C_p——流体的恒压热容，J（kg · K）；

T_G 和 T_R——地热资源的水温和供热系统利用后返回的水温。

系统设计发热部分产生的热量（Q_L）是关于时间的复杂函数。在白天，受季节性气候变化影响，产生热量能增长至平时三倍。从式（12.10）中看出，影响 P_G 中唯一可控的变量就是返回水温（T_R），因为其他变量受自然系统的特性影响。因此，唯一可以增加控热系统输出能量的手段是尽可能扩大流体温差。然而，该手段如何实施取决于供热系统的操作模式（图 12.6）。

冰岛 Ranga（Harrison，1994）提供了一个最简单的区域供热系统案例，该系统从地表的热水温泉或浅层井获取热水，并供给到一处可直接处理流体的小型用户网。和区域用户使用的热量相比，上述供热系统运行过程中一般会产生更多的热量，即 $G_{Geo} \geqslant P_G$。该供热系统的流体温度通常较高（>65℃）。由于没必要管理 P_G，T_R 的大小也就不重要了。然而，若保持该区域供热系统的良好运行，一定要尽量减小传递过程中的热损失，如热水从管道中输送到区域网中需要热水的用户过程中的热损失。减小热损失很重要的一点就是保证系统高效运行，而且不会危害未来对资源的可持续利用。

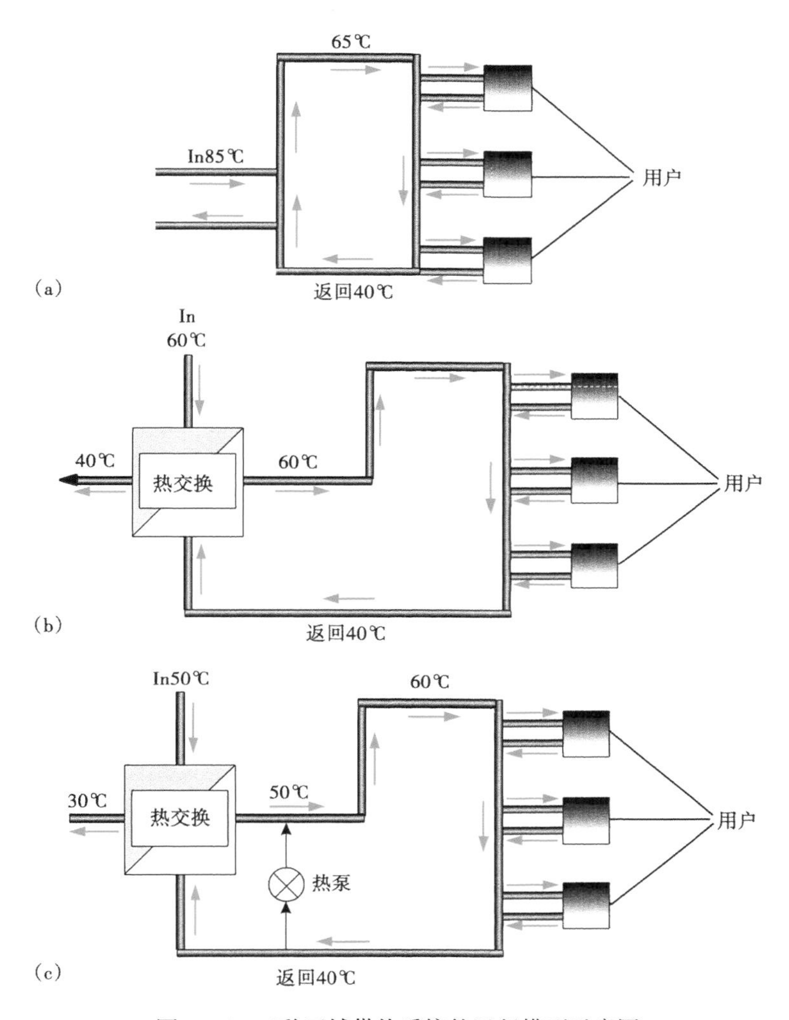

图 12.6　三种区域供热系统的运行模型示意图

(a) 地热资源具有高流体温度（85℃）和高流速的情形时，地热流体与返回流体混合后，经管道输送到用户手中；(b) 地热流体温度适中情况下（60℃），通过一个热量交换装置，地热流体将热量输送到一个封闭循环体系中，该封闭循环体系继而将热量输送到用户手中，其中输送前后的温度仅代表大概或相对的变化；(c) 地热流体温度较低情况下（50℃），也是通过一个热交换装置，地热流体将热量输送到一个封闭循环体系中，并且通过一个热泵，将返回流体中的热量提取并补充到该循环系统中，和（b）中的情形一样，该系统输送前后的温度仅代表大概或相对的变化

如图 12.6b 中所示，在地热流体温度适中情况下（50~65℃），系统通过另一种模式运行，即通过一个热交换装置，能把地热流体的热量高效的输送到封闭循环体系中。循环体系中的流体热量被泵送到用户终端。

而在某些低温地热流体情况下（低至 40℃），设计了一个热泵来提高循环流体的温度（图 12.6c）。该循环体系需要增加一些额外的能量补充到地热流体中。这些补充的部分能量常可以从系统排出的流体中提取。

综上所述，区域供热系统实际上是依靠大规模的热泵系统维持运行。在第 11 章中提到，供热系统甚至可以利用温度小于 40℃的流体。

12.4.2 控制返回温度

在任意一个运行模式中，很重要的一点就是如何设法控制 T_R 的大小。也的确有一些方法能够实现这个目的。在所有情况下，通过一些热交换装置，用户终端把热量从循环流体中提出。在散热器、地暖、墙壁或者天花板的装置都能实现这些。任何情况下，用户提取出的热量多，返回流体的温度 T_R 会越低。下面有几种方法可以实现该效果。回想下关于传导传热的函数公式（12.1）

$$Q_{cd}=k\cdot A\cdot\frac{dT}{dx}$$

在区域供热系统中，提取循环流体中热量的主要方法就是通过散热墙传热。如公式(12.1)中所示，有两种方式可以使 Q_{cd}增大，并且降低 T_R 值大小。参数 k 的单位是 W/(m·K)。由于 1W=1J/s，所以流体提出的热量大小取决于流体和散热装置接触时间的多少。因此，流体经过散热装置速度越慢，提取的热量也就越多。另一种方法就是增大接触面积（A）。因此，使用一个大面积的散热装置也能够使 Q_{cd}增大和降低 T_R 值。高效运营好该供热系统就会有如下方法：在流体使用方面，可以通过降低散热器中流体速度来实现；或通过控制用户终端的流体温度差来实现，如增大散热装置面积、降低流体速度或兼而有之。

12.4.3 输送和热损失

高效和可持续的管理要求与该供热系统无关的热损失降至最低。对于区域供热系统，这基本上就要求在热源和用户终端之间输送时的热损失越小越好。在经济上来说，隔热管道能够允许数以吨计热水在管中运输，并且热损失仅为 10%~15%，具体取决于流体速度。设计管道尺寸允许足够流量、减小热损失、降低开支等都需要仔细、周全的分析现有需求，如可能的每日、季度最大需求。另外还有很重要的一点，是要决策该系统的增长同设计需求一致，还是倾向于供给于一个固定规模的市场。无论哪种情况下，都需要不同的方法设定该系统标准。

12.4.4 材料兼容性和流体化学

最后，材料兼容性是区域供热系统的很重要的一方面。如果将建造一个新系统给新社区供热，则该管道输送系统会仅限定相容性材料的使用。然而，也常会出现这样的情况，即新建造的供热系统既给新社区供热，也会向老社区提供服务。管道材料的种类多种多样，如铜管、钢管或不同类型塑料管等。在这种情况下，假设封闭循环系统中的流体也算作系统一部分，那么很重要的一点就是检测该流体和地热流体的化学侵蚀性。有些情况下，从聚丙烯或聚丁烯管道中氧气扩散会影响对金属管道的腐蚀速率，该风险应注意检测（Elíasson 等，2006）

地热流体一般包括不同组分的溶解气。尽管它们成分含量比较低，然而在系统长时间运行后，析出气的累积也会显著影响热量传输和流体速度。因此，分析地热流体的地球化学性质和评估脱气时的条件就显得非常重要。如果流体脱气的可能性较大时，该系统设计时就应该将系统脱气能力也考虑在内。在商业上考虑，脱气罐或相关设施最好在系统中设计，以便阻止其他风险发生。

12.5 水产养殖

地热流体最简单的直接利用技术之一就是水产养殖。地热流体已经被用来饲养鲤鱼、鲶鱼、鲈鱼、梭鱼、鳗鱼、鲟鱼、罗非鱼、鲑鱼、鳟鱼、热带鱼、龙虾、虾、螃蟹、鳄鱼、藻类、虾、虾、蚌、扇贝、蛤蜊、牡蛎、鲍鱼等（图 12.7；Dickson 和 Fanelli，2006）。

地热流体可用来改善环境温度，以培育、增加和保护某些喜温物种。地热流体的影响效果有时会非常惊人。例如，据 Dickson 和 Fanelli（2006）所述，常温条件下培育的短吻鳄三年内能发育到 1.2m 长。相比之下，如果环境保持在 30℃条件下，短吻鳄同期会发育到 2m 长。图 12.8 中是一些其他动物在不同温度下的成长函数曲线。图中明显看出，至少在控制生长速度方面，地热流体维持下的温度环境对其存在一定影响。

图 12.7　爱达荷州的养鱼场

该处地热水温可达 35℃（95℉），被用来饲养罗非鱼、鲶鱼、鳄鱼

注意水产养殖设备设计时一定要考虑到不同过程中的热损失。如果设备使用开阔水池，则水池墙壁传导的热损失也一定要考虑到，还有水体表面对流、辐射和蒸发产生的热损失。热损失大小可参照其他渔场的情况来估算。例如一个渔场的面积是 10m×15m，水深 1.5m，由 10cm 厚的混凝土墙建成。假设冷空气温度为 10℃，并以 1.0m/s 的速度吹过水池表面。并且认为水池温度恒定在 27℃。则该水池总体积是 $223m^3$，换算为 225000L。

热传导损失的热量是：

$$Q_{cd} = k \cdot A \cdot \frac{dT}{dx}$$

$$Q_{cd} = 1.4W/(m \cdot K) \cdot 225m^2 \cdot \frac{12K}{0.1m}$$

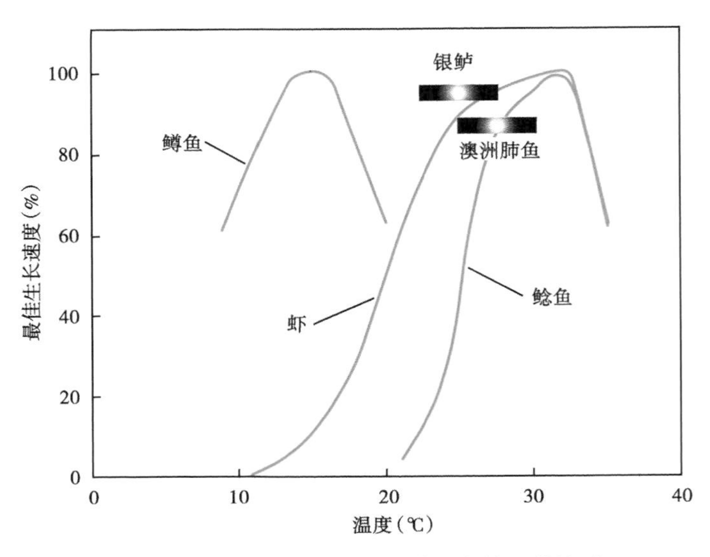

图 12.8　鱼的生长速度和环境温度的函数关系

银鲈和澳洲肺鱼最佳生长温度用阴影条表示。鳟鱼、虾和鲶鱼的生长速度对温度的依赖性如图中曲线所示，注意虾和鲶鱼生长范围的高温部分生长速度急剧下降，这种现象在水生动物中很常见。

$$Q_{cd} = 37800\text{J/s}$$

对流传热的热损失为：

$$Q_{cv} = (9.045 \cdot v) \cdot A \cdot dt$$

$$Q_{cv} = (9.045 \cdot 1.0\text{m/s}) \cdot 150\text{m}^2 \cdot 17\text{K}$$

$$Q_{cv} = 6407\text{J/s}$$

辐射传热的热损失为：

$$Q_{rd} = \varepsilon \cdot \sigma \cdot A \cdot (T_1{}^4 - T_2{}^4)$$

$$Q_{rd} = 0.99 \cdot 5.669 \cdot 10^{-8}\text{W/(m}^2 \cdot \text{K}^4) \cdot 150\text{m}^2 \cdot (300\text{K}^4 - 283\text{K}^4)$$

$$Q_{rd} = 14191\text{J/s}$$

蒸发损失热量为：

$$Q_{ev} = a \cdot (P_w - P_a)^b \cdot H_w$$

$$Q_{ev} = 196.88 \cdot (3.7 - 1.23\text{kPa})^{1.068}$$

$$Q_{ev} = 52575\ \text{J/s}$$

则全部热损失（Q_{TL}）为：

$$Q_{TL} = 37800\text{J/s} + 6407\text{J/s} + 14191\text{J/S} + 52575\ \text{J/s} = 110973\text{J/s}$$

该热损失总值计算时由于某些原因高估了渔场的日常负荷。比如传导产生的热损失会随着时间减小，这是由于随着水池周围墙壁升温，地温梯度驱动的热传导效用逐渐会消失。传导传热最终的影响将会忽略不计，甚至在长远考虑来说可以忽视，但是在系统初期时一定要将该部分计算在内。此外，总值的计算假设条件是在冬天，而且伴有微风。然而在水池日常条件下很少会有这些情况。通常状况下可以认为，实际热损失明显小于计算值。

控制好流入水池内的流体速度很重要，既得让流入渔场的淡水维持系统平衡，又能够控制输入热量以维持系统的温度。为平衡水池温度为27℃，将上面计算热损失假定为弥补实际热损失需要的额外部分，则流体流入速度和各流体温度的函数关系如下：

$$F_{in}=\frac{Q_L}{C_P\cdot(T_G-T_P)}$$

式中 F_{in}——流体流入速度；L/s；

Q_L——全部热损失，J/s；

C_P——水的恒压热容，kg·K；

T_G——地热流体的温度，K；

T_P——水池内的温度，K。

图12.9中绘制的是为维持水池27℃恒温，需要注入的流体速度随温度变化的函数。图中曲线说明，如果地热流体温度和水池温度相差15~20℃，需要注入水池内的地热流体体积会非常大。超过某一点时，即便地热流体温度变化很大，需要注入的流体体积变化也将会逐渐减小。这通常被认为是应用中的经验法则（Rafferty，2004），通过注入流体来弥补自然过程中的热损失。

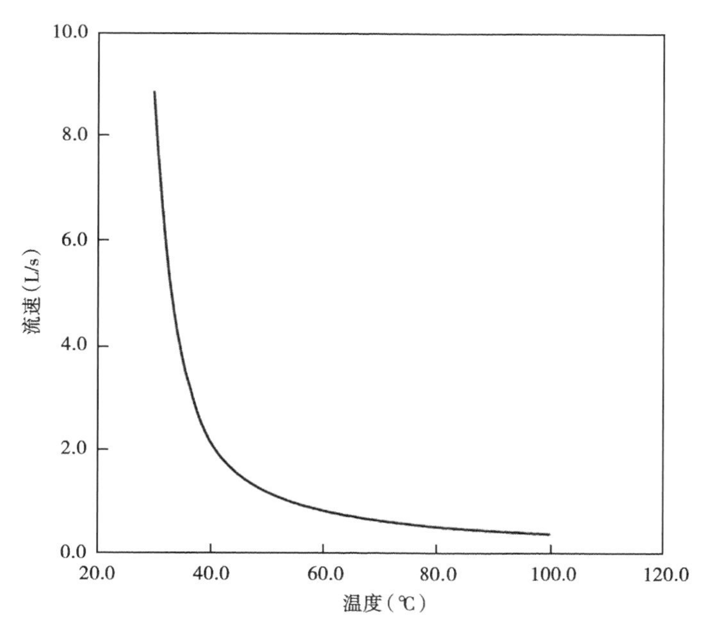

图12.9 注入流体速度和温度的函数关系

需要注入流体弥补水池中热损失，其中水池温度假定为27℃

这种热能直接利用技术一定要考虑到流体中的化学作用。在直接把地热流体注入水池之前，针对动植物对养分、微量金属含量、pH值和溶解气体的敏感性，一定要在当地水化学方面进行评估。在实际情况中，如果地热流体产生的化学成分对动植物不安全时，可以安装热交换器来满足热传递的需求。

12.6 干燥

在各种商品的干燥使用方面，地热能已经是一种行之有效的手段。干燥装置在世界各地可见，用来干燥洋葱、大蒜、椰子、肉、水果、木材、土豆、香料、糖、混凝土等其他产品。采用地热能作为热源的优点是，消除烧锅炉和加热器的燃料成本，以及避免燃烧来减少火灾的危险。在所有这些产品应用中目的是为了减少产品中的水含量。在许多蔬菜和木材产品的情况下，需求可能要把水含量从 50%~60%可降到 3%。而实际要降到的含水量取决于产品特性和期望的保质期。

干燥蔬菜通常过程如下，由 110~170℃的地热流体通过一个热水—空气热交换器，然后被加热的空气吹入一个有多孔不锈钢输送带或加热柜的干燥炉中。在许多实际应用中，将蔬菜产品通过多级不同温度下的干燥来实现干燥过程，这使得可以最有效地利用提供的热量。最终产品通常具有 3%~6%的含水量。离开热交换器的地热流体一般温度范围 30~50℃。

木材干燥需要较低温度的地热流体，一般在 93~116℃（Lienau，2006）的范围内。这个较低的温度反映了对木材的干燥过程需要更多的时间（几天至几周），慢水萃取，以防止木材损坏，以及产物中较高的水含量（6%~14%，这取决于产品的品种及规格）。干燥时在房屋大小的窑中放置切割好、尺寸一致的木材，间隔堆叠，使暖空气在其周围流通。空气是由热水翅片热交换器加热，其中该加热器周围的空气循环通风。

由于干燥过程中的低温和低 ΔT，导致地热干燥系统的热力效率相对较低，然而在经济和环境上考虑却是有利的，因为它们消除了对燃料循环的需要，加热过程中零排放，可以容易调节持续时间，并有一个可预见和恒定的成本。

和“水产养殖”章节中讨论的养殖案例相比，计算与干燥相关的热量损失和能量需求相对简单。如材料的初始水分含量、目标水分含量、给定温度和湿度下的干燥速率是函数计算中的主要参数，这是生产中必须处理的，且通常所有产业中都已建立该参数。市面上销售的热交换器的交换效率是众所周知的，因此不需要进行计算。主要过程是对流换热和对目标商品干燥时相关能量和温度的变化。在大多数情况下，经验关系和经验形成了此类设施设计和运行的基础。

对直接使用系统的高效和环境无害管理的一个重要考虑是构建级联系统的可能性。一个级联的应用技术指从一次过程中流出的温水作为下一次过程的热量来源，并且使该过程在水温条件下能正常运转。在加利福尼亚的坎比市（见案例，下同），这种级联系统已被用来满足社会多方面的需要。

12.7 小结

地热资源一般在 10~150℃的温度范围内，都能为各种直接利用技术提供热能。该资源在世界范围内广泛应用于多种行业。直接利用技术的总装机容量为 122TW·h/a。直接利用技术是基于控制热传导常见过程，如传导、对流、辐射和蒸发。至于某过程对某个特定直接利用技术性能的影响，这取决于特定的需求和应用技术的设计。因此，每个系统必须严格评估热损失、需求量和潜在的地热供应量的大小。通过级联几个应用技术并把能量传递下去，就能有效地利用这些低到中等温度的资源。该方法就可最大限度将热量传递到有用的工作上。由于地热能的直接利用减少或消除了对燃料循环的需求，且具有较高的功率，并通过消除燃烧来降低火灾风险，跟传统技术相比，可以有着明显的优势。通过减少或消除燃料循环，以及间接地减少发电的需要，在减少温室气体排放方面也大有裨益。

12.8 案例分析：坎比级联系统

级联系统允许多个应用连接在一个地热流体源上。其基本设计主要是利用广泛的温度范围，可以满足不同的应用技术需求。通过把多个应用技术排在一个序列里，其中后续的应用需求的温度较低，这就可以级联一系列的应用程序在单一系统中。无论是已实施或正在建设的，关于该系统的一些案例如下：

（1）俄勒冈州的 Klamath Falls—— 级联供热可用于集中供暖、温室、酿酒厂和融雪。

（2）新墨西哥州的 Cotton City——级联供热可用于复杂温室。

（3）奥地利的 Geinberg——级联供热可用于集中供暖、温泉、游泳馆和温室。

（4）匈牙利——级联供热可用于温室。

（5）波兰 Podhale——级联供热可用于木材烘干、温室、水产养殖、供暖和热水。

（6）斯洛文尼亚 Lendova——级联供热可用于集中供暖和制冷、水产养殖、温室和水疗。

这里介绍的案例代表了一种低成本的方法，能够有效地利用有限资源。在如何处理地热水潜在不良化学特性和有限的资源如何支持多种类型应用方面，该案例在类似开发中的经验提供了一些见解。

许多地方都有开发级联地热技术的潜力。2008 年，俄勒冈研究所地热技术中心对美国西部各州进行调查，以确定地热资源几千米范围内社区的数量。这项研究表明，有 404 个社区有希望能利用地热资源（Boyd，2008；图 12.10）。提供给这些社区的地热资源足以满足级联应用技术的开发。虽然很少有社区开始尝试，然而北加利福尼亚州的一个社区已经在一个小规模资源处成功开发。

坎比（Canby）镇位于加利福尼亚州东北部，该区域具有相对较浅层的温泉。水井测试表明，当地地温梯度使得，大约在 487m 的深度水温达到 60～70℃。当地水文条件说明含水层在该深度和位置可以允许 9～13L/s 的流速。这样的资源将非常适合小区域供热系统，具有充足未使用的能量允许使用级联应用技术。

2000 年，在俄勒冈州的坎比新钻一口地热井（图 12.11）。当达到目的深度时，人们发现地下流体流量不足，并且在该深度的岩石不稳定。不得不在成本提高的情况下继续钻进，最终达到 640m 的深度，在该点处的温度大约是 85℃，测得的流量为 2.33L/s（37gal/min）。虽然流速显著低于预期，然而流体温度远远高于预测值，补偿了低流速的影响，并且可提供足够的资源适用于地热资源的直接利用。

然而，水体化学分析显示出的汞浓度约 282ng/L，这远高于水体使用的允许上限。通过不懈努力，研究人员找到了一种解决该问题的补救方法，研究发现粒状活性炭（GAC）过滤系统可以处理小于 1ng/L 的微粒，这远低于规定的标准，该系统把区域供热系统的回水排放到当地的河流中。由此排放污染物浓度已经低于地表河流排放标准和排入的河流污染物浓度。

图 12.10 美国西部地图

黑点表示距离社区 8km 范围且水温大于 50℃的地热资源位置

图 12.11 用于坎比地热项目钻机（Dale Merrick 摄）

该钻机是一个旋转平台系统，塔高约 18.5m

用于集中供热系统的设计热负荷是根据建筑物的数目（34）、建筑面积（总建筑面积近 $5000m^2$）和建筑类型（绝缘和未绝缘的建筑物）计算得出的。峰值热负荷是根据美国采暖制冷和空调工程师协会（ASHRAE）根据该地区 99.6%的气候条件设计的供暖标准，即室内温度 18℃，室外温度 -15℃。综合考虑气候条件和建筑人口，计算该条件下热负荷约 389784J/s。

含水层的水文条件分析表明，长期的流体产能大约为 2.3L/s，且地下水位可能最大下降 75m。为了确保该系统将在可持续的方式下运行，安装了计算机控制系统监测和控制流量，使得该建筑物的恒温控制所需的实际负荷与系统中的流速匹配。这就需要在井下 73m 深处放置一个泵，可以精确地控制流体速度。

该控制装置是一个供热系统中的重要组成部分，尤其是在资源有限情况下必须精细管理。通过监控需求，该系统可以确定负载，从而在没有需求或需求很小时，关闭或减少地下流体生产。在需求很低情况下，这种方法可以最大限度地减少水位下沉，并让系统得以恢复。

区域供热系统(图 12.12)大约需要 2050m 的预绝缘铜管用于主干线路的分布。长约 550m、直径 2.5cm 的预绝缘交联聚乙烯管用于连接供给管和回流管道到各个建筑。大多数的建筑物中的丙烷燃烧炉都加装了热水—空气热交换系统和风机。单个建筑物的地板中也安装了辐射传热系统。实现了小区供热系统中的热水也可用于家庭内热水采暖。大约 1550m 的 PVC 材质管线用在出口管线上（图 12.12）。

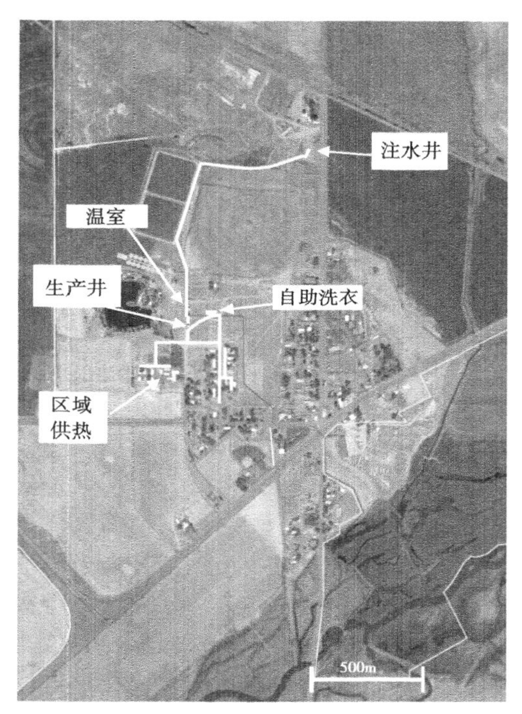

图 12.12 坎比小镇航拍图

（Dale Merrick 提供并许可，有修改）

展示了区域供热布局，生产井的位置和出口管。生产井、控制设备和 GAC 过滤系统的位置在图中标识出

图 12.13 示出了控制系统和生产井设施的结构布局。流体从生产井流到热交换系统，该系统能够将 433745J/s 的热量传递给在闭环区域供热系统的高温流体，这足以满足 88℃ 水温及 2.3L/s 流速的设计载荷下对热量的要求。当热交换器最佳运行时，它能够把区域供热系统的回水从 38℃ 加热至 66℃。离开热交换器的热流体温度为 43℃，将会再流入一个次级换热器并预热回水，从而最大限度地传递和使用热量。

很快发现一直没有能够让热交换器在最佳性能运行，因为水中大约有 3mg/L 的铁含量。水中的微量铁在热交换器板的表面上发生沉积，从而降低板的热导率。在大约三个月时间里，主热交换器的传热效率下降约 15%。因此，为了维持热传递的所需热量保持一致，系统中的运行计划中编入了维护程序，以便使热交换板每三个月被替换或清洗。

图 12.14 表示在给定流速和温差下，每秒可以在系统的地热流体中获得多少能量。还列举了坎比镇在区域供热系统运行时遇到的运行条件范围。虚线是设计载荷要求。除了一小部分时间，该系统运行基本都低于对设计负荷的要求，这些情况下就要求额外添加级联的直接利用技术。

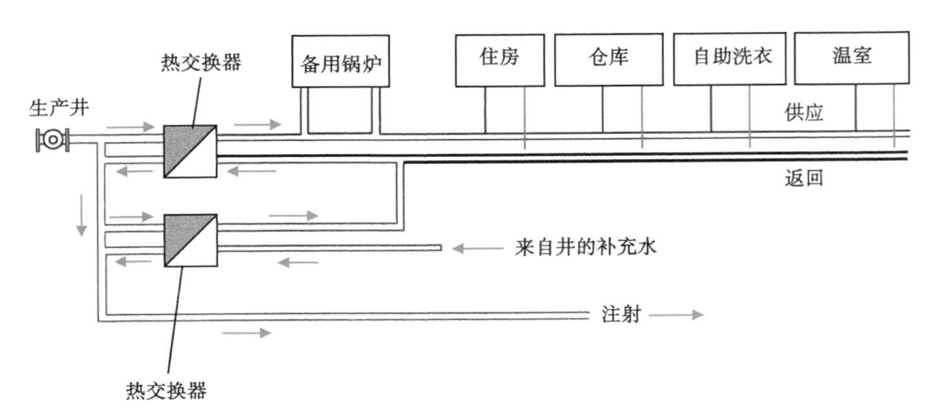

图 12.13 坎比镇区域供热系统的生产井、配电系统及处理系统示意图
(据 Dale Merrick，有修改)

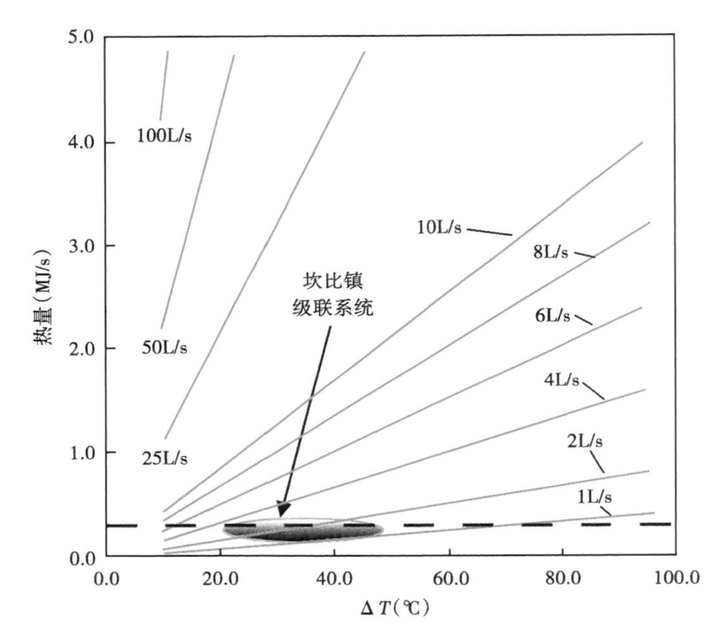

图 12.14 从地热流体提取有用的热量与供给—返回流体温度差的函数关系
流体流速不同，函数也呈不同样式。坎比镇的级联直接利用系统运行时状况一般在阴影区域内。虚线表示区域供热系统的设计负荷

一种具有五个高效干燥和清洗机的衣物洗涤干燥设施加入到该系统中。干燥器改装了升级的气流通道和热水—空气热交换器。热水供给由第三个热交换器提供，而地热流体通过该热交换系统加热系统内的流体。该干衣机的空气被加热至62~71℃之间。可变的温度范围反映了一个事实，即周围的外部空气通过水—空气热交换器时随季节变化比较显著。

从洗衣店设备流出的地热流体进入融雪系统，在该系统铺砌的区域整个冬天都没有积雪。

2013 年之前，使用后的地热流体都是排放到当地的河流中。环境标准规定排放的温度不能高于 27℃。为了从地热水中除去多余热量以满足该温度标准，流体被级联到一个 270m^2 的温室设施中。除了冷却地热水之外，温室还能为当地社区提供新鲜蔬菜和潜在的商业产品。地热流体流入温室的温度在26.6~54.4℃之间，这取决于来自区域供热系统等设施中的系统负载。该流体随后通过高效率的热交换器，热量被传递到温室的土壤和空气中，以在温室中保持常年可控的热空气。所述流体离开热交换器时温度降到足够低，以保证它排放到河流中的温度低于27℃。

2013年新钻探了一口地热井（图12.12）。该井现在用于将系统循环后地热流体注入地下。这也免去了之前将废水排放到河流中的做法。通过仔细监测流体流动和级联系统中的各设施流入和流出的流体温度，就能最大化利用地热能量并且注入更好的控制地下的流体温度。

整个系统的备用设施是一个丙烷为燃料的锅炉，以防供热中断或来自地热供给热量不够的情况发生。迄今为止，备份系统已被使用一次，这是因为井下泵故障而必须进行更换。其他情况下，一直没有使用备份系统，因为地热供应已经足以满足所有负载需求。

这种复杂的直接利用技术在经济上是很可观的。2005年，在区域供热方面，单在丙烷和电力方面节约的成本就达43355美元。鉴于当时的丙烷成本，通过计算发现，仅丙烷节约的成本就可在8年时间内收回投资成本。新建了洗衣设施取代了旧设施，旧设施每年使用超过26700L的丙烷。通过使用地热代替丙烷来洗涤和干燥衣物，节约的成本就可在3年时间收回投资成本。在2013年，社区使用级联系统节约的开支大约是100100美元。

问　　题

（1）鱼塘的热能直接利用技术中，热损失中两个最显著来源是什么？

（2）什么方法或策略可以用来减少问题（1）中的热损失？

（3）对于一个5m×5m的水池，风速从0~10m/s的不同，绘制对流传热的热损失。假设空气温度是5℃，水池温度是35℃。另在空气温度是10℃情况下进行相同计算。

（4）问题（3）的水池水深是1m情况下，随着风速变化，绘制出需要多长时间水池温度会下降5℃。

（5）假设可提供40℃的地热水资源，绘制出流体流速需要多少才能防止水池温度高于5℃。

（6）如果在上述计算中考虑辐射和蒸发传热的影响，重新绘制问题15.5中所需要的流体速度。

（7）图12.1表明，固化混凝土块需要的温度为65~80℃。如果地热资源流体温度为50℃，有没有什么方法可以用于固化混凝土？

（8）利用图12.1，提出一个由四个应用技术级联而成的系统，可在地热流体93℃情况下运行。

（9）如果坎比镇的地热流体流速为5L/s，什么样的变化可以更好的利用现有能源？

（10）讨论开发一个直接利用技术时必须解决三项环境因素。

（11）如果一个区域供热系统是利用地源热泵开发，需要解决哪些问题？

参考文献

Al-Shammiri, M., 2002. Evaporation rate as a function of water salinity. *Desalination*, 150, 189-203.

Beall, S. E. and Samuels, G., 1971. The use of warm water for heating and cooling plants and animal enclosures. Oak Ridge National Laboratory Report ORNL-TM-3381.

Boyd, T. , 2008. Communities with geothermal resource development potential. *Geo-Heat Center*, Oregon Institute of Technology Report, Klamath Falls, Oregon, 72 pp.

Dickson, M. H. and Fanelli, M. , 2006. Geothermal background. In *Geothermal Energy: Utilization and Technology*, eds. M. H. Dickson and M. Fanelli. London: Earthscan, pp. 1-27.

Elíasson, E. T. , Armannsson, H. , Thórhallsson, S. , Gunnarsdóttir, M. J. , BjÖrnsson, O. B. , and Karlsson, T. , 2006. Space and district heating. In *Geothermal Energy: Utilization and Technology, eds.* M. H. Dickson and M. Fanelli. London: Earthscan, pp. 53-73.

Energy Information Administration, 2009. International Energy Statistics. http://tonto. eia. doe. gov/cfapps/ipdbproject/iedindex3. cfm? tid = 2&pid = 2&aid = 2&cid = ww, &syid = 2003&eyid = 2007&unit = BKWH.

Fridleifsson, I. B. , Bertani, R. , Huenges, E. , Lund, J. W. , Ragnarsson, A. , and Rybach, L. , 2008. The possible role and contribution of geothermal energy to the mitigation of climate change. *Proceedings of the IPCC Scoping Meeting on Renewable Energy Sources*, eds. O. Hohmeyer and T. Trittin. Luebeck, Germany, January 20-25, pp. 59-80.

Harrison, R. , 1994. The design and economics of European geothermal heating installations. *Geothermics*, 23, 61-71.

Holman, J. P. , 1990. *Heat Transfer.* 7th Edition. New York: McGraw-Hill.

Lienau, P. J. , 2006. Industrial applications. In *Geothermal energy: Utilization and technology.* eds. M. H. Dickson and M. Fanelli. Earthscan, London. pp. 129-154.

Lund, J. W. , 2007. Characteristics, development and utilization of geothermal resources. *Geo-Heat Center Bulletin*, June, 1-9.

Lund, J. W. , Freeston, D. H. , and Boyd, T. L. , 2005. Direct application of geothermal energy: 2005 Worldwide review. *Geothermics*, 34, 691-727.

Lund, J. W. , Freeston, D. H. , and Boyd, T. L. , 2011: Direct utilization of geothermal energy: 2010 Worldwide review. *Geothermics*, 40, 159-180.

Mosig, J. and Fallu, R. , 2004. *Australian Fish Farmer: A Practical Guide.* Collingwood, Australia: Landlinks Press, 444 pp.

Pauken, M. T. , 1999. An experimental investigation of combined turbulent free and forced evaporation. *Experimental Thermal and Fluid Science*, 18, 334-340.

Rafferty, K. D. , 2004. Direct-use temperature requirements: A few rules of thumb. *Geo-Heat Center Bulletin*, *June*, pp. 1-3.

Rafferty, K. D. , 2006. Aquaculture technology. In *Geothermal Energy: Utilization and Technology*, eds. M. H. Dickson and M. Fanelli. London: Earthscan, pp. 121-128.

Wolf, H. , 1983. *Heat Transfer.* New York: Harper & Row.

第13章 增强型地热系统

纵观本书，我们已经指出，地球是一个构造活跃、热能驱动的行星，地下蕴藏着丰富的地热资源。直到最近，获取这些资源也仅限于地表以下几千米的深度范围，这反映了试图获取更深部地热资源时面临的技术局限和经济挑战。即使如此，随着技术的进步，人们对深部地热资源的兴趣与日俱增。目前正在实施的几个项目表明，开发这些深部的地热资源，使它们在发电市场中发挥更大作用是可能的。本章概述了增强型地热系统（EGS）概念的历史，增强型地热系统的量级和特征，以及实现增强型地热系统的技术发展状况。

13.1 增强型地热系统的概念

欲使地热资源切实可行的用于发电，需要满足以下四个条件：

（1）储集足够的热量。目前，最先进的发电设备，最低温度要求通常约为95℃。但是，任何特定地区的实际最低温度取决于发电循环末端的温度，也就是ΔT。对于大多数地区，实际最低温度比目前可能的最低温度高几十度。

（2）有足够多可用的流体将热量从地下传送到发电设备。水通常被用作传热流体，其他流体，例如盐水、海水、和CO_2，也可以用作传热流体。

（3）地下岩石具有足够的渗透性，以保证地热储层中有足够多的流体以足够高的流速循环，满足合理的发电功率输出。这要求连通的孔隙度足够高，能满足大约10kg/s或更高的流量。当然，实际流量取决于所设计设备要求的输出功率。

（4）足够的稳定性，满足可持续发电。要实现环境友好和经济上可行，地热资源必须优化管理，使发电设备的最小运行时间达到20年。然而，在设计和运行设备时，必须考虑实现更长的寿命，因为经验表明，以合适的方式运行，地热资源发电可以持续几十年。

常规的干蒸汽和水热系统发电表明这四个条件在某些特定的地区能满足。事实上，开发地热资源大部分费用来源于评价地下地热储层是否蕴藏着足够的热量，是否具有足够的渗透率，是否具有足够多的天然流体能将热量传递到发电设备或者具有足够多的地下水可以建立回注系统以及系统是否可持续。历史上，地表下几千米范围内的热量能满足这些条件的屈指可数。这反映了现有技术能力的限制。即便如此，正如第2章指出的那样，人们早已认识到更深处的地下，实际上更接近一个无限的热量储集库。

在过去的十年间，技术进步巨大，以前无法利用的地热储层也可以开始考虑用于发电。更先进的方法解决了上述条件中的后两个，这是导致这一变化的关键进步。特别是，人们研发了新方法，可以提高非常低渗透岩层的渗透率，并发明了实现渗透率和高流速长期保持的新手段。这两项将在本章接下来的部分详细讨论。

这两项技术的进步反映了积极的改造地下地质系统特性的能力。这些能力包括激活已有裂缝而不诱发新裂缝的技术（水力剪切），在不渗透岩石中诱发新裂缝以产生裂缝渗透率的能力，以及使用在地热储层压力和温度条件下能与地热储层岩石保持化学平衡的天然矿物保持裂缝开启以实现渗透率改造长期有效。本章将讨论这些技术进步以及其他相关的问题。这些工程上的、改进的物理条件是增强型地热系统中“增强”的概念。

值得关注的是，这些增强与地热储层的深度无关，尽管涉及增强型地热系统的讨论通常指的是相对较深的环境（>6km），用工程方法改进地热系统可以在任何深度条件下实现。因此，增强型地热系统这个词不应该局限于专指深层地热系统，任何地热系统只要利用工程技术手段提高了渗透率或流体流量都认为是增强型地热系统。虽然在本章接下来的大部分讨论集中于深部地热资源的应用，但应该认同的是，相同的注意事项和方法也可以用于浅层地热资源。

13.2 增强型地热系统的强度

在第 10 章已经讨论过，在地表以下几千米深度温度大于 130~150℃的地区已经开发了地热系统用于发电。这样的地热资源并不常见，尽管它们比现有的地热发电设备分布要丰富得多。正如第 2 章指出的那样，人们早就认识到，理论上，地球上任何地点都可以建设地热发电设备，因为任何地方的温度都会超过 130~150℃，唯一的问题是在什么深度。

这一资源量的大小可以通过考虑 $1km^3$ 的岩石在温度升高时可以获得的能量来理解。在美国 90%以上的地区，在地下 5~10km 深度范围内，温度超过 150℃，超过一半的地区在这个深度范围内温度超过 250℃（图 13.1，美国 6km 深度处的温度）。可以获取的能源总量是岩石的热容、发电循环中温度降低的度数以及岩石密度和岩石体积的函数。

$$Q_{ec} = V \cdot \rho \cdot C_p \cdot \Delta T$$

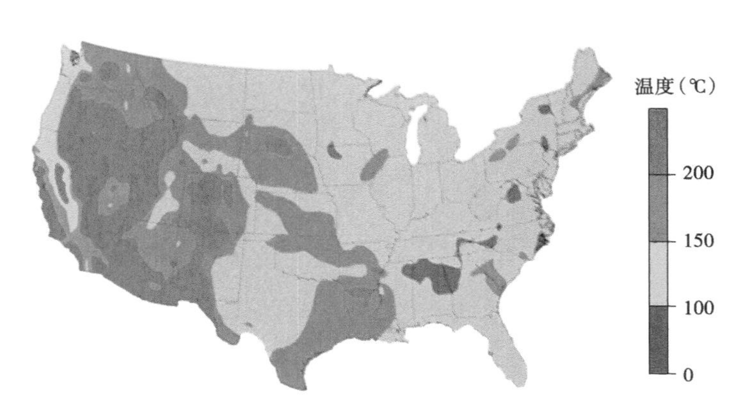

图 13.1 美国大陆地下 6km 处温度分布

来源于美国能源部能源效率和可再生能源办公室

$1km^3$ 密度为 $2550kg/m^3$、热容为 1000J/(kg·K) 的岩石，可提取的能量与温度降的关系为图 13.2 中上部的曲线，下部曲线显示的是只有 1%的岩石体积可用于能源生产提取的热能总量。假设岩石温度为 150℃时，可提取的能量是曲线间的包围部分，曲线的总长度代表温度为 250℃时，可以提取的能量。

由于热量的不规则分布以及缺乏美国很多地区的地下数据，把可利用的能量与深度的函数关系进行统一是很困难的。图 13.1 是基于地温梯度、地表热流、热导率和结晶基底上覆沉积岩厚度等参数离散测量的基础上绘制而成的。这些数据记录的不规则温度分布反映了大陆形成过程中地质过程的影响。地质过程对热分布影响的一个例子就是，美国西部的温度更高，特别是盆地和山脉区，这反映了美国西部地质断裂的效应。

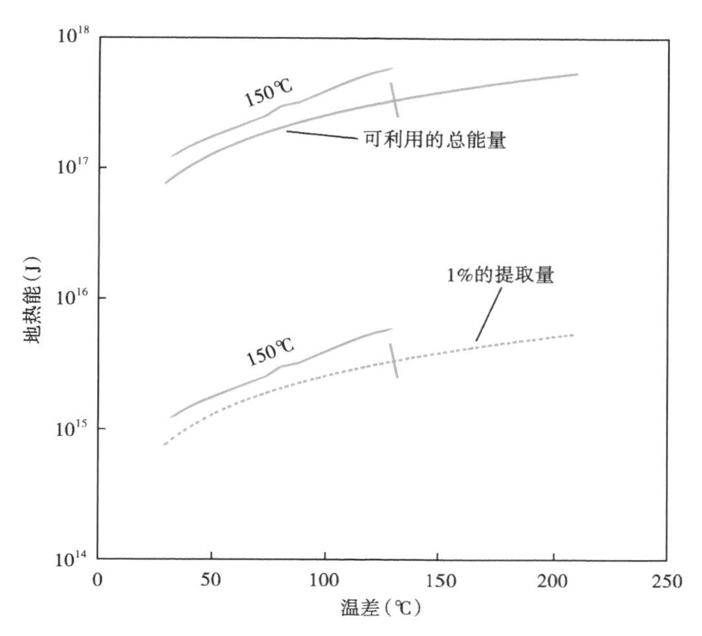

图 13.2　1km^3 岩石中可以提取的热量总量，是初态和末态之间温度差的函数

上面的曲线代表从整个岩石体积中可以提取的热能总量，下面的曲线代表从 1%的岩石体积可以提取的热量。计算中假设在 150℃和 250℃下，热容不变，末态温度的最小值为 15℃

考虑到地热分布明显的不均匀性，据估计，美国地表以下 10km 深度范围内，地热资源的蕴藏量高达 13×10^{24}J。也有人估计，大约有 1.5%的能量可以用目前的已有技术或者正在研发的技术提取出来。尽管提取的热量总量只是可开发资源的一小部分，但这是全美能源消耗量的 2000 多倍。

图 13.3 显示了可提取的总能量与地下 10km 范围内总地热资源百分数的函数关系。阴影框表示在可预见的未来技术进步能提取到的能量的合理期望值。显然，可利用的资源满足美国的能源消耗是绰绰有余的。

从全球的角度看，每块大陆上都可以得出相似的论断。图 13.4 显示了温度随深度的变化以及地质环境类型的影响。在温度与深度的函数关系上，在地壳断块相互分离的裂谷环境，地幔随之向上涌动，通常浅地表表现为高温的区域。在稳定的大陆环境，地幔热流速度小，显示为低温地区。这些热力梯度表明，在任何地质环境下，地下 18km 范围内，温度都会超过 200℃，在大部分地区 10km 范围内就能超过 200℃，正如图中灰色条指示的那样。这一现实清晰表明，发电所需的热能原则上都可以从地下 10~15km 范围内地热资源库中获得。同样的，建筑物供热和冷却以及大部分工业地热应用所需的全部能量也可以从这个地热资源库中获取。换句话说，地球内部蕴藏的热能满足人类所需的所有电力需求是绰绰有余的。

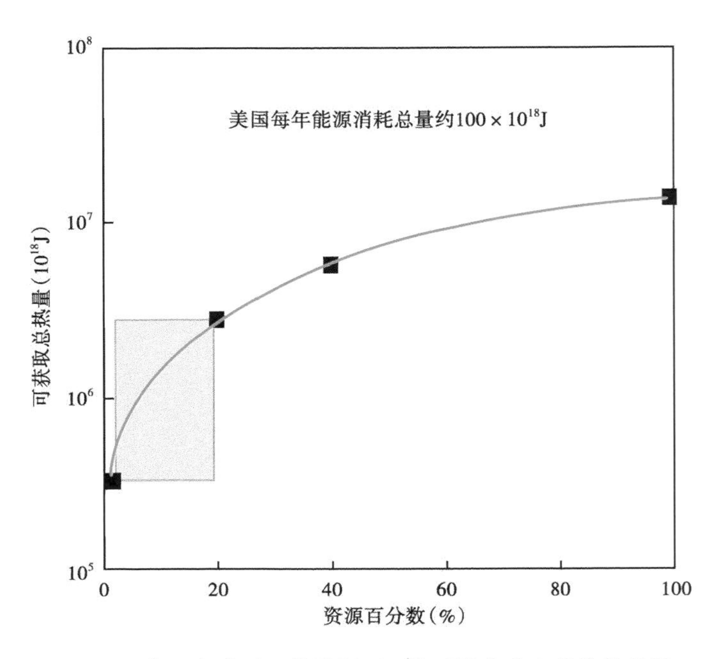

图 13.3　美国大陆可以从增强型地热系统中获取的热能总量

阴影框包围的部分代表获取率为 1%~20%。作为参考，美国的能源消耗总量为 100×10^{18}J

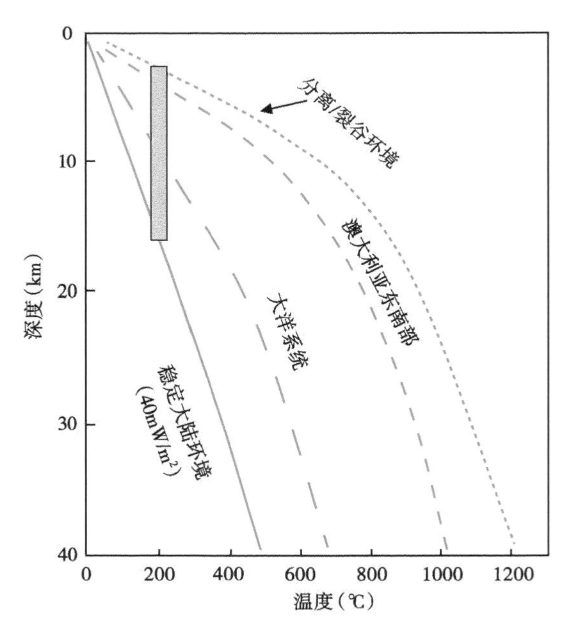

图 13.4　不同深度处温度变化与地壳类型的关系（据 O'Reillg 和 Griffin，2011）

不同的地壳类型划定了地球上大部分地壳区域地温梯度的范围。值得注意的是，澳大利亚南部是一个稳定的大陆区域，但具有岩石的自然放射性导致的高热流，从而提供了在无辐射陆壳温度变化的指示。

阴影区边界的温度为 200℃±10℃

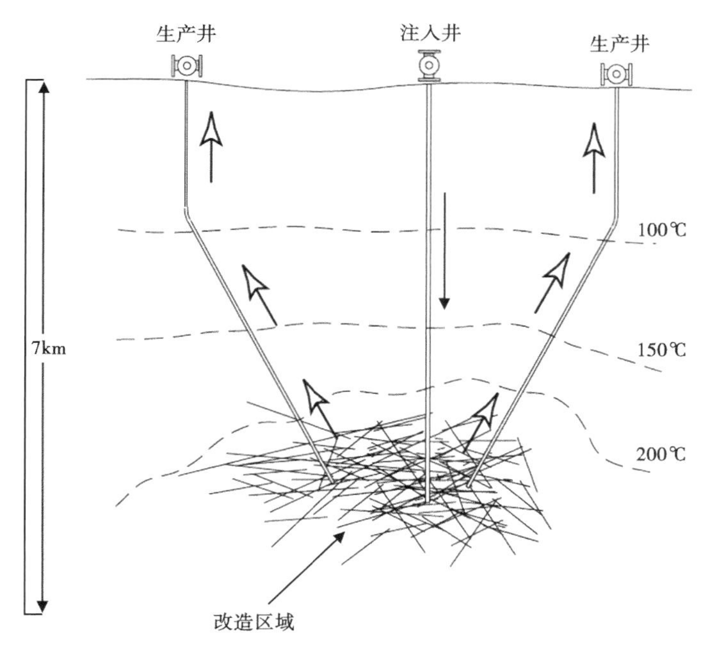

图 13.5 增强型地热系统示意图

注入井最初用于改造岩石中的目标区域，在这个例子中，目标区域的温度为200℃，深度约为6.5km。之后该井用于向改造层位泵入流体。改造区域中已钻的生产井开发热流体，并传输到发电设备

13.3 增强型地热系统的特征

第10章已经详细讨论过，提取地下热量并用于发电的主要方式是将与地热储层处于平衡状态的地下水提升至地表。然而，在地下温度超过150℃的最深处，并没有足够高的天然孔隙度和渗透率来维持流体的高速流动。为了克服这一难题，人们采取的策略是通过水力剪切或者水力压裂改造地热系统，提高岩石的孔隙度和渗透率。一旦岩石改造后，就可以在裂缝性岩石的压裂改造区开钻其他的井。改造后的储层形成了完整的流动通道，注入井或者注入井组可借以将流体泵入地下改造后的区域。之后，流体发生流动，在压力梯度的作用下，流经改造后的储层，流体在此从周围的热岩石中获得热量，然后在生产井中泵送回地表。热流体之后或管输至二元发电机组的换热器或导入闪蒸气发电机组的涡轮中。

经济上可行的发电设备的设计寿命为20~30年，这一年限要求是增强型地热系统的重要限制，地热储层必须优化管理，以保证在设备设计的生命周期中为发电设备提供所需的热量。这一要求限制了地热储层中热量被提取的速度。也就是说，在热量提取总量一定的情况下，最大限度扩大裂缝的表面积很重要。这种方式允许增强型地热系统在单位裂缝面积上的温度降最小。第10章中指出，在地热资源的温度处于200~250℃之间时，维持一个5MW的发电机组运行所需的流体流速在50kg/s数量级上。优化改造储层的特性保证在维持这一流速的同时，使温度降达到最小是地热储层管理中一个重要问题。

13.3.1 确定改造的目标层位

正如上文提到的那样，储层改造是通过提高地热储层中岩石的渗透率来实现的。通常做法是在高压下向井筒中泵入流体，这样的高压能激活已有的裂缝使裂缝产生滑移（水力剪切），或者压裂无缝岩石或封闭的裂缝（水力压裂）。无论哪种情形，确定那些能够连通最佳地热区域的目标改造层位是很重要的。原因如下，一是在温度最高的层位提高渗透率能够在给定的流速下产生最高的效率和最大的输出功率；二是改造低温层位将会导致高温流体被稀释，减少供给发电设备的热能。三是改造整个井段是不切实际的，也很昂贵。因此，最常用的策略是封隔改造目标层位只向井筒中目标层段注入高压流体。

然而要实现这种方法，需要了解井筒中哪个层位是适合的层位。有几种方法可以用于确定目标改造层位。一种方法是在钻井过程中注意那些钻井液发生漏失的深度段。通过绘制钻井过程中钻井液漏失的层位，或许可以确定地热系统中那些具有原生中高渗透率的区域。如果浅层具有高渗透率，这些是需要封堵或者封隔的深度段，因为如果这些层段不封堵，它们要么为冷流体进入井筒冷却地热水提供路径，要么热流体从井筒中漏失。深层高温区域是改造的目标层，因为它们可能是改造过程中的流动路径，水借此泵入井筒激活原有的裂缝或高压流体连通的地热储层。

采用钻井液漏失层位法确定改造目标层的局限在于它们并不提供地热系统中已有流动状态的任何有用信息。某一钻井液漏失层或许是具有高孔隙度且无流体填充的岩石，这些岩石并没有延伸到或者连接到相互连通流动路径上，但是分布范围很大。也可能不是可用于地热应用的高温区域。此外，即使在非常深的层段，岩石也可能有水的存在及运移，曾经在深海油田地下15km以下发现了天然的地下水。然而，这样的流体可以被不渗透的岩层封隔在高渗透层以外。相反，一些高渗透层可能不存在天然流体流动，在这些层位中的钻井液漏失就是很重要的提示。能够区分这些不同的情形可以为建立增强型地热系统的注入和生产流动网络可行性提供有价值的信息。

一种检测流动层位的方法是在钻井和监测过程中绘制井筒的温度扰动。其中这样做的一个方法被称为分布式温度传感器（DTS；Erbas等，1999；Henninger等，2003），在分布式温度传感器系统中，光纤电缆封闭在直径几毫米的高等级钢管中，电缆悬挂在整个井筒中，一束调谐到特定频率的激光连接到光纤上，激光沿着光纤向下传输，然而，在光传输路径的每一点上，一小部分光通过与光纤原子的相互作用发生散射和反射，沿着光纤返回原点。这种相互作用包括雷曼散射，其反射光的波长发生微妙的偏移。这种相互作用是热敏性的，能产生与温度相关的可测量的波长偏移。利用先进的检测设备和处理算法，分布式温度传感器系统电缆上每一处的温度可以虚拟的实时确定。图13.6显示的是Newberry增强型地热系统分布式温度传感器记录的一个实例（Cladouhos等，2009，2011a，2011b，2013；Petty等，2013）。图中绘制了1900~3000m深度范围内初始温度分布的测量值（静态）。温度剖面光滑，近似线性分布。图上另外两个温度剖面是改造和流体测试过程中流体泵入后测量的（2010年10月24日和2010年11月1日）。泵压迫使流体进入具有一定天然渗透率的层位。注意这两个剖面，除了大幅度的温度降以外，在几乎相同的深度上温度剖面具有明显的变形。这些变形处就是那些启泵时流体进入岩石，停泵后流体返回井筒的层位。这些指示高温区域的层位是改造的候选层位。

还要注意的是，这些层位与钻井过程中记录的钻井液循环受到漏失影响的深度段并不直接对应。尽管这些钻井液漏失层位有时用于绘制候选改造层位，分布式温度传感器测量表明，只有那些深部层位是渗透率改造的最佳候选层位。或许其他钻井液漏失的层位也可以改造，但是现有的数据不足以证明。

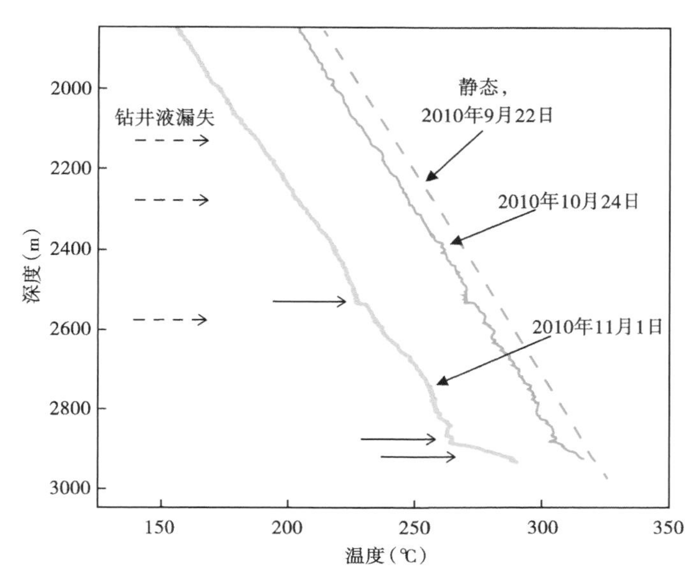

图 13.6　Newberry 增强型地热系统示范项目 DTS 系统测量的温度与深度的函数关系

图中展示了三个不同日期的温度变化。标记"静态"的虚线代表启泵之前井筒中温度的平衡状态。后面日期的两条实线代表启泵之后的温度分布，实线箭头所指示的光滑温度曲线上的扰动点，反映的是由于泵入导致的流体流入或流出围岩的位置。这些位置是潜在的改造候选区域。还要注意的是，钻井过程中记录到钻井液漏失的层位与良好改造的候选层位之间并没有一致性匹配关系

分布式温度传感器系统的主要限制是其在高温下的生存能力。尽管这个系统可以在350℃以上的温度下精确测量温度，但是建造电缆的构件在约 200℃以上时是不稳定的，超过这个温度，电缆构件就会老化。

13.3.2　提高渗透率所需的岩石体积

增强型地热系统的总体目标是从地下岩石获取足够的热量并输送到地表用以发电。由于改造是一个产生流体流动路径的过程，增强型地热系统的一个关键挑战是确定多大体积的岩石被改造才能获取足够的热量。

开发一个有足够长寿命的地热储层，要证明投资地热发电设备的必要性，必须解决几个问题，一个必须考虑的问题是，需要保持沿着流动路径的温度降最小以保证地热资源可以持续很多年。另一个必须解决的问题是，保证实现足够大的温度降以支持高效发电。最后，必须实现足够高的流体流速以保证传输到发电设备的热流量可以产生兆瓦级的电力。如上所述，在地热资源的温度处于 200~250℃之间时，维持一个 5MW 的发电机组运行所需的流体流速在 50kg/s 数量级上。

Armstead 和 Tester（1987）已经指出，在这样的流速下，每条裂缝的表面积要达到 100000m^2 量级，这样沿着裂缝面有足够小的温度降来保证在要求的生命周期中有足够的热量。表 13.1 中列出到正方形裂缝的表面积，这些裂缝从井筒延伸到指定的距离，同时在垂

直于延伸方向上具有给定的长度。可以清楚地看到，维持地热系统长期运转的理想情况是改造能够使少数裂缝延伸相当远的距离。这样的裂缝网络的渗透率必须达到10~50mD的量级以维持发电所需的足够的流量。

表13.1 指定维度上裂缝的表面积

长度（m）	与注入井的距离（m）			
	50m	100m	1000m	5000m
2	200	400	4000	20000
4	400	800	8000	40000
6	600	1200	12000	60000
8	800	1600	16000	80000
10	1000	2000	20000	100000
20	2000	4000	40000	200000
50	5000	10000	100000	500000
100	10000	20000	200000	1000000

满足这些标准同时又在现有技术可达到的范围之内的裂缝性岩石的最小体积约为2km^3。由于自然应力场产生的原生裂缝在裂缝形成时期具有固定的最大主应力、最小主应力和中间主应力方向，在压裂改造过程中，渗透率的提高并不是随机方向的。相反，可能存在一个优势方向，这导致地热储层非对称，流动路径限制在某几个方向上。

13.3.3 改造过程的物理原理

前面指出，水力剪切技术和水力压裂技术可以用来提高渗透率。这两种技术基于相同的物理原理，但有赖于不同的应用方法。

回想一下，地下岩石存在应力场中，应力场有三个主应力，它们相互垂直。这样岩石要承受最大主应力、中间主应力和最小主应力。这三个主应力的空间方向取决于构造应力是否作用于岩石体上。如果对岩石的任何一个面（无论是通过原始岩石的假想面还是理想化的裂缝）抽象来考虑，这些主应力可构成正应力和剪切应力，它们的大小取决于面与主应力的相对方向。

$$\sigma_n=0.5\times(\sigma_1+\sigma_3)+0.5\times(\sigma_1-\sigma_3)\times\cos 2\theta$$

$$\sigma_s=0.5\times(\sigma_1-\sigma_3)\times\cos 2\theta$$

压应力为正值，张应力为负值。如果画一幅图，两轴垂直，纵轴代表剪切应力，横轴代表正应力，显然，通过观察方程（13.2）和（13.3），绘制所有不同角度平面上的正应力和剪切应力，将会得到一个圆。这个圆涵盖了平面承受的所有正应力和剪切应力的组合。在任一方向上，都有对应的应力作用于其上。由于应力的状态计算使用的是方向角的2倍，而不是方向角本身，最大剪切应力产生在平面与正应力的夹角为45°时，这是显而易见的。

存在一组正应力与剪切应力的组合值，在这个值下岩石破裂。这些组合值可分解为点轨迹，这些点轨迹形成了库仑破裂包络线（也被称为莫尔—库仑破坏包络线），绘制在应力—应变图上。如图13.7所示，由库仑破裂包络线包围起来的应力—应变值是岩石保持完整的

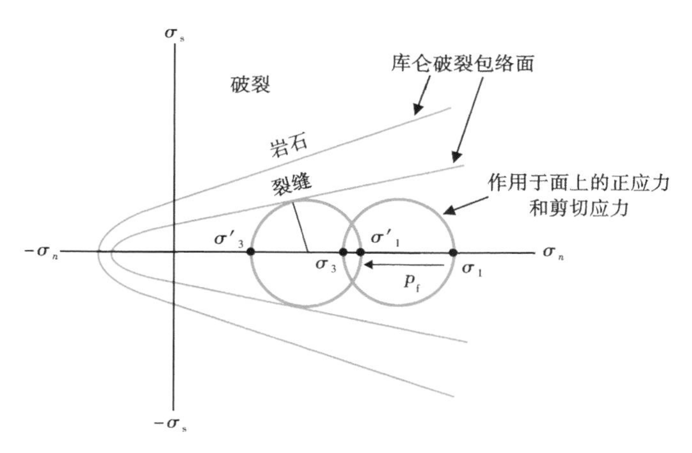

图 13.7 平面应力状态的二维表示

主应力方向旋转 180°时，平面上的正应力（横轴）和剪切应力（纵轴）构成了一个圆（莫尔圆）。在本例的示意图中，σ_1 和 σ_3 为作用于假想面上的最大正应力和最小正应力。标有“裂缝”和“岩石”的两条线分别示意性的定义了导致裂缝和岩石脆性破裂的正应力和剪切应力的组合（库仑破裂包络面）。由 σ_1 和 σ_3 定义的初始应力状态，莫尔圆落在不足以导致破裂的区域。如果流体压力（p_f）增加，作用于岩石上的有效应力向原点移动直到莫尔圆与一条库仑破裂包络面相交，此时发生脆性破裂。在这种情况下，破裂沿岩石中的裂缝发生，方向为从莫尔圆与裂缝的库仑破裂包络面的交点与偏移的圆的圆心连线形成的角度

范围。落在库仑破裂包络线以外的应力值将会导致岩石脆性破裂（图 13.7 标注破裂的区域）。定义库仑破裂包络线的值是对目标岩石的实验测试确定的，因为控制岩石强度的参数如晶粒尺寸、晶粒取向、矿物性质以及其他属性，每种岩石各不相同。图 13.7 中右侧圆形中的应力值，所有的条件都落在库仑破裂包络线以内，因此岩石是稳定的，不会破裂。

图 13.7 中显示了两条假想的库仑破裂包络面，标有“完整岩石”的线表示在这些应力条件下，一些假想的岩石将会脆性破裂。另一条标有“裂缝”的线表示在这些应力条件下，相同的岩石会发生弥合裂缝破裂。这些库仑破裂包络面之间的关系指明了影响渗透率改造技术重要的点。

首先，弥合裂缝的强度通常（但并不总是）比所在的岩石的强度弱。这反映了裂缝弥合与岩石蚀变有关，在蚀变过程中随着流体在裂缝中运移并与围岩相互作用，变质矿物发育。这些发育的矿物的强度通常比岩石中原有的矿物强度弱，因为前者通常是变质程度相对较低的矿物，可能含水，强度弱，或容易破裂。第二，裂缝通常是近似平面形式的，而围岩常常具有更复杂的共生结构，这赋予其更大的内生强度。当考虑改造岩石渗透率所用的技术时，需要评价这些关系的影响。

提高岩石渗透率的主要方法是将水泵入井筒直到岩石破裂。不断增加的流体压力抵消了岩石埋存过程中自然载荷条件下的压应力。在高流体压力下有效正应力和剪切应力的大小可以计算如下：

$$\sigma'_1=\sigma_1-p_f$$

$$\sigma'_s=\sigma_3-p_f$$

式中 σ'_1 和 σ'_s——平均上有效最大和最小正应力；

p_f——流体压力。

注意，这些变量的单位是单位面积上的力。

流体压力升高对岩石力学性质的作用是使摩尔圆向左移动，如图 13.7 左边的圆表示的一样。随着压力升高，摩尔圆移动，最终达到库仑破裂包络面与摩尔圆相切的状态，切点就是脆性破裂时的正压力和剪切应力。此外，连接切点与摩尔圆圆心的线形成的角就是岩石的破裂角。对于布满裂缝的岩石，裂缝的方向在图中大体就是水力剪切作用的方向。也就是说，弥合裂缝将会开启并滑移。在这种情况下，弥合裂缝所在的岩石将不会破裂而是保持完整，重新开启的裂缝的滑移量取决于裂缝的特性，比如裂缝的长度、平面度、粗糙度以及其他性质。

由于原先存在的裂缝的滑移量是有限的，压力不断升高超过水力剪切所需的压力是完全可能的，在这种情况下，摩尔圆继续向图的左方移动，超过弥合裂缝的库仑破裂包络面，直到岩石的库仑破裂包络面与剪切应力轴相交（即正应力降为零）。在这一点上，岩石产生脆性破裂，水力压裂过程开始启动。

裂缝发育的方向、分布情况和长度以及破裂岩石的体积取决于几个因素。一个重要的因素是岩石所处的应力场的方向。构造应力、负载和其他地质因素将决定岩石的应力状态和应力场的方向。同样重要的是，岩石中已有结构的发育范围，这受优势矿物方向和成分的非均质性控制。最后，如果岩石是由多种具有不同力学特性的矿物构成，这些矿物的方向、相对丰度以及它们在岩石中的分布将会影响裂缝的特征。

13.3.4 改造过程管理

渗透率的提高是通过建立裂缝网络实现的，这些裂缝网络为流体从足够大的岩石体中提取热量提供了路径。实现此目的最有效的方法是在足够高的压力下注入流体引起原生裂缝或岩石的脆性破裂。然而，由于井筒的延伸长度可从几米到数十千米，压裂整个井筒段是不合适的。笼统压裂可能导致在不是最适合发电的层段产生裂缝，并压裂低温层位。因此，人们研发了对筛选出的渗透率改造层位封隔的方法。

封隔器广泛应用于石油和天然气行业。封隔器可以是机械的，也可以是气动的，用于封堵待改造层位的上下层段。封隔器是可膨胀的，可由像手风琴一样的柔性金属制成，加压时膨胀封堵井眼，或可由柔韧的可膨胀的橡胶材料制成。此外，井筒的某些层段可以用水泥固结起来以实现井段封隔。在所有这些情况下，都需要一根钢管或者接入端口使得流体可以通过封隔器在封闭的层位建立压力。这样的系统通常需要一台钻井在现场悬挂钢管，修正封隔器，如果需要，也可以移除封隔器。一旦改造过程完成，封隔器可以通过放气移除或者用钻机钻去。

热降解型封隔器虽然已经应用于地热系统中，但在增强型地热系统可能遇到的高温条件下是不可靠的，一般是 200℃以上。通常，封隔器工作的关键部件，比如橡胶材料、控制元件、不同膨胀性的金属构成的组合件，在地热系统的极端温度和压力条件下往往失效。基于这个原因，人们考虑和研发了其他方法来封隔渗透改造层段。

最近已经开发了一种新方法来封隔改造目的层，不是使用机械或者物理设备来封堵井筒层段，而是使用不稳定材料封堵已有的裂缝网络或高渗透层位。这种材料被称为热降解层位封隔材料（TZIM；Petty 等，2013）。这些化合物在一段时间内化学降解或热降解为无害物质，比如水、二氧化碳或是其他惰性和无毒的分子。化合物降解的速度取决于周围环境的温度或者化学条件。在实验室中测量不同条件下化合物的降解速度，可以筛选出在特定环境中

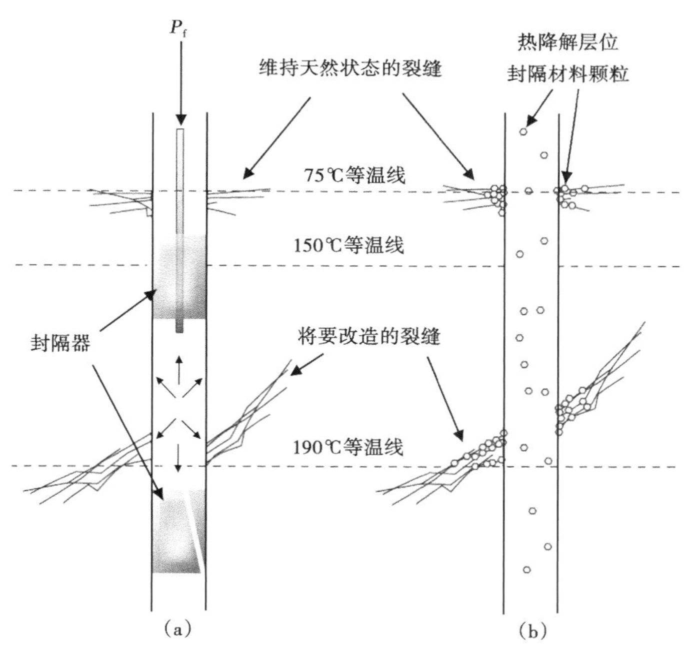

图 13.8　改造裂缝的两种方法示意图

(a) 用封隔器封隔改造层位，p_f 代表将高压流体注入封隔的井段；(b) 采用热降解层位封隔材料（TZIM）封堵不需要改造的裂缝（上部的裂缝）。热降解层位封隔材料在高压下泵入井筒直到其封堵所有的裂缝和渗透层。热降解层位封隔材料是经过筛选的，在上部裂缝的温度下，它缓慢降解，而在下部裂缝的温度下，它快速降解，使得下部层位在热降解层位封隔材料安放不久后被改造，这时上部层位保持封堵，裂缝中的流体压力也不会增加

最有效的化合物（Petty 等，2013）。图 13.9 显示了两种假想的温度敏感的化合物的降解曲线。

这些化合物的使用方法是，向井筒中注入精细研磨的热降解层位封隔材料，这些材料在改造目标区所处的条件下迅速降解，但在不是改造目标区可以长期有效的封堵这些层位。参照图 13.8，深层改造目标区的温度远高于 150℃，而不需要改造的上部层位的温度远低于 150℃。因此，在 150℃以上会迅速降解，而在低温时长期有效的热降解层位封隔材料是适合的。在图 13.9 中，假想的化合物 A 是一种非常好的候选化合物，而化合物 B 就不适合，因为它在井筒中任何条件下都长期有效。

改造一口井的方法首先是采用地质的或其他遥感技术建立各种不同层位裂缝的大体开度。一旦了解了裂缝的开度，不同粒径大小的化合物 A 混合在一起，化合物颗粒的组合将能容易的流入到裂缝中。然后在适度高压下注入到井筒中，以保证进入裂缝系统。整个系统建立平衡。高温层位在几天时间内充分降解注入热降解层位封隔材料化合物。一般的经验法则是，降解达到 50%就足以开始改造过程。假设高温裂缝层位在几天内就能达到这样的降解程度，在浅层低温区域，降解量将不会超过 15%。因此，几天以后，可以开始用高压注入水压裂深部层位，而不会使低温层位的裂缝发生水力剪切。一旦改造完成，系统将达到稳定状态并维持约八个星期，以便浅层的化合物部分降解。如果想要永久封堵某层，需要注入更稳定的热降解层位封隔材料。

提高岩石渗透率是一个扰乱岩石已有的稳定状态的过程。如果不采取方法支撑水力剪切

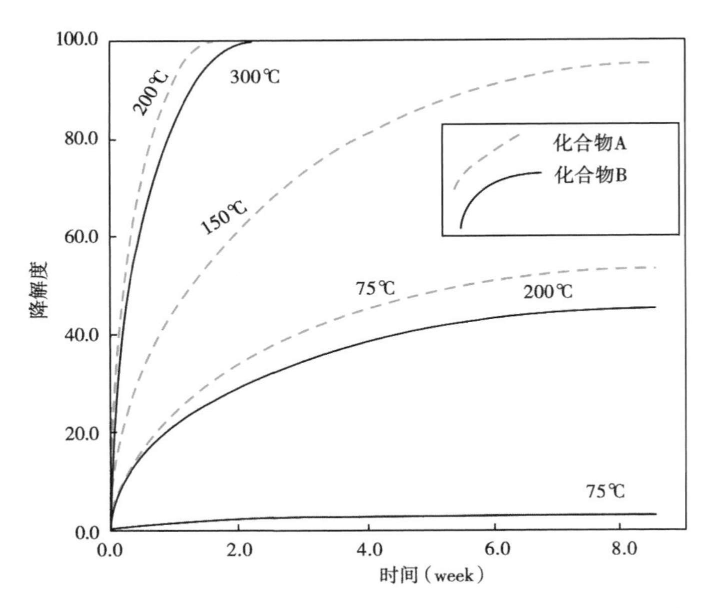

图 13.9　两种热降解层位封隔材料（TZIM）降解度与时间的函数关系

化合物 A 在中等温度下降解速度较快，因此适用于在中低温度下改造系统；化合物 B 是一种更加稳定的热降解层位封隔材料（TZIM），适用于更高的温度

过程中扩大的裂缝的开度，可以想到，一旦卸去高压，裂缝将重新闭合。然而，水力剪切过程中刺激岩石沿着已有裂缝发生剪切破裂。由于裂缝面往往是不规则的、粗糙的，裂缝面之间的相互剪切常常导致裂缝壁面上的岩屑脱落，形成松散的颗粒，填充在裂缝面之间。当改造过程结束，流体压力卸去时，这些岩屑将会支撑裂缝，维持增大后的孔隙度。在石油和天然气行业中，通常的做法是引入水力压裂流体人工支撑剂，比如砂粒或者其他尺寸、硬度经过筛选的材料，来维持系统改造后裂缝的开度。然而，这些化合物在自然系统环境中并不一定是热力学稳定的，随着时间的推移，将会渐渐失效，使得裂缝闭合。人们已经研发了在地下环境中热力学稳定的可用作支撑剂的天然材料。因此，这些天然支撑剂更有可能在增强型地热系统设计的生命周期中长期维持改造后的渗透率。

13.3.5　改造过程监测

当裂缝因脆性破裂产生滑移时，地震能释放。无论滑移量多少，都是如此。如果在改造区域周围的地面不同位置放置检波器，同时在井筒中放置检波器专门监测地震波。可能监测到水力剪切和（或）水力压裂过程裂缝滑移伴随产生的微小的地震波。监测微地震波可以绘制改造层位的形状和位置，利用这一信息，可以对改造过程进行有效管理，保证目标层位被改造，而非目标层位的改造能被发现和纠正，任何意外的地震响应都能监测到。

绘制改造层位是确立生产井钻井靶点的有效手段。一旦绘制了改造区域的总体形状和深度，就可以确定增强型地热系统的布井策略并有效实施，这使得钻井能钻穿最可能的渗透率改造区域。

收集地震数据的额外用处是描绘岩石脆性破裂的机制，当裂缝发生脆性破裂时，裂缝的移动可以是扩张、走滑（仅在水平方向上运动）、倾向走滑、逆走滑，或几种形式组合导致

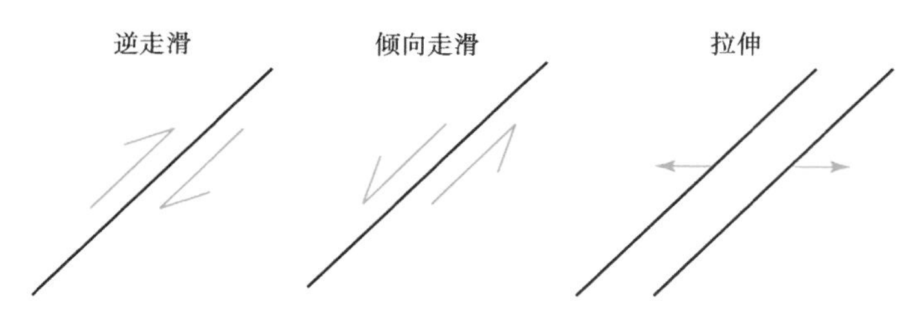

图 13.10 沿裂缝的运动示意图

图中用通过裂缝的垂直切片展示了在逆走滑、倾向滑移和扩展情况下，裂缝的两侧是如何相互移动的。当裂缝的切片向相反方向移入和移出图中表示的垂直平面时，产生纯走滑运动

的斜向滑动。破裂产生的初始移动释放地震能，纵波和横波从破裂点向外传播，它们的方向和极性可以被足够灵敏的检波器探测到。

如果现场部署有足够数量的检波器，并对所有响应检波器中“初始运动”进行详细分析，可以确定滑移的类型和方向。通过绘制改造区域中各种情况下不同的破裂机理的分布。可以推测岩石的应力状态以及滑移面的方向。这些信息对于设计和控制改造工作是很有价值的。这些信息提供了更好的控制能力，极大降低了改造过程中的总体费用。此外，通过获取应力场的状态和方向信息，降低了引发大型地震的风险。

13.4 增强型地热系统的发展历程

20 世纪 70 年代末 80 年代初，FentonHill“干热岩”项目开始尝试发展增强型地热系统，这一项目由洛斯阿拉莫斯国家实验室实施，美国能源部赞助（Smith，1983）。该项目首次进行了深钻、改造、流体注入以生产电力等活动。它证明了压裂岩石建立热循环和交换的概念是可靠的，在这个意义上，这个项目在技术上成功了。但是，一些技术难题阻碍了该项目成为经济可行的成功典范。自那时以来，增强型地热系统项目已受到澳大利亚、法国、德国、日本、瑞典、瑞士、英国和美国的追捧。

目前虽然只有其中的一个项目可以商业化运行，成为电网的一部分（Landau，德国），但先导试验和初始测试作业已在其他几个地方获得了成功。哈瓦那增强型地热系统的发电厂成功完成了先导项目，这个项目位于澳大利亚南部 Innamincka 以南 10km 处。在 2013 年底，这家发电厂在一台按比例缩小的 1MW 的设备上完成了操作测试。同样在 2013 年底，内华达州的 Desert Peak 增强型地热系统项目已经完成了初步的开发和测试。俄勒冈州的 Newberry 火山项目的进度同样如此。在本章后面的“实例研究”部分，还将更详细的讨论 Newberry 火山增强型地热系统。

表 13.2 世界范围内增强型地热系统的位置与特征

位置	年份	深度（m）	产出流体的温度（℃）	流速（L/s）	发电功率（MW）
新墨西哥 Fenton Hill	1972—1996	3600	191	13	—
英国 Resemanowe	1984—1991	2200	70	16	—
法国 La Mayet	1984—1994	800	22	5.2	—
日本 Hijiori	1985—2002	2200	180	2.8	—

续表

位置	年份	深度 (m)	产出流体的温度 (℃)	流速 (L/s)	发电功率 (MW)
法国 Soultz-sous—Forets (Ⅰ)	1987—1995	3800	135	21	—
法国 Soultz-sous—Forets (Ⅱ)	1996 至今	5000	155	25	1.0
德国 Landau	2005 至今	2600	160	76	1.5
澳大利亚 Habanero	2003 至今	4250	212	30	1.5
俄勒冈州 Newberry	2009 至今	3075	290	25	—
内华达州 Desert Peak	2002 至今	1800	200	32~101	—

这些项目的建成，以及之前的那些项目，为推动增强型地热系统实现商业运行进行的细致研究提供了重要的经验教训。

13.4.1 钻井和井下设备

成功完钻一口井的前提条件在第 8 章已经讨论论过，改造一口井的方法在本章前面有关改造过程的部分也已经讨论论过。在增强型地热系统项目所处的高温高压条件下一口井完钻和改造尤其困难。井下传感器、封隔器以及其他电子器件的设备故障常有发生。这是一个重大挑战。井下摄像机和其他光学设备用于改造作业前裂缝的绘制。这些信息对于改造项目的计划和设计是有用的，那些测量井眼形状以及追踪它如何随时间变化的设备可用于确定岩石在地下的应力状态。如果使用定向钻井，需要电子设备或者机械设备确定钻柱的方向和位置，以便于操纵钻头。此外，通常增强型地热系统井眼中所用的钻头和管柱与石油和天然气行业中是一样的，但是钻遇的条件更苛刻。所有的这些问题都强调，需要更多的研究来克服增强型地热系统中可能遇到的温度下的钻井技术挑战。

13.4.2 钻井液

地下经常钻遇高渗透层，钻井液漏失到围岩中，造成冷却钻头及钻杆和携带岩屑的钻井液不能正常循环。正常用于密封这些层位的材料在高温下性能有限。因此难以充分永久的封堵这些层位。

此外，在第 8 章中钻井液部分指出，在深井中正常使用的钻井液在这些井钻遇的高温条件下开始失效。钻井液中的黏土开始脱水，这在第 8 章 Kakkonda 案例中表现得非常明显。此外，自然环境中的化学物质可能与钻井液中的其他化合物反应，改变钻井液的黏度和热力学性质。最后，钻井液中用于提高性能的化学添加剂通常基于浅层低温条件下的经验，在增强型地热系统的高温条件下，添加剂变得不稳定。所有的这些因素会降低钻井液流动性、润滑性和密封能力。

13.5 热储工程

水力压裂改造储层的技术虽然已经成熟，但控制裂缝的特征和裂缝的几何形态依然是一个重要挑战。评估改造过程中裂缝张开的方向与裂缝特征的技术仍需进一步提高。测量高温下地下应力的方向和大小，以及原生裂缝的特征和方向还需要细致研究。改造过程中，通过了解岩石对压力、泵排量和流体性质响应的变化，控制裂缝的延伸速度是十分重要的。毫无疑问，为了实现这些目标的努力目前取得了极大的成功，但要非常确定的实现这些目标目前的技术还是力不从心。尽管岩石破裂力学的科学原理已被深入理解，但精确控制裂缝发育和延伸的技术仍然是一个活跃的研究和发展领域。

在增强型地热系统的高温下，流体将会与新压开的裂缝面发生反应。这种反应传递可能改变裂缝的开度、粗糙度和其他属性。有些改变可能是有利的，比如沿断裂面溶解矿物，这增加了裂缝的开度，或者在表面凸起的地方沉积性质稳定的矿物，从而更加牢固地支撑张开的裂缝。然而，反应传递效应也可能是不利的，比如限制了流体的流动，在流动路径上沉积大量的次生矿物会降低渗透率或是侵蚀形成多余的裂缝。对这些过程建模已变得异常复杂（Clement 等，1998；Xu 和 Pruess，1998，2001；Parkhurst 和 Appelo，1999；Glassley 等，2003；Phanikumar 和 McGuire，2004；Steefel 等，2005；Rinaldi 等，2012），目前已经可以在考虑裂缝性多孔介质中多相流的条件下，非常精细的模拟三维渗流和地质化学过程，模拟结果有助于预测不同性质的注入流体的短期和长期相互作用。采用这种方法，人们建议用二氧化碳而不是水作为热载体以减少化反应（Pruess 和 Azaroual，2006）。

目前，这种建模方法的主要局限在于无法获取原地条件的详细特征，而这正是模拟的基础，代表着实际的裂缝。然而，这种方法有希望提供详细预测地热储层形成过程中孔隙度、渗透率和地球化学以及矿物学性质的演变的能力。

13.6 地热储层的可持续发展

在不受外界干扰时，地热储层代表了地热系统的自然演化过程，其中热传递受传导和对流过程控制。这两种传热机制的平衡反映了当地地热与水文特征。在一些地热系统中，对流流体运动在建立热力系统中起着重要的作用。比如在长谷火山口的地热系统就强烈受到对流传热的影响。在其他系统中，特别是那些考虑发展增强型地热系统的地方，热传导是主要的热传递方式，对流起着次要的作用。当在这些地方建立增强型地热系统后，地热储层被改造，流体在裂缝系统中泵送，对流主导的热传递机制引入到系统中。由于对流传热的速度比原地传导传热的速度快很多倍，因此热被提取的速度将会比热补充的速度快。其面临的挑战是如何最好地管理资源，确保在发电设备设计的生命周期内可以维持电力生产。了解系统恢复所需要的时间也就变得重要，这将为负责任的管理地热资源提供指导。

逼真模拟这些系统的特征需要使用复杂的模拟工具，例如能够考虑流体流动、化学反应、复杂三维裂缝网络中热传递等。前文提到的反应传输模拟工具是实现模拟的最佳手段。然而非计算密集型方法可以用来近似模拟这些系统的形态，也能深入洞察系统的形态和演化。

Gringarten 和 Sauty 在 1975 年就提出了这样一种方法，考虑了温度降从注入井传播到生产井所需的时间。

$$T_b=\frac{(\pi\times\gamma_t\times d^2\times t)}{(3\times\gamma_f\times v)} \tag{13.6}$$

式中 T_b——时间，h；

γ_t——热储库的热容，J/(m^3·K)；

γ_f——流体的热容，$J/(m^3 \cdot K)$；

d——井距，m；

t——地热储层的厚度，m；

v——流速，m^3/d。

这种方法假设地热储层边界上的温度恒定，也不考虑热导率随温度变化。温度下降速度的严格表示需要详细了解流动几何特性、岩石的热容和流动路径上张开的表面积。这种方法给出了达到给定温度降所需时间的大概指示。

图 13.11 显示了温度变化 10℃时的计算结果。井距和流速对达到给定的温度降都有重要影响。在这个特定的算例中，如果假定发电设备的寿命是 30 年，当井距大于 500m 时，合理的流速可以维持（<80kg/s，大约相当于 $280m^3/h$）。如果井距缩小，那么流量也可以减小。

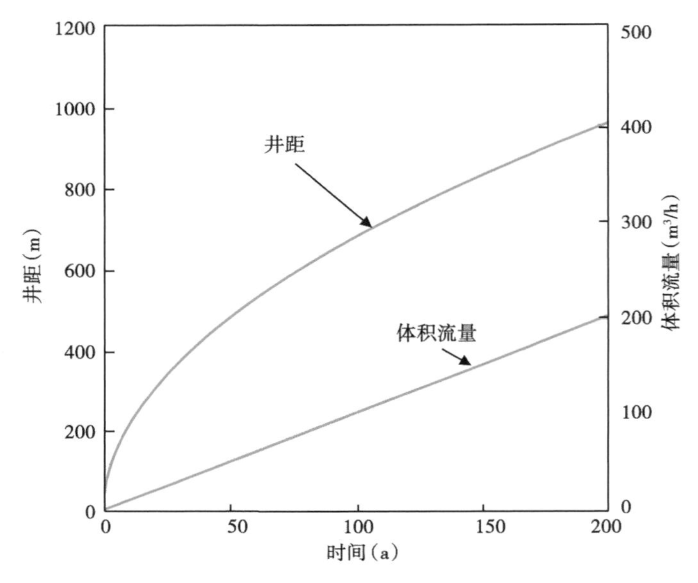

图 13.11　到达 10℃温度降所需要的时间与注入井和生产井之间的井距以及体积流量的函数关系
两条曲线都是在假设孔隙度小于 0.001，岩石热容为 $2.7 \times 10^6 J/(m^3 \cdot K)$，流体的热容为 $4.18 \times 10^6 J/(m^3 \cdot K)$ 地热储层的厚度为 25m 的条件下计算的。井距在假设体积流量恒定在 $88m^3/h$ 条件下计算的，体积流量是在假设井距固定为 500m 情况下计算的

地热恢复耗用的时间强调了这些注意事项的重要性。对流传热与传导传热的速度之比为

$$\frac{Q_{cv}}{Q_{cd}} = \frac{h \cdot A \cdot dT}{k \cdot A \cdot dT/dx} \tag{13.7}$$

流体流经裂缝时的对流传热系数难以很好的表征，当在几百到 $1000J/(s \cdot m^2 \cdot k)$ 范围之间，而热导率小于 $10J/(s \cdot m \cdot k)$。假设这些系数取中值并假设地温梯度只存在于裂缝面周围，作用距离小于 10m，基于这些假设的结果为（单位统一以后）

$$\frac{Q_{cv}}{Q_{cd}} = \frac{300J/(s \cdot m)}{5J/(s \cdot m)} = 60$$

这一结果表明，在裂缝的周围，通过与围岩的对流换热补充提取的热量要花费比提取热

量长得多的时间。准确估算整个增强型地热系统恢复时间是一个复杂的问题（Elsworth，1989，1990），若没有有关流动路径的几何形态、热容以及相关材料和当热率流的热导率的详细信息是不可能的。然而，基于这些参数和增强型地热系统改造区域几何形状的合理假设，Prichett（1998）和 Tester 等（2006）已指出恢复 90%的热量所花的时间大约是运行时间的三倍。

这一结果说明有两种运营方案，一种方案是运行增强型地热系统 30 年然后闲置 100 年。最初已经部署的井可以用比原来钻井时低得多的费用恢复生产，整个系统就可以重启。另一个方案，也是对电力生产干扰更小的方案，是使用大位移井开发发电所需面积 3~5 倍的区域，然后，不同的井定期但是在有限的时间内有条不紊的循环生产流体，保证运营以不间断的方式持续 100 年甚至更长的时间。

13.7 小结

自 20 世纪 50 年代以来，地热系统发电技术进步显著。使用地热能资源进行电力生产已经成为一个全球行业。自那时起，地热发电行业就一直在稳步增长。即使如此，更大规模的地热资源还尚待开发。这些就是地球上随地都有的 250℃或更高温度的地热资源。尽管这些资源埋藏深度各不相同，但一般在 3~10km 深度之间。这个无处不在的地热储层是巨大的，保守估计这个资源的量级是地球上各个国家能源总需求的几千倍。然而获取这些资源目前还是一个技术难题，因为这样的系统通常缺乏足够的渗透性和足够流体，改造天然地热储层的渗透率是必需的。这就引出了增强型地热系统的概念。一个可持续利用的增强型地热系统必备的特征是改造区的体积达到几立方千米，其中的裂缝网络足以维持 50kg/s 的流量 30 年。改造区的位置和方向必须充分刻画以保证它能成为生产井钻井的目标区。流速必须与裂缝网络的实际渗透率相匹配以保证资源可持续。实现目标刻画已经取得了显著进展，但更多的工作还需要做。目前的研究和研发工作以及项目显示了这种技术的可行性。这些工作的成功表明，用于发电的增强型地热系统将在接下来的 10~15 年成为常规部署。

13.8 案例分析：Newberry 火山增强型地热系统

Newberry 火山位于俄勒冈州中部，在喀斯喀特（Cascacle）山脉东部（图 13.12）。与喀斯喀特地区其他的成层火山不同，Newberry 火山是一座巨大的盾状火山，占地面积 $3100km^2$（与美国罗德岛的面积相当），它首次喷发大约在 400000 年以前，大约 75000 年前，它经历了一场灾难性的火山喷发，这场喷发导致火山体崩塌，并形成了两座火山口湖。它最后一次喷发是在约 1300 年前，因此，它应该归为活火山（Bard 等，2013）。温泉的存在以及最近的火山活动使得 Newberry 火山成为地热勘探最早关注的地区。

Newberry 火山附近详细地热勘探开始于 1994 年，当时该地区打了很多探井。尽管最初的结果是不确定的，但有足够的迹象表明，地热潜力值得继续勘探。到 2012 年，已钻了将近 24 口探井和地温梯度井，完钻深度在 396m（1300ft）和 3536m（11600ft）之间。55-29 井的完钻深度 3066m（10060ft），温度超过 316℃（600 ℉），展示了增强型地热系统示范井的前景。

增强型地热系统示范项目的早期工作包括收集有关井和潜在热储库特性的数据。采用井

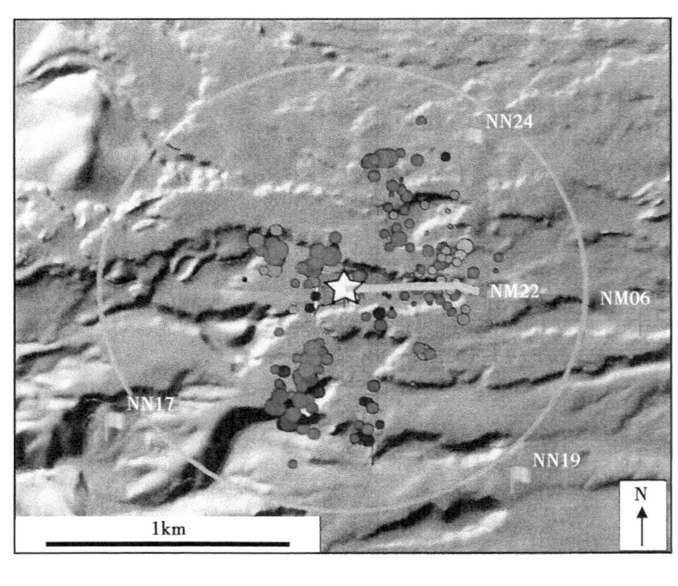

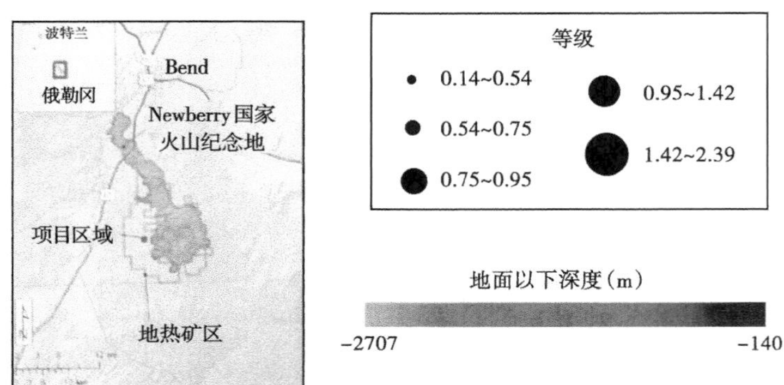

图 13.12 俄勒冈州 Newberry 增强型地热系统（据 Cladouhos，2013）

上图标注了井口的位置（星号）、井轨迹（淡蓝色线）和微地震波的位置（深度和大小用色标和等级图标示）

下电视、激光雷达制作的深度图、微地震数据等综合手段，编辑了该地区局部裂缝、断层应力和地震活动的特征（Cladouhos 等，2011a，2011b），对岩心样品和岩屑也做了矿物学、蚀变、裂缝性能和岩石强度测试。

这些研究确定以正北方向为 0°时，最小水平应力的方向约为 95°，与天然裂缝和断层指示的方向一致，正断层是主控变形模式，断层面的延伸方向为近南北方向。

改造过程中部署了 7 个地面检波器和 8 个井下检波器来监测地震波。通过绘制改造过程中地震波的位置，将有可能描绘改造区的几何形状。此外，对初始变形的研究也能确定破裂机理（拉伸、剪切等）。一个强大的运动传感器被用来记录地面震动。这一系统能够在改造作业启动之前的两个月内检测三次自然地震波，这两个月的自然背景地震波的数据样本虽不能确定自然地震波的常年水平，但是确定了该地区的确受自然地震活动的影响。

2012 年 10 月 17 日开始注入，注入不仅用于水力剪切改造储层，也用于确定系统的特性。2012 年 12 月 12 日注入结束（Cladouhos 等，2013；Petty 等，2013）。图 13.6 记录了改造作业启动后，两个测量时间段内井筒温度的变化。

改造作业分三个阶段进行。第一阶段（10 月 17 日至 11 月 25 日）在高压下仅注入纯水。第二阶段和第三阶段在特定时间段内注入热降解层位封隔材料，具体为第二阶段在 11 月 25 日和 28 日，第三阶段在 12 月 3 日和 4 日。

改造作业第二阶段获得数据展示在图 13.12 和图 13.13 中。图 13.13 下图是改造作业中观测到的井口压力变化的几种不同模式。首先，压力在相对长的时间段（小时）内保持恒定值。在这段时间内，监视岩石的动态和其他活动，比如向井中注入热降解层位封隔材料。这些恒压段细分为非常小的时间段，在小的时间段内压力从一个值改变为另一个值。比如，长时间的低压值（第一天约 3.6MPa）改变为高压值（第二天约 9.5MPa）。在这两段时间内均有热降解层位封隔材料注入（上图）。

图 13.13 下图中还显示了水向井中的注入速度（每秒几升）。这一参数很重要，因为它可以衡量渗透率的变化。举例来说，如果在给定的压力下，注入速度保持恒定，则意味着水将以恒定的速度流出井筒，这是由渗透率控制的。如果在恒定压力下，注入速度在增加，这就表明水流出井筒的速度在增加，也就是渗透率在增加。注入速度与压力的比值被称为吸水指数，并绘制在图 13.13 的上图。注意，改造作业启动时，吸水指数接近于零。

改造作业第二阶段开始时，吸水指数约为 1.25L/s/(s·MPa)（图 13.13）。在改造作业第二阶段结束时，吸水指数几乎增加了一倍至 2.25L/(S/MPa)。吸水指数的增加主要由于两点。一是改造初期热降解层位封隔材料注入。它临时封堵了所有的层段，但是由于材料的热稳定性，改造过程中，只有浅层一直封堵。随着深层热降解层位封隔材料降解，水利剪切

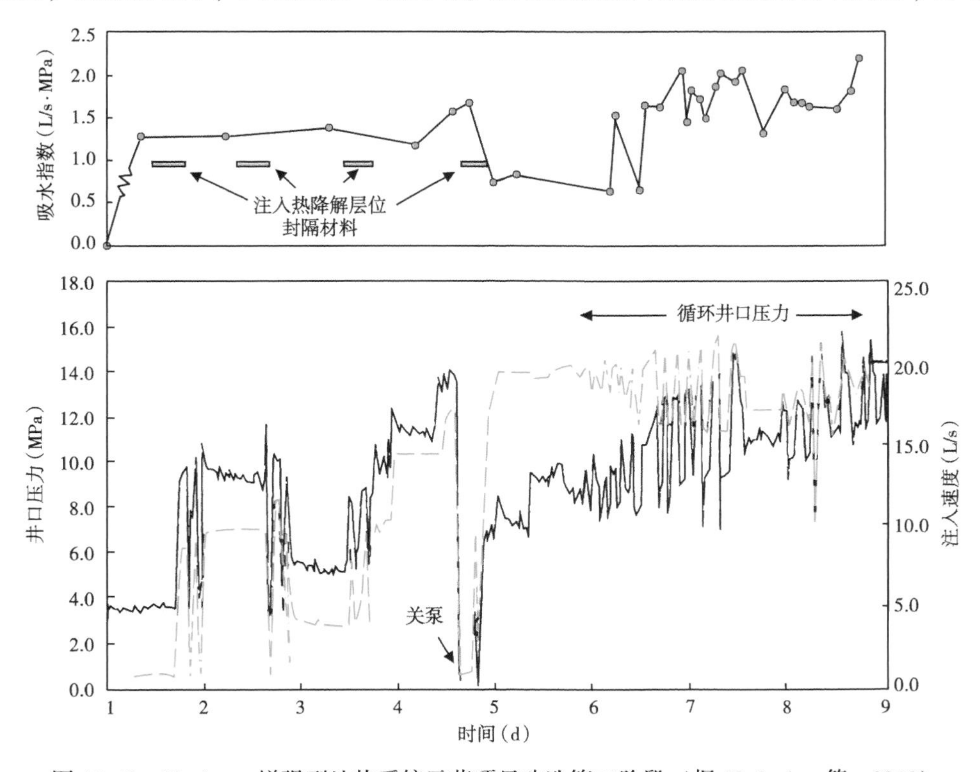

图 13.13　Newberry 增强型地热系统示范项目改造第二阶段（据 Cladouhos 等，2013）

下部是每日井口压力（向井中注入能量的度量）和注入速度的变化（水通过井下渗透性流出速率的度量）。图中还显示了压力循环升降改造井的阶段。上部图片显示的是吸水指数和热降解层位封堵材料（TZIM）注入时间段

连通裂缝，吸水指数的增加导致压力在 11～15MPa 之间循环升降，表明深部裂缝的渗透率稳步提高。

在七周的改造过程中，总共注入了 41000m^3。渗透率的计算变化量从改造之前的 $10^{-17}m^2$（0.01mD）的极低值增加到改造第三阶段结束后的 $3.2\times10^{-15}m^2$（3.27mD）（Cladouhos 等，2013）。

在改造过程中，记录到 179 次微地震波。地震波（图 13.12 和图 13.14）显示，在改造过程中，两个区域地震低水平活跃。一个区域在浅层，在整个地区分散分布。这个区域可能与流体从套管中漏失相关，与深部的地热资源的改造无关（Cladouhos 等，2013）。第二个地震活跃的区域主要位于 2500m 深度以下，井周围 200m 范围内，这个区域是增强型地热系统的目标区域。地震波的范围显示改造区域的范围约为 1.5km，并在北东—南西方向延伸。

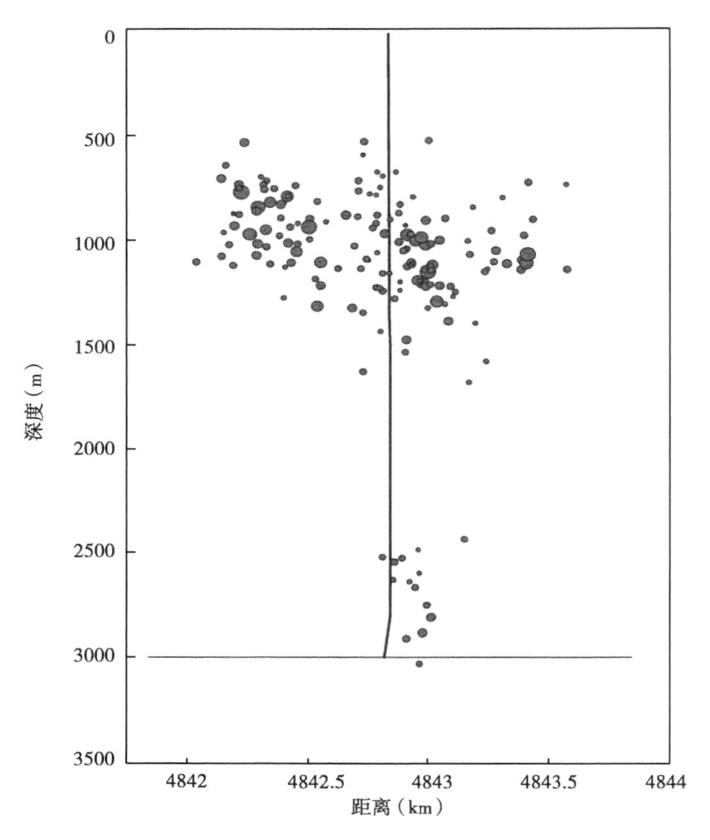

图 13.14　Newberry 地区近南北向剖面图

圆圈代表微地震波发生的位置，微地震波的大小由圆圈大小表示。注意上部层位和下部改造层位的微地震波

截止本书出版时，Newberry 火山的增强型地热系统的工作正在进行，总的吸水指数达到约 4.7L/(s · MPa)，这对增强型地热系统是足够的。未来进一步的测试和改造过程正在计划中。

问　题

（1）增强型地热系统与常规水力地热系统的不同在什么地方？

（2）增强型地热系统的优势是什么？

（3）描述水力剪切和水力压裂物理过程的不同点，水力剪切比水力压裂的优势在哪儿？

（4）参考图 13.1，哪个地区具有最大面积的浅层高温地热资源，它的地质背景和特点是什么？

（5）图 13.4 中，在深度为 10km 处，温度变化范围很大，你将采用什么方法确定某个特定地点在 10km 深度处的温度？

（6）根据图 9.5，如果砂岩所受的围压为 500MPa，需要多大的流体压力作用于此才能实现水力压裂？

（7）控制地震活动的因素是什么？造成 5 级地震的破裂面积需要多大？

（8）参考图 13.9，在改造作业中，温度介于 150～250℃之间时，化合物 A 是否是一种合适的临时层位封堵材料？为什么？

（9）潜在的增强型地热系统资源量巨大，如果你是一位投资人，你会用什么样的标准决定在哪儿首先运用这项技术？为什么？

（10）在增强型地热系统面临的主要挑战中，你认为哪个是最容易克服的？哪个是最难以克服的？为什么？

（11）如果你要开发一增强型地热系统，寿命为 60 年，你会安排什么样的钻井程序来确保设备能持续运转这么多年？

（12）什么样的地热储层管理策略能够减少恢复地热储层被提取热量的时间？用公式（13.6）对你的论断进行量化。

（13）温度降从注入井传播到生产井的时间对地热资源可持续发展具有重要影响，利用公式（13.5），说明地热储层的几何形状和井距是如何影响温度突破的。

参考文献

Armstead, H. C. H. and Tester, J. W., 1987. *Heat Mining*. London: Chapman & Hall, 400 pp.

Bard, J. A., Joseph, A., Ramsy, D. W., MacLeod, N. S., Sherrod, D. R., Chitwood, L. A., and Jensen, R. A., 2013. Database for the geologic map of Newberry Volcano, Deschutes, Klamath, and Lake Counties Oregon. *U. S. Geological Survey Data Series* 771. http://pubs.er.usgs.gov/publication/ds771.

Baria, R., Jung, R., Tischner, T., Nicholls, J., Michelet, S., Sanjuan, B., Soma, N., Asanuma, H., Dyer, B., and Garnish, J., 2006. Creation of an HDR reservoir at 5000 m depth at the European HDR project. *Proceedings of the 31st Workshop on Geothermal Reservoir Engineering*, Stanford University, Stanford, CA, SGP-TR-179, January 30-February 1. p. 8.

Cladouhos, T. T., Clyne, M., Nichols, M., Petty, S., Osborn, W. L., and Nofziger, L., 2011b. Newberry Volcano EGS demonstration stimulation modeling. *Geothermal Resources Council Transactions*, 35, 317-322.

Cladouhos, T. T., Petty, S., Callahan, O., Osborn, W. L., Hickman, S., and Davatzes, N., 2011a. The role of stress modeling in stimulation planning at the Newberry Volcano EGS demonstration project. *Proceedings of the 36th Workshop on Geothermal Reservoir Engineering*, Stanford University, Stanford, CA, January 31-February 02, SGPTR-1191, 630-637.

Cladouhos, T. T., Petty, S., Larson, B., Iovenitti, J., Livesay, B., and Baria, R., 2009. Toward more efficient heat mining: A planned enhanced geothermal system demonstration pro-

ject. Geothermal Resources Council Transactions, 33, 165-170.

Cladouhos, T. T., Petty, S., Nordin, Y., Moore, M., Grasso, K., Uddenberg, M., and Swyer, M. W., 2013. Stimulation results from the Newberry Volcano EGS demonstration. *Geothermal Resources Council Transactions*, 37, 133-140.

Clement, T. P., Sun, Y., Hooker, B. S., and Petersen, J. N., 1998. Modeling multispecies reactive transport in ground water. *Ground Water Monitoring and Remediation*, 18, 79-92.

Elsworth, D., 1989. Theory of thermal recovery from a spherically stimulated HDR reservoir. *Journal of Geophysical Research*, 94, 1927-1934.

Elsworth, D., 1990. A comparative evaluation of the parallel flow and spherical reservoir models of HDR geothermal systems. *Journal of Volcanology and Geothermal Research*, 44, 283-293.

Erbas, K., Dannowski, G., and Schrötter, J., 1999. Reproduzierbarkeit und Auflösungsvermögen faseroptischer Temperaturmessungen für Bohrlochanwendungen—Untersuchungen in der Klimakammer des GFZ. Scientific Technical Report STR 99/19, Geo Forschungs Zentrum, Potsdam, Germany 54 pp.

Glassley, W. E., Nitao, J. J., and Grant, C. W., 2003. Three-dimensional spatial variability of chemical properties around a monitored waste emplacement tunnel. *Journal of Contaminant Hydrology*, 62-63, 495-507. 305 Enhanced Geothermal Systems Gringarten, A. C. and Sauty, J. P., 1975. A theoretical study of heat extraction from aquifers with uniform regional flow. *Journal of Geophysical Research*, 80, 4956-4962.

Henninges, J., Zimmermann, G., Buttner, G., Schrötter, J., Erbas, K., and Huenges, E., 2003. Fibre-optic temperature measurements in boreholes. *The 7th FKPE Workshop "Bohrlochgeophysik,"* und *Gesteinsphysik,"* GeoZentrum Hannover, Germany, October 23-24.

Parkhurst, D. L. and Appelo, C. A. J., 1999. Users' guide to PHREEQC (Version 2). US Geological Survey Water Resources Investigations Report 99-4259. U. S. Geological Survey, Denver, CO.

Petty, S., Nordin, Y., Glassley, W., Cladouhos, T. T., and Swyer, M., 2013. Improving geothermal project economics with multi-zone stimulation: Results from the Newberry Volcano EGS demonstration. *Proceedings of the 38th Workshop on Geothermal Reservoir Engineering*, Stanford University, Stanford, CA, SGP-TR-198, p. 8.

Phanikumar, M. S. and McGuire, J. T., 2004. A 3D partial-equilibrium model to simulate coupled hydrological, microbiological, and geochemical processes in subsurface systems. *Geophysical Research Letters*, 31, L11503, 1-4.

Pritchett, J. W., 1998. Modeling post-abandonment electrical capacity recovery for a two-phase geothermal reservoir. *Geothermal Resources Council Transactions*, 22, 521-528.

Pruess, K. and Azaroual, M., 2006. On the feasibility of using supercritical CO2 as heat transmission fluid in an engineered hot dry rock geothermal system. *Proceedings of the 31st Workshop on Geothermal Reservoir Engineering*, Stanford University, Stanford, CA, January 30-February 1.

Rinaldi, A. P., Rutqvist, J., and Sonnenthal, E. L., 2012. TOUGH-FLAC coupled THM modeling of proposed stimulation at the Newberry Volcano EGS Demonstration. *Proceedings of the Tough Symposium*, Berkeley, CA, September 17-16.

Smith, M. C., 1983. A history of hot dry rock geothermal energy systems. *Journal of Volcanology and Geothermal Research*, 15, 1–20.

Steefel, C. I., DePaolo, D. J., and Lichtner, P. C., 2005. Reactive transport modeling: An essential tool and a new research approach for Earth sciences. *Earthy and Planetary Science Letters*, 240, 539–558.

Tester, J. W., Anderson, B. J., Batchelor, A. S., Blackwell, D. D., DiPippio, R., Drake, E. M., Garnish, J. et al., 2006. *The Future of Geothermal Energy*. Cambridge, MA: MIT Press. 372 pp.

Wyborn, D., 2011. Hydraulic stimulation of the Habanero Enhanced Geothermal System (EGS), South Australia. 5th British Columbia Unconventional Gas Technical Forum, Victoria, Canada, April 5–6.

Xu, T. and Pruess, K., 1998. Coupled modeling of non–isothermal multiphase flow, solute transport and reactive chemistry in porous and fractured media. 1. Model development and validation. Lawrence Berkeley National Laboratory Report LBNL–42050. Lawrence Berkeley National Laboratory, Berkeley, CA, 38 pp.

Xu, T. and Pruess, K., 2001. Modeling multi–phase non–isothermal fluid flow and reactive transport in variably saturated fractured rocks. 1. Methodology. *American Journal of Science*, 301, 16–33.

第 14 章　地热资源利用的经济因素

地热资源利用的经济性取决于许多因素，其中每一个因素又取决于应用的类型。例如，无论是从地热能的直接利用或是到发电，热泵装置面临着许多市场的挑战。这些差异反映了项目在规模、技术特点和现状以及客户基础、竞争环境、政策和监管环境上的不同。本章重点是在宏观上考虑影响地热发电的经济可行性。相对于其他多种技术，尤其注重了用于评估市场上竞争地位的技术指标和标准，本章的目的是提供一个观点分析地热发电成本高低，并与其他替代能源相比较。前文已经详细阐述多种类型地热应用的技术原理，本章将不会具体讨论各技术类型的经济性，本章的最后将会讨论若在经济上成功实现某一地热项目，则需要哪些步骤。

14.1　地热发电的经济效益

电力生产要求设施的建造和运行的前提是在当地市场状况经济可行的条件下运行。当开发一个地热能生产设施时，影响经济可行性的关键因素如下：

（1）前期资本成本；

（2）运行费用；

（3）设施寿命；

（4）燃料费用；

（5）电力生产的平均速度。

若让设施在发电市场具有竞争力，则这些因素在一起考虑时，必须考虑市场能接受的电力成本。本章的其余部分讨论这几个因素。

现今已有许多方式可以对这种电力成本进行评估。采取的方法原则是，在对比电力实际成本时能够以一种客观、一致的方式。结果选取的衡量标准是成本/输出功耗的比值，使用的单位是 $/(kW · h)，称为电力平准化成本（LCOE）。除了上面提到的方法，也提出了一些其他方法，其中的一些方法考虑电力生产的环境后果，或能源投资返回的能源（EROEI）以及生命周期分析。这些将在“其他经济模式”这一章进行讨论。就目前而言，仅考虑那些 LCOE 可以计算的原因。

14.1.1　与地热能相关的前期投资成本

地热能生产面临的艰巨任务是如何在地下数百到数千米深处寻找高温储层。除此之外，这些储层还需要一定渗透性，能够在一定持续时间内，让流体通过的速度为每秒数十至数百升。这些工作非常艰巨而且耗费大量时间。

在确定一个潜力点后，紧跟着需要钻井来评估该点位储层的实际生产潜力。如果可行的话，一个发电设备也必须建造并接入当地电网。很多研究人员已做过如下研究，在建立一地热电站时，这些不同成本因素的相对比例如何纳入总成本。Cross 和 Freeman（2009）最近的一项分析表明，开发地热系统的成本分布如下：

首次勘探（约 1%）；

许可证、勘探井（约 15%）；

生产井和注入井（约 35%）；

设施建设和传输（约 49%）。

然而，开发成本的变化范围较大，这取决于所谓“绿地”的开发程度和该资源的质量。绿地是以前没有被勘探和开发的。

建立一项地热设施的总成本，从最初的勘探到最终电力生产，范围从 1500 $/kW 至远超过 7000 $/kW，这取决于资源温度、当地的地质条件、生产井钻探成功率、当地的基础设施以及之前的开发程度。整个项目成本的另一个变量是项目开发时该国家的经济状况——一个给定大小的电厂成本能有两倍的差异，这取决于工厂是位于中美洲还是亚洲、北美或者欧洲（IRENA，2013）。

如图 14.1 所示，资源的温度影响了发电设施的成本。这反映了一个事实，即随着资源的温度下降，对一个动力涡轮机的工程属性要求更高，因为效率是发电过程中 ΔT 的直接函数。

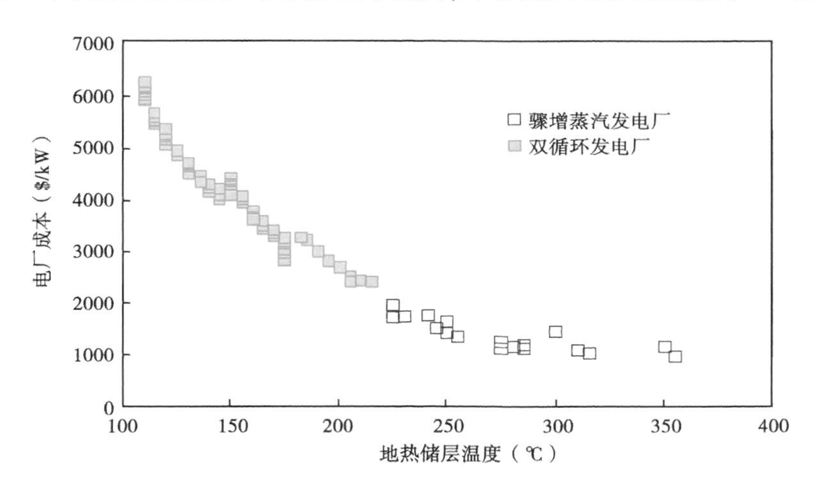

图 14.1　电厂的成本和地热储层温度之间的关系（据 NREL，2012）

图中分别表示了双循环发电厂和骤增蒸汽发电厂的成本

14.1.2　容量因子

在一般情况下，一个发电设备将某种形式的能量（动能、热能和核能）转换成电力。每个转换技术都有一些特性，其决定了发电设施的效率、大小等。其中的一个特性被称为容量因子。

任一转换技术的容量因子是一种能量的比值，分子是该技术在给定时间内输出的能量，分母是该技术在整个时间段最大功率输出的能量。

$$c_{\mathrm{f}}=\frac{p_{\text{realized}}}{p_{\text{ideal}}} \tag{14.1}$$

式中　c_{f}——容量因子，取值范围 0～1；

P_{realized}——在给定时间内实际输出能量；

P_{ideal}——发电设备在整个时间段内最大功率输出的能量。

通过 c_F 乘以100，可以将容量因子转换为百分数。容量因子是基于许多不同电厂生产的历史经验。因此，容量因子受地方和区域的物理和经济因素影响变化较大，即使同一设施的性能也会同经验值存在差别。容量因子用来指示已安装的转换技术的发电量，与已安装的发电设施的额定发电量的紧密程度。对于特定的转化技术，容量因子为0.9（或90%）表明，随着时间推移，该技术的性能可能会达到额定输出功率90%。表14.1列出了多种转换技术的容量因子（百分比值），并在图14.2中也绘制出。

表14.1　多种发电技术的容量因子

发电技术	容量因子（%）
二次地热	95
闪蒸发电	93
生物质燃烧	85
生物质—IGCC	85
核能	85
煤—IGCC	60
小规模水电	52
溪岸风电	34
太阳能—抛物槽	27
太阳能光伏发电	22
波浪	15

注：IGCC—整体煤气化联合循环。

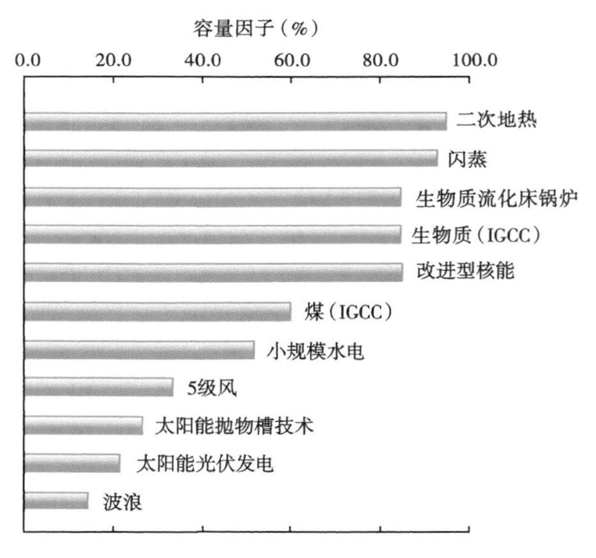

图14.2　不同转换技术的容量因子

无论是二次地热发电，还是闪蒸发电，地热能发电的容量因子是所有能量转换技术中最高的。在几个因素共同作用下，使地热能发电性能显著。一个因素是地热发电不需要燃料循环，也就没有必要调整燃料供应输出和关注燃料价格波动，没有必要减少或消除在添加燃料过程中的电力生产（如核电所需的），或根据燃料质量来调整性能。

影响地热发电容量因子的另一个重要因素是显而易见的，即地下的热量源源不断地可用。这就和风能及太阳能等可再生能源技术存在不同，因为天气变化和昼夜交替使上述技术产生能量变化。这使得地热发电设施不停运转，致使其接近理论上的最大功率输出能力。

上述因素就是地热发电历来被认为是一个基荷资源的主要原因。基本负载功率是可以固定地维持电力在一恒定的功率。因为它不会受到由外部如天气、昼夜周期或其他因素间歇性影响，可以在一可预测及可靠水平下无限运转且不会中断。最近的技术进步也使得地热发电更加灵活，允许其遵循于已经存在电网的负载需求。

致使地热发电保持在高容量因子的另一个因素是，地热发电厂在相对温和的温度（<350℃）和压力条件下运行。而化石燃料的发电厂必须在超过 2000℃ 的温度下工作。核电厂会产生一个较强辐射的环境。由于地热发电厂可在适度的物理条件下运行，设备所需材料要求也相对较低，可使运行寿命更长和维护工作减少。

致使地热发电厂容量因子无法实现 1.0（即 100%）的一个因素是附加载荷。附加载荷是利用部分发电电能为保障发电设备运作提供支持。例如，为了生产流体输送到涡轮机，以及把再注入流体泵入地下，都需要额外电能维持泵运行。此负载及与设施运行和维护（O&M）相关的消耗减少了供给到电网的发电量。其结果是，电能在非终端用户的损耗占了大约 10%~20%，具体取决于资源的特性。正是这些因素的组合，使得地热发电设备可以实现能达到的较高的容量因子。

14.1.3 平准化成本

制订投资策略、激励政策和预算中至关重要的一点，是比较采用不同的转化技术时发电的成本。这样做的一个标准方法就是通过平准化成本分析。发电平准化成本是指在发电转换技术的设施收支平衡时，通过转换技术产生的电力应该出售的最小成本。平准化成本考虑到建设设施费用、融资、经营成本、维护成本、燃料成本以及设施操作和电力生产的周期时间。这样的分析也包括已实施的政策、税款奖励以及归于技术原因的收益支出。但是，为了比较更加准确和合理，单一因素分析必须在比较不同的转化技术时使用。由于政府经营设施、私人投资设施和商业企业有不同的税收结构、激励机制和定价控制，一个平准化的成本分析来比较同一金融环境中运作的企业非常重要。

已经提出多种公式计算平准化成本。一个计算平准化成本的公式如下：

$$\mathrm{LCOE} = \frac{\sum\left[(I_t + M_t + F_t)/(1+r)^t\right]}{\sum\left[E_t/(1+r)^t\right]} \tag{14.2}$$

式中 I_t——在 t 年的透支支出；

M_t——在 t 年的运营和维护费用；

F_t——在 t 年的燃料开支；

E_t——在 t 年的发电量；

r——贴现率。

求和从 $t=1\cdots n$，其中 n 是发电系统的寿命（IRENA，2013）。显然，地热发电的重要优势，即非常低的平准化成本原因之一是，燃料支出是 0 及发电的量非常高的（容量因子大于 80%）。图 14.3 显示了不同转换技术的平准化成本，由国际可再生能源机构 2012 年编制

（IRENA，2013）。

从图 14.3 反映出重要一点，即生物质能、地热能、水电和风能转化技术具有相对较低的平准化成本。如上所述，这反映了一系列技术作用下地热能量可以低成本产生电量。这些因素具有零燃料循环、相当高的容量因子、很低维护和操作的成本等特征。风能的平准化成本也比较低，尽管容量因子较低，但其初始资本支出较低，而且没有燃料成本。与传统化石燃料能源系统相比，所有这些可再生的能源技术具有强劲的竞争力。单就这一点来说，在经济上没有理由忽视这些可再生能源技术。

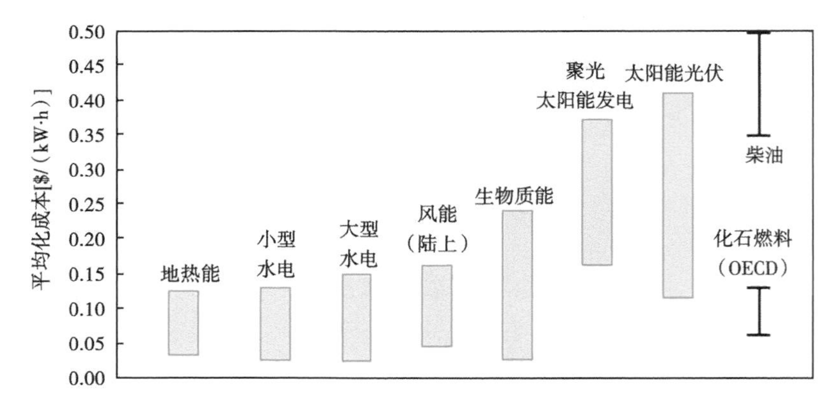

图 14.3 各种可再生能源转换技术的平准化成本（据 IREIVA，2013）

数据反映全球范围内变化，为了进行比较，柴油和其他化石燃料的技术平准化成本也表示出来

图 14.4 提供了容量因子与平准化成本之间关系的复合图。图中清楚表明容量因子和平准化成本存在范围广泛，然而，容量因子最高的转换技术一直具有最低的平准化成本。而

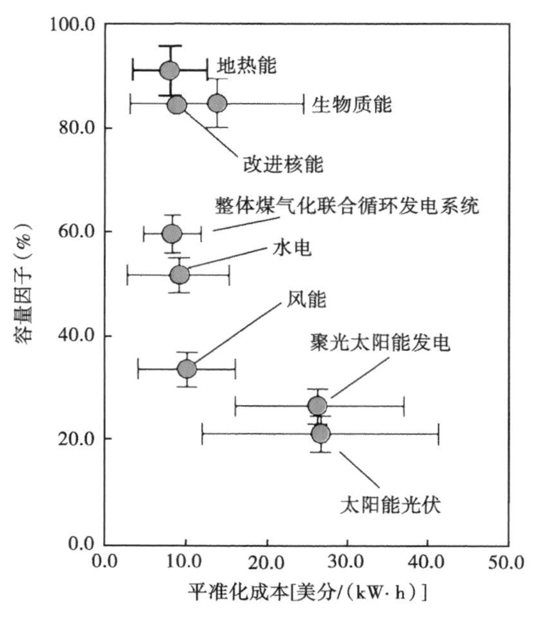

图 14.4 同一转换技术的容量因子和平准化成本的比较

如图 14.2 和图 14.3 所示

且，图中明显看出单一容量因子不是平准化成本的良好指标。

如上所述，平准化成本受一系列因素影响，反映市场现状及该技术的性能。研究和开发工作的影响效率转换技术或冲击的发电成本将改变平准化成本。虽然预测具体的研究和发展成果是不可能的，然而回顾分析各种技术的发展来预测未来的表现是有指导意义的。可用类似的方法来分析投资与绩效之间的关系以评估某个技术将来在市场上表现。

14.2 地热投资的经济效益

14.2.1 技术革命和“S”曲线

某个技术的投资回报和技术是否成熟之间关系是复杂的。尽管多种因素影响这种关系，然而前人（Ayres，1994）已反复证明这种关系是一种常规模式，被称为经验曲线，或是一种更新的、更优化的模式——S曲线（Schilling和Esmundo，2009）。这种模式的理想化模型如图14.5所示。

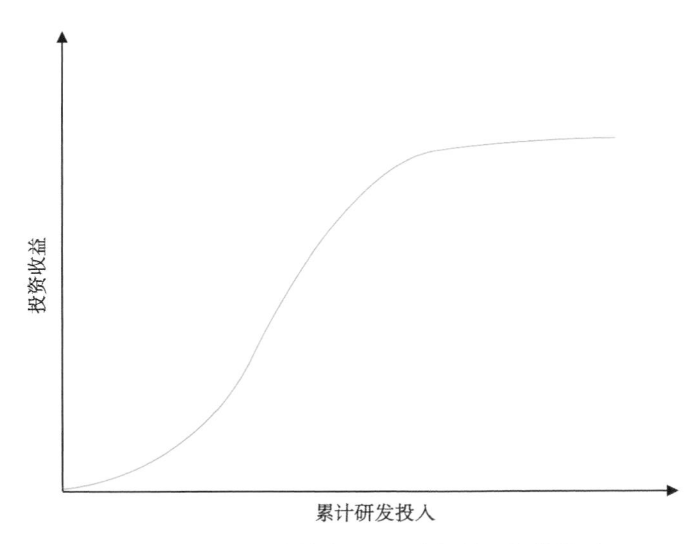

图14.5 表示一个技术“S”曲线的理想化模型

曲线的形式描述了该技术与研究和开发投资的响应关系。在一般情况下，一个技术的早期阶段进展缓慢，要求对投资绩效和投资回报进行调整，需要相对较高的投资。随着技术的发展，经验教训可以将投资引向那些能够最大限度提高绩效的研发挑战。其结果是曲线的斜率变得更陡，反映了在该开发阶段，一个相对较小的投资，在技术性能上却能有比较大的改善和丰厚的投资回报。一旦技术达到较成熟水平，相对于研发上的投资，技术性能上的提高就会降低。

在多种方法中，这个简单的技术演化模型可能并不合适某种特定技术。在某些情况下，之前并未发现的过程可能适用于该技术，为技术性能改进提供了新的投资途径。在某些情况下，一个新的市场利基的发现需要更多研发的投入。随着材料的发展，新的生产工艺或新材料进入市场，使性能有意想不到的改善。所有这些事件都可以改变曲线演化形式。然而，作为一般模型来理解本领域的现有状态，及一种手段预测该技术的未来，“S”曲线分析是很有指导意义的。

14.2.2 预计能源成本

图 14.6 绘制的成本，主要反映 1980 年至 2005 年间用于地热发电运维费用（Schilling 和 Esmundo，2009）。每年的上下值被用来定义一个范围，如图中阴影。指数曲线拟合数据的上限和下限，并绘制成的平滑曲线。图中还显示了 2013 年美国能源部能源效率和可再生能源办公室报告的运行维护成本。为了方便对比，化石燃料能源的生产成本也用不同图案表示。需要注意的是，最新的化石燃料发电成本与 2013 年地热能源的成本有直接的可比性，因为这些成本完全是基于运行维护成本和燃料成本。这些对比表明，该地热产生的能量可与化石燃料技术直接比较。事实上，地热发电的成本一般比化石燃料发电的少。

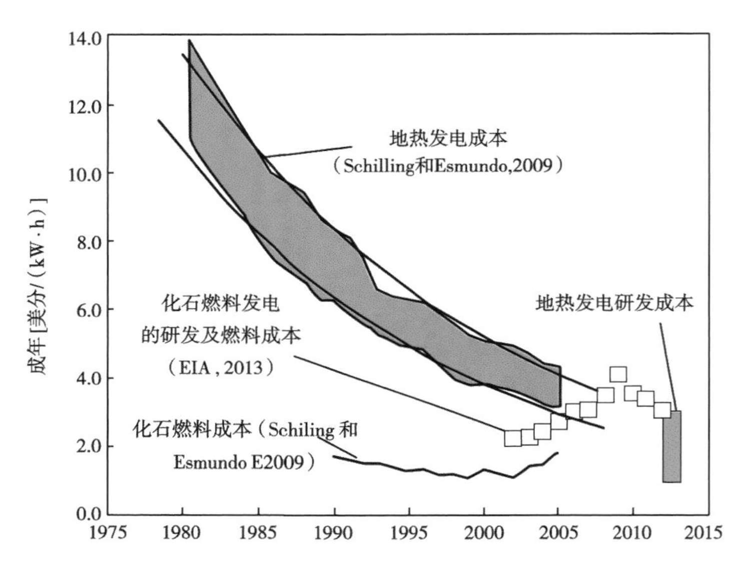

图 14.6 1980—2005 年间地热发电成本（据 Schilling 和 Esmundo，2009）

该图还表示了 2012 年地热发电的运行与维护成本。为了便于比较，展示了利用化石燃料的发电成本。代表化石燃料的实线表示每种化石燃料的比例及其能量含量下燃料成本的加权平均。方框表示蒸汽火力发电厂的发电成本（研发和燃料成本），由美国能源信息署报告

图 14.7 表示地热能源技术的“S”曲线。数据点来源于 Schilling 和 Esmundo（2009）。带箭头的实线和虚线是根据这些数据点拟合而成。与数据点拟合最好曲线的最高回报率为 276kW·h/$（Schilling 和 Esmundo，2009），明显大于化石燃料曲线的值 100 kW·h/$。然而，许多因素可以影响曲线达到最大值的时间，如图中虚线表示假想的情况。

由实测的数据点拟合的曲线形态同技术演化的早期阶段一致。而目前的趋势恰处于技术性能同研发投资迅速增长的曲线段内。无法预测目前的趋势是否继续沿此曲线运行。然而，若参照图 14.6 中趋势，则有迹象表明在适度的投资下，成本降低和性能的显著改进将很可能会出现。

基于这些地热发电经济方面的因素，考虑下，很有必要考虑实现有效和经济可行的发电设施或直接利用技术。下面将会讨论，项目的立项后完成一个项目的基本步骤。

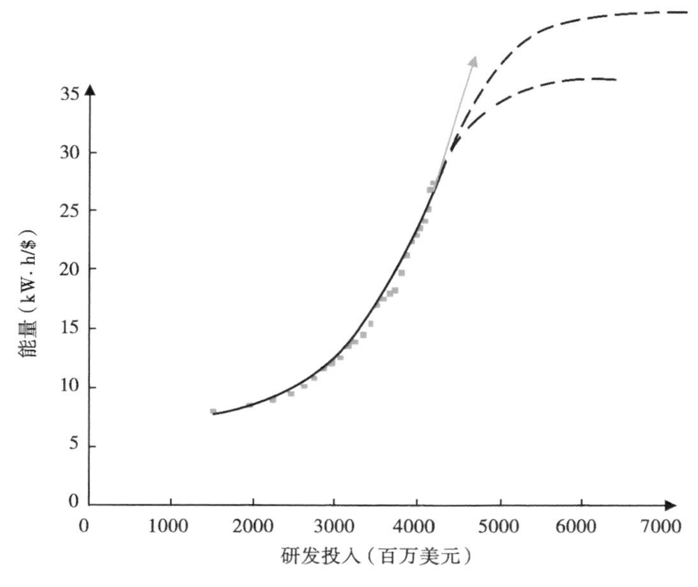

图 14.7　自 1980 年以来同在地热能源技术研发得的计投入相比，1 美元可获得的能量值（据 Schilling 和 Esmundo，2009）

本图自 1974 年开始绘制，因为研发方面的投入早于数据产生。其结果是，S 曲线并不在原点开始。标有箭头的线表示与数据点拟合最好的曲线。虚线是假想的趋势

14.3　地热项目开发

需要钻井的地热项目，无论是用于电力生产或其他应用，其开发流程通常包括六个步骤。而该流程例外的是地源热泵系统的安装，其与水井项目开发方式相同。步骤如下：

（1）获得资源使用权及勘探许可证；

（2）勘探和资源评估程序；

（3）钻探井完善资源评估；

（4）钻生产井和注入井，并完成可行性研究；

（5）建造基础设施；

（6）开始操作。

14.3.1　获得资源使用权及勘探许可证

获取勘探或开发资源的权利，通常需要与地下资源的所有者签订合同。由于联邦和地方法律法规的不同，情形也略有差别，并非所有土地的拥有者同时拥有土地之下的资源。往往需要仔细研究以确定资源的合法拥有者。即使土地拥有人不是该土地地下资源拥有人，也需要谨慎与土地所有者讨论勘探活动，在取得他们的同意下进行勘探。这在有文化价值的遗址区域尤其如此。如果潜在资源区为历史性的、传统的或有考古价值的地点，相关方应该讨论采取适当的方式，以减轻勘探和开发对地点的影响。

勘探项目可以利用多种技术来完成一个初步的资源评定。其中有许多技术是无创的，且

不需要许可证。水样采集、远程传感和重力测量是无创性技术的实例。如果勘探工作扰动地表或野生动物栖息地，将会要求申请许可。许可审批过程的性质和复杂程度取决于土地所有权和特定影响，不同地点有所不同。如果土地为美国联邦或各州拥有，则可能要求提供一些环境影响报告。许多机构也尽力为有关许可要求提供指导，以便减少获得许可证所需的时间（Blaydes，2007）。

不管申请何地，获得许可的时间通常超过一年。对于涉及环境影响的大型项目，需要的时间可能更长。

14.3.2 初期资源评估

在项目的早期阶段进行资源评估程序需要满足两个条件。建立一个初步的科学数据库非常重要，可以严谨的分析某资源量的大小和特性。关于该资源量是否足够大以支持某特定用途，这些资料将会提供一个初步指示。由于项目潜在的复杂性提高了成本和风险，科学数据库可以为识别该复杂性提供依据。一些因素，诸如储层水的化学特性、高抗震风险及和冷却水不足，常常可以在评估的早期阶段来识别。当钻探计划开始进入详细资源评估后，这个初步评估就成了检验的基础。

一个严谨的、有科学依据的资源评估是获得项目资金的先决条件。尽管某些表象非常吸引人，如沸泉、冒泡的泥温泉等，谨慎的投资者依然会获取更多信息以深入了解和科学客观的分析，这是项目可信性的基础。一个精心设计的初步资源评价可以为投资者提供极大信心。

发电项目的初步资源评价应具有如下内容，并含有不确定性分析：

（1）资源的性质（热水、干蒸气等）；

（2）资源的温度；

（3）资源量的大小；

（4）资源深度；

（5）测量流速；

（6）储层设计寿命、回注策略和管理挑战；

（7）钻探要求（岩石硬度、复杂岩性等）；

（8）环境挑战（H_2S 减排、供水冷却、水处理或废弃物等）；

（9）连通输电通道；

（10）潜在的购电合作伙伴；

（11）本地、州和联邦的激励措施。

对于直接利用技术的项目，也应该解考虑这些方面，当然这不包括输电通道和购电协议（PPAs），因为取而代之的是考虑如何面向市场销售产品。

没有地下资源信息，上述列表中的项目是难以或不可能进行的。例如流体流速和资源的深度。然而，这些测量参数可以通过向对该地区有研究的人咨询获得，尤其是地质学家和钻井工程师。如果预计开发区块在过去已经勘探和开发过，则历史数据往往是可用的。大多数监管机构都存在某种类型的规章制度，可以面向公众提供一些测井资料等地下数据库。

虽然初步资源评估将需要收集现场数据，然而通过完整调研现有科学技术及研究进展，可以避免许多不必要的麻烦。通过检索科技期刊文献、当地地质报道、美国地质勘探调查报告、关于矿权史料记载等可以确定还需要收集哪些数据，应该是什么类型的数据，在哪里收集。

最近可用的一项重要资源是美国国家地热数据系统。该系统旨在成为各种资源数据（涵盖地热系统）的永久储存库。

制订一个初步资源评价的过程相当于构建地质系统的概念模型。此概念模型将作为一个假设，将引导一个测试程序的开发来评估模型的有效性，并允许它加以改进。要做到这一点，需要获得地下资料。因此，初步资源评价是设计钻探计划的基础，以测试和完善初始概念模型。初步资源评价的发展应该需要不到一年的时间。

14.3.3 钻探井完善资源评估

在良好的初步资源评价的基础之上，设计的钻探目标将有可能具有高地温梯度。目标区域刻画程度取决于初步评估阶段资料信息的详细程度。无论目标区分辨率高低，一般至少将钻两口探井。如果评估的目标是确定一个地热资源范围，则需要钻更多的探井。

一旦目标地点已经选定并准备好，且目标深度也确定，则部署的钻机应该具有钻至所需深度的能力，并能应对各种预期状况。通常情况下，合同中会包括这些服务。

钻探的井眼在尺寸和类型方面也有不同。细孔，直径在 7.5~15cm，可钻至几千米深处。这样钻井的目的是用较低的开支钻至可测量地温梯度的深度。这些测量可以显著完善初步资源评价，减少储层温度、范围、深度方面的不确定性。这些地温梯度钻井是探索计划的重要组成部分。如果综合考虑地质框架，并且数据较多，则钻井提供的数据会是钻探计划的关键因素。

部分钻井钻屑或大直径的井可以提供地下岩心样本及反映其特征。尤其重要的是储集岩的孔隙度和渗透率，以及断裂在何种程度上控制着储层渗透性。这些信息能够精细测量流体速度。

钻井岩屑也为工区地质历史时期的演化提供证据。热液蚀变一定和地热系统相关，热液演化的历史可以从岩石矿物保存的记录并通过岩屑推断，并由此推断三区是否地热系统。此外，该系统处于哪个演化阶段，并由此是处于衰退期或是已多次发生热液活动，或是在越来越热阶段，均可以通过些岩屑研究来推断。

如果允许井生产一段时间，有可能获得相对未受污染的流体样品，对收集到的流体进行化学分析可以减少储层流体化学性质的不确定性，有助于确定是否需要采取缓解措施处理地热流体。由于不同地区井的数量不同以及地质的复杂性，可能需要一年甚至更长的时间来完善资源评估。

14.3.4 生产井和可行性研究

此时，通过资源评估，已能够得出资源是否满足项目需求的结论。下一步是钻一口生产井，以获取流速、温度和其他信息。钻生产井往往需要满足额外的许可和监管要求。如果钻探计划提供了可用资源的乐观迹象，在勘探钻井项目结束前，任何这样的要求都应了解并尽量完成。

生产井的特征在第 9 章进行了讨论。这可能是最有挑战性的，因为这一步对项目的成功与否起决定性作用。在设备和材料方面的大量投资是必要的，并且还需要努力并认真执行来确保所钻井能全寿命开发以满足项目需要。选择套管和注水泥材料时必须与生产条件下的化学性质等环境因素相匹配，还需定期测量温度以确定储层的地热结构。还有必须做流速测试以确定储层的流体性质。

一旦集齐这些数据，就可以完成可行性研究，并提供最终完善后资源评估方案。如果流速、温度及其他条件充分满足该项目的目标，就能够获得融资进入项目的最后开发阶段，即钻生产井、注入井和建造设施。

从历史上看，项目开发的总持续时间在5~7年之间。然而，如果地热应用变得更加普遍，则完成这些步骤所需的时间可能会显著下降。随着经验的增加，行业和监管机构在实践中逐渐缩短开发时间，同时保证符合安全和可持续发展项目的要求。

14.4 可替代的经济模型

前面概述的经济因素是分析地热系统的可行性及同类比较能源成本的常用方法。虽然跟过去使用的简单方法好得多，然而已出现更具包容性的观点带到经济分析领域。在下面的讨论中，将考虑两个方法。下文将以一种描述的形式呈现，只是偶尔参考地热系统，因为仍然需要大量基础研究，以对比分析不同的可再生能源技术。表述这些方法意在拓宽视野以重视可再生能源技术，并强调这些方法基本要素中的可持续性是最重要的。

14.4.1 生命周期分析

生命周期分析（LCA）是指在制造业发展及某种商品使用后，致力于分析对环境的影响和资源利用、社会成本和收益以及能源的消耗。这也被称为一个从摇篮到坟墓的分析，属于的工业生态学的范畴（Allenby，1995；Jensen 等，1997；Zamagni，2012）。进行此类分析的起因是为了对产品的成本及对环境的影响提供一个客观全面的分析。例如，测量与汽车相关的温室气体排放往往是通过计算车辆排气管释放的温室气体量而计算。而彻底的生命周期分析，也会以升为单位计算尾气排放，但是会从最开始的勘探石油出发，到原油运输、提炼、汽油输送再到分销系统等来计算温室气体排放。

最近已经开始对再生资源进行生命周期分析，然而结果往往有较大的差异（NREL，2013）。这种评估面临的困难在于界定研究内容的范围，以及如何量化它们。例如，在尝试引进可再生能源到发电和传输系统后，如何评估该技术的支出。这反映了一个事实，即使用某种技术的发电成本（集成成本），并不反映将这一个系统并入原有传统系统的成本。

例如，将不同类型能源并入到电网中，则要求该输电设施能够适应能量输出的变化。这要求备用发电系统能够快速上线。当天气原因导致输出功率降低时，当不需要备用电源时，不能兼容其他类型的发电厂必须关闭或者逐渐停止。此外，传输线路必须能够容纳不同资源可产生的最大功率。但是当不同类型能源没有满负荷发电时，线路不会满负荷运行。这是因为大多数备份系统与其他能源不在同一地点，从而输电线路不会满负荷运转。由于传输线的成本可能在每英里100万~400万美元/之间（西部电力协调委员会，2012），所以只有部分使用的传输系统本身就是一项额外开支。

许多的额外费用不直接反映在由用户支付的电力费用，因为这些费用往往通过其他方式计算。购电协议（PPAs）是指导性文件，建立消费者购买电力的价格机制。这些购电协议往往是由国家或地方规定，受政策影响，反映广泛的政治、经济政策和社会动机。因此，由消费者支付的电力费用通常是发电输电的实际成本和市场价格之间的折中价格，差价源自各种激励措施、税收抵免、转移成本和津贴补贴。通过对能源发电技术的生命周期分析，并协调考虑一系列因素，可以计算消费者使用某种发电技术的实际开支。例如，近期一项对地热发电技术开支的分析非常有价值，结果证明地热能源有一些积极属性，然而在注重发电技术的成本时不被看好（Matek 和 Schmidt，2013）。这一分析首次枚举发电技术益处，如最低整合成本、取代化石燃料、减少排量、低排放以及大量创造就业机会。在不久的将来，生命周期分析很有可能持续和彻底地在全能源技术中得应用，提供方案以决策最可持续、最划算的发电方式。

14.4.2 能源回报和能源投资

为了获得能量，无论是发电或温室加热，这都需要能源。换言之，为了获取能源投资能源是必不可少的。这就引出了能源投资回报的概念（Hall，1972；Odum，1973；Hall 等，1986），缩写为 EROI 或 EROIE。这个值是从某资源或商品产生的能源总量与提取或产生该能源需要消耗的能源量的比值，即：

$$\frac{\text{回馈社会的能量（焦耳）}}{\text{产生该能源所消耗的能量（焦耳）}} \tag{14.3}$$

虽然公式很简单，应用起来却是复杂的（Hall 等. 2009）。该公式最初是用在某点处计算获得的能量，如在采油井井口或煤矿的矿井口。EROI 通常下标 mm，即为矿井口，也就是 $EROI_{mm}$。虽然 $EROI_{mm}$定义明确，但还有一个更全面的观点考虑了传递能量给用户所消耗的能量部分，也就是某点处使用的 EROI，即 $EROI_{POU}$，或者分母应包括的能量，以及使用能量所消耗的能量 $EROI_{ext}$，其中 ext 代表“扩展” EROI。

最后，还有能源的“质量”问题，以及如何计算它。例如，地面石油的特征变化较大——诸如一些轻质原油具有低密度和低浓度的“无用”化合物，而重质原油无用化合物含量较高，在提炼过程进行必须处理并除去。此外，一些炼化过程的产品，如汽油的密度较高和便于运输，而其他潜在燃料，如食用油具有相对较低密度且难以处理。许许多多的问题引出了 EROI“质量校正”的概念。但是，如何更好地做到修正仍是一个有争议的问题。

由于 EROI 的含义，其概念和使用的取得了越来越多的成果性并引起越来越多的兴趣。很明显的一点是，在任何社会中，$EROI_{mm}$小于 1.0 是不可持续的，同产出能量相比，这样的社会将不断消耗更多的能量，最终导致能量供应不足以满足需求。Hall 等（2009）总结到，一个可持续发展的社会用于维持能量运输及相关系统运行的最小 $EROI_{mm}$大约是 3。为保证一个正常运作的社会，很可能需要更高的 $EROI_{mm}$为其他重要部分提供足够的支持。

图 14.8 比较了 Gupta 和 Hall（2011）统计的很多技术的最新 EROI 值。几个资源的较大 EROI 变化范围说明不同的假设所计算出的 EROI 不同，以及个别地点特征差异造成 EROI 值不同。例如，“地热”和“水电”值域的范围较大，反映某些地方对这些技术非常有利，只需要少量能源就可开发，而其他地方需要更多的能量用于开发或输出能量更少。

在图 14.8 中，这种类型分析重要一点是，明确了地热、水电和风能可以提供相当或比石油、煤更好的 EROI 值，从而可以通过合适技术，在逻辑上使它们替代那些化石燃料资源。

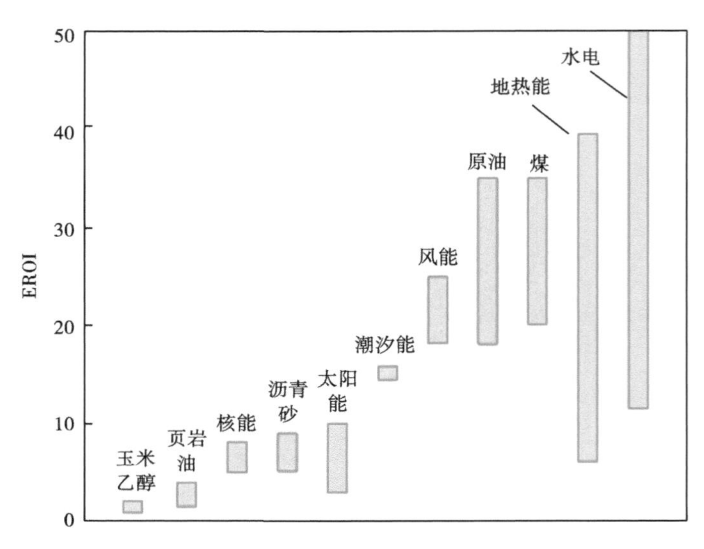

图 14.8 不同能源资源的 EROI 值，注意水电范围超出了图最大值
（据 Gupta A. K 和 Hall（2011）

14.5 小结

影响地热发电的经济性的因素，使它成为一个具有竞争力的能源转换技术。容量因子反映了转化技术可用于发电的时间比例，在所有技术中地热发电是最高的，往往超过 90%。电力的平准化成本，还包括了一项发电技术需要吸收的部分能量用于发电，在这些发电技术中也是最低的。综上所述，这些因素都表明，地热发电是目前最具经济竞争力的能源转换技术。在考虑研发投入和性能改进方面的成熟度时，地热发电落后于 S 曲线技术分析的初期。这表明，相比历史趋势，投资相对较小的投资绩效就可能会显著改善。地热发电成本降低的趋势已经持续好几年，致使地热能发电一般比化石燃料发电的成本更低。若在经济上可行，一个地热项目必须解决若干必要步骤才能及时成功完成。正常的情况下，一系列措施大约需要 5~7 年才能完成。这些措施包括地下勘探权、地下地热能使用权、资源的充分评估，以及证明该资源适合项目目标的可行性研究等。当所有前期准备工作完成，相对于其他能源，即便是使用一些新经济分析方法比较，如 LCA 或 EROI 方法等。地热发电都是最具竞争力的一种资源。

问　　题

（1）什么是容量因子，是什么决定了其规模，以及不同发电技术如何变化？

（2）如何计算平准化成本？它是时间常数吗？有什么可以影响它？

（3）随着一项技术从初始创新状态到成熟的产业，描述该技术的经济性和输出功率的演变，哪些因素会影响这一进程？什么可以改变演变的路径？

（4）什么是 S 技术曲线？现今地热能源状态位于 S 曲线技术分析的哪个阶段？

（5）相比于化石燃料发电，地热发电的预计支出有哪些？什么可以影响这些预测支出？

（6）成功开发一个地热项目，通常需要哪些关键步骤？

（7）在保证一个项目良好的开发前提下，完成问题（6）中过程需要多长时间？

（8）如果你要比较一个燃煤电厂与地热发电厂的生命周期成本，每个技术各自有什么不同，又有哪些相似点？

（9）在图 1-6 中，石油的 EROI 在 1925—2005 年间一直下降。是哪些因素导致了此下降？

参考文献

Allenby, B., 1995. *Industrial Ecology*. Englewood Cliffs, NJ: Prentice Hall.

Ayres, R. U., 1994. Toward a non-linear dynamics of technological progress. *Journal of Economic Behavior and Organization*, 24 (1): 35-69.

Blaydes, P., 2007. California geothermal energy collaborative: Expanding California's geothermal resource base—Geothermal permitting guide. California Energy Commission Report CEC-500-2007-027. 54 pp.

Cross, J. and Freeman, J., 2009. 2008 Geothermal Technologies Market Report. US Department of Energy. http://www1.eere.energy.gov/geothermal/pdfs/2008_market_report.pdf.

Gupta, A. K. and Hall, C. A. S., 2011. A review of the past and current state of EROI data. *Sustainability*, 3, 1796-1809.

Hall, C. A. S., 1972. Migration and metabolism in a temperate stream ecosystem. *Ecology*, 53, 585-604.

Hall, C. A. S., Balogh, S., and Murphy, D. J. R., 2009. What is the minimum EROI that a sustainable society must have? *Energies*, 2, 25-47.

Hall, C. A. S., Cleveland, C., and Kaufmann, R., 1986. *Energy and Resource Quality: The Ecology of the Economic Process*. New York: Wiley Interscience.

Integrated Energy Policy Report, 2007. California Energy Commission, Sacramento, CA. CEC-100-2007-008-CMF. 234 pp. http://www.energy.ca.gov/2007publications/CEC-100-2007-008/CEC-100-2007-008-CMF.PDF.

IRENA, 2013. *Renewable Power Generation Costs in 2012: An Overview*. Abu Dhabi, United Arab Emirates: International Renewable Energy Agency. 88 pp.

Jensen, A. A., Hoffman, L., Moller, B. T., and Schmidt, A., 1997. Life cycle assessment. European Environmental Agency (London), *Environmental Issues Series*, No. 6. 116 p.

Matek, B. and Schmidt, B., 2013. *The Values of Geothermal Energy: A Discussion of the Benefits Geothermal Power Provides to the Future US Power Sector*. Washington, DC: Geothermal Energy Association, 19 pp.

NREL, 2012. *Renewable Electricity Futures Study*, vol. 2. Golden, CO: National Renewable Energy Laboratories.

NREL, 2013. Life cycle assessment harmonization. National Renewable Energy Laboratories, Golden, CO: National Renewable Energy Laboratories. http://www.nrel.gov/analysis/sustain_lcah.html.

Odum, H. T., 1973. *Environment, Power and Society*. New York: Wiley Interscience.

Peterson, J. G. and Torres, I., 2008. Final programmatic environmental impact statement (PEIS) for geothermal leasing in the Western United States. Vols. 1, 2, and 3. US Department of the Interior FES 08-44. http://www.blm.gov/wo/st/en/prog/energy/geothermal/geothermal_nationwide/Documents/Final_PEIS.html.

Schilling, M. A. and Esmundo, M., 2009. Technology S-curves in renewable energy alternatives: Analysis and implications for industry and government. *Energy Policy*, 37, 1767-1781.

US Energy Information Agency, 2013. Electric power annual report. http://www.eia.gov/electricity/annual/.

Western Electric Coordinating Council, 2012. Capital Costs for Transmission and Substations. Black & Veatch Project No. 176322. http://www.wecc.biz/committees/BOD/TEPPC/External/BV_WECC_TransCostReport_Final.pdf.

Zamagni, A., 2012. Life cycle sustainability assessment. *The International Journal of Life Cycle Assessment*, 17 (4), 373-376.

第 15 章　地热资源利用的环境影响

在本书中，已经讨论过许多地热能源的环境效益和挑战。本章将集中在几个特别关注的问题。因为这些问题也是公众和监管机构通常所关注的。本章讨论的目的是提供一个认识基础，以供进一步的讨论。我们将会关注的领域包括有害气体向大气中的排放；有害化学物质和化合物向环境中排放；资源回收、地震与储层改造、地表沉降、水资源利用和土地资源利用等方面的潜在可能性。

15.1　排放

在第五章中详细讨论过，地热系统是一个复杂的地球化学环境系统，在其中发生着一系列的化学过程。从概念上讲，这些化学过程是一个相互作用的过程，大气、地质系统和地下流体向最小吉布斯能量状态转化。这些过程可以粗略地表示为一个交互作用的三组分系统：

$$\text{大气} \Leftrightarrow \text{矿物} \Leftrightarrow \text{水} \tag{15.1}$$

符号⇔表示系统各部分之间的物质交换和相互的化学反应过程。这些化学变化可通过改变岩石的孔隙度、裂缝的开度、温度和其他的性质来影响系统的物理特征。系统中某一部分的任何扰动，都会在系统中其他部分反映出一些可测量的改变。举例来说，如果水的温度升高，与水接触的矿物质会发生溶解和沉淀，这反映了不同矿物的溶解度与温度的关系不同，在不同地区情况也各不相同。同样，溶解气浓度与温度的关系也随着温度的变化而改变。反过来，这将会导致气体从共存的大气环境中逸出或溶解。在考虑到地热发电机组气体排放时，有三种类型的气体排放行为是要特别重视的—温室气体的排放（特别是二氧化碳）；硫化氢排放以及有毒金属气体比如汞蒸气的排放，这将在三个小节中分别予以详细讨论。在这些讨论中，重点对象将集中在闪蒸地热发电厂，因为二次发电厂由于不向大气中排放，故而地热流体不会产生排放。然而，它们的运行却会对地下活动产生影响，这些影响将会在适当的地方讨论。

15.5.1　二氧化碳

二氧化碳在地热流体中的溶解度是由流体的温度和流体流动路径上的矿物成分控制的。如果流动路径上没有碳酸盐矿物（比如方解石或白云石），那么二氧化碳的唯一来源是地下深处的大气或者冷却的岩浆中释放出来的。在流动路径上，存在碳酸盐矿物的情况下，二氧化碳的浓度会显著升高。图 15.1 显示了地热流体中二氧化碳浓度的测量值与温度的函数关系（Arnórsson，2004）。浓度的变化受到地热资源温度的强烈影响，温度高的地热储库，地热流体中二氧化碳的浓度也最高。这种变化反映了温度对不同矿物化学反应的质量守恒方程式的影响。例如，在 250~300℃之间时，影响二氧化碳浓度的一个可能的化学反应的方程式为：

$$3Ca_2Al_2Si_3O_{10}(OH)_2+2CO_2 \Leftrightarrow 2Ca_2Al_3Si_3O_{12}(OH)+2CaCO_3+3SiO_2+2H_2O$$

葡萄石　　　　　　　　　　气↑↑↑↑　斜帘石　　　　　　方解石　石英石↑↑　水

式中标示了物质的名称和气液相态。可以写出许多包含不同矿物种类和碳酸盐以及二氧化碳的化学方程式，这些反应能导致地球化学系统产生相同的形态。即溶解的二氧化碳的浓度随温度的变化而变化。

流体在天然地热系统中的循环，导致沿着其流动路径温度变化。在上述化学反应中，如果四种固体矿物共存，流体中二氧化碳的平衡浓度将随着温度的升高而增大（Glassley, 1974）。因此，在一个天然对流传热地热系统中，可以预见，随着流体加热，其流动路径及其含有的溶解态的二氧化碳的量将增加，当循环至较冷的区域时，会释放出二氧化碳。

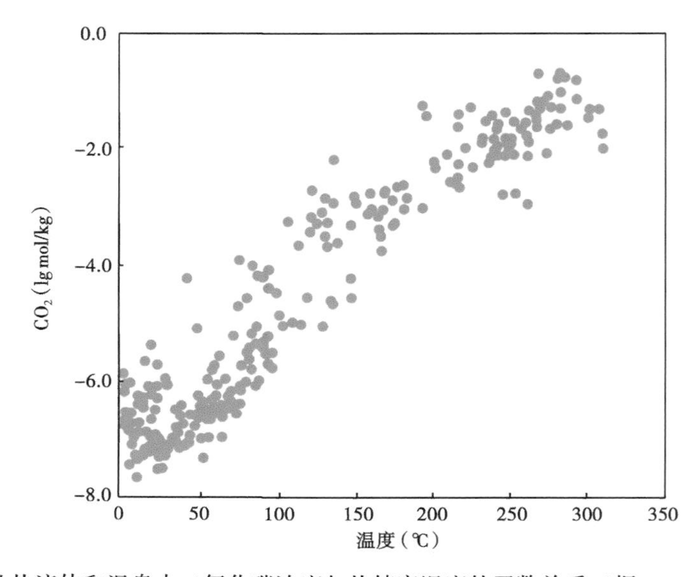

图 15.1　地热流体和温泉中二氧化碳浓度与热储库温度的函数关系（据 Arnórsson, 2004）

图 15.2 显示的是当自然环境中可能存在对流传热的地下流体时，从地面和土壤中排放出的二氧化碳的测量值。该排放量基于实地测量，并折算到该系统每年的总排放量。所有这些环境系统都与活跃的或者最近活跃的火山系统相关。在一个给定的温度下，由于二氧化碳浓度的自然变化性，对应的排放量可相差三个数量级。

在理想的情况下，地热发电厂将把生产井获取的地热流体 100%回注。这样做可以节约用水，保持热储库流体质量，降低能源损失。然而，在冷却过程和整个蒸汽循环过程中，会产生大量的地热流体损失，尤其是在冷凝和冷却循环过程中。此外，地热蒸汽中不能被冷凝的气体，比如二氧化碳，降低了汽轮机系统的能量转换效率。因此，如前所述，在蒸汽进入涡轮之前，通常将不可冷凝的气体除去。这些过程不可避免的导致闪蒸地热发电厂产生一些二氧化碳排放。图 15.2 显示的是典型的闪蒸地热发电厂的二氧化碳排放量，单位每兆瓦发电量每年排放的二氧化碳量。图中还显示了燃煤电厂、燃油电厂和燃气电厂每兆瓦发电量每年排放的二氧化碳的量。

如图 15.2 所示，地热发电厂每兆瓦发电量的二氧化碳排放量比化石燃料发电系统产生的二氧化碳的排放量减少了 15~150 倍。这一事实，再加上几乎没有二氧化碳排放的二次发

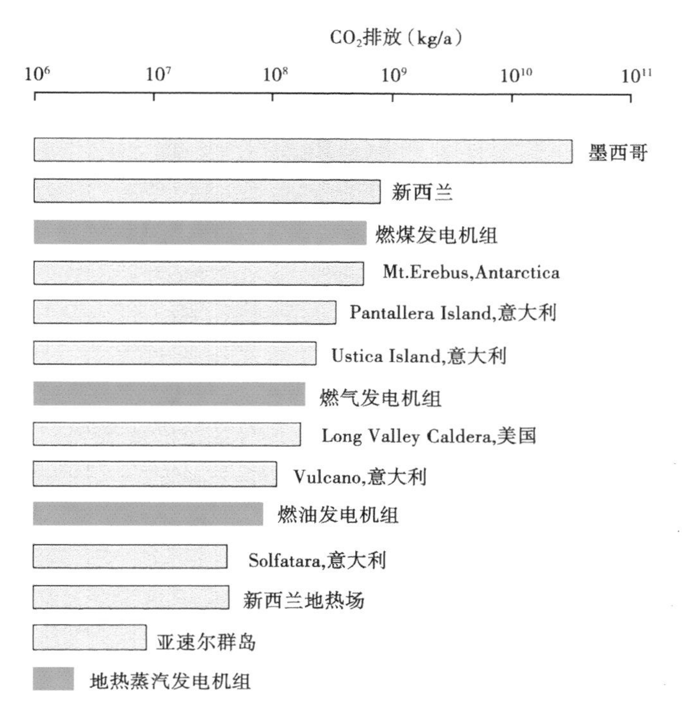

图 15.2　不同地区测量到的二氧化碳的排放量

所有的位置都位于不同构造环境的火山中心。图中（绿色块）也显示了地热发电与利用煤炭、天然气、石油发电排放的对比。对于发电厂，图中表示的值是一整年中每兆瓦发电排放的二氧化碳量。这些数据是根据环境保护署 eGrid 网站不同燃料的排放量计算而来，并利用了能源信息机构 2007 年的功率值

电厂，使得地热发电成为化石燃料发电系统很有吸引力的替代方案。2012 年，美国 37%的电力生产来自于燃煤，30%来自于燃烧天然气（美国能源信息管理局，2013）。如果地热发电厂取代相同功率的混合化石燃料电厂，每兆瓦发电量的二氧化碳排放量将减少 99%以上。此外，由于地热发电厂使用本地水，实际二氧化碳的排放量受地热流体化学性质的控制。因此，二氧化碳的排放反映出当地地球化学环境对排放量的控制。这说明地热发电厂的排放将协调融入自然排放背景中，不像化石燃料发电厂那样，成为二氧化碳排放的一个不可思议的来源。

需要注意的是，低二氧化碳含量的冷流体注入热储库会扰乱系统开发前所达到的稳态或者平衡态。那么，可能类似于上文的化学反应式，方解石、葡萄石、斜帘石、石英石的矿物平衡向补充水相中二氧化碳的方向移动。这将如何影响当地的长期地球化学性质和矿物学性质需要具体地点具体分析。

二氧化碳捕捉与地下处理引起了人们的兴趣，最近的研究表明，在地热发电厂中，二氧化碳可以作为回注流体（Preuss，2006；Xu 和 Pruss，2010）。此研究专注于增强型地热系统的应用，通过计算机模拟表明，在地热系统中采用二氧化碳作为传热介质，可以通过化学反应实现地下碳封存。在化学反应中，二氧化碳与矿物形成新矿物，能有效地从循环流体中去除二氧化碳。这一碳捕集与封存过程能显著降低温室气体排放。同时，这种方法也有益于地热发电厂减少对水资源的依赖，水资源正日益成为脆弱的资源。

二氧化碳在地热系统中的应用面临着双重挑战。一个挑战是确保矿物的化学反应能将二

氧化碳封存在固态当中，同时又不会因为矿物生长，阻塞流动路径而造成渗透率下降。这一挑战要求进一步的研究来确定如何最好的管理和监测二氧化碳沿流动路径的动态。第二个挑战是这样的设计必然额外要求二氧化碳被捕集并输送到地热发电设备中。目前，地热系统并不依赖于这样的外部供应链，而是独立运行，不与其他市场和运输压力相联系。在系统中增加二氧化碳将增加系统的复杂性，在规划和建设地热电站时需要优化管理并加以考虑。尽管这两个问题难度大，但它们并非不能克服的。应用二氧化碳的潜在优势是巨大的，在发电中应用这一优势值得研究。

14.1.2 硫化氢

自然状态下，硫化氢存在于空气中和地下。在正常情况下，随局部环境条件不同，地面附近空气中的含量在不到 1ppb（1×10^{-9}）到几百 ppb 之间。硫化氢是一种在氧分压很低的情况下形成的高度还原态硫化物。比如在沼泽环境中，厌氧分解作用持续进行，硫化氢的浓度高，因此这样的环境中常有臭鸡蛋的气味。在地下，自由氧的浓度可能非常低，硫元素形成的化合物通常也是还原性的。黄铁矿（FeS_2）和磁黄铁矿（FeS）是常见的还原性硫化合物，而硫化氢是硫元素的常见气体形式。在这样的环境下，地热流体中含有一些溶解态的硫化氢。

当硫化氢的浓度在 500ppb 及以上时，可导致昏迷和死亡。当浓度在 10~50ppb 时，表现为人能闻到刺鼻的“臭鸡蛋”的气味。当浓度在 50ppb 到几百个 ppb 时，硫化氢能迅速麻痹嗅觉，造成嗅觉失灵。由于这些原因，硫化氢具有严格的排放法规。如果浓度超过规定限度的话，则需要减排。这在钻井过程和整个发电过程中将是个问题。

在地热排放中减少硫化氢排放需要考虑几个因素。一是，由于硫化氢气体是一种非冷凝性气体，在地热蒸汽进入汽轮机之前，最好将其除去，因为硫化氢像其他非冷凝性气体比如二氧化碳一样，会影响效率。然而，由于硫化氢具有高挥发性，因此硫化氢会在蒸汽相和非冷凝相之间分配。那么在冷却和凝析阶段，如果生产井井口含有硫化氢的话，硫化氢可能同时存在于非冷凝相及蒸汽中。因此，在整个发电过程蒸汽流动的路径上，确定硫化氢的浓度以便决定在哪儿以及多大浓度的硫化氢需要去除和中和以满足监管要求是非常重要的。

此外，由于控制硫化氢浓度的矿物和气体的非均质分布，在同一个地热系统内，不同井的硫化氢的浓度可能相差非常大。正如碳酸盐矿物控制二氧化碳的浓度一样，许多含硫矿物的化学反应控制着硫化氢在液相中的含量。化学反应式：

$$FeS+H_2O \Leftrightarrow FeO+H_2S$$

黄铁矿　　含铁矿物

该式是可能影响硫化氢含量的众多反应过程之一。反应过程的多样性是由于，在自然状态下，硫具有几种氧化价态，每一种都是系统氧化状态的函数。由于局部氧化状态在几米的范围内就能变化几个数量级，同时含铁矿物含量的变化也很显著，因此，在同一个地热系统中，不同井的地热流体中硫化氢的含量差异很大。

消除硫化氢就是利用各种可能导致其氧化的反应。最常用的途径就是利用各种手段生成硫元素或者二氧化硫。氧化为硫元素的整体反应是：

$$2H_2S+O_2\text{（空气）} \Leftrightarrow 2S+2H_2O$$

生成二氧化硫也可以写成类似的氧化反应式。无论哪一条反应途径，都可使地热发电厂排出物更环保。利用哪一条反应途径取决于硫化氢的存在形式（是在冷凝的液相里，还是单独的非冷凝相的一部分）。在减排过程中主要的挑战是在发电厂合适的位置安装反应容器以尽可能经济地使硫化氢氧化。硫化氢的浓度和存在形式，无论是气态或者液态，将决定需要使用的方法。不同的去除硫化氢方案的操作费介于每千克硫化氢 20 美分到 30 美元（NAGL，2008）。90%以上的硫化氢能轻易去除掉。

15.1.3 汞

从地热发电厂排放的气态汞的含量通常低于监管标准。然而，确实也有地热资源存在于高汞地质环境附近。这些地区通常是朱砂（汞矿）或其他矿物的矿床。虽然汞是一种金属，但是它的沸点低，因此，如果可以检测到汞存在时，它可优先分离为气相。这样的地区已在意大利的 Geysers 和 Piancastagnaio 发现（Baldacci 和 Sabatelli，1998）

汞排放的减排通常使用冷凝和冷却的方法，汞分离出来或者吸附于矿物基底上，比如碳材料或沸石。这样的系统很容易与 H_2S 去除方案相结合，从而最大限度地减少工程设计费用。这样的系统中汞的回收率通常远远大于 90%。

15.2 溶质浓度与资源回收

正如第 5 章所述，地热流体的组成可从稀溶液到高浓度盐水（见表 5-1）。当地热流体流过发电设备或其他设备时，回注是地热流体首选的处理手段。然而，在经济条件或者其他条件不支持直接回注时，必须确定地热水处置的方法。在这种情况下，确定地热水被充分稀释到满足地面直接排放的监管标准是很必要的。除了其他方面，监管标准通常关注总溶解度、碱性和某些对环境有害的矿物的浓度，在地热水中，通常是砷（As）和硼（B）。对于满足监管标准的地热水，主要难题是寻找合适的地点可以处理如此大量的地热水，以确保地热水被充分冷却，防止对环境的伤害。

减排砷的方法有很多，大部分是通过砷与合适的水相物质反应，将地热流体中还原态的砷（三价砷）氧化为五价砷，从溶液中沉淀出含砷矿物。这种反应的一个例子是：

$$Fe_2(SO_4)_3+As^{3+}+2H_2O \Leftrightarrow FeAsO_4 \cdot 2H_2O(s)+2SO_2+O_2(g)$$

式中，(s) 表示固相沉降；(g) 表示气相。

地热流体并不总是要除去硼，但在某些情况下，硼会造成问题。有效除去硼的方法是利用离子交换树脂（Kabay 等，2014）或者反渗透纳米过滤膜（Dydo 等，2005）。

人们对高浓度地热水的兴趣日渐浓厚，因为它们往往含有高浓度的宝贵资源。尽管长期以来，高浓度的地热流体被认为是形成贵重金属和普通金属矿沉积的溶液的同类物（Helgeson，1964；Skinner 等，1967；Muffler 和 White，1969；McDowell 和 Elders，1980；Bird 和 Helgeson，1981），直到最近，人们才把注意力转向从地热流体中直接提取这些金属（Gallup，1998，2007；Gallup 等，2003；Entingh 和 Vimmerstedt，2005；Bourcier 等，2006）。这一兴趣的变化反映了两项迅速崛起的进展。一个进展是材料科学领域纳米材料和选择性离子交换膜适用于地热流体的能力不断增强。这些材料融合反渗透膜技术和其他应用提高了提取有价值的资源的能力（Bourcier 等，2006）。另一进展是迅速崛起的地热流体所含资源的市场。

电子工业和能源储存工业是地热流体中资源的重要的市场（Entingh 和 Vimmerstedt，2005）。

表 15.1　元素在盐水中的浓度（来自于标注的参考文献）

资源	盐水浓度（mg/kg）
硅（Si）[a]	>950
锂（Li）[d]	327
金（Au）[c]	0.08
银（Ag）[a]	1.4
镁（Mn）[c]	1560
锌（Zn）[c]	790

来源：[a] Bloomquist，R. G.，Economic benefits of mineral extraction from geothermal brines. Washington State University Extension Energy Program，6，2006.

[b] McKibben，M. A. and Hardie，L. A.，Ore-forming brines in active continental rifts. In Geochemistry of Hydrothermal Ore Deposits，ed. H. L. Barnes，Wiley，New York，877-935，1997.

[c] Gallup，D.，Ore Geology Reviews，12，225-236，1998.

[d] Ellis，A. J. and Mahon，W. A. J.，Chemistry and Geothermal Systems，Academic Press，New York，392，1977.

[e] Skinner，B. J. et al.，Economic Geology，62，316-330，1967.

表 15.1 中所列的是贵金属和普通金属在一些地热流体中的浓度。该表选择性列出了最高值，因此并不是来源于同一口井，也不能期望所有的地热流体都具有这样的浓度。它们是迄今已观测到浓度的最大值。每种资源的商业价值随时间和市场条件的不同而不同。Entingh 和 Vimmerstedt（2005）早前预测，对于表 15.1 列出的浓度，如果这些资源能被回收，且流量为 50MW 地热发电设备的典型流量，那么这些资源的市场价值可能为数千万美元。

资源回收是电力生产中个有吸引力的补充。因为它将为生产设备提供额外的现金流，且能利用现成的资源，可以减少地面采掘及由此造成的严重环境影响。然而，资源回收技术目前仍是一个挑战。最重要的是，由于地热流体化学组成复杂，将资源分离成纯净状态非常复杂。还需要大量的研究和开发工作来确保每一处地热电厂都有可用的技术方法，因为不同地区的溶液往往具有独特的性质。此外，现场分离这些资源将是发电的附加载荷，因为这些资源的回收需要消耗能量。然而，已有有效的方法可以分离锂、硅、锰、锌。在不久的将来，其他资源的分离技术也将成为现实（Bloomquist，2006）。

在干旱的环境中，从地热流体中可获得的额外商品是水（Gallup，2007）。只要有适量的投资，地热设备中使用的流体可以净化至满足工业用水以及饮用水的各种标准。从这个意义上说，作为上述金属溶剂的水也可成为可回收的资源。但是，正如下文“水资源的利用”中所讨论的，水的可获得性也是制约地热开发的限制因素。因此，地热水是否可以提取作为他用，取决于当地的环境因素。

15.3　地震活动

由于广泛应用水力压裂或者无水压裂从低渗透岩石中获取油气，地热资源利用与提取过程相关的地震活动日益引起公众的关注。改造地下渗透率提高流体流动性可以通过水力压裂技术实现，也可以通过水力剪切技术实现。这两种技术都伴随着地震活动。了解地下水污染和有害物排放造成的财产损失和环境污染风险的本质，需要认识这种诱发型地震的本质和力学性质。

地热利用中的地震活动来源于几个方面：向炽热的地热储层中注入冷水；从地热储层中提取流体；注入高压流体改造地热储层的渗透率等。这些过程造成的地震震级通常都非常小。从地震学角度看，绝大多数地震的震级小于 2.0，通常是感觉不到的。然而，也曾记录到更大震级的地震，地热发电中记录到的最大地震震级是 1982 年加利福尼亚州 Geyser 地区的 4.6 级地震（Peterson 等，2004）。接下来的章节解决有关岩石力学的基本问题。

15.3.1 地震力学

15.3.1.1 剪切应力、正应力和摩擦强度

当岩石所承受的压力超过岩石的内生强度时，岩石发生破裂。对于实际地热环境中的岩石，评价岩石强度及其与当地应力的关系是非常复杂的。在这样的环境中，大多数岩石都存在几组裂缝，每组裂缝各有特定的特征。其中重要的特征是：裂缝的长度、粗糙度和平面度、被沿裂缝运移的流体沉积下的次生矿物胶结的程度以及裂缝的方向。应力场对岩石的作用取决于这些参数之间的相互作用以及应力的大小、方向和施加应力的速率。

破裂准则建立在剪切应力和正应力的比值上，对于本书，定义物质的摩擦强度为：

$$\mu_f = \frac{|\tau|}{\sigma_n}$$

由于岩石的内摩擦强度是由岩石最薄弱的部分决定的，因此，μ_f 是裂缝性岩石或断裂岩石内摩擦强度的下限。μ_f 的值是由岩石的性质决定的，随岩石性质的不同而不同，同一岩石体内不同位置也不相同。如果剪切应力对正应力的比值超过裂缝或断层的内摩擦强度，岩石将会沿着裂缝或断层发生滑移破裂。

在最简单的情况下，除了重力没有其他应力，最大主应力 σ_1 是垂直方向的，其值等于正应力，最小主应力 σ_3 是水平方向的。假设岩石为典型的花岗岩时，图 15.3 显示了三种不

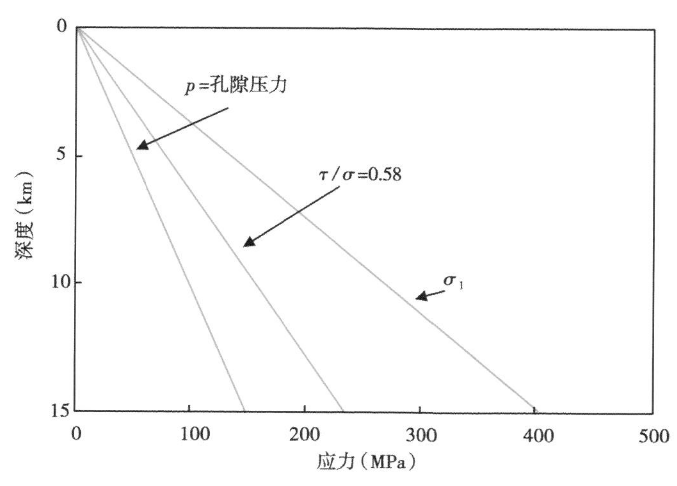

图 15.3 克服花岗岩的摩擦强度所需要的应力值与深度的函数关系（据 Lookner，1995）

考虑三种不同的情况，在每种情况下，应力超过曲线划定的值就会发生破裂。标记有 σ_1 的曲线定义了无裂缝花岗岩的破裂应力。标记有 $\tau/\sigma=0.58$ 的曲线定义了存在最佳破裂方向的裂缝性花岗岩的破裂应力。标记有 p 的曲线定义了无裂缝岩石的破裂应力条件，其中孔隙压力等效于静水压力

同情况下发生破裂所需的应力大小。标记 σ_1 的曲线定义了原始岩石不存在裂缝时，发生破裂所需的应力大小，破裂所需的应力随地下深度的增加而增大，反映了围压增大的影响。由于围压的增加，裂缝形成后需要更大的力才能延伸。如果岩石存在裂缝，且裂缝或者断层位于正应力方向的有利取向上，破裂时的应力值对应于标记 $\tau/\sigma=0.58$ 的曲线上。这条线以外表示的应力值超过了裂缝或者断层的摩擦强度。这种破裂是有条件的，即需要存在一组裂缝或者断层位于有利的方向上。对于许多岩石来说，最大主应力方向与裂缝面方向大约 30°为裂缝破裂的有利方向。具体的角度值取决于裂缝的性质。对于存在裂缝或断层的岩石，这条曲线与标记 σ_1 的曲线之间的应力条件比 σ_1 对应的最佳角度更大或者更小。

15.3.1.2 孔隙水

孔隙水通过两种机制减小内生和裂缝或断层的摩擦强度。一种机制是通过对有效应力的作用。考虑垂直最大主应力的情况，静水压力减小了正应力（通过孔隙水对岩石施加压力造成），因此有效正应力表示为：

$$\sigma_{\mathrm{n}}^{\mathrm{effective}}=\sigma_{\mathrm{n}}-p_{\mathrm{p}}$$

式中　p_{p}——孔隙压力。

图 15.3 标记有 p 的曲线定义了无裂缝岩石的破裂应力条件，其中孔隙压力等效于静水压力。

孔隙水也通过化学机理来影响摩擦强度，在分子水平上，极性水分子与矿物骨架之间的相互作用，以及某些溶质（比如酸）与晶体晶格之间的相互作用，导致化学键快速重排。这会在裂缝端部降低岩石的强度，允许裂缝在比正常裂缝延伸所必需的应力值更小的情况下延伸。

图 15.3 中的曲线对应于特定的岩石研究对象（花岗岩）和应力条件（垂直最大主应力）。其他类型的岩石或者同样是花岗岩处于不同的地质历史形成的环境下，曲线的绝对值与图中描绘的曲线并不相同。然而，所有岩石的曲线相对位置与应力的关系却是相似的。

这些关系的普遍性可用于深入研究决定完整岩石或者断层或裂缝发生破裂的因素。具体来说，影响破裂的因素非常多（裂缝和断层的方向、裂缝和断层的性质、摩擦强度、孔隙压力、应力等），在地下几千米深度细致描述这些因素难度大，这妨碍了准确预测破裂发生的条件和地震发生的条件。

预计能量释放的强度和方式，进而预测是否发生有感地震目前仍有待解决。能量的释放以及破裂引起的移动是裂缝或者断层滑移面积的函数。这种直观关系是不言自明的。如果图 15.3 中不存在裂缝的岩石承受 300MPa 的应力，同时位于地下 2km 深度的压力下，毫无疑问，岩石会破裂。如果破裂形成 1000 条裂缝，每条裂缝的表面积都为 $0.1\mathrm{cm}^2$，每条裂缝的运动都相同，那么总的运动为 100cm 的滑移，然而岩石几乎不动。如果部署仪器监测岩石，将会监测到大量的地震。但是，如果只形成 1 条裂缝，总运动都相同，即滑移 100cm，那么将会监测到一次更明显的地震。

本节岩石破裂力学隐含着这样一个结论，准确预测何时何地发生地震以及地震的震级是多少是很困难的。但是，地热项目几个特定的因素可以在一定置信度上预测地震的可能性及风险。

15.3.2 地热项目伴随的地震活动

地震活动与炽热的地热储层中注入冷水、从地热储层中提取流体以及注入高压流体改造地热储层的渗透率等相关。以基本岩石破裂力学为背景，这些专题将在接下来的几个小节逐一细致讨论。这些与地热项目相关专题的进一步讨论，可以参考美国国家研究委员会发表的研究成果（2013）。

15.3.2.1　注入冷水引发的地震

大多数矿物受热反应是膨胀。膨胀的程度取决于矿物的结构。实验室测量摩尔体积随温度变化函数关系可以确定体积热膨胀系数，被定义为：

$$\alpha_v = \frac{(\Delta V/V_0)}{\Delta T}$$

式中，ΔV 是在温度区间为 ΔT 时，相对于参考状态下的体积变化。

表 15.2 列出了钾长石（透长石和微斜长石）和钠长石（低钠长石和高钠长石）的体积热膨胀系数。这些矿物是最常见的成岩矿物，它们的动态对于构成地热储层基体岩石的变化提供了指导。

图 15.4 所示为钠长石和钾长石随温度变化的体积变化分数。透长石和微斜长石的变化非常相似，而低钠长石和高钠长石的变化非常相似，图中所示为这些矿物各自的平均值。图中还显示了每立方厘米纯物质在冷却 50°C 和 100°C 时收缩的立方厘米数。这一体积变化虽然微小，但也很重要。正是这种收缩效应被认为是向炽热的地热储层中注入冷水引起微小地震的根本原因。

表 15.2　长石矿物热膨胀系数

矿物	α（T^{-1}）	参考体积（$Å^3$）
微斜长石[a]	1.86×10^{-5}	722.02
玻璃长石[b]	1.92×10^{-5}	723.66
低钠长石[a]	3.07×10^{-5}	664.79
高钠长石[c]	3.15×10^{-5}	666.98

来源：[a] Hovis 和 Graeme-Barber，1997；
[b] Hovis 等，1999；
[c] Stewart 和 von Limbach，1967。

例如，Stark（2003）已经记录到向 Geysers 地热储层注入补充水期间，地热储层与注入流体的温度差可达 100℃ 以上。Stark（2003）指出，地震发生的时间和空间与流体注入有关。他推断向地热系统注入冷水的热弹性效应可能是这种相关性的原因。这种热弹性过程造成的体积变化与已有裂缝的延伸以及新的微裂缝的形成可能是相关联的。

通常情况下，这一过程引发的地震震级不会超过 2.5 级。这可以通过考虑冷水注入过程冷却的体积大小来理解。如果岩石体积统一收缩的话，图 15.4 中所示的体积变化相当于滑移 10~15cm。如果收缩被限制在某个平面内，最大的收缩量将达 1~2m。由于受影响的区域被限制在注入井附近，同时由于滑移量非常小，振动的幅度传播到地面上就非常小。这种地震信号可以用敏感的地震检波器探测，可用于绘制裂缝形成的位置，否则没有其他用处。

正如在前面第 2 章说提到的，地球是一个驱动板块构造运动的热引擎。这些运动以不同的方式对板块施加不同程度的应力。两个板块相对滑动形成高应力条件，比如加利福尼亚州著名的圣安德烈斯断层带，板块会聚时也能形成高应力，比如俯冲带。最后，由于板块运动的变化和其他轻微挠曲的影响，应力可以在板块内部积聚。因此，在很多环境中，有着一些

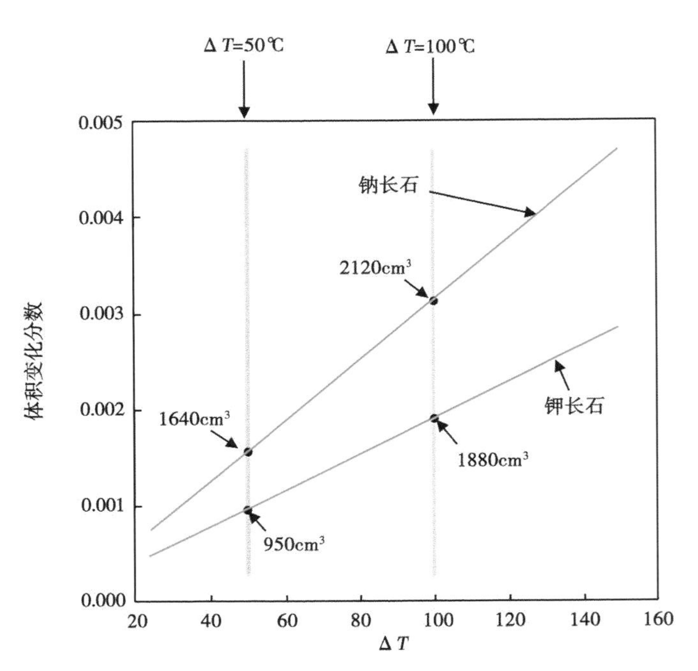

图 15.4 钠长石与钾长石体积变化分数与温度的函数关系

钠长石和钾长石曲线分别是表 15.4 列出的低钠长石和高钠长石的平均值和玻璃长石与微斜长石的平均值。图中的负值是 $1m^3$ 的纯物质冷却温差在 50°和 100°时体积变化量

既存的应力状态，被称为原地应力。原地应力的大小通常低于岩石、裂缝和断层等构成当地地质要素的 μ_f 值。在这样的情况下，不存在地震活动。然而，如果原地应力场造成剪切应力对正应力的比值接近当地裂缝和（或）断层的 μ_f 值，注入冷水的热弹性效应引起的滑移量可能高于预期。这可能是由于热弹性效应增加了总的应力，也可能是由于热弹性效应干扰了原地应力的方向。如果任意一种情况形成岩石破裂的应力条件，引起的地面震动的幅度取决于发生破裂或者滑移的区域的尺寸。

15.3.2.2 破裂面积与震级

Wells 和 Coppersmith（1994）提出了一个表征震级与发生破裂的面积之间的经验关系式：

$$M=4.07+0.98\lg A$$

式中 M——震级；

A——破裂面积。

图 15.5 显示了震级与破裂面积之间的关系。大多数与注入冷水有关的地震都小于 2.5 级（图 15.5 阴影框部分），表明破裂面积小于 $0.2km^2$。如果发生破裂的表面等分数更多或更少，那么每边滑移将会是约 100~150m 或更少。

为了避免开发地热资源引发更大的、具有破坏性的地震，这些关系式和观测值表明，评估某处地热资源需要考虑几个重要的特征。大多数具有地热应用前景的区域已被地质学家研究过。研究结果往往包括地震历史评估和当地地应力场因素。从这些研究中得来的数据应当用于评价当地地应力场的大小和方向、随深度的变化关系，以及这些评价具有的不确定性。在这些研究的基础上，可以确定还需要补充什么样的研究来减少不确定性并补充数据不足。

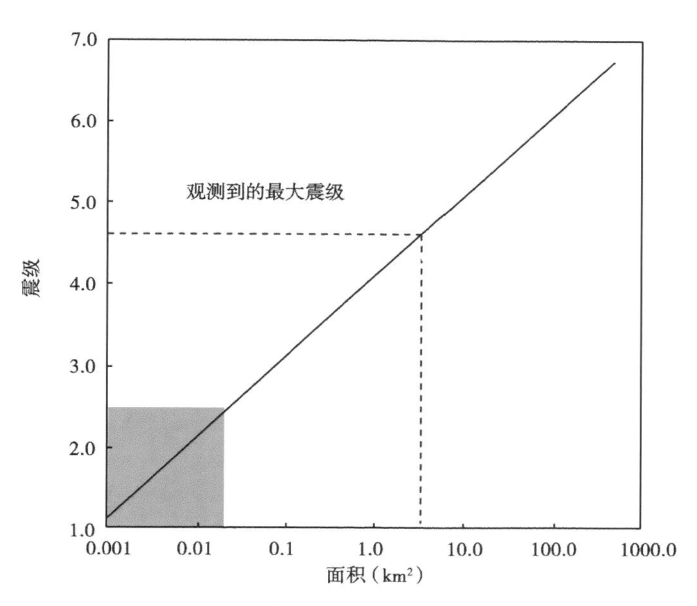

图 15.5　地震的瞬时震级与破裂面积的关系

基于 Wells 和 Coppersmith（1994）建立的经验关系式。阴影部分包围的区域是绝大部分地热开发中观测到的地震和微地震的震级，而虚线则是在地热开发中观测到的最大震级以及推测的破裂面积

结合应力场分析，还应当评价该地区不同岩石类型的力学性质，包括裂缝系统的方向、力学性质和矿物学性质。确定原地的 μ_f 和 σ_n 的近似值是预测诱发破裂可能性的基础。

描绘某处地热资源第三个重要方面是详尽分析那些可能发生断裂的大型断层或裂缝的特征。确定这些特征的位置及规模有助于划定最有利的开发区域，减少地热开发的风险。

综合定量评价应力场、岩石特性和可能发生破裂的潜在构造等手段是减少地震风险的一种重要而可靠的方法。与此同时，在地热应用建设和运营过程之前、之中和之后持续监测地震活动以确认可能预示着意外后果的非正常地震活动。通常改变注入的速度、时机和操作参数可以减轻这些意外后果。

15.3.2.3　流体抽取引发的地震

抽取地热流体引发的地震可以通过考虑孔隙压力对岩石动态的影响来理解。对于有限补给区域，抽取地热流体将通过降低一定范围内的孔隙压力来改变原地应力场。这种影响将改变当地主应力的方向。当应力场方向改变且孔隙压力变化的影响在当地地质构造中贯穿时，若本地区存在合适方向的裂缝且应力值超过 μ_f 值，那么可能发生岩石破裂。为了缓解任何潜在的负面影响，可以采用和“注入冷水引发的地震”一节中相同的数据收集、分析和地震监测等方法来实现。

此外，平衡流体抽取与回注，最大限度减少孔隙压力的波动也是很重要的。通过收集足够多的有关当地岩石性质、应力状态、由于抽取流体的体积与回注流体体积不平衡造成的孔隙压力差异的信息，有可能防止或者减少明显的滑移和地震活动。

15.3.2.4　注入高压流体改造地热储层渗透性引发的地震

为了提高油气藏的采收率，石油和天然气行业开发了利用高压流体压裂深部岩石储层的技术。这种技术被称为水力压裂技术，能够极大的提高储层的渗透性。这一过程也被称作储层增产或者储层改造。地热行业也采纳了这种技术，早期作为提高生产井附近渗透性的一种手段，也是在生产井和注入井之间建立高渗透性流动通道的手段。一段时间以来，水力压裂作为增强型地热系统的关键环节。然而，水力剪切已经成为提高增强型地热系统渗透性的更有效、更适用的技术。

回顾一下，水力压裂是通过泵将流体在2~20MPa之间注入井中实现的，其中泵与高强度的钢管连接。在地下需要提高渗透率的地方，对钢管射孔，以允许高压流体进入围岩之中。根据岩石性质和裂缝分布不同，围岩要么形成新裂缝、要么开启原有的裂缝。高压将维持数小时至数天，这取决于新渗透率想要提高的幅度。

研究表明，这一过程中主要是引起原有裂缝的剪切破裂。流体注入降低了正应力从而有效提高了剪切应力对正应力的比值。在压力足够高时，剪切应力与正应力的比值超过了裂缝的摩擦强度，裂缝产生滑移并破裂。微地震的大小表明破裂面积的数量级通常在100m^{2}到几千平方米之间。

诱导破裂产生大量的小地震。从作业角度看，这些地震有助于监测水力压裂的位置与延伸情况。利用安装在地面和井筒中的高灵敏度地震检波器可以绘制裂缝的位置、方向和延伸程度。

图15.6显示的是法国东部Soultz-sous-Forêts地区的欧洲增强型地热系统在2000—2004年水力压裂过程中地震波的集中度与分布（Baria等，2006）。涂色的区域中包含有上万次的地震。最大的地震震级为2.6级和2.9级。虽然记录到数千次地震，但当地居民并没有感觉到地面晃动。绝大多数地震的震级不到2.0，尽管水力压裂过程中流体的注入速度、注入体

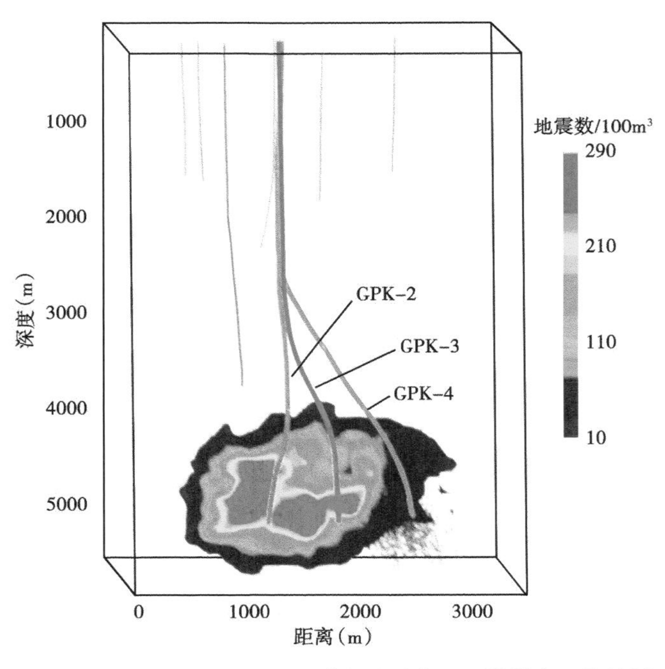

图15.6 法国Soultz-sous-Forêts地区欧洲热干岩项目结晶岩地热储层改造引发的地震数量密度等值线（据Baria等，2006）

等值线图反映的是在GPK-2井和GPK-3井实施两期水力压裂的结果。同时散点是GPK-4井水力压裂引发的地震。图中显示的其他井用于地震监测

积和注入压力变化很大，但是地震的震级是非常小的，这表明发生大地震的风险是很小的。

然而，在距该地区以南150km，巴塞尔城（Basel）附近，一个相似的增强型地热系统曾经引发3.4级地震。尽管没有记录到构造破坏，意外的震动还是导致人们对地震风险的关注。这次地震发生在停注几小时之后。这种关井后发生的地震已经被观测到多次，包括Soultz-sous-Forêts地区也曾经观测到。

流体注入引发的地震不是一个新现象。Nicholson 和 Wesson（1990）证实注入流体可以在各种不同的环境中引发地震。最大的诱发型地震的震级为5.5，是1967年在科罗拉多州的落基山兵工厂废弃物处置中引发的。Bachmann 等（2009）指出，流体注入引发的地震，特别是在巴塞尔地区，呈现出与天然地震余震相似的特征。这说明诱发型地震与天然地震的物理过程是类似的。

减轻水力压裂过程中流体注入引发的地震风险需要协调现场环境研究和几种作业方式。Baria 等（2006）简要描述了这几个方面，包括细致监测注入速度、注入量和注入压力的微地震响应，分析这些响应，并深入监测关井后的地震动态，这会指导注入速度、注入量和注入压力以最大程度的减少地震风险。

此外，一份详述能源技术行业地下作业各个方面引发地震的分析报告指出了资源提取与地震之间的关系。该报告提出了具体的建议，设计风险管理和减轻不利影响。提出的主要建议包括如下：

（1）按用途和类型对井进行分类，严格遵守每一种井的施工要求，这包括套管类型、固井和完井等。

（2）确保记录注入流体的类型和组成，确保注入井满足特定的流量类型。

（3）确保饮用水含水层受到保护。

（4）确保微地震监测和数据处理是足够的。

（5）确保有一套现成可用的系统性方法可以调查满足某些标准的诱发型地震。

（6）评估某个地区的地震风险，针对填充密度、构造类型和可能的地震震级有现成的指导方针。

（7）准备好一个“最佳实践”协议，使项目开发可以尽可能有效地进行，同时最大限度地减少和化解风险。

15.4 地面沉降

从地下提取的流体的量与流体回注量不平衡会影响当地水文环境和地下应力状态。在岩石骨架具有高强度的地方，位于连通孔隙和裂缝中的水承受很小或者不承受岩石负载。在这样的情况下，作用于地下深处的力来自于上覆水的重量，这个压力为静水柱压力。这样的地区通常是由花岗岩、片麻岩或其他结晶岩构成，从这样的地方抽取地下流体对地表高程没有明显的影响。

低强度的岩石具有压缩性，会对孔隙和裂缝中的水施加部分力。由于水是不可压缩流体，因此水相应的将会对岩石施加部分力，这个力最大可达到静岩压力。在这种情况下，水成为地下构造框架的内在要素。呈现出这种动态的岩石一般为未固结的沉积岩、多孔性火山岩，或是泥土含量高的岩石。如果从这样的环境中抽取地下水，上覆的岩石将会有一定的沉降，沉降幅度取决于地下水被提取的量和岩石的压缩性。在地面上，这种效果被称为地表沉降。

岩石材料的刚度被称为体积模量（K），单位为 GPa，材料的压缩系数为体积模量的倒数。表 15.3 列出了某种人造玻璃体积模量的实验确定值与孔隙度的关系。虽然不同岩石的体积模量差别巨大，表 15.3 所列的值是体积模量量级与差异性的合理范围，图 15.7 是根据表 15.3 的值和其他岩石类型的体积模量值绘制而成。

表 15.3　多孔玻璃的体积模量与孔隙度的函数关系（据 Walsh，1965）

孔隙度	K（GPa）	压缩系数（GPa^{-1}）
0.00	45.9	2.18×10^{-2}
0.05	41.3	2.42×10^{-2}
0.11	36.2	2.76×10^{-2}
0.13	37.0	2.70×10^{-2}
0.25	23.8	4.20×10^{-2}
0.33	21.0	4.76×10^{-2}
0.36	18.6	5.38×10^{-2}
0.39	17.9	5.59×10^{-2}
0.44	15.2	6.58×10^{-2}
0.46	13.5	7.41×10^{-2}
0.50	12.0	8.33×10^{-2}
0.70	6.7	1.49×10^{-1}

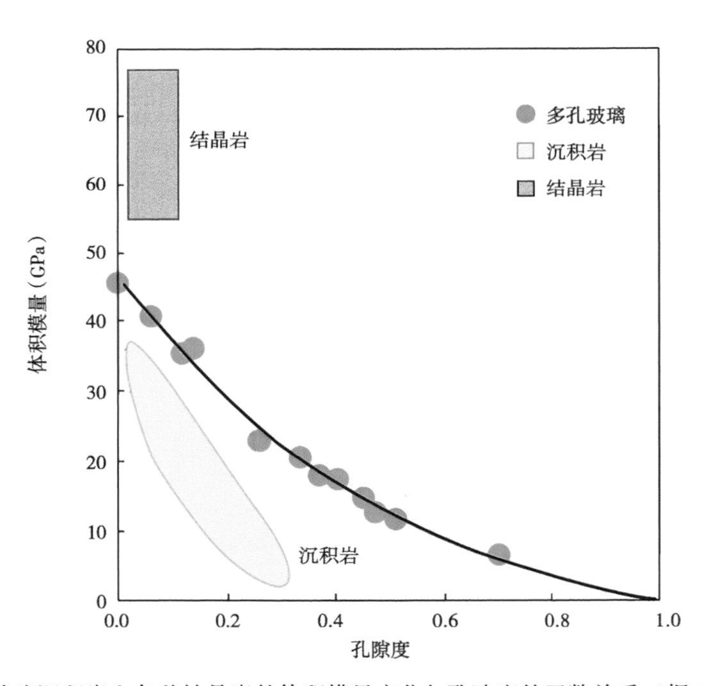

图 15.7　多孔玻璃沉积岩和各种结晶岩的体积模量变化与孔隙度的函数关系（据 Walsh 等，1986）
连接多孔玻璃实心圆点的曲线是一条指数递减曲线

结晶岩比如花岗岩、片麻岩和其他类似的岩石具有足够高的体积模量，如果从其中的裂缝和孔隙中提取水，可以防止产生明显的沉降。因此，从地表稳定性的角度来考虑，这些岩石构成了良好的地热储层。多孔性岩石具有更低的刚度，当其中的部分或全部体积中流体提取造成流体压力下降时，岩石会呈现某种程度的压缩。在多大程度上会发生地表沉降取决于压力的变化以及岩石的体积模量。

或许，地热场地表沉降最完备的记录是新西兰的 Wairakei，该地区地热场已经运行并测量了几十年，这可以推断出地热系统开发的影响（Allis 等，2009）。数据是从密布的地表高程基准测量仪上收集来的，采用这种方法仔细测量可以确定沉积的速度小到只有 1mm/a。重要的是要认识到，这些测量能确定地表高程发生了变化，但不能确定变化的原因。为了确定沉降的原因，需要额外的数据来描述导致沉降的机理。

反复的测量结果已经确定发生沉降的范围大约 $50km^2$。在大多数地区，沉降不足 1m。然而，局部的"漏斗"形沉降曾记录到沉降幅度高达 15m。这是世界上可能与地热活动有关的最大沉降记录。反复的水准测量也证实，沉降的速度随时间而改变。在 20 世纪 50 年代后期和 20 世纪 70 年代中期，某些地区的沉降速度加快了，最大沉降速度超过 400mm/a。之后，沉降速度下降到 10~25mm/a。图 15.8 是该地区 2009 年的沉降速度分布图。图中标记了两个沉降速度超过 60mm/a 的地区，每个占地约 $1km^2$。

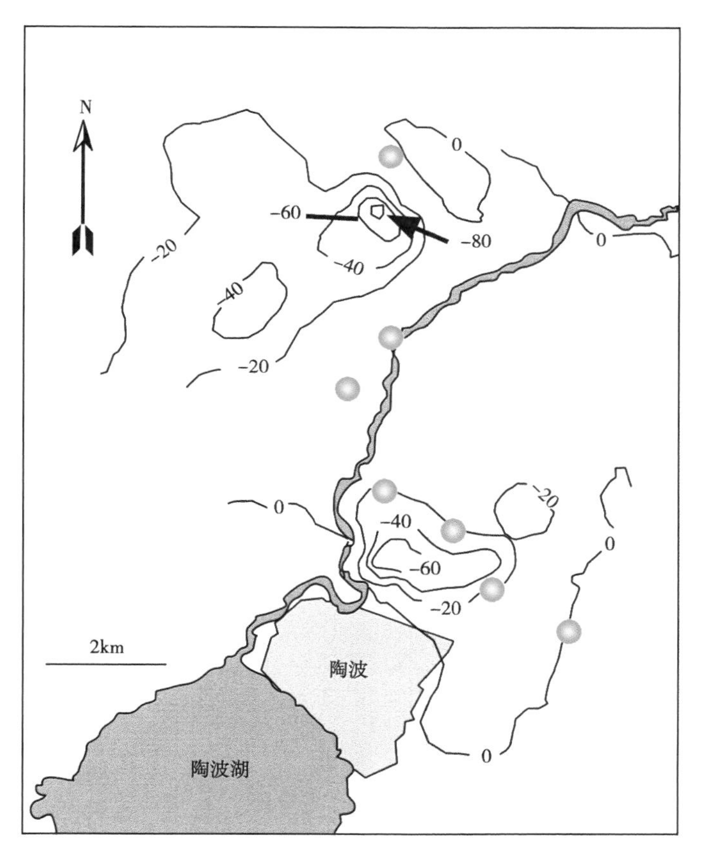

图 15.8 新西兰 Taupo 附近沉降速度（mm/a）等值线图（据 Allis 等，2009）
部分填充的点代表地热发电中井的位置。在每一处地热场通常有多口井

地热井的位置与沉降最强烈的位置并不完全匹配。然而，据推断，深层的蒸汽区由于流体抽取造成的压力降导致了沉降。在生产期间，压力大约下降 1.5MPa，直到生产后期才开始回注流体，从此，沉降速度减缓。截至 2006 年，回注量约占产液量的 15%。然而，沉降

的方式却有些难以理解。该地区的地下地质情况是由各种火山岩构成的相当平缓的层序。有些具有高孔隙度，很容易转变为泥土和其他松软的、低强度矿物。沉降漏斗的位置或许意味着此处地下正普遍发生这种转变。沉降漏斗的位置也可能是地下存在岩层序列大幅倾斜的位置，转变后的层序向下俯冲。目前对于沉降漏斗的形成，区分这些机理与其他机理是不能的。此外，沉降幅度还说明存在不同寻常的压缩岩石单元。目前还没有发现符合这种情形的材料。确定异常剧烈沉降的确切原因的还需要进一步的工作。

建立 Wairakei 地区沉降历史的水准测量工作既费力又费时。遥感方法的最新进展使得利用卫星数据进行高精度地面高程测量成为可能。Eneva 等（2009）指出 Salton Sea 地热区域的测量结果呈现巨大的前景。这种技术利用在轨卫星的雷达信号进行合成孔径雷达干涉测量（InSAR）研究，合成孔径雷达干涉测量（InSAR）研究通过构建基于重复测量的差异图来测量地面变形。这种差异合成孔径雷达干涉测量（InSAR）研究已被详尽记录（Massonnet 和 Feigl，1998；Bürgmann 等，2000）。在植被覆盖，且由于季节性和农业活动造成地表快速变化时，差异合成孔径雷达干涉测量（InSAR）还无法应用。然而，在这种情况下，如果可以确定与植被效应无关的永久雷达散射体，异合成孔径雷达干涉测量（InSAR）方法可以应用和改进。Eneva 等（2009）和 Falorni 等（2010）描述了这种方法在 Salton Sea 部分地区绘制地面运动的应用。

在地热地区，地面沉降一般影响不大，特别是采用了采出液回注技术的地方。然而，遥感技术比如卫星干涉测量提供了快速评价沉降问题是否发生以及如何减缓沉降的手段。

15.5 水资源的利用

实现从地热流体中有效提取能量所需的能源生产效率需要巨大的水量。在发电站中地热流体的流动路径包括以下连续的阶段：

（1）高压气液混合物从井口流到分离器。

（2）高压蒸汽与凝析液分离并管输到涡轮。

（3）蒸汽在涡轮中膨胀，随着压力和温度下降，产生冷凝。

（4）当蒸汽流经多级涡轮时，冷凝液与蒸汽分离。

（5）蒸汽通过涡轮排气口排出蒸汽，在冷凝器中冷凝。

（6）冷凝水在冷却塔中冷却。

冷却塔将水喷入流动的空气中，产生蒸发冷却。在整个过程中，约 60%~80%进入涡轮的原始蒸汽蒸发到大气中。剩余的流体收集起来用以回注。

对于地热资源的长期可持续性，补充所被抽取的流体是非常重要的。尽管存在天然流体补充，但是补充完成的时间从几小时、几天到数年不等，这取决于自然补给率。如果从地热资源中提取的速度很高，同时天然流体补充的速度也很高，那么可能导致其他地热层中的水运移过来。这种效果可能表现为局部水位下降，地热资源的地面特征（比如温泉和间歇泉）减少。如果补充的速度很低，可能发生地面沉降，以及地热资源的产能降低。出于这些原因，通过回注平衡采出液是非常重要的。

蒸发冷却导致的地热流体的大量损失对于保持注采平衡是一个很大挑战。Geysers 地热场与当地的水区达成协议，将它们处理的废水注入地热储层中。这种行为使得 Geysers 地热系统更接近注采平衡，实现可持续发展。这种解决方案对于远离人口中心，不需要对废水进行环保处理的地热场是不可能有用的。在有丰富地表水的地区，收集并回收地表水注入地热层可以补充地热层损失的水量，实现可持续发展。对于靠近海岸线或者其他非饮用水（比如含盐地下水）的地区，这些水资源可以用来弥补蒸发损失。

目前还采用了一种混合工艺，在一年中最冷的时候采用空气冷却。这样的系统设计可以在最冷的季节，在预期的环境温度范围内实现最大的效率。在较暖和的月份里，随着昼夜温差幅度的变化，空气冷却需要持续增加水冷却来补充。这样的工艺可以使地热流体在一年中部分时间实现完全回注，在剩余的时间里，最大限度减少损失到大气中的量。Mishra 等（2011）详细分析了地热能开发对水资源需求以及冷却技术的影响。他们发现用水紧张的地区需要采用先进的技术来冷却以实现水资源既能保障地热能的可持续生产又能满足非发电水资源需求。

不管采取什么样的方法，重要的是要仔细观察，在发电设备和周围生态系统中精细化管理水循环 保持地热资源长期稳定。尽管地热资源在地质时间的尺度上是自然可再生的，但在人类的时间尺度上，需要敏锐的平衡地热系统各部分以确保可持续发展。

15.6 土地资源的利用

地热设备的建设和运营需要土地，从而影响当地的地表景观。在建设阶段，伴随着大量的开发工作，会产生最多的活动痕迹，但在大多数情况下，一旦建设和测试完成，开始运行后活动痕迹将会显著减少。地热设备的建设阶段通常由两个基本阶段构成，钻井和地热设备建设。对于所有的地热应用，无论是地源热泵、直接利用还是发电，建设阶段是相同的。

地热钻井需要足够的场地放置足够大的钻机，以达到所需的深度。这需要建设通往井场的道路。在井场，必须挖掘足够大的钻井坑以便操作钻井或者建设钻井平台。经常必须有足够的空间来储存钻杆和套管。同时需要挖掘一个或多个钻井液池，钻井液从井口泵入钻井液池然后继续循环。对于地热发电系统中的特深井，还需要设备冷却用钻井液。容纳所有这些设备需要的总面积在 1000~10000m^2，具体大小取决于钻井的深度和使用的设备。

钻井之后必须进行现场修复。修复工作包括清理钻井液池中的污泥，并回填钻井液池。拆除钻井设备和供应管线，如果合适的话，还要恢复地表地貌。钻井完成后，井口设备和周围附属物占地面积大大小于 100m^2。对于直接利用和地源热泵装置，井口和周围附属物的占地面积将小于 5m^2。

建设发电设备需要各方面的转换技术将电能输入配电系统。此外，燃料循环的送料管线和栖息地碎片化也是转换技术对土地影响不可避免的一部分。McDonald 等（2009）对各种能源转换技术影响的土地面积进行了分析。他们的分析考虑了各种减少碳排放的政策，并将结果推算到 2030 年。这是美国能源信息管理局预测能源生产的年份之一。图 15.9 总结了这项研究的成果。对于他们所评价的能源转换技术，地热发电的环境影响是第二小的。其他采用不同方法进行的分析无一例外的得出了相同的结论。

从土地资源利用的角度看，地热能的利用，无论是直接利用、地源热泵还是发电，在现有的技术中是环境影响最小的。环境影响小的一个重要因素是在地热发电机组运行过程中没有相关的燃料循环。这极大地减少了环境影响，因为不需要存储燃料。如果进行全生命周期的分析，地热系统相比于其他化石燃料发电机组，环境影响减少得更多。

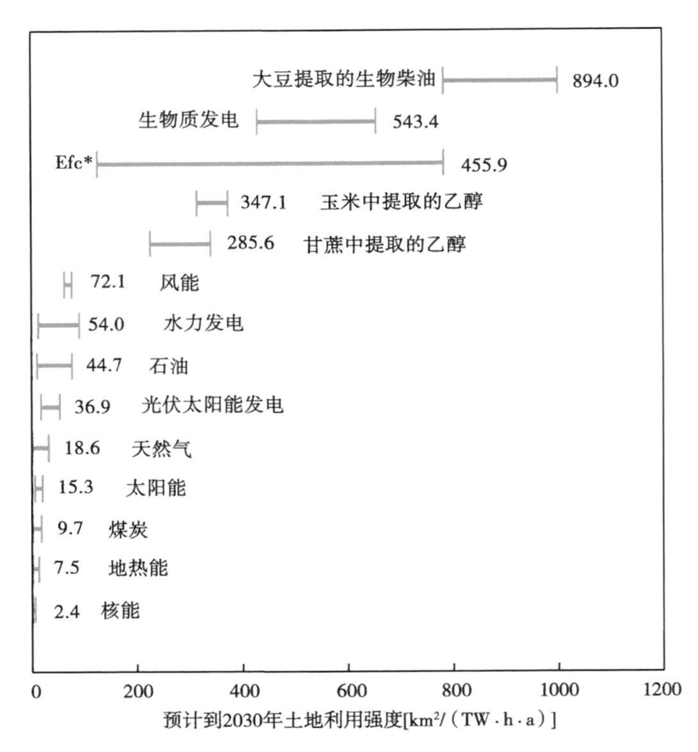

图 15.9　不同能源利用技术的土地占用情况（据 McDonald，2009）

基于各项技术对栖息地破坏和挪作他用的影响分析而来。条块代表到 2030 年最大和最小的影响。取决于影响技术发展的可能的政策因素。条块上的数字代表中值

15.7　小结

将能源转换为电能或者其他的利用形式不可避免的会影响环境。基于这个原因，积极的、科学的监测、分析以及减轻环境影响是任何能源开发必须一体化考虑的因素。可再生能源例如地热能的重要性在于如果妥善管理，它们对环境的影响可以最小化。地热能的影响主要是气体排放、水处理、地震、地表沉降、水资源利用和土地利用。蒸汽发电设备（二次发电设备不产生排放）产生的排放主要来自于溶解于地热流体中的气体。其中体积最大的是二氧化碳，偶尔也有硫化氢和汞蒸气。二氧化碳的排放量相当小，排放量不足化石燃料发电技术的 1%。由于二氧化碳的溶解量取决于当地的地质环境，排放可测量的二氧化碳作为大气的组成成分，在大多数情况下，地热发电的排放量对本地区自然排放的增量很小。如果浓度超过监管上限，其他类的气体成分通常在地热发电机的出口端被处理掉。地热水的处理通常是回注，但盐水中的某些成分可能是具有潜在重大经济价值的资源。资源回收目前是一个活跃的研究和开发领域。目前，硅、锌、镁等能够经济有效的回收。地热发电开发和运行中诱发地震的原因有流体抽取、回注以及地热储层改造。这些诱发型地震地表振动的震级在大多数情况下是非常小的，只有在当地应力和地质构造能够引发大面积岩石破裂时，才会产生强烈的地震。

深入分析地热场可以确定这样的条件并指导开发活动避免强烈的破裂发生。地表沉降发生在地下岩石具有较低的压缩强度且地热流体补给不足时。与地震情况一样，深入的地热场分析与监测可以指导开发活动，大大降低风险。在水资源不足的地区，水资源的利用将会是需要水冷却的地热应用的重大挑战。地热设备在计划、设计和运行时，需要详细谋划整个作业循环中水的物质平衡以确保地热能的可持续利用。在合适的地方利用海水、废水、地下咸水或者地表水能够显著降低对水量预算的影响。混合冷却技术以及正在研发的操作工艺也能减少水的使用。最后，某种技术的利用对土地的影响可能是重要的环境问题。地热发电以及其他应用，对土地利用有影响，但在所有的能源转换技术中，地热发电每兆瓦发电的影响是除了核能发电以外影响最小的。

问　　题

（1）在一个地热项目启动前，什么样的研究和测量能够确定可能需要处理的污染物？

（2）地热发电项目必须考虑的环境排放是什么？如何定量比较地热发电排放量与化石燃料发电系统的排放量？

（3）发电过程中水的利用方式是什么？可以运用什么方法来减少水的消耗？

（4）什么是资源回收？在地热发电系统中，它扮演什么角色？

（5）什么原因造成地表沉降？如何才能缓解？

（6）确定一个地热项目可持续性的关键因素是什么？

参考文献

Allis，R.，Bromley，C.，and Currie，S.，2009. Update on subsidence at the Wairakei-Tauhara geothermal system，New Zealand. *Geothermics*，38，169-180.

Ármannsson，H.，2003. CO_2 emission from geothermal plants. *International Geothermal Conference*，September Session #12，Reykjavík，Iceland，September 11-13，pp. 56-62.

Arnórsson，S.，2004. Environmental impact of geothermal energy utilization. In *Energy*，*Waste and the Environment*：*A geochemical Perspective*，eds. R. Giere and P. Stille. London：Geological Society，pp. 297-336.

Bachmann，C.，Wössner，J.，and Wiemer，S.，2009. A new probability-based monitoring system for induced seismicity：Insights from the 2006-2007 basel earthquake sequence. *Annual Meeting of the Seismological Society of America*，Seismological Research Letters，vol. 80，April 8-10，Monterey，CA，p. 327.

Baldacci，A. and Sabatelli，F.，1998. Perspectives of geothermal development in Italy and the challenge of environmental conservation. *Energy Sources*，*Part A*：*Recovery*，*Utilization*，*and Environmental Effects*，20，709-721.

Baria，R.，Jung，R.，Tischner，T.，Nicholls，J.，Michelet，S.，Sanjuan，B.，Soma，N.，Asanuma，H.，Dyer，B.，and Garnish，J.，2006. Creation of an HDR reservoir at 5000 m depth at the European HDR project. *Proceedings of the 31st Workshop on Geothermal Reservoir Engineering*，Stanford University，Stanford，CA，SGP-TR-179，January 31-February 1，8 pp.

Baubron，J.-C.，Mathieu，R.，and Miele，G.，1991. Measurement of gas flows from soils in volcanic areas: The accumulation method (abstract). *Proceedings of the International Conference on Active Volcanoes and Risk Mitigation*, Napoli, Italy, September 14-17.

Bird, D. K. and Helgeson, H. C., 1981. Chemical interaction of aqueous solutions with epidote-feldspar mineral assemblages in geologic systems; II, Equilibrium constraints in metamorphic/geothermal processes. *American Journal of Science*, 281, 576-614.

Bloomquist, R. G., 2006. Economic benefits of mineral extraction from geothermal brines. *Washington State University Extension Energy Program.* 6 pp.

Bourcier, W., Ralph, W., Johnson, M., Bruton, C., and Gutierrez, P., 2006. *Silica extraction at Mammoth Lakes, California.* Lawrence Livermore National Laboratory Report UCRL-PROC-224426. Livermore, CA, 6 pp.

Bürgmann, R., Rosen, P. A., and Fielding, E. J., 2000. Synthetic aperture radar interferometry to measure Earth's surface topography and its deformation. *Annual Reviews of Earth and Planetary Sciences*, 28, 169-209.

Chiodini, G., Cioni, R., Guidi, M., Raco, B., and Marini, L., 1998. Soil CO_2 flux measurements in volcanic and geothermal areas. *Applied Geochemistry*, 13, 543-552.

Cruz, J. V., Couthinho, R. M., Carvalho, M. R., óskarsson, N., and Gíslason, S. R., 1999. Chemistry of waters from Furnas volcano, S̃ao Miguel, Azores: Fluxes of volcanic carbon dioxide and leached material. *Journal of Volcanology and Geothermal Research*, 92, 151-167.

Delgado, H., Piedad-Sànchez, N., Galvian, L., Julio, P., Alvarez, J. M., and Càrdenas, L., 1998. CO_2 flux measurements at Popocatépetl volcano: II. Magnitude of emissions and significance (abstract). *EOS Transactions of the American Geophysical Union* 79 (Fall Meeting Supplement), 926.

Dydo, P., Turek, M., Ciba, J., Trojanowska, J., and Kluczka, J., 2005. Boron removal from landfill leachate by means of nanofiltration and reverse osmosis. *Desalination*, 185, 131-137.

Ellis, A. J. and Mahon, W. A. J., 1977. *Chemistry and Geothermal Systems.* New York: Academic Press, 392 pp.

Energy Information Administration, 2013. Monthly Energy Review 2013, Table 7. 2a. US Department of Energy. http://www.eia.gov/totalenergy/data/monthly/pdf/sec7_5.pdf.

Eneva, M., Falorni, G., Adams, D., Allievi, J., and Novali, F., 2009. Application of satelite interferometry to the detection of surface deformation in the Salton Sea geothermal field, California. *Geothermal Resources Council Annual Meeting*, October 4-7, Reno, NV.

Entingh, D. and Vimmerstadt, L. 2005. Geothermal chemical byproducts recovery: Markets and potential revenues. Princeton Energy Resources International, LLC. Technical Report 9846-011-4G, National Renewable Energy Laboratory, Golden, CO.

Etiope, G., Beneduce, P., Calcara, M., Favali, P., Frugoni, F., Schiatterella, M., and Smriglio, G., 1999. Structural pattern and CO_2-CH_4 degassing of Ustica Island, Southern Tyrrhenian basin. *Journal of Volcanology and Geothermal Research*, 88, 291-304.

Evans, W. C., Sorey, M. L., Cook, A. C., Kennedy, B. M., Shuster, D. L., Colvard, E. M., White, L. D., and Huebner, M. A., 2002. Tracing and quantifying magmatic carbon discharge in cold groundwaters: Lessons learned from Mammoth Mountain, USA. *Journal of Volcanology and Geothermal Research*, 114, 291-312.

Falorni, G., Morgan, J., and Eneva, M., 2011. Advanced InSAR techniques for geothermal exploration and production. *Geothermal Resources Council Transactions*, 35, 1661-1666.

Favara, R., Giammanco, S., Inguaggiatio, S., and Pecoraino, G., 2001. Preliminary estimate of CO_2 output from Pantelleria Island volcano (Sicily, Italy): Evidence of active mantle degassing. *Applied Geochemistry*, 16, 883-894.

Gallup, D., 1998. Geochemistry of geothermal fluids and well scales, and potential for mineral recovery. *Ore Geology Reviews*, 12, 225-236.

Gallup, D., 2007. Treatment of geothermal waters for production of industrial, agricultural or drinking water. *Geothermics*, 36, 473-483.

Gallup, D., Sugiaman, F., Capuno, V., and Manceau, A., 2003. Laboratory investigation of silica removal from geothermal waters to control silica scaling and produce usable silicates. *Applied Geochemistry*, 18, 1597-1612.

Gerlach, T. M., 1991. Etna' s greenhouse pump. *Nature*, 315, 352-353.

Gerlach, T. M., Doukas, M. P., McGee, K. A., and Kessler, R., 2001. Soil efflux and total emission rates of magmatic CO_2 at the Horseshoe Lake tree kill, Mammoth Mountain, California, 1995-1999. *Chemical Geology*, 177, 101-116.

Glassley, W. E., 1974. A model for phase equilibria in the prehnite - pumpellyite facies. *Contributions to Mineralogy and Petrology*, 43, 317-332.

Han, D.-H., Nur, A., and Morgan, D., 1986. Effects of porosity and clay content on wave velocities in sandstones. *Geophysics*, 51, 2093-2107.

Helgeson, H. V., 1964. *Complexing and Hydrothermal Ore Deposition*. New York: MacMillan Company, 128 pp.

Hovis, G. L., Brennan, S., Keohane, M., and Crelling, J., 1999. High-temperature X-ray investigation of snaidine-analbite crystalline solutions: Thermal expansion, phase transitions and volumes of mixing. *Canadian Mineralogist*, 37, 701-709.

Hovis, G. L. and Graeme-Barber, A., 1997. Volumes of K-Na mixing for low albite-microcline crystalline solutions at elevated temperature: A test of regular solution thermodynamic models. *American Mineralogist*, 82, 158-164.

Kabay, N., Yilmaz, I., Yamac, S., Samatya, S., Yuksel, M., Yuksel, U., Arda, M., Sağlam, M., Iwanaga, T., and Hirowatari, K., 2004. Removal and recovery of boron from geothermal wastewater by selective ion exchange resins. I. Laboratory tests. *Reactive and Functional Polymers*, 60, 163-170.

Kraft, T., Mai, P. M., Wiemer, S., Deichmann, N., Ripperger, J., Kästli, P., Bachmann, C., Fäh, D., Wössner, J., and Giardini, D., 2009. Enhanced geothermal systems: Mitigating risk in urban areas. *EOS Transactions of the American Geophysical Union*, 90, 273-274.

Lockner, D. A., 1995. Rock failure. In *Rock Physics and Phase Relations*, ed. T. J. Ahrens. Washington, DC: American Geophysical Union, pp. 127-147.

Massonnet, D. and Feigl, K. L., 1998. Radar interferometry and its applications to changes in the

Earth' s surface. *Reviews of Geophysics*, 36, 441-500.

McDonald, R. I., Fargione, J., Kiesecker, J., Miller, W. M., and Powell, J., 2009. Energy sprawl or energy efficiency: Climate policy impacts on natural habitat for the United States of America. *PLoS ONE*, 4, 1-11. http://www.plosone.org/article/info:doi/10.1371/journal.pone.0006802.

McDowell, S. D. and Elders, W. A., 1980. Authigenic layer silicate minerals in borehole Elmore 1, Salton Sea Geothermal Field, California, USA. *Contributions to Mineralogy and Petrology*, 74, 293-310.

McKibben, M. A. and Hardie, L. A., 1997. Ore-forming brines in active continental rifts. In *Geochemistry of Hydrothermal Ore Deposits*, ed. H. L. Barnes. New York: Wiley, pp. 877-935.

Mishra, G. S., Glassley, W. E., and Yeh, S., 2011. Realizing the geothermal electricity potential—Water use and consequences. *Environmental Research Letters*, 6, 1-8.

Muffler, L. J. P. and White, D. E., 1969. Active Metamorphism of Upper Cenozoic Sediments in the Salton Sea Geothermal Field and the Salton Trough, Southeastern California. *Geological Society of America Bulletin*, 80, 157-182.

Nagl, G. J., 2008. Controlling H_2S Emissions in Geothermal Power Plants. Merichem Company. http://www.gtp-merichem.com/support/technical_papers/geothermal_power_plants.php.

National Research Council, 2013. *Induced Seismicity Potential in Energy Technologies*. Washington, DC: National Academies Press, 300 pp.

Nicholson, C. and Wesson, R. L., 1990. Earthquake hazard associated with deep well injection. USGS Bulletin 1951, Washington, DC: US Geological Survey, 74 pp.

Peterson, J., Rutqvist, J., Kennedy, M., and Majer, E., 2004. Integrated High Resolution Microearthquake Analysis and Monitoring for Optimizing Steam Production at The Geysers Geothermal Field, California. California Energy Commission, Geothermal Resources Development Account Final Report for Grant GEO-00-003, 41 pp.

Preuss, K., 2006. Enhanced geothermal systems (EGS) using CO_2 as working fluid—A novel approach for generating renewable energy with simultaneous sequestration of carbon. *Geothermics*, 35, 351-367.

Seaward, T. M. and Kerrick, D. M., 1996. Hydrothermal CO_2 emission from the Taupo Volcanic Zone, New Zealand. *Earth and Planetary Science Letters*, 139, 105-113.

Skinner, B. J., White, D. E., Rose, H. J., and Mays, R. E., 1967. Sulfides associated with the Salton Sea geothermal brine. *Economic Geology*, 62, 316-330.

Sorey, M. L., Evans, W. C., Kennedy, B. M., Farrar, C. D., Hainsworth, L. J., and Hausback, B., 1998. Carbon dioxide and helium emissions from a reservoir of magmatic gas beneath Mammoth Mountain, California. *Journal of Geophysical Research*, 103 (15), 303-315, 323.

Stark, M., 2003. Seismic evidence for a long-lived Enhanced Geothermal System (EGS) in the northern geysers reservoir. *Geothermal Resources Council Transactions*, 27, 727-731.

Stewart, D. B. and von Limbach, D., 1967. Thermal expansion of low and high albite. *American Journal of Science*, 267A, 44-62.

Tester, J. W., Anderson, B. J., Batchelor, A. S., Blackwell, D. D., DiPippio, R., Drake,

E. M., Garnish, J. et al., 2006. *The Future of Geothermal Energy*. Cambridge, MA: MIT Press, 372 pp.

Walsh, J. B., Brace, W. F., and England, A. W., 1965. Effect of porosity on compressibility of glass. *Journal of the American Ceramic Society*, 48, 605-608.

Wardell, L. J. and Kyle, P. R., 1998. Volcanic carbon dioxide emission rates: White Island, New Zealand and Mt. Erebus, Antarctica (abstract). *EOS Transactions of the American Geophysical Union* 79 (Fall Meeting Supplement), 927.

Wells, D. L. and Coppersmith, K. J., 1994. New empirical relationships among magnitude, rupture length, rupture width, rupture area, and surface displacement. *Bulletin of the Seismological Society of America*, 84, 974-1002

Xu, T. and Preuss, K., 2010. Reactive transport modeling to study fluid-rock interaction in enhanced geothermal systems (EGS) with CO_2 as working fluid. *Proceedings of the World Geothermal Congress*, *Bali*, Indonesia, April 25-30, pp. 25-29.

附录　地震测量

当岩石破裂时，释放能量。从这样的事件中观测到的特征是释放的能量大小以及事件发生时震动的强度。

Richter（1935）指出地震过程中释放的能量的相对值可以从标准地震检波器上记录的地震轨迹的振幅与检波器与地震之间的距离推算出来。他提出的关系式为：

$$M_L = \lg A + B \tag{15S.1}$$

式中，A 是轨迹的振幅，mm。

这一关系式后来被 Butenberg 和 Richter（1956）用于计算实际释放的能量：

$$\lg E_Q = 2.9 + 1.9M_L - 0.024M_L^2 \tag{15S.2}$$

式中，E_Q 为释放的能量（J）。

图 15S.1 显示释放的能量取决于震级。注意震级每增加一度，释放的能量增加了远超 10 倍。随着新的断层模型的建立，对这一关系式的修改仍在不断完善（见 Abe［1995］的总结）。

对于地面震动，对特定的地震或者释放的能量没有单独的测量。因为震动的量取决于当地的地质条件。比如一个人站在非固结的沉积物上，比如垃圾填埋场，要比一个站在基岩露头上的人，感受到的同一次地震的地面震动要强烈的多。多年来的经验建立了通过描述破坏程度和人感受到的地面震动的幅度来定量标定地震强度。这种标定被称为修正的 Mercalli 强度（MMI）标定，这种标定从 I—XII，表 15S-1 简要列出了不同强度值的意义。

与地热开发相关的地震活动，绝大多数的震级小于 2，MMI 的值小于 Ⅱ。能否引发更强烈的地震，仍是一个争论的问题。到目前为止，与地热活动有关的地震的最大震级在 4.5 左右。

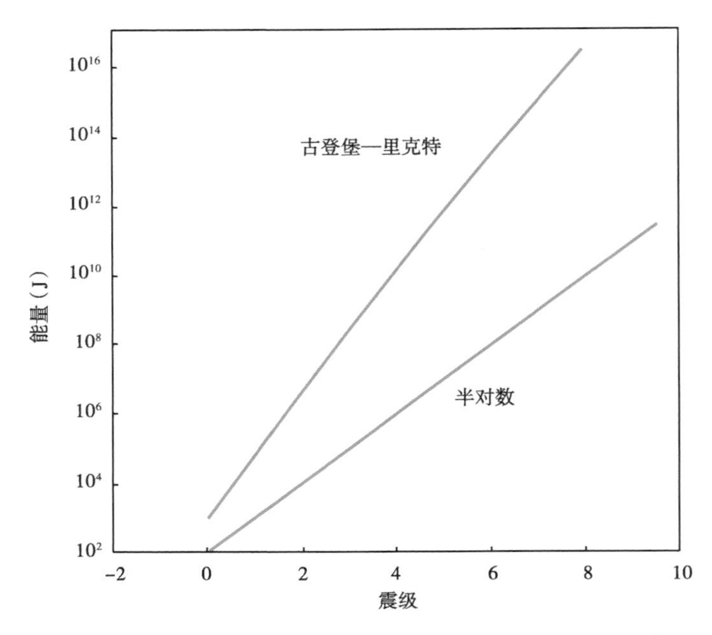

图 15S.1 Joules 地区一次地震中释放的能量与地震震级的关系

标记有“古登堡—里克特”的曲线来自于方程（12S.2），标记有“半对数”的曲线显示的是一个不同模型释放的能量与震级的关系，这个模型假设能量释放与震级之间为半对数关系。两条曲线之间的部分代表着计算一次地震中释放能量的绝对值的不确定性

表 15S.1 改进的 Mercalli 强度震级描述（据 Bolt，1988）

MMI 强度	描述	地面震动速度（cm/s）
Ⅰ	没有感觉，除非在特别有利的条件下个别人有感觉	—
Ⅲ	白天，在室内很多人能感觉到，但在室外很少人能感觉到，如果在晚上，有些人会惊醒，震感就像一辆轻型卡车经过	1～2
Ⅵ	每个人都能感觉到，轻微破坏，一些笨重的家具会移动	5～8
Ⅸ	即便是建造良好的结构也会发生相当大的破坏，一些建筑物倒塌，地面明显开裂	45～55
Ⅻ	全部毁灭	>60

参考文献

Abe, K., 1995. Magnitudes and moments of earthquakes. In *Global Earth Physics*, ed. T. J. Ahrens. Washington, DC: American Geophysical Union Handbook of Physical Constants, pp. 206–213.

Bolt, B., 1988. *Earthquakes*. New York: W. H. Freeman.

Gutenberg, B. and Richter, C. F., 1956. Magnitude and energy of earthquakes. *Annals of Geofisks (Rome)*, 9, 1–15.

Richter, C. F., 1935. An instrumental earthquake magnitude scale. *Geological Society of America Bulletin*, 25, 1–32.

第 16 章　地热能源的未来

本书致力于介绍影响地热能源开发和使用的多种因素，并描述了这些因素的历史背景。通过了解那些促进地热成功应用和发展的历史事件，为分析影响某应用技术开发前景的潜在问题提供一些思路。地热能源的历史背景是短暂的，仅经历了 100 年。即便如此，对地热能源的深入了解及开发技术的研究促进了地热能源的快速发展，尤其是在过去 50 年。如文中多次提及，这种增长可能仅仅是地热能源应用的初级阶段，然而对于全球能源格局却发挥了很重要的作用。本章介绍了一些重要的新资源、新技术，在不久的将来很有可能影响未来能源的增长。

然而，在考虑推动能源增长的具体技术之前，更重要的是明白一种产业是如何产生，又是如何增长的。

16.1　地热能源市场发展历史

正如在第 16 章中提及，直到 20 世纪 50 年代初，利用地热能源发电才开始出现，这时新西兰和加利福尼亚州的第一批商业化地热发电站上线。自那时起，地热发电逐渐提高其在发电经济中所占的比例。然而，这种增长并非一直稳定的。图 16.1 表示了 1975—2012 年间地热发电在美国的增长率。图 16.1 意在阐述增长包括了停滞和迅速扩张两个时期，以及这些时期对应于重要的政策和技术的变化。例如，地热发电在 1980—1990 年之间的显著上升对应于 20 世纪 70 年代能源危机后的政策落实到位。这些政策的刺激以及能源市场的变化，导致当时干蒸汽发电技术的地热发电迅速扩张。由于地热发电市场份额不断扩大，且新技术在有针对性的刺激下，从经济上来说地热发电技术有很大发展潜力。干蒸汽发电技术的增长在 1985 年左右结束，此时加利福尼亚州 Geyser 大部分比较容易开发的资源都已投入生产。然而，大约在那个时间段，使用注水发电技术的水热资源开始逐渐增长。注水发电技术的持续增长在 1990 年左右延缓，此时由干蒸汽发电和注水发电组成的电力生产逐渐平稳。

针对 20 世纪 70 年代的能源危机，提出的很多政策都落实到位，也正是由于该激励政策为临时性的，这使得随着激励政策取消，其推动下的电力生产增长开始减少。

然而，1990 年双循环发电技术的开发和应用导致地热发电的持续增长。至今地热发电量仍旧持续增长，归其原因主要是通过双循环发电技术的广泛应用。

历史证明新技术对地热发电发展的重要性。在本章的剩余部分，将论述目前进行中的某些研究和进展，这些研究都有可能积极推广地热发电技术的应用。下文论述的研究和进展并非当下所有技术成果，它们却代表了几年来一直研究的并在地热领域广受关注的技术，这些技术均已达到较高研究水平，很有希望在不远的将来投入商业化应用。

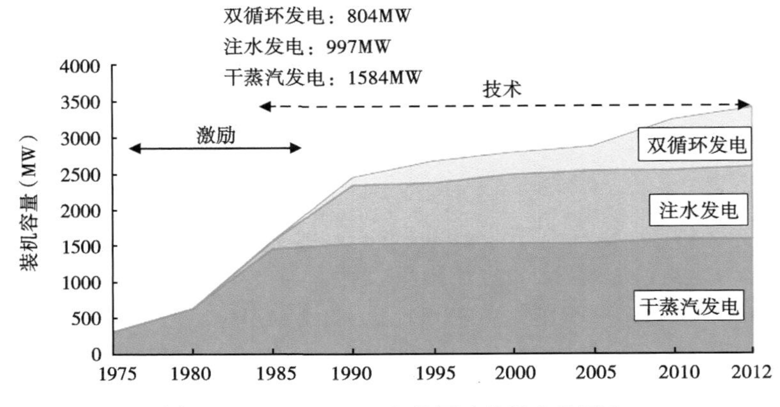

图 16.1　1975—2012 年美国地热发电的历史

图中所示是 2012 年干蒸汽发电、注水发电以及双循环发电技术的发电量，以及它们随着时间如何变化。带箭头的时间间隔是发电增长受决策影响最为显著的时期，箭头上标识为“激励”；同理，受技术发展影响显著的时期，箭头标有“技术”

16.2　地压力资源

16.2.1　资源量

在美国南部的石油和天然气钻探过程中，证实了一种现象，即地下存在一种地层，其中的流体压力并非通常认为的简单静水梯度。自从首次发现以后，这些地压系统在其他地区也已经发现，并且常与油气田伴生（Chacko 等，1998；Sanyal 和 Butler，2010）。作为一个潜在地热资源它们非常有价值，因为其流体温度可能适合于双循环发电技术。此外，这些潜在资源也常处于工业用电需求很高的区域，如在石油和天然气工业区。在许多情况下，这些地区也是靠近主要电力负荷中心，从而使其成为市政电力的潜在资源（图 16.2）。

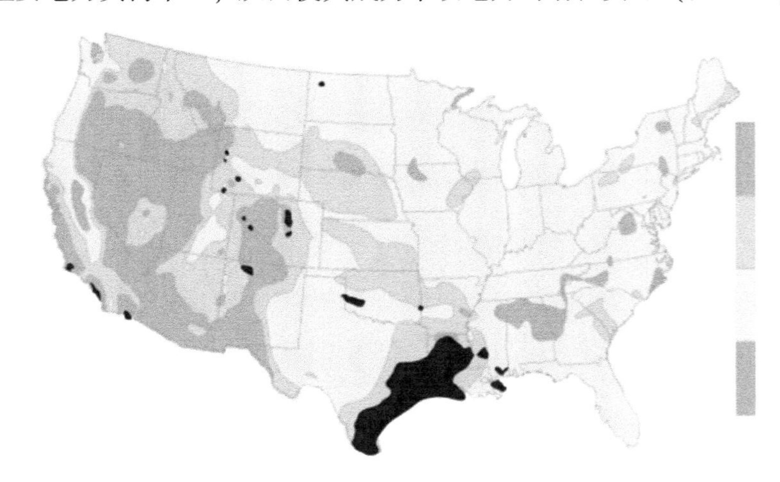

图 16.2　美国地压力资源潜力分布图（图中黑色表示）

该地压力资源可用来地热发电。具有地压力资源潜力的区域在地下 6km 处地温图上圈出来（图 16.6 中的无阴影区域）。图中黑色区域中的油气井温度都超过 150℃

这些系统的潜在发电资源是显而易见的。这些系统中的一些流体温度常在 110~150℃范围内。据报道（Garg，2007），墨西哥湾北部盆地一个地压力资源中心，其可采出的地热能在 270×10^{18}~2800×10^{18}J 之间。如图 16.2 所示，其他区域也有可能存在较大的潜力。用于发电的总容量估计会大于 100000MW（Green 和 Nix，2006）。

许多类似的地方还伴生有高浓度的甲烷聚集。这些丰富的额外烃类资源，其预计可采收能量在 1×10^{18}~1640×10^{18}J 之间（Westhusing，1981；Garg，2007）。

16.2.2 地压力资源的形成

地压力带形成于沉积盆地中，由于渗透率显著降低，地下流体迁移受到阻碍。这些低渗透、封闭区域会阻止流体流动的通道，构成了天然气、石油或其他流体运移的有利圈闭。在地质历史时间期中，埋藏、压实和水文梯度的驱动下，流体继续运移到这些地区，密封区域下面的压力逐渐增大并超出正常静压梯度，接近当地静岩压力。这些区域中升高的压力足以驱动流体快速运输到地表，从而免去了用泵送或额外能量作为动能以提取流体。例如，在流体的温度超过 100℃，于该地区实际 ΔT 对双循环发电是经济上可行的。

导致这些密封区形成的主要机制是再结晶和岩石孔隙新矿物生长（自生作用）（Giorgetti 等，2000；Nadeau 等，2002）。在沉积盆地中，多孔隙的砂岩与几米厚的泥层互层，在地质时期内沉积层序的埋藏会导致地层温度的增加。天然形成的泥岩中的黏土颗粒对温度升高非常敏感。在大约 60~80℃，某些黏土矿会经历一些复杂的重结晶、溶蚀以及沉淀等过程，之后地温逐渐变为 120~130℃。在这个过程中，不稳定的黏土再结晶和溶解，并在孔隙中凝结成新黏土矿物。图 16.3 表示了超压，即压力超过预期的静水压力，Nadeau 等 2002 年以具体案例研究超压是如何延长复杂黏土的重结晶、溶蚀以及再沉淀的时间间隔。

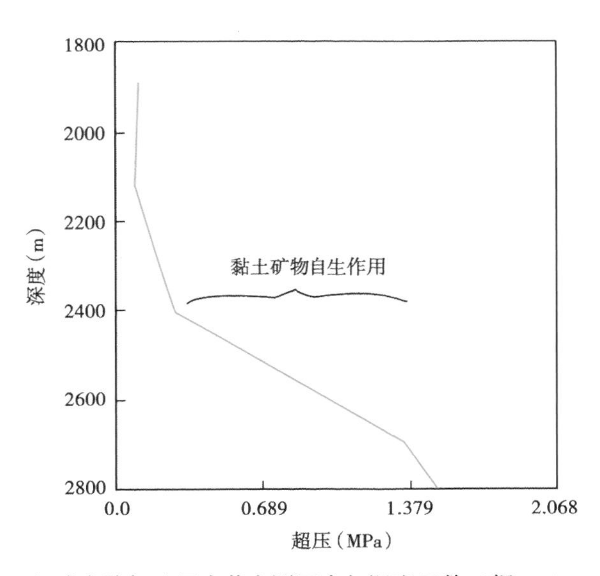

图 16.3　挪威大陆架地压力井实测压力与深度函数（据 Nadeau，2002）

在 2400~2700m 深度范围内，超压（实测压力-静水压力）数据增长较快，该时间段正处于黏土矿物演变中

通常，与黏土重结晶相关的是碳酸盐矿物（方解石和白云石），以及硅质矿物（石英、玉髓、方石英）。这些二级矿物质的形成，是由于该水体有溶解的高浓度聚集，盐度超过

200000mg/L（Garg，2007）。高盐度可能会使一种或多种矿物接近流体的饱和度。与构造活动或流体运移相关的较小温度变化可能会导致矿物质在颗粒边缘或孔隙空间沉积。

16.2.3　地压力资源案例：洛杉矶盆地

可以通过研究洛杉矶盆地的某个油田特点来了解地压力系统的特性，该油田位于加利福尼亚州。图 16.4 表示洛杉矶盆地内油田分布位置。图示的每个油田范围，都是油田边界投影到地表的图形。每个油田地下深度均接近几千英尺。图 16.5 列出了每个油田测量压力值。虚线代表标准静水压力。实线表示超过静水压力 10%以上的压力。任何投影在实线之上或高于实线的点，说明该油田明显为超压状态。图 16.5 也列出温度超过 91℃的油田，这也是目前双循环地热发电技术需要的最低温度。较大的灰圆圈代表的既为超压油田，也是高温油田且可以考虑利用地热资源。

这些数据提供了有关地压地热资源的重要信息。最重要的一点是，油气田有潜力用来地热发电。然而并非盆地中所有油气田都有适合发电的条件，一定要对每个油田的特点进行全面分析，以确定某油田是否有足够的热能。还有很重要的一点是，埋藏越深的油田，越有可能是地压型油田。即随深度的增加，孔隙压力接近岩石静负荷，这是由于压缩应力最终克服了岩石固有的能力以抵抗变形。

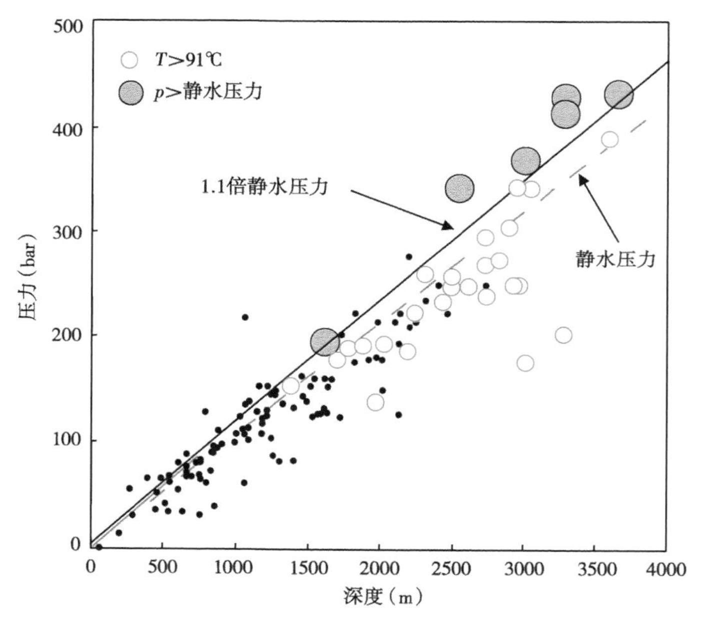

图 16.5　洛杉矶盆地油田内压力与深度关系曲线

正常静水压力梯度由虚线表示。实线代表压力超出正常静水压力 10%以上。油田温度大于双循环发电的最小温度（91℃）的情况下，用空心圆表示。较大的灰色圆圈代表该油田属地压型，且地下温度超过 91℃

16.2.4　资源开发的挑战

16.2.4.1　流体化学

在该类资源可以经济利用之前，还有一些挑战需要克服。其中一重要原因是这些流体常常含盐度很高，溶解浓度 200000mg/L。除此之外，流体中还有大量 CO_2 聚集。在流体进入涡轮机且温度、压力降低前，这些溶质必须从流体中除去。因为溶解的溶质容易在涡轮机叶片上沉淀，大大降低涡轮机效率。

此外，这些流体复杂的化学性质影响流体中可利用的能量。这是由于流体中组成溶解负载的许多成分在分解过程中需要消耗能量（所谓溶解热量）。例如，如果 1mol 的 NaCl（普通盐）加入到 1kg 温度为 25℃ 的水中，大约需要 3836J 的热量以保持水体温度在 25℃。然而，溶液中的热量随添加盐的量变化而变化。图 16.6 显示了溶液的热量与加入水体中 NaCl 摩尔量变化的函数。这一结论的原因是天然地热溶液含有许多不同的溶质，不同溶质有不同溶解热量，这也受其他物质浓度的影响。因此，一个特定地点的热量值需要透彻分析流体的组分。

该溶液热量的减少会导致溶液中的一个或多个溶解质变饱和，这可能会导致其沉淀。如果发生这种情况，就会影响地热发电的管道系统中流速减慢。如果在溶液通过双循环发电系统的热交换器前，把盐从溶液中除去，则流体热能管理的挑战就相对很大，因为在去除盐质的同时也导致溶液中热量的释放。因此，考虑到地热流体的温度时，必须认识到流体中的部分热量实际上是用于保持盐在溶液中的溶解度，并不一定可用于发电。

可以通过如下几种方式弥补溶解质分离产生的能量损失，如回收金属等有经济价值的商品。经济性回收重要的金属以及其他化合物是一个正迅速发展的研究领域。随着技术的进步，与地压储层相关的盐水目前具有较大的回收潜力。

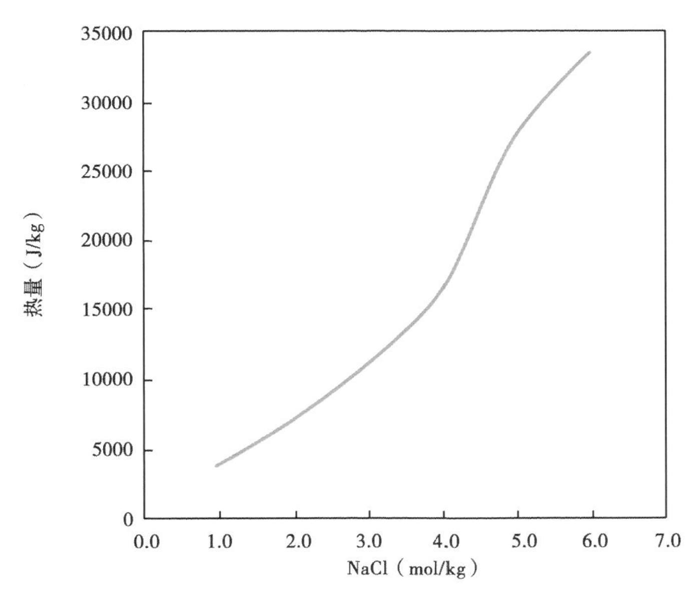

图 16.6 溶液的热量随溶液中 NaCl 含量变化的函数

16.2.4.2 回注

不考虑发电过程中流体管理的策略如何，地表处理流体时含盐度常常太高。因此，流体的回注是必需的。虽然这可能会增加额外的成本，然而对环境的益处将会证明这一策略的正确性。

除了由回注带来的环境效益，资源的可持续利用很可能是另一个好处。地下盖层的存在，使很多地压区域仅接受少量的自然能量补给。实际生产中也验证了这一点，如墨西哥湾沿岸一些井的流体实验显示，当流体在较高速率保持时间相对短时，地层压力明显下降（Grag，2007）。回注可取代流体采出的一些亏空，可能弥补压力的下降。精心的设计和实现废弃盐水回注可以减轻这些影响。

综上所述，针对地压力资源，在努力开发一项经济上可行的发电系统时，面临的主要挑战如下：

（1）从水相中分离出溶解的溶质负荷，同时最小化损耗热能；

（2）从水相中分离并获取挥发出的甲烷气体；

（3）有效地从流体中提取热能和动能，同时保持足够的压力和流速。

这些科学和工程上的挑战很大，但并非不可克服。当前各种机构对这方面的研究和开发表明，地压力资源可能会成为地热发电的重要因素。

16.3 超临界地热流体

地热流体发电实际上是从流体中提取最大的热焓来完成工作。水在临界点之下时，即温度 374℃和压力 22.1MPa，地热发电的最有吸引力的流体是过热蒸汽，因为它位于水压力—热焓图中两相区间的高热焓一侧。对于这样的干蒸汽系统，几乎所有蒸汽的热含量可潜在用于发电。虽然这样的过热蒸汽场是存在的，但是却很稀少，在美国加利福尼亚州的 Geysers 就是这样一个罕见的地区。多数用于发电的地热流体位于两相区的低热焓侧。对流体开发并提至地表输入涡轮发电机等时，这种液体不可避免地要经过一个相分离阶段。由于液态和气态之间能量的分开，这种相分离会引起热焓的损失。

然而，从图 10.2 可以看出，流体若在临界点以上，很有可能提供高热焓的蒸汽且不发生相分离现象，前提是能获取且采至地表时没有较大的温度变化。此外，在临界点以上，水的物理性质会显著改变。例如，浮力/密度特征，以及流体的黏度，将会有显著改变，以至于在获取超临界流体时，会发生超高速的能量和物质转移。

一直以来，这些超临界地热流体都在被关注着。这样的流体有可能使地热井提高几倍的输出产能，从而使发电量大规模增加而不增加设施对环境的影响。然而，也仅是近期技术的进步才引起人们对超临界地热流体的关注。

近期在超临界的地热流体探索方面，最显著的成果是在冰岛深钻探计划（IDDP）。

该 IDDP 项目启动于 2000 年。推动项目启动的主要原因是 Steingrímsson 在 1990 年提出的一个观点，即冰岛地热系统的超临界流体可能在地下 4km 或更浅层发育。该流体资源的首次发现是 1985 年在 Nesjavellir 地热田的一口井（图 16.7），在地下约 2200m 处钻遇了极高压的流体，解释认为该流体地温高于 380℃甚至更高。

2008—2009 年，IDDP 项目的第一口井开始钻探。IDDP－1 井位于 Krafla 地热田（图 16.7），表明高温流体的存在。部分原因如下，该区域 20 世纪 70 年代中期至 1984 年有火山喷发现象，并影响该区域的地热流体，这指示了地下岩浆源的存在。钻井目的深度为 4000～5000m，预计该深度会钻遇超临界流体。

钻探始于 2008 年 11 月。在地下 500m 之下钻井遇到一系列问题，进展非常缓慢。2009 年 6 月，在经历许多挑战后，在地下约 2100m 处岩屑中发现了淬火玻璃，指示钻井钻遇了岩浆岩。岩浆岩由流纹岩组成，温度超过 900℃。这是地热井首次钻遇熔岩。在接下来的两个月里，尝试各种策略来继续钻进，然而在钻遇两次岩浆岩后，钻井不得已中断。

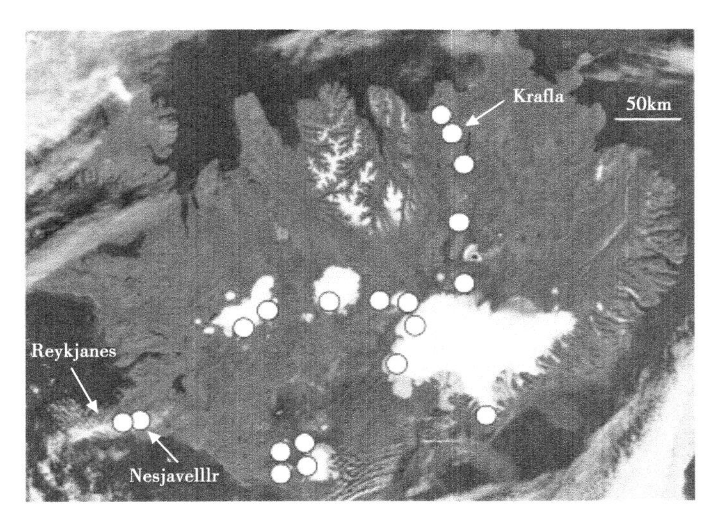

图 16.7 冰岛的卫星图像（据 Friðleifsson，2014，有修改）

图中指示了 Krafla 地热田，位于 Reykjanes 半岛。圆圈是大规模火山喷发的大概位置，即火山中心

虽然没有达到目标深度，但是该钻井是成功的，因为它证明了在遇到与 Kakkonda 相似温度地层时，也能够成功地钻进，且获取超临界地热流体。该井已完井，可以在岩浆体外部的 500℃ 区域生产地热流体。该井的流体测试已进行 2 年，在井口处流体约 450℃，压力为 40～140bar。在那时这是世界上最热的地热井，并持续生产超临界的地热流体。最终由于井口设备损坏，该井关闭。

钻井过程中遇到并解决了许多技术难题，为技术进一步开发提供了支持。这些经验包括需要改进固井技术和策略，新数据检测仪器设备的热稳定性范围，以及关于钻柱、钻井液性能的新数据。目前 IDDP 的下一阶段正在进行中。将在下一阶段的处理关键问题包括开发新工具以在非常恶劣的环境下工作。

16.4 热电发电

1821 年，托马斯·塞贝克发现，如果将两块不同的金属接触在一起，且之间存在温差，则会发现电流的存在。这个所谓的塞贝克效应就是热电发电的基本原则。目前最常见的实例中，热电发电主要结构如下：半导体材料夹在两种材料之间，其中一种材料与热源接触，而另一种与散热片接触。图 16.8 是该装置的示意图。

该类型发电机的输出功率取决于两个关键因素。其中之一就是该装置热水侧和冷水侧之间的温度差 ΔT。与以前的情形相似，温差 ΔT 越大，能量转换效率也会越高。热电发电机的另一关键因素是，半导体材料在受热情况下产生电流的效率。

在过去的几年里，热电发电器的大多数应用虽然是针对小规模的电力需求，然而使用这些热电发电器用于地热应用的概念化模型已有大幅改进。Bocher 和 Weidenkaff（2008）描述了该理论的一项具体化应用。随后 Li 等（2013）详细研究了这些系统的应用。这些研究证明了该发电装置应用于地热发电技术的可能性，尤其是针对从发电/涡轮系统中流出的下游地热流体，无论是直接或间接方法都可以继续提取能量。该技术虽然仍处于研究和开发阶段，供电量却可能从几千瓦到兆瓦，而且成本适中，运行和维护费用也非常低（Suter 等，2012）。

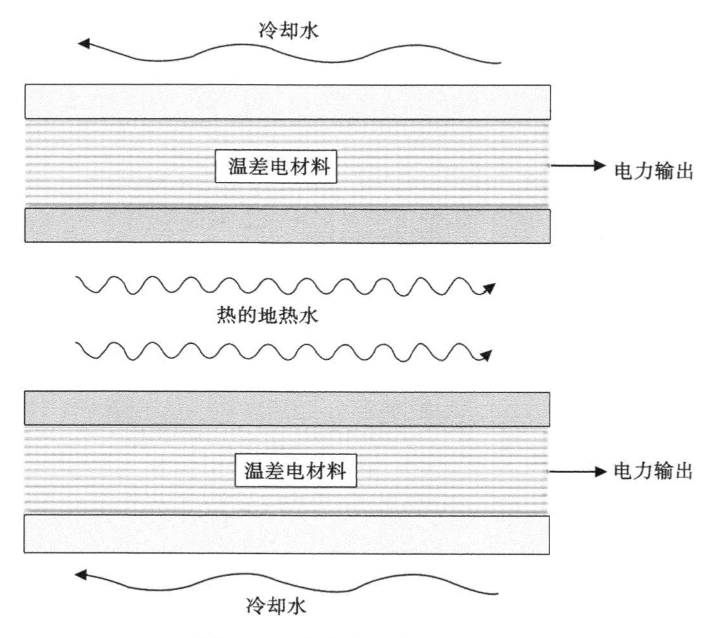

图 16.8　热电发电剖面示意图

热电发电的半导体材料夹在两块导热板之间。热的地热水沿着一组平板流动，保持一侧高温聚集。而冷水逆向流动，沿着另一组平板流动并保持较低温度。半导体两侧的温度差 ΔT 产生了电流与电力输出。一个正常运作的热电发电机中，多组该装置会连接起来，以便增加动电输出

16.5　灵活发电

地热发电自发现以来，被认为是一种基荷资源。这种方法已成为一个可靠的发电技术。然而，在技术上来说，地热发电是可以通过灵活的方式来操作的，使它在电网内能够遵循需求周期。同其他资源在本质上是可变的一样，地热发电的这一优势变得日益重要，例如太阳能和风能都已用来发电。虽然之前化石燃料也可以根据不同的需求灵活发电，地热发电在这方面却做得极为出色，这是因为一些新的灵活技术加入到地热发电中。

最近的研究已经证明了灵活地热发电是可实现的（Linville 等，2013）。图 16.9 示意了一种理想化模型，如何利用双循环发电系统灵活地热发电。在这个系统中，灵活发电是通过利用旁通阀改变地热流体流入涡轮的总量来实现，而这一步操作是同时打开旁通阀，并调小喷射阀，来改变通过涡轮机的流速，这就能使功率输出与需求一致。可能也有实现该目的的其他手段，如控制井口流速或暂时排出蒸汽到其他应用中。

地热发电技术调高或调低发电功率的响应时间，等同于或者优于现有的化石燃料发电系统的（Linville 等，2013）。在这种情况下，有地热资源的地方使用该装置灵活发电是最有利的一种发电方式，并可以控制发电成本在较低水平。可以预期的是，随着该技术广泛实施，它们将成为多种发电技术中的重要组成部分。

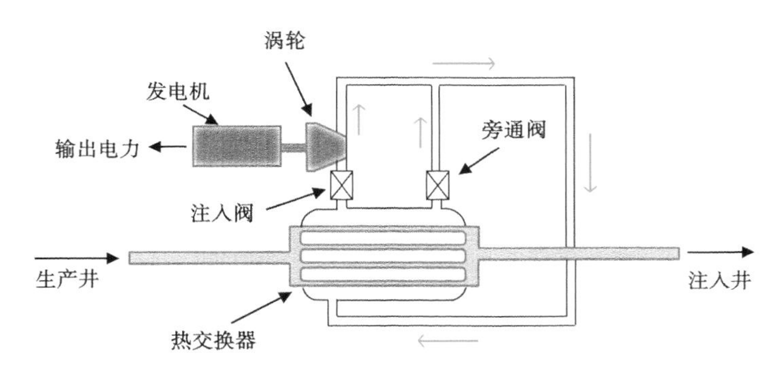

图 16.9　灵活发电方法示意图（据 Linvile 等，2013）

这个理想化模型是在双循环发电系统中，地热流体（灰管道）通过从生产井流经一个热交换器到注入井。双循环的流体（白色管）流动如双头箭头所示。流过涡轮机的量是通过控制注入井和旁通阀来调整流速

16.6　混合型地热系统

将地热系统与其他可再生资源混合利用当下正流行于许多领域。虽然这是一个新兴的技术领域，创新性的工程概念被提出使混合的项目引发更多人的兴趣。在地热资源和其他可再生技术的资源在当地配套存在时，这些混合技术效果最好。下文会举例几种可能的应用技术。案例并不详尽，这是一个正在快速发展的新研究领域，创造性应用技术还有很多。

将地热同沼气混合用于制备液体（如乙醇）或气体（例如甲烷）燃料正引发越来越多人的兴趣。已提出的概念考虑利用地热应用下游部分的余热，余热来自于涡轮机或者地热流体，该温度太低难以用来发电，但是可以为沼气池供应热量。如上所述，该系统也可以与灵活地热发电混合。这些应用可以大大降低沼池系统的成本，提供可持续、价格低廉的热量，且不依赖能量循环。

将灵活地热发电与风能和太阳能系统混合，可产生稳定的输出功率，而在其他情况下输出功率变化较大。另外，在能量需求较低的时候，风能或太阳能输出的过量能源，可以用来增强地热储层的能量，如通过流体注入系统，向储层泵入（或吹入）热量（太阳能）或能源，以补充地层能量。在整体效率和储层管理方面可以大大利于资源的利用。

可以想象到这些混合地热能够应用到许多方面。上述的几种应用旨在提供一种地热能与可再生资源混合方式的案例，以提高系统的可靠性、效率，并降低成本。目前这都在概念形成阶段，还不清楚这些系统能够提供的电力总体规模有多大。这还需要将来详细的生命周期分析。然而，初步的迹象表明，这种应用技术可以显著减少对化石燃料的依赖，并提高系统的整体效率，当然前提是这些应用需要仔细全面的分析和实施。

在这些应用中，需要重点考虑是监视和均衡电力的生产和使用，以便能随时高效地调节电力，满足客户的突然需求。这需要一个灵活和可靠的电源分配系统（如输电网）。虽然目前关于智能电网（Borlase，2012）的概念讨论较多，关于如何更好地利用这种系统却有着更多的争论。鉴于发电技术正在迅速发展，在不远的将来发电技术将是人们讨论和探索的热门领域。同时，将现有的发电网络快速适应于更灵活的技术，并快速响应是非常重要的，以便享用可再生能源发电技术带来的益处。

这些观点也在含蓄地提出，我们现有的发电网络的骨干结构——集中发电，将有可能演变成更加本地化或分散式发电。许多地热应用技术如果与当地再生资源在同一位置时，可以结合来提供动力。在许多情况下，这些应用技术可以通过微电网直接供电给社区和地区（Lasseter，2007），同时还对大型电网提供过量的电量。这样的分布式发电系统可以最大限度地减少传输损耗和成本，为当地的资源需求提供更大自主权，并使电力生产更好地满足当地需求。然而，要实现这种混合的集中/分布式发电方案还需要很多工作，例如需要全面分析如何监控用电需求及发电量，以及如何匹配以达到最有效的、可靠的和成本最低的发电和配电设施。

16.7 小结

自20世纪50年代以来，随着利用地热能源发电演变为国际化产业，与地热系统的发电相配套的技术也显著改善。自那时起，发电行业一直保持平稳增长。即便如此，还有更多地热资源潜力尚待开发。一种资源是与石油和天然气田相关的温度适中的流体。这些储层中有一些是超压，在存在这些资源地区，其对满足能源需求具有显著贡献。另一种资源其发电量有可能是地热发电的几倍，这就是超临界流体系统。这些高温资源可具有较高效率，由于超临界流体系统中水的物理性质不同，比传统系统有更高的效率。材料科学的发展，特别是在温差电材料的发展，证明了使用地热流体发电和简单的热电发电变为可能。虽然目前这些系统的效率还需要进一步的研究和发展，其新发电技术却有美好的前景。新的技术和工程设计也促进了地热发电系统的发展，能够快速响应于用户需求，从而出现灵活发电。这些系统可以联机，并有可能在地热发电中发挥越来越重要的作用。最后，将地热发电与其他可再生能源混合是目前研究的热门。这种系统可能会广泛使用于各种规模用户中，从小型社区到大型视区。在该方面的研究表明，随着智能电网技术的发展，以及地方和区域传输设施的高速增长，这种系统将会愈来愈普及。

问　　题

（1）什么是地压力地热资源以及它们是如何形成的？

（2）地压力资源位于何处？这种资源的分布如何影响地压力资源的开发？

（3）为什么地压力资源难以发展？讨论当地气候对开发效果的影响。

（4）什么发电技术适合于地压力资源发电？这种技术应用于地压力资源发电时可能碰到哪些困难？

（5）超临界地热系统的优势是什么？开发该系统的挑战会有哪些，从运营和维护的角度论述。

（6）如果一个社区要整合太阳能光伏发电系统和一个1MW的地热双循环系统，有什么办法可以让该方法实现？该混合系统的优势是什么？若使该系统最为可靠，需要解决的最大挑战有哪些？

参 考 文 献

Bocher, L. and Weidenkaff, A., 2008. Development of Thermoelectric Materials for Geothermal Energy Conversion Systems. GEO-TEP, Solid State Chemistry and Catalysis, Empa-Swiss Fed-

eral Laboratories for Materials Testing and Research, Dübendorf, Switzerland, 21pp.
Borlase, S., ed., 2012. *Smart Grids: Infrastructure, Technology, and Solutions.* Boca Raton, FL: CRC Press, 607 pp.
Chacko, J. J., Maciasz, G., and Harder, B. J., 1998. Gulf Coast geopressured-geothermal program summary report compilation. Report, US Department of Energy Contract No. DE-FG07-95ID13366, U. S. Department of Energy, June.
Friðeifsson, G. ó., Sigurdsson, ó., Þorbjönsson, D., Karlsdóttir, R., Gíslason, P., Albertsson, A., and Elders, W. A., 2014. Preparation for drilling well IDDP-2 at Reykjanes. *Geothermics*, 49, 119-126.
Garg, S., 2007. Geopressured geothermal well tests: A review. *Presentation to Geothermal Energy Utilization Associated with Oil & Gas Development Conference*, Southern Methodist University, Dallas, TX. http://smu.edu/geothermal/Oil&Gas/2007/SpeakerPresentations.htm.
Giorgetti, G., Mata, P., and Peacor, D. R., 2000. TEM study of the mechanism of transformation of detrital kaolinite and muscovite to illite/smectite in sediments of the Salton Sea Geothermal Field. *European Journal of Mineralogy*, 12, 923-934.
Green, B. D. and Nix, R. G., 2006. Geothermal—The energy under our feet. National Renewable Energy Laboratory Technical Report NREL/TP-840-40665, National Renewable Energy Laboratory, Golden, CO, 21 pp.
Lasseter, R. H., 2007. Microgrids and distributed generation. *Journal of Energy Engineering*, American Society of Civil Engineers, 133, 144-149.
Li, K., Liu, C., and Chen, P., 2013. Direct power generation from heat without mechanical work. *Proceedings of the 38th Workshop on Geothermal Reservoir Engineering*, Stanford University, Stanford, CA, SGP-TR-198, 11-13 pp.
Linville, C., Candelaria, J., and Elder, C., 2013. The Value of Geothermal Energy Attributes: Aspen Report to Ormat Technologies. Aspen Environmental Group, 44 pp. http://www.geothermal.org/PDFs/Values_of_Geothermal_Energy.pdf. Appendix to Matek, B. and Schmidt, B., 2013.
Matek, B. and Schmidt, B., 2013. The Values of Geothermal Energy. Geothermal Resources Council, Sacramento, CA and Geothermal Energy Association, Washington, DC, 19 pp.
Nadeau, P. H., Peacor, D. R., Yan, J., and Hillier, S., 2002. I-S precipitation in pore space as the cause of geopres-suring in Mesozoic mudstones, Egersund Basin, Norwegian continental shelf. *American Mineralogist*, 87, 1580-1589.
Sanyal, S. K. and Butler, S. J., 2010. Geothermal power capacity from petroleum wells-Some case histories of assessment. *Proceedings of the World Geothermal Congress.* Bali, Indonesia, 6 pp.
Steingrímsson, B., Guðundsson, A., Franzson, H., and Gunnlaugsson, E., 1990. Evidence of a supercriti-cal fluid at depth in the Nesjavellir field. *Proceedings of the 15th Workshop on Geothermal Reservoir Engineering*, Stanford University, Stanford, CA, January 23-25, 81-88.
Suter, C., Jovanovic, Z. R., and Steinfeld, A., 2012. A 1 kWe thermoelectric stack for geothermal power generation—Modeling and geometrical optimization. *Applied Energy*, 99, 379-385.

U. S. Department of Energy, Energy Efficiency and Renewable Energy Office, http://www1.eere.energy.gov/geothermal/geomap.html.

Westhusing, K., 1981. Department of Energy geopressured geothermal program. *Fifth Conference on Geopressured-Geothermal Energy Proceedings*, eds. D. G. Bebout and A. L. Bachman, CONF-811026-1, October 13-15, Baton Rouge, LA, 3-6pp.